本书配套资源：教学课件、程序代码、课后习题答案

普通高等教育计算机类系列教材

微机原理、汇编语言与接口技术

主　编　韩晓茹
副主编　刘　芳　马学文

机械工业出版社

本书以培养学生应用能力为目标组织编写，强调实用性，首先介绍了微型计算机系统的基本概念，然后以 Intel 80x86 的 16 位处理器为核心，以图文并茂的形式来介绍汇编语言的基础知识和程序设计，接着介绍分析存储器、简单 I/O 接口、中断、可编程并串行接口、定时器/计数器接口、DMA 控制器、A-D 和 D-A 转换技术的基本原理及应用方法，同时给出了各部件之间综合应用的实例，然后通过总线技术的介绍，加深读者对微型计算机系统的理解。在本书的最后一章，集中介绍了 IA－32 处理器的内部结构、工作方式、存储管理、I/O 组织、中断管理及微机系统的构成。通过以上内容的学习，读者便可以掌握微型计算机的基本工作原理，初步掌握用微型计算机构建应用系统的基本方法。

本书的特点是面向非重点院校的学生，内容自成体系，不仅适合计算机专业，还适合无计算机基础的非计算机专业学生的学习，书中大量的应用实例在加深学生对理论的理解的同时，有助于提高学生动手能力，尤其是汇编语言部分的编写风格大大降低了读者学习的难度。本书语言通俗易懂，深入浅出，注重理论联系实际。

本书可作为本科计算机专业及电类专业“微机原理及应用”、“微机原理及汇编语言”、“汇编语言与接口技术”、“微机原理与接口技术”等课程的教材或参考书，也非常适合非电类“微机原理及应用”课程的教学，同样也是科技人员学习微型计算机技术的参考书。

本书配有免费电子课件，欢迎选用本书作教材的老师发邮件到 jinacmp@163.com索取，或登录 www.cmpedu.com 下载。

图书在版编目（CIP）数据

微机原理、汇编语言与接口技术/韩晓茹主编．—北京：机械工业出版社，2012.11（2023.6 重印）
普通高等教育计算机类系列教材
ISBN 978-7-111-40228-2

Ⅰ.①微…　Ⅱ.①韩…　Ⅲ.①微型计算机—理论—高等学校—教材②汇编语言—程序计计—高等学校—教材③微型计算机—接口技术—高等学校—教材　Ⅳ.①TP36②TP313

中国版本图书馆 CIP 数据核字（2012）第 257253 号

机械工业出版社（北京市百万庄大街 22 号　邮政编码 100037）
策划编辑：吉　玲　责任编辑：吉　玲　王　琪　刘丽敏
版式设计：赵颖喆　责任校对：陈延翔
封面设计：张　静　责任印制：邓　博
北京盛通商印快线网络科技有限公司印刷
2023 年 6 月第 1 版第 9 次印刷
184mm×260mm · 19.75 印张 · 549 千字
标准书号：ISBN 978-7-111-40228-2
定价：45.00 元

电话服务	网络服务
客服电话：010-88361066	机　工　官　网：www.cmpbook.com
010-88379833	机　工　官　博：weibo.com/cmp1952
010-68326294	金　　书　　网：www.golden-book.com
封底无防伪标均为盗版	机工教育服务网：www.cmpedu.com

前　言

当今数字技术、计算机技术已渗透至各种领域。掌握和应用计算机技术的能力已经成为衡量一名专业技术人员素质的标准之一，学习和运用微机原理与接口技术是高等院校理工科各专业的一门重要的计算机技术课程。

虽然微机技术发展异常迅速，微处理器已经从32位过渡到64位时代，但是对于各种控制系统，常用的8位、16位等接口技术就可以满足应用需求，所以以32位乃至64位微处理器来讲解微型计算机的工作原理对一般院校是不适合的。本书以16位微处理器为模型，讲述计算机的基本原理和接口技术，它的基本概念、基本思路和基本方法与32位处理器是相同的，便于学习和理解，本书的第12章对32位微型计算机的相关技术作了概括性的讲解。

本书主要面向非重点院校计算机专业和机电控制类专业以及非电类专业的学生，注重理论联系实际和工程应用，引入了生活中很多浅显易懂的例子来帮助读者理解微机的基本概念。在讲完各种接口芯片的工作原理后，作者给出了多个可以直接应用的实例，并给出实现某些功能的不同解决方法。本书介绍的各种芯片都是在微机中普遍使用的芯片。

本书共分12章。第1章概述计算机系统的基础知识；第2章以图文并茂的形式介绍8086/8088内部结构及汇编语言基础知识；第3章介绍汇编语言程序设计方法；第4章介绍16位微处理器的对外引脚及读写时序；第5章首先介绍半导体存储器的工作原理和对外特性，然后重点介绍存储器地址译码和存储器扩展；第6章介绍I/O接口的基本组成、读写技术以及数据传送方式；第7章介绍中断的概念和8259A芯片的功能及编程应用；第8章介绍可编程并行接口芯片8255A、串行接口芯片8251A和定时/计数芯片8254的内部结构及编程应用；第9章介绍DMA控制器8237A及其在输入/输出系统中的应用；第10章介绍模-数转换和数-模转换的基本概念及常用的转换器件DAC0832与ADC0809在微机系统中的典型应用；第11章介绍了微机中的常用总线；第12章介绍32位微处理器及微型计算机系统的构成。

本书内容全面，自成体系，将汇编语言程序设计部分与微机原理和接口技术有机地结合在一起，通过适当选择，既适合计算机专业的学生使用，也适合非计算机专业的学生使用。对于先修过汇编语言程序设计，课时为60～75的计算机专业的学生，简单介绍第1章后，重点学习第4章～第12章的内容。对于没有先修过汇编语言内容的计算机专业或非计算机专业的学生，第1章～第4章、第6章～第8章是重点学习内容，课时允许的情况下可增加第5章、第9章和第11章的部分内容。

本书由韩晓茹主编，刘芳、马学文担任副主编。其中，第1、7章及第12章12.1～12.4、12.6、12.7节由韩晓茹编写；第2、3章由刘芳编写；第4、5、6、11章及第12章12.5节由马学文编写；第8章由曾兰玲编写；第9、10章由东北农业大学成栋学院的孙凤玲编写。

在编写本书的过程中，作者参考了很多优秀的教材，在此衷心感谢这些教材的作者，参考文献中如有遗漏，也对作者表示感谢！另外，本书的撰写得到了国家教学质量工程物联网专业综合改革试点项目和江苏大学教学改革重点项目的支持，在此表示衷心感谢！

由于编者水平有限，编写中出现的不足和不当之处，敬请读者批评指正。教材使用过程中如遇到问题可与作者联系，E-Mail：zjhxr@163.com。

编　者

目　　录

第1章　微型计算机系统概述

【本章提要】

本章是学习其他章节的基础，首先介绍微型计算机的发展和应用领域，然后重点介绍微型计算机系统的基本概念、组成及主要性能指标等内容。计算机中的数据表示及编码和逻辑电路基础部分主要面向非计算机专业的学生，计算机专业的学生可跳过该部分。

【学习目标】

- 了解微型计算机的发展过程及应用领域。
- 掌握微处理器、微型计算机、微型计算机系统等基本概念。
- 了解微型计算机系统的基本构成及性能指标。
- 掌握十进制、二进制及十六进制之间的转换方法。
- 了解基本逻辑门电路的逻辑符号。

1.1　微型计算机发展及应用

1.1.1　电子计算机发展历程

人们通常所说的计算机（Computer），是指电子数字计算机。它是一种由电子元器件构成的、具有计算能力和逻辑判断能力、具有自动控制和记忆功能的信息处理设备。世界上第一台数字式电子计算机诞生于1946年2月，它是美国宾夕法尼亚大学物理学家莫克利（J. Mauchly）和工程师埃克特（J. P. Eckert）等人共同开发的电子数值积分计算机（Electronic Numerical Integrator And Calculator，ENIAC）。

ENIAC虽是第一台正式投入运行的电子计算机，但它不具备现代计算机“存储程序”的思想。1946年6月，冯·诺依曼博士提出了“存储程序”的计算机设计方案，其特点如下：

（1）由运算器、存储器、控制器、输入设备和输出设备五大基本部件组成计算机硬件系统。

（2）计算机内部采用二进制表示数据和指令。

（3）工作原理的核心为：“存储程序”和“程序控制”。将程序事先存入主存储器中，计算机在工作时能在不需要操作人员干预的情况下，自动逐条取出指令并加以执行。

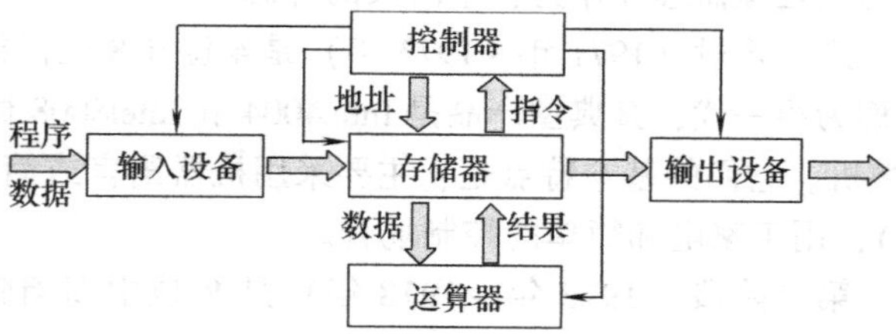

图1-1　冯·诺依曼计算机结构图

按照这一原理设计的计算机称为冯·诺依曼型计算机，结构如图1-1所示。冯·诺依曼提出的体系结构奠定了现代计算机结构理论的基础，是计算机发展史上的里程碑。冯·诺依曼给出的计算机架构是一个最小子集（一个存储器、一个控制器、一个运算器、一个输入设备和一个输出设备连接在一起），缺了任何一个就不能成为系统。目前常见的计算机除冯·诺依曼型计算机外，还有哈佛结构的计算机。哈佛结构本质上和冯·诺依曼结构没有区别，只是把数据和程序分开存储，用了两块存储器，加快系统速度的同时也增加了CPU外围接口。

从第一台电子计算机的诞生到现在，计算机已走过了半个多世纪的发展历程。在这期间，计算机的系统结构不断变化，应用领域不断拓宽。一般根据计算机所采用的主要物理器件，将计算机的发展划分成几个阶段，一个阶段称为一代，详见表 1-1。

表 1-1　计算机发展史

年代	第一代（1946 年～1957 年）	第二代（1958 年～1964 年）	第三代（1965 年～1970 年）	第四代（1971 年至今）
电子器件	电子管	晶体管	集成电路	大规模集成电路
存储器	延迟线 磁心、磁鼓磁带、 纸带	磁心、磁鼓 磁带、磁盘	半导体存储器 磁心、磁鼓 磁带、磁盘	半导体存储器 磁带、磁盘 光盘
处理方式	机器语言 汇编语言	监控程序 高级语言	实时处理 操作系统	实时/分时处理 网络操作系统
应用领域	科学计算	科学计算 数据处理 过程控制	科学计算 系统设计等 科技工程领域	各行各业
运算速度	5000 至 3 万次/s	几十万至 百万次/s	百万至 几百万次/s	几百万至 千亿次/s
典型机种	ENIAC EDVAC IBM705	UNIVAC Ⅱ IBM7094 CDC6600	IBM360 PDP 11 NOVA1200	ILLIAC-Ⅳ VAX 11 IBM PC

1.1.2　微型计算机的发展

20 世纪 70 年代计算机发展中最重大的事件就是微型计算机的诞生和迅速普及。微型计算机是通过总线将微处理器、存储器和输入/输出接口（I/O 接口）连接在一起的有机整体。而微处理器就是冯·诺依曼机中运算器和控制器在一块芯片中的有机结合，它的出现大大促进了计算机的普及。

微型计算机开发的先驱是美国 Intel 公司中年轻的工程师马·霍夫（M-E-Hoff），1969 年他接受日本一家公司的委托，设计台式计算机系统的整套电路。他大胆地提出了一个设想，把计算机的全部电路做在 4 个芯片上，即中央处理器芯片、随机存取存储器芯片、只读存储器芯片和寄存器电路芯片，这就是一片 4 位微处理器 Intel4004，一片 320 位（40B）的随机存储器、一片 256B 的只读存储器和一片 10bit 的寄存器。它们通过总线连接起来，于是就组成了世界上第一台 4 位微型电子计算机——MSC-4，1971 年诞生的这台微型计算机揭开了微型计算机发展的序幕。从那时起，短短 40 年的时间里，微型计算机的发展已经经历了七、八个阶段。人们一般以字长和典型的微处理器芯片作为各个阶段的标志。

第一阶段（1971 年～1973 年）是 4 位和 8 位低档微处理器时代。这一阶段的微型计算机通常称为第一代，其典型产品是 Intel4004 和 Intel8008 微处理器和分别由它们组成的 MCS-4 和 MCS-8 微机。它们的基本特点是：主要采用机器语言或简单的汇编语言，指令数目较少（20 多条指令），用于家电和简单的控制场合。

第二阶段（1973 年～1978 年）是 8 位中高档微处理器时代。这一阶段的微型计算机通常称为第二代，其典型产品是 Intel8080/8085、Rockwell 公司的 6502、Motorola 公司的 MC6800 和 Zilog 公司的 Z80 等，以及各种 8 位单片机。它们的特点是指令系统比较完善，具有典型的计算机体系结构和中断、DMA 等控制功能。软件方面除了汇编语言外，还有 BASIC、FORTRAN 等高级语言和相应的解释程序和编译程序，在后期还出现了操作系统，如 CM/P 就是当时流行的操作系统。

这一时期比较著名的微机产品有8位微型计算机TRS-80（采用Z80微处理器）和Apple Ⅰ/Ⅱ（俗称“苹果机”，采用6502微处理器）。此外8085被较多地应用于嵌入控制，而6502和MC6800被较多地用于计算机游戏系统。

第三阶段（1978年~1985年）是16微处理器时代。这一阶段的微型计算机通常称为第三代，其典型产品是Intel公司的8086/8088、80286，Motorola公司的M6800 Zilog公司的Z8000等微处理器。它们的特点是指令系统更加丰富、完善，采用多级中断、多种寻址方式、段式存储机构、硬件乘除部件，并配置了软件系统。

这一时期的著名微机产品有IBM公司的个人计算机（Personal Computer，PC）。1981年IBM推出的IBM PC采用8088 CPU；紧接着1982年又推出了扩展型的个人计算机IBM PC/XT，它对内存进行了扩充，并增加了一个硬磁盘驱动器；1984年IBM推出了以80286处理器为核心组成的16位增强型个人计算机IBM PC/AT。由于IBM公司在发展PC时采用了技术开放的策略，使PC风靡世界。

第四阶段（1985年~1992年）是32位微处理器时代。这个阶段的微型计算机又称为第四代，其典型产品是Intel公司的80386/80486，Motorola公司的M68030/68040等。它们的特点是具有32位地址线和32位数据总线。每秒可完成600万条指令（Million Instructions Per Second，MIPS）。在这个阶段，微机的功能已经达到甚至超过超级小型计算机，完全可以胜任多任务、多用户的作业。同期，其他一些微处理器生产厂商（如AMD、TEXAS等）也推出了80386/80486系列的芯片。

第五阶段（1993年~1995年）是奔腾（Pentium）系列微处理器时代。这个阶段的微型计算机又称为第五代，其典型产品是Intel公司的奔腾系列芯片及与之兼容的AMD的K6系列微处理器芯片。它们内部采用了超标量指令流水线结构，并具有相互独立的指令和数据高速缓存。随着MMX（Multi Media eXtended）微处理器的出现，微机的发展在网络化、多媒体化和智能化等方面跨上了更高的台阶。

第六阶段（1995年~1999年）是采用P6架构家族的处理器和微型计算机时代。这个阶段的典型产品是Intel公司的Pentium Pro、Pentium Ⅱ、Pentium Ⅲ等，内部采用3条超标量指令流水线结构，工作频率越来越高，总线频率也大大提高。支持多媒体扩展指令集（SIMD）MMX、SSE。

第七阶段（2000年~2007年）是采用NetBurst架构的奔腾4（Pentium 4，简称P4或奔4）系统处理器和奔腾4微型计算机时代。由于该系统产品性能有差异，用处理器编号表示Pentium 4的产品，典型Pentium 4有5××、6××、7××等，它们支持SSE2、SSE3和SIMD指令。

从80386到Pentium 4前期都属于IA-32架构，通常也将8086、8088和80286作为IA-32的兼容形式，没有划分IA-16。

第八阶段（2007年至今）是采用Core架构的酷睿（Core）和酷睿Ⅱ（Core 2）系列微处理器。该产品的主要代表有Core 2 Dou、Core 2 Qaurd及Core 2 Extreme等。采用双核结构的Core 2系列微处理器，又是一个划时代的新型微处理器，兼顾32位，又采用EM64T（Extended Memory 64 Technology）技术，是典型的32/64位处理器。被称为IA-32E（增加型IA-32）结构，由于支持64位访问技术，因此被称为Intel64。

与第五阶段同步并行发展的还有纯64位处理器，如Intel公司的Itanium、Itanium Ⅱ等处理器，它们采用IA-64结构。2008年Intel公司推出了64位四内核的微处理器Core i7。

1.1.3 微型计算机的应用

由于微型计算机具有体积小、价格低、耗电少和可靠性高等优点，其应用领域非常广阔。目前有如下几个应用方面。

1. 科学计算和信息处理

科学计算是指利用计算机来完成科学研究和工程技术中提出的数学问题的计算。现在不少微型计算机具有较强的运算能力，特别是多个处理器构成的系统，其功能往往可与大型机相匹敌，甚至超过大型机，而成本却低到足以使大型机趋于淘汰。近年来，由于并行计算技术的发展，使多处理器构成的并行计算系统在科学计算能力上非常强大，可以实现人工无法解决的各种科学计算问题。

信息处理是指计算机对信息记录、整理、统计、加工、利用、传播等一系列活动的总称，是目前计算机应用最广泛的领域之一。例如：高考招生工作中的考生录取与统计工作，铁路、飞机客票预订系统，企业内部成本核算管理、人事管理、工资管理、财务管理、合同管理以及银行系统的业务管理等，都属于信息处理范围。

2. 计算机辅助设计、辅助制造、辅助教育及计算机辅助测试

计算机辅助设计（Computer Aided Design，CAD）是利用计算机的计算、逻辑判断等功能，帮助人们进行产品设计和工程技术设计。

计算机辅助设计（CAD）和辅助制造（CAM）结合起来可直接把CAD的产品加工出来。近年来，各工业发达国家又进一步将计算机集成制造系统（Computer Integrated Manufacturing System，CIMS）作为自动化技术的前沿、方向。CIMS是集工程设计、生产过程控制、生产经营管理为一体的高度计算机化、自动化和智能化的现代化生产大系统，代表着制造业未来的发展方向。

计算机辅助教育（Computer Based Education，CBE）是计算机在教育领域中的应用，包括计算机辅助教学（CAI）、计算机辅助管理教学（CMI）。

计算机辅助测试（CAT）是指利用计算机进行复杂而大量的测试工作。

3. 多媒体应用及网络应用

多媒体技术开始于20世纪80年代，把声音、图像、文字处理融为一体，使计算机具有计算机、电视机、游戏机、传真机、电话机和VCD机的综合功能，达到了一机多能。计算机通信是近几年迅速发展起来的一个重要的计算机应用领域，通过网络可以实现信息共享以及远程控制。

4. 过程控制

过程控制是微型计算机应用最多的领域之一。现在，在制造工业和日用品生产厂家中都可以见到微机控制的自动化生产线。微型计算机在这些部门的应用为生产能力和产品质量的迅速提高开辟了广阔的前景。

5. 嵌入式应用方向

将微处理器嵌入到宿主应用系统中（即嵌入式应用）使其发挥作用，是微机应用的一个重要方面。单片机和数字信号处理器是这类应用的两种典型芯片。单片机在国外通称为微型控制器（Microcontroller），它主要面向控制，在宿主系统中充当控制中心；而数字信号处理器则主要面向大流量数字信号的实时处理，在宿主系统中充当数据处理中心。嵌入式应用的领域非常广泛，从工业生产到人们的日常生活到处都有它的身影。例如，在仪器仪表中，用微处理器替代传统的机械部件，使其具有智能化；在医学领域，出现了用微处理器作为核心控制部件的CT扫描仪和超声扫描仪，使网络远程会诊成为可能；在交通领域，汽车、火车中到处都有微处理器，能达到精确控制；在生活中，由微处理器控制的洗衣机、微波炉、冰箱现在已经是很普及的家用电器了；微控制器控制的温控系统、自动报时、报警器也已经进入家庭；手机几乎成为每个人的必需品。

当前微型计算机技术正往两个方向发展：一个是高性能、多功能的方向，从这方面不断取得的成就是微型计算机逐步代替价格昂贵、功能优越的中、小型计算机；另一个是，价格低廉、功能专一的方向，这方面的发展使微型计算机在生产领域、服务部门和日常生活中得到越来越广泛的应用。

1.2 微型计算机系统的组成

微型计算机系统由硬件和软件组成，仅有硬件构成的计算机称为“裸机”。裸机是不能够独立运行和处理事务的。因此，硬件系统必须配备相应的软件系统才能够正常工作。

1.2.1 微型计算机硬件系统

微型计算机硬件系统是指组成计算机的各种物理设备，也就是我们看得见、摸得着的实际物理设备。它的基本结构和基本功能与大型计算机、小型计算机大致相同。但是，由于采用大规模和超大规模集成电路技术和总线结构，微型计算机在系统结构上有着简单、规范和易于扩展的特点。微型计算机由中央处理器、存储器、输入/输出接口和系统总线组成，结构如图 1-2 所示。其中中央处理器和存储器构成了最小的信息处理单位，被称为主机。

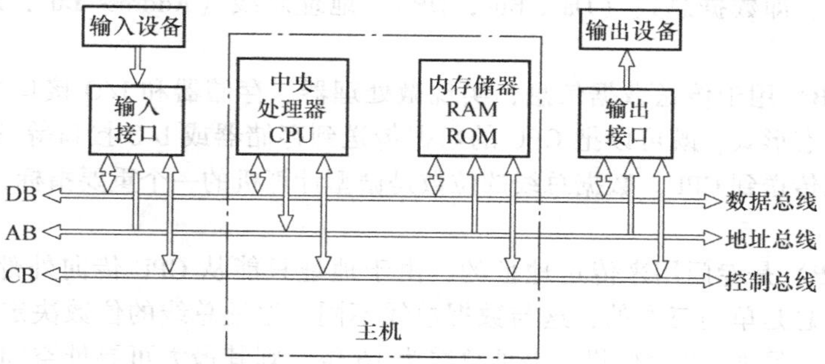

图 1-2 微型计算机的结构

1. 中央处理器

中央处理器（Central Processing Unit，CPU）也称为微处理器，是微型计算机的核心，集成了计算机中的运算器、控制器以及相关的电路，主要负责执行指令，实现算术运算和逻辑运算，控制微型计算机各个部件协调工作。

CPU 是一块超大规模集成电路，它集成了成千上万的逻辑门阵列电路。尽管各种 CPU 的性能不同，但都具有算术逻辑部件、控制器和寄存器组等 3 种基本部件。所有微处理器都是在此基础之上发展而来的。新型的微处理器都具有向下兼容的特性，在上述 3 种核心部件的基础之上通过新的设计方案增加新的部件使得 CPU 具有存储管理、多媒体等功能。

2. 内存储器

存储器的主要任务是临时或永久保存程序或数据的资源。存储器分为内存储器和外存储器，其中内存储器用来保存临时的或者活动的程序和数据，外存储器用来永久保存程序和数据。

内存储器又称内存或主存，是 CPU 能直接寻址的存储空间，由半导体器件制成。内存的特点是存取速率快。我们平常使用的程序，如 Windows 操作系统、打字软件、游戏软件等，一般都是安装在硬盘等外存上的，但仅此是不能使用其功能的，必须把它们调入内存中运行，才能真正使用其功能，我们平时输入一段文字，或听一首歌，其实都是在内存中进行的。

构成内存的半导体存储器又分为只读存储器（Read Only Memory，ROM）和随机存取存储器

(Random Access Memory, RAM)。ROM 中的信息只能读出，一般不能写入，即使机器停电，这些数据也不会丢失。ROM 一般用于存放计算机的基本程序和数据，如 BIOS ROM（Basic Input Output System ROM)，其物理外形一般是双列直插式（DIP）的集成块。RAM 中的信息既可以写入又可以读出。当机器电源关闭时，存于其中的数据就会丢失。我们通常购买或升级的内存条就是用作计算机的内存，内存条（SIMM）就是将 RAM 集成块集中在一起的一小块电路板，它插在计算机中的内存插槽上，以减少 RAM 集成块占用的空间。

3. 输入/输出接口

输入/输出（I/O）接口电路是微型计算机和外部设备的桥梁，负责数据的缓冲和格式的转换，协调主机和外部设备间数据传输的速度差异，完成数据的中转。不同的外部设备通过不同的 I/O 接口电路与主机相连，比如键盘通过键盘接口与主机相连，硬盘通过专用的硬盘控制器与主机连接。

4. 系统总线

总线（Bus）是计算机各种功能部件之间传送信息的公共通信干线，它是由导线组成的传输线束，连接微处理器与存储器、输入输出接口，用以构成完整的微型计算机的总线称为系统总线。系统总线上传送的信息包括数据信息、地址信息以及 控制信息，因此，系统总线包含有3种不同功能的总线，即数据总线（Data Bus，DB)、地址总线（Address Bus，AB）和控制总线(Control Bus，CB)。

数据总线（DB）用于传送数据信息，实现微处理器、存储器和 I/O 接口之间的数据交换。数据总线是双向三态形式，既可以把 CPU 的数据传送到存储器或 I/O 接口等其他部件，也可以将其他部件的数据传送到 CPU。数据总线的位数是微型计算机的一个重要指标，通常与微处理器的字长相一致。

地址总线（AB）是专门用来传送地址的，由于地址只能从 CPU 传向外部存储器或 I/O 接口，所以地址总线总是单向三态的，这与数据总线不同。地址总线的位数决定了 CPU 可直接寻址的内存空间大小。例如，8 位微机的地址总线为 16 位，则其最大可寻址空间为 2^{16}KB = 64KB；16 位微机的地址总线为 20 位，其可寻址空间为 2^{20}B = 1MB。一般来说，若地址总线为 n 位，则可寻址空间为 2^n 个地址空间（存储单元)。

控制总线（CB）用来传送控制信号和时序信号。控制信号中，有的是微处理器送往存储器和 I/O 接口电路的，如读/写信号、中断响应信号等；也有的是其他部件送往 CPU 的，如中断申请信号、复位信号、总线请求信号等。因此，控制总线的传送方向根据具体控制信号而定，一般是双向的；控制总线的位数要根据系统的实际控制需要而定。实际上控制总线的具体情况主要取决于 CPU。

5. 外部设备

外部设备指输入或输出设备，它也是微型计算机硬件系统的一个主要组成部分。输入设备指将信息传送到主机的设备的总称，它们是主机获取外部信息的手段。输出设备是接收主机信息的设备总称，它们是主机向外部发送信息的手段。最常用的输入设备有键盘、鼠标、扫描仪、光笔、条形码输入器、触摸屏等。常用的输出设备有显示器、打印机、绘图仪等。外存储器也是外部设备，往往兼备输入和输出功能，称为复合设备。

1.2.2 微型计算机软件系统

在计算机系统中，计算机硬件系统是物质基础，计算机软件是灵魂。软件包含计算机工作时所需要的各种程序、数据及相关文档资料，为计算机有效运行和特定信息处理提供全过程的服务，是用户操作计算机的中介。软件和硬件相辅相成，缺一不可。在计算机发展过程中，软、硬件系统都在不断地更新和完善。微型计算机的软件系统分为系统软件和应用软件。

1. 系统软件

系统软件是指没有特殊的应用背景，专门为了发掘硬件功能，测试硬件部件和减少用户对硬件的依赖程度等而编制的软件程序。系统软件的主要功能是调度、监控和维护计算机系统；负责管理计算机系统中各种独立的硬件，使得它们可以协调工作。系统软件使得计算机使用者和其他软件将计算机当作一个整体而不需要顾及到底层每个硬件是如何工作的。系统软件的主要类别如下。

（1）操作系统。操作系统是计算机软件中最重要的，它有效地管理整个计算机的资源，是计算机裸机与应用程序及用户之间的桥梁。没有它，用户也就无法使用某种软件或程序。典型的操作系统有 DOS、Windows98、Windows NT、Linux 和 Netware 等。

（2）服务型程序。服务型程序是指在软件开发和硬件维护过程中，辅助计算机专业人员进行监控、调试、故障诊断等工作的专用程序，如机器的调试、故障检查和诊断程序、杀毒程序等。

（3）各种语言的处理程序。它把用户用软件语言书写的各种源程序转换成为可被计算机识别和运行的目标程序，从而获得预期结果，如汇编程序、编译程序和解释程序。

（4）各种数据库系统。数据库系统是用于支持数据管理和存取的软件，它包括数据库、数据库管理系统等。如 SQL Sever、Oracle、Informix、Foxpro 等。

2. 应用软件

应用软件泛指在应用领域中为解决各类应用问题而开发和使用的程序。由于系统软件不能解决某些特定的应用问题，于是产生了应用软件。应用软件以计算机为基础，在系统软件的支持下，面向用户直接为用户提供应用服务，它不仅能够充分发挥计算机硬件的功能，而且为用户提供一个宽松的工作环境，并能提供用户的工作效率。常用的应用软件如下：

（1）用于科学计算方面的软件。

（2）文字处理软件，如 WPS2000、Office2003 等。

（3）图像处理软件，如 Photoshop、3DS MAX 等。

（4）各种财务管理、税务管理、工业控制、辅助教育软件等。

1.2.3 微机系统的主要性能指标

1. 字长

字长是指微机系统中 CPU 一次能处理的二进制位数。字长越长，说明 CPU 所能处理的数据精度越高，处理速度越快，存储容量越大，通常字长是字节的整数倍。目前微机的字长主要有 32 位和 64 位。

2. 主频

CPU 的主频，即 CPU 内核工作的时钟频率（CPU Clock Speed）。CPU 的主频的高低在很大程度上决定了 CPU 的运行速度。早期的 CPU 主频用 MHz（$1MHz = 10^6Hz$）为单位，而当前 Pentium 的主频以 GHz（$1GHz = 10^3MHz$）为单位。

3. 运算速度

运算速度是指微机系统每秒所能执行的指令条数。目前比较常用的衡量单位是 MIPS（Million Instructions Per Second）。

4. 主存容量和存取速度

主存容量指内部存储器能存放数据的最大字节数。主存容量越大，可存放的数据越多，可同时执行的程序也越多。主存的容量除了取决于处理器的寻址能力（地址线条数）外，还受系统的其他硬件和软件的影响。例如，Pentium 4 有 36 根地址线，可以访问的主存的最大空间为 64GB，但是如果操作系统采用 XP，则系统只支持 4GB 的内存，如果使用 Windows Sever 2003 就可支持 64GB 的内存。

存取速度指主存完成一次读/写所需要的时间，该时间越短，存取速度就越快。

1.3 计算机中的数与编码

1.3.1 进位计数制与进制间的转换

1. 进位计数制

进位计数制是一种计数的方法。在日常生活中，人们使用各种进位计数制，如六十进制（1h = 60min，1min = 60s）、十二进制（1ft = 12in，1 年 = 12 月），但最熟悉和最常用的是十进制计数。

进位计数制是利用固定的数字符号和统一的规则来计数的方法。常用进制介绍见表 1-2。一般而言，K 进制数的基数为 K，可供选用的基本数字符号有 K 个，它们分别为 $0 \sim K-1$，每个数位计满 K 就向其高位进 1，即“逢 K 进 1”。

表 1-2 常用进制介绍

进制	基数	数字符号	特点	举例
十进制	10	0，1，2，3，4，5，6，7，8，9	逢十进一，借一当十	$(123.4)_{10}$
二进制	2	0，1	逢二进一，借一当二	$(1011.1)_2$
八进制	8	0，1，2，3，4，5，6，7	逢八进一，借一当八	$(35.7)_8$
十六进制	16	0，1，2，3，4，5，6，7，8，9，A，B，C，D，E，F	逢十六进一，借一当十六	$(28A.C)_{16}$

任何进制数的值都可以表示成该进制数中各位数字符号值与相应位权乘积的累加和形式，该形式称为按权展开的多项式和。一个 K 进制数$(N)_K$，用按权展开的多项式和形式可表示为

$$(N)_K = D_m K^m + D_{m-1} K^{m-1} + \cdots + D_1 K^1 + D_0 K^0 + D_{-1} K^{-1} + D_{-2} K^{-2} + \cdots + D_{-n} K^{-n}$$

例如，十进制数 $(123.4)_{10}$ 可表示为

$$(123.4)_{10} = 1 \times 10^2 + 2 \times 10^1 + 3 \times 10^0 + 4 \times 10^{-1}$$

二进制数 $(1011.1)_2$ 可表示为

$$(1011.1)_2 = 1 \times 2^3 + 0 \times 2^2 + 1 \times 2^1 + 1 \times 2^0 + 1 \times 2^{-1}$$

2. 不同数制之间的转换

（1）十进制整数转换为 K 进制数。

方法： 除 K 取余数，结果倒序排列。

具体做法： 将十进制数除以 K，得到一个商和一个余数；再将商除以 K，又得到一个商和一个余数；继续这一过程，直到商等于 0 为止。每次得到的余数（$0 \sim K-1$）就是对应的 K 进制数的各位数字。

注意： 第一次得到的余数是最低位，最后一次得到的余数是最高位。

【例 1-1】 将十进制数 83 转换为二进制数和十六进制数。

解： 转换过程如图 1-3 所示。

最后结果为$(83)_{10} = (D_6D_5D_4D_3D_2D_1D_0)_2 = (1010011)_2 = (D_1'D_0')_{16} = (53)_{16}$

（2）十进制小数转换为 K 进制小数。

方法： 乘 K 取整，结果正序排列。

除数	被除数/商	说明
2	83	余数为1，即 $D_0=1$
2	41	余数为1，即 $D_1=1$
2	20	余数为0，即 $D_2=0$
2	10	余数为0，即 $D_3=0$
2	5	余数为1，即 $D_4=1$
2	2	余数为0，即 $D_5=0$
2	1	余数为1，即 $D_6=1$
	0	商为0，结束

a）十进制转换为二进制

除数	被除数/商	说明
16	83	余数为3，即 $D'_0=3$
16	5	余数为5，即 $D'_1=5$
	0	商为0，结束

b）十进制转换为十六进制

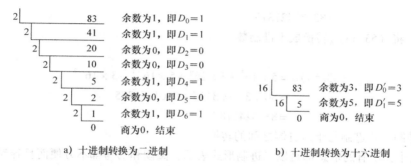

图 1-3 十进制整数到 K 进制整数转换过程

具体做法：将十进制小数乘以 K，得到一个乘积；再将乘积的小数部分乘以 K，又得到一个乘积；继续这一过程直到小数部分为0或者精度满足要求为止。每次得到的乘积的整数部分（$0\sim K-1$）就是对应的 K 进制小数的各位数字。

注意：先得到的整数是小数的高位，后得到的整数是小数的低位。

【例 1-2】 将十进制小数0.325转换为二进制小数和十六进制小数。

解：转换过程如图1-4所示。

	0.325	
× 2	0.650	整数为0，即 D_{-1} 为0
× 2	1.300	整数为1，即 D_{-2} 为1
× 2	0.600	整数为0，即 D_{-3} 为0
× 2	1.200	整数为1，即 D_{-4} 为1
× 2	0.400	整数为0，即 D_{-5} 为0
× 2	0.800	整数为0，即 D_{-6} 为0
× 2	1.600	整数为1，即 D_{-7} 为1
× 2	1.200	整数为1，即 D_{-8} 为1

a）十进制小数到二进制小数

	0.325	
× 16	5.200	整数为5，即 D'_{-1} 为5
× 16	3.200	整数为3，即 D'_{-2} 为3

b）十进制小数到十六进制小数

图 1-4 十进制小数到 K 进制小数转换过程

由于乘积的整数部分不可能为0，故不再计算。小数部分的位数越多，精度越高，位数越少精度越低。

二进制结果为 $(0.325)_{10}=(0.D_{-1}D_{-2}D_{-3}D_{-4}D_{-5}D_{-6}D_{-7}D_{-8})_2=(0.01010011)_2$

十六进制结果为 $(0.325)_{10}=(0.D'_{-1}D'_{-2})_{16}=(0.53)_{16}$

（3）K 进制数转换为十进制数。

方法：将 K 进制数按权展开。

具体做法：将 K 进制数展开为各位数字符号值与相应位权乘积的累加和，并以十进制形式进行计算，得到的数值就是十进制数。

注意：K 进制数中的某位如果为0，展开式中可以省略该项。

【例 1-3】 将 $(1010011.01010011)_2$ 转换成十进制数。

解：

$$
\begin{aligned}
(1010011.01010011)_2 &= 1\times2^6+1\times2^4+1\times2^1+1\times2^0+1\times2^{-2}+1\times2^{-4}+1\times2^{-7}+1\times2^{-8} \\
&= 64+16+2+1+0.25+0.0625+0.0078125+0.00390625
\end{aligned}
$$

$=83.32421875$

【例 1-4】将 $(53.53)_{16}$ 转换成十进制数。

解：

$$\begin{aligned}(53.53)_{16} &= 5\times16^{1}+3\times16^{0}+5\times16^{-1}+3\times16^{-2}\\ &= 80+3+0.3125+0.01171875\\ &= 83.32421875\end{aligned}$$

（4）二进制、八进制与十六进制之间的转换。

在计算机中，所有的信息都是以二进制形式表示，阅读和书写都不方便而且容易出错。由于 $2^3=8$，所以每 3 位二进制数等于 1 位八进制数；$2^4=16$，每 4 位二进制数等于 1 位十六进制数。因此八进制和十六进制数主要用来简化二进制的书写，它们的对应关系见表 1-3。为方便书写，二进制数以“B”为后缀，八进制数以“O”为后缀，十六进制以“H”为后缀，十进制数以“D”为后缀，没有后缀的按十进制表示。

表 1-3　计算机中常用进制间的对应关系

十进制	二进制	八进制	十六进制
0	0000	0	0
1	0001	1	1
2	0010	2	2
3	0011	3	3
4	0100	4	4
5	0101	5	5
6	0110	6	6
7	0111	7	7
8	1000	10	8
9	1001	11	9
10	1010	12	A
11	1011	13	B
12	1100	14	C
13	1101	15	D
14	1110	16	E
15	1111	17	F
16	10000	20	10

方法：以小数点为界，整数部分从低位到高位按每 3 位或 4 位一组进行分割，小数部分从高位到低位按每 3 位或 4 位一组进行分割，分割后转换为八进制或者十六进制数字。

注意：分割后不足 3 位或 4 位的整数部分在高位补 0，小数部分在低位补 0。

【例 1-5】将 $(1010011.01010011)_2$ 转换为八进制和十六进制数。

$$1010011.01010011\text{B}=\underline{\mathbf{00}1}\ \underline{010}\ \underline{011}.\ \underline{010}\ \underline{100}\ \underline{11\mathbf{0}}\text{B}=123.246\text{O}$$

$$1010011.01010011\text{B}=\underline{\mathbf{0}101}\ \underline{0011}.\ \underline{0101}\ \underline{0011}\text{B}=53.53\text{H}$$

由于八进制可以方便地转换成 3 位二进制数，因此在将十进制数转换为二进制数时，可以先将十进制数转换成八进制数，再转换成二进制。

1.3.2 计算机中数的表示

1. 无符号数

所谓无符号数是正数和0的集合。存储一个正数或0时，所有的位都用来存放这个数的各位数字，无需考虑它的符号，无符号数因此得名。

用N位二进制表示一个无符号数时，最小的数是0，最大的数是2^N-1（N个1）。8位二进制无符号数的表示范围为0~255，16位二进制无符号数的表示范围为0~65535。

如果一个无符号数需要增加它的位数时，需要在它的左侧添加若干个0，称为零扩展。例如，用16位来存储8位无符号数0110 1001B时，在该数的左侧添加8个0，结果为0000 0000 0110 1001B（插入空格是为了阅读和区分，书写时没有这个必要）。

2. 有符号数

实际上，在更多的情况下，计算机处理的是有符号数。在计算机中，有符号数的正、负通过数据的最高有效位表示：1表示符号为负，0表示符号为正。为叙述方便，先引进两个名词：机器数和真值。一个数在机器中的表示形式，即编码称为机器数，而数本身称为真值。常用的机器数有3种：原码、补码和反码。

（1）原码。原码就是将最高位作为符号位，对正数，该位取0，对负数，该位取1，而数值部分保持数的原有形式（有时需要在高位部分添几个0）。这样所得结果为该数的原码表示。

【例1-6】 $X=+1001010B$，$Y=-1001010B$，$Z=-1110B$（$=-0001110B$）。当原码为8位时，X、Y和Z的原码分别是多少？

解： $[X]_{原}=01001010B$；$[Y]_{原}=11001010B$；$[Z]_{原}=10001110B$。

原码表示有3个主要特点：①是直观，与真值转换很方便；②是进行乘、除运算方便；③是加、减运算比较麻烦。

（2）补码。对正数，补码同原码。例如，$X=+0101001B$，$[X]_{补}=[X]_{原}=00101001B$。负数的补码等于其原码除符号位外按位“求反”（1变0，0变1），末位再加1。例如，$Y=-0001100B$，$[Y]_{原}=10001100B$，$[Y]_{补}=11110011B+1=11110100B$。

由求补码的方法可以看出，对于补码，其符号位和原码的符号位相同，也表示了真值的符号。引进补码的目的是方便带符号数的加、减运算。

（3）反码。对正数，其反码与原码相同，也与补码相同。对负数，其反码等于原码除符号位外，按位求反（末位不加1）。一般把求反码作为求补码的中间过程，即$[X]_{补}=[X]_{反}+1$。

上面所介绍的机器数编码主要用于汇编语言编程。在高级语言中，数可带有符号，但编译程序最终还是将其表示成机器数。

表1-4列出了8位二进制码表示的部分数值的原码、反码和补码。从表中可以看出0的原码和反码都有两种表示方法，无法表示-128。而补码的+0和-0的表示方法是唯一的，因而可多表示一个数即-128。

表1-4 8位机器数的原码、反码和补码表示

真值（十进制）	二进制真值	原码	反码	补码
+127	+111 111	0 111 111	0 111 1111	0 111 1111
+1	+000 0001	0 000 0001	0 000 0001	0 000 0001
+0	+000 0000	0 000 0000	0 000 0000	0 000 0000
-0	-000 0000	1 000 0000	1 111 1111	0 000 0000
-1	-000 0001	1 000 0001	1 111 1110	1 111 1111

（续）

真值（十进制）	二进制真值	原码	反码	补码
-2	-000 0010	1 000 0010	1 111 1101	1 111 1110
-127	-1111111	1 111 1111	1 000 0000	1 000 0001
-128	-1 000 0000	无法表示	无法表示	1 000 0000

3. 二进制数的运算

（1）无符号数的运算。无符号数的运算实际上是正数之间的运算，而且所有数位全都是有效数据位，没有符号位。表1-5列出了无符号数按位运行的运算规则。

表1-5 二进制运算规则

运算	运算规则
加法运算	0+0=0；0+1=1；1+0=1；1+1=0（有进位）
减法规则	0-0=0；1-1=0；1-0=1；0-1=1（有借位）
逻辑与（AND）运算	$0\wedge0=0$；$0\wedge1=0$；$1\wedge0=0$；$1\wedge1=1$
逻辑或（OR）运算	$0\vee0=0$；$0\vee1=1$；$1\vee0=1$；$1\vee1=1$
逻辑异或（XOR）运算	$0\oplus0=0$；$0\oplus1=1$；$1\oplus0=1$；$1\oplus1=0$
逻辑非（NOT）运算	$\bar{0}=1$；$\bar{1}=0$

（2）有符号数的加减运算。有符号数在计算机中用其补码形式参与运算，补码的运算规则如下：

1）$[X+Y]_{补}=[X]_{补}+[Y]_{补}$，即两数之和的补码等于各自补码的和。

2）$[X-Y]_{补}=[X]_{补}+[-Y]_{补}$，即两数之差的补码等于被减数的补码与减数相反数的补码之和。

3）$[[X]_{补}]_{补}=[X]_{原}$，即按求补码的方法，对$[X]_{补}$再求补码一次，结果等于$[X]_{原}$。

4）$[[X]_{补}]_{求补}=[-X]_{补}$，求补运算是指包含符号位取反加1的操作。

其中2）和4）表明，只要把$-Y$的补码$[-Y]_{补}$求出来，就可以将减法转变成加法来做。这就意味着，在CPU中只要有一个加法器就可以实现加法和减法运算，这可以简化CPU的电路。

【例1-7】 设$X=+100$，$Y=+83$，求$[X-Y]_{补}$。

解： 先求$[X]_{补}$和$[-Y]_{补}$。

$$[X]_{补}=[+100]_{补}=[+1100100B]_{补}=01100100B$$

$$[-Y]_{补}=[[Y]_{补}]_{求补}=[[01010011B]_{补}]_{求补}=[01010011B]_{求补}=10101101B$$

$$\begin{array}{ll} [X]_{补} & 01100100B \\ +[-Y]_{补} & +10101101B \\ \hline [X-Y]_{补} & \underline{1}\,00010001B=11H=16+1=17 \end{array}$$

进位自然丢失

【例1-8】 设$X=+100$，$Y=+83$，求$[Y-X]_{补}$。

解： 先求$[-X]_{补}$和$[Y]_{补}$。

$[-X]_{补}=[[X]_{补}]_{求补}=[[100]_{补}]_{求补}=[01100100B]_{求补}=10011100B$。

$[Y]_{补}=[83]_{补}=[+1010011B]_{补}=01010011B$。

$$\begin{array}{ll} [Y]_{补} & 01010011B \\ +[-X]_{补} & +10011100B \\ \hline [Y-X]_{补} & 11101111B=-0010001B=-(16+1)=-17 \end{array}$$

注意：求补码的过程和求补的运算的区别：正数的补码与原码相同，负数的补码等于其原码除符号位外按位“求反”（1变0，0变1），末位再加1。求补运算不区分正、负数，是包含符号位在内的所有位取反加1。

1.3.3 计算机中的编码

现代计算机不仅要处理数值数据，而且还要处理大量的非数值数据，像英文字母、标点符号、专用符号以及汉字等。无论是什么信息都必须用二进制编码后才能被CPU识别和处理。下面讨论几种常见的二进制编码方法。

1. ASCII码

美国标准信息交换（American Standard Cord for Information Interchange，ASCII）码是计算机中使用最多最为普遍的编码，它用7位二进制编码表示128个字符和符号，具体见附录A。

ASCII编码有如下几个特点：

（1）每个字符用8位（即一个字节）表示，其中最高位为“0”，当需要进行奇偶校验时，最高位用做校验位。

（2）ASCII共编码了128个字符，它们主要包括：数字0~9的ASCII码为30H~39H；26个英文大写字母A~Z的ASCII码为41H~5AH；26个英文小写字母的ASCII码为61H~7AH；32个控制字符，主要用于通信中的通信控制或计算机设备的功能控制，编码为0~31，含义详见附录B。

2. BCD码

BCD（Binary Coded Decimal）码是用二进制编码表示的十进制数。它保留了十进制数的权，即逢十进一；而数字则用0和1的组合来表示。用二进制编码表示十进制数，至少需要4位二进制编码。4位二进制编码有16种组合，而十进制只有10个符号，选择哪10个符号来表示十进制的0~9有多种可行的方案。下面只介绍最常用的一种BCD码。

8421 BCD码是最基本和最常用的BCD码，它和4位自然二进制码相似，各位的权值为8、4、2、1，故称为有权BCD码。和4位自然二进制码不同的是，它只选用了4位二进制码中前10组代码，即用0000~1001分别代表它所对应的十进制数，余下的6组代码不用。表1-6给出了BCD码与十进制和十六进制的对应关系。

表1-6 BCD码与其他进制的对照表

二进制编码	BCD码	十进制数字	十六进制数字	二进制编码	BCD码	十进制数字	十六进制数字
0000	0000	0	0	1000	1000	8	8
0001	0001	1	1	1001	1001	9	9
0010	0010	2	2	1010	非法	无	A
0011	0011	3	3	1011	非法	无	B
0100	0100	4	4	1100	非法	无	C
0101	0101	5	5	1101	非法	无	D
0110	0110	6	6	1110	非法	无	E
0111	0111	7	7	1111	非法	无	F

BCD码有压缩BCD码与非压缩BCD码两种编码方法。压缩BCD码的每一位用4位二进制表示，一个字节表示两位十进制数，如10010110B表示十进制数96D；非压缩型BCD码一个字节可存放一个一位十进制数，其中高4位的内容不做规定（也有部分书籍要求为0，二者均可），低4位二进制表示该位十进制数。数字字符“7”的ASCII码37H（00110111B）就是数7的非压缩BCD码（高4位的内容不做规定）。

1.4 微型计算机中的常用逻辑部件

本节介绍几种后面经常用到的逻辑门电路和集成逻辑部件。对这些部件，只需掌握它们的功能和对外引线，不必关心其内部电路构成。在数字电路中，电压在2.0~5.0V之间称为高电平，电压在0.2~0.8V之间称为低电平。正逻辑是用高电平表示逻辑“1”，用低电平表示逻辑“0”。负逻辑是用低电平表示逻辑“1”，用高电平表示逻辑“0”。

1.4.1 基本逻辑门电路

1. 与门

与门（AND Gate）是对多个逻辑变量实现逻辑“与”运算的门电路。若输入逻辑变量为 A 和 B，则通过与门输出的结果 Y 可表示为

$$Y = A \wedge B$$

只有当与门的两个输入 A 和 B 都为1时，输出 Y 才为1。只要 A 或者 B 有一个为0时，输出 Y 就为0。从电路的角度来说，若采用正逻辑，则仅当与门的输入 A 和 B 都是高电平时，输出 Y 才是高电平，否则 Y 就为低电平。

与门的真值表见表1-7，其逻辑符号如图1-5所示。

表1-7　与门真值表

A	B	Y	A	B	Y
0	0	0	1	0	0
0	1	0	1	1	1

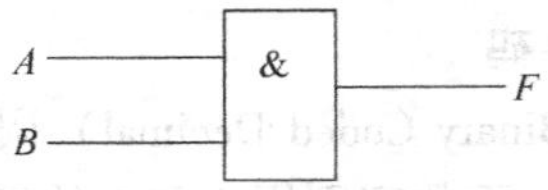

图1-5　与门逻辑符号

2. 或门

或门（OR Gate）是对多个逻辑变量进行“或”运算的门电路。若输入的逻辑变量为 A 和 B，则通过或门输出的结果 Y 可表示为

$$Y = A \vee B$$

即两个输入变量 A 和 B 中的任意一个为1，输出 Y 就为1；仅当 A 和 B 都为0时 Y 才为0。从电路的角度来说，若采用正逻辑，则仅当或门的输入 A 和 B 都是低电平时，输出 Y 才是低电平，否则 Y 就为高电平。

或门的真值表见表1-8，其逻辑符号如图1-6所示。

表1-8　或门真值表

A	B	Y	A	B	Y
0	0	0	1	0	1
0	1	1	1	1	1

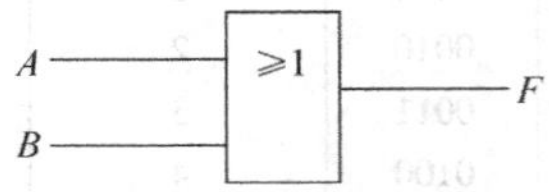

图1-6　或门逻辑符号

3. 非门

非门（NOT Gate）又称为反相器，是对单一逻辑变量进行“非”运算的门电路。其输入变量 A 与输出变量 Y 之间的关系用下式表示

$$Y = \overline{A}$$

非运算也称求反运算，变量 A 上的上划线“—”在数字电路中表示反相的意思。非门的真值表见表1-9，其逻辑符号如图1-7所示。

表 1-9 非门真值表

A	Y
0	1
1	0

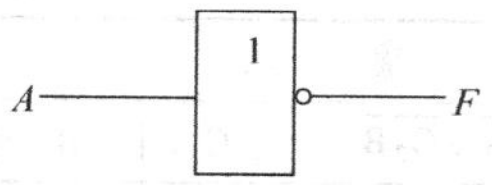

图 1-7 非门逻辑符号

4. 与非门

与非门（NAND Gate）就是在“与”门的输出端接一个“非”门，使“与”门的输出反相。若输入变量为 A 和 B，则先对 A 和 B 进行“与”运算，再对结果进行“非”运算。输出的结果 Y 可表示为

$$Y=\overline{A \wedge B}$$

与非门的真值表见表 1-10，其逻辑符号如图 1-8 所示，逻辑符号中的小圆圈表示“非”运算（本书中将始终采用这种方式）。

表 1-10 与非门真值表

A	B	Y	A	B	Y
0	0	1	1	0	1
0	1	1	1	1	0

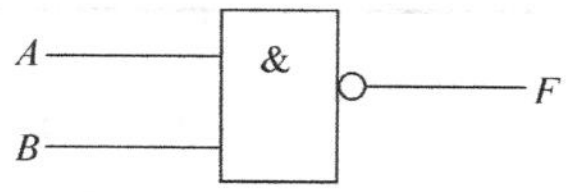

图 1-8 与非门逻辑符号

5. 或非门

或非门（NOR Gate）就是在“或”门的输出端接一个“非”门，使“或”门的输出反相。若输入变量为 A 和 B，则先对 A 和 B 进行“或”运算，再对结果进行“非”运算。输出的结果 Y 可表示为

$$Y=\overline{A \vee B}。$$

或非门的真值表见表 1-11，其逻辑符号如图 1-9 所示。

表 1-11 或非门真值表

A	B	Y	A	B	Y
0	0	1	1	0	0
0	1	0	1	1	0

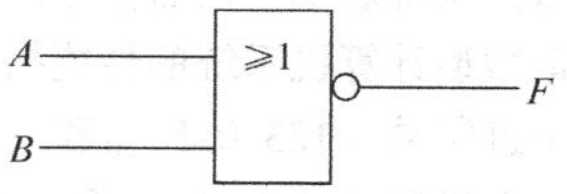

图 1-9 或非门逻辑符号

1.4.2 译码器

译码器是一个多输入、多输出的电路。它的作用是把给定的代码进行“翻译”，变成相应的一路输出信号。译码器在数字系统中有广泛的用途，不仅用于代码的转换、终端的数字显示，还用于数据分配，存储器寻址和组合控制信号等。不同的功能可选用不同种类的译码器。

在中等规模集成电路中译码器有几种型号，74 系列的 3-8 译码器是使用最广的译码器，它们有 3 个地址输入端，8 个译码输出端和 3 个使能端。以 74LS138 为例，地址输入引脚为 C、B、A，译码输出引脚为 $\overline{Y}_0 \sim \overline{Y}_7$，使能引脚为 G_1、$\overline{G_2A}$和$\overline{G_2B}$。表 1-12 是 74LS138 译码器的真值表，当使能端 G_1 为高电平有效，$\overline{G_2A}$和$\overline{G_2B}$为低电平时，3 个地址输入端所指定的输出端有有效信号（为 0）输出，其他所有输出端均为无效信号（为 1）。若使能端 G_1、$\overline{G_2A}$和$\overline{G_2B}$这 3 个信号有一个为无效信号，译码器被禁止，所有输出同时为 1。74LS138 的引脚定义如图 1-10 所示。

表 1-12　74LS138 译码器的真值表

输入					输出							
G_1	$\overline{G_2A}+\overline{G_2B}$	C	B	A	$\overline{Y_0}$	$\overline{Y_1}$	$\overline{Y_2}$	$\overline{Y_3}$	$\overline{Y_4}$	$\overline{Y_5}$	$\overline{Y_6}$	$\overline{Y_7}$
1	0	0	0	0	0	1	1	1	1	1	1	1
1	0	0	0	1	1	0	1	1	1	1	1	1
1	0	0	1	0	1	1	0	1	1	1	1	1
1	0	0	1	1	1	1	1	0	1	1	1	1
1	0	1	0	0	1	1	1	1	0	1	1	1
1	0	1	0	1	1	1	1	1	1	0	1	1
1	0	1	1	0	1	1	1	1	1	1	0	1
1	0	1	1	1	1	1	1	1	1	1	1	0
0	×	×	×	×	1	1	1	1	1	1	1	1
×	1	×	×	×	1	1	1	1	1	1	1	1

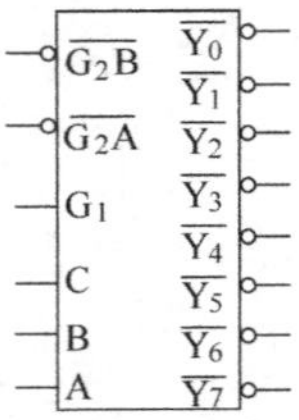

图 1-10　74LS138 的引脚定义

习　　题

1-1　冯·诺依曼型计算机由哪五大组成部件构成？

1-2　什么是微处理器、微型计算机和微型计算机系统？它们各由什么组成？

1-3　什么是系统总线？按照信号的种类不同可以把系统总线分成哪三类？它们各有什么特点？

1-4　衡量微型计算机系统的性能指标有哪些？

1-5　将十进制数 $(123.025)_{10}$ 和 $(96.12)_{10}$ 转换成二进制数和十六进制数。

1-6　将十六进制数 $(3E.7)_{16}$ 和 $(A4.B)_{16}$ 转换成十进制数。

1-7　求 8 位无符号数 10110101B 和 01011101B 对应的十进制数？

1-8　分别求 78 和 −78 的 8 位原码、补码和反码。

1-9　设 $[X]_{补}=11001010B$，$[Y]_{补}=01001010B$，求它们的真值。

1-10　设 $X=+37$，$Y=-15$，求 $[X-Y]_{补}$。

第2章 汇编语言基础

【本章提要】

本章首先介绍8086/8088的编程结构，并详细阐述8086/8088 CPU的存储器组织、内部各个寄存器的功能及用途。为了使读者尽快掌握汇编语言程序设计方法，本章先从一个简单的汇编源程序入手，通过一步步讲解汇编语言程序设计上机调试方法，使读者能够对汇编语言程序设计及如何调试程序、查看结果有一个直观的了解，从而产生学习兴趣。本章重点讲解常用汇编伪指令、8086/8088系统支持的寻址方式以及8086/8088指令系统的常用指令功能及应用。

指令是汇编语言程序设计的基础，只有熟练掌握8086/8088各指令的书写格式、功能及注意事项，程序设计员才能在编写汇编语言程序的过程中得心应手。读者可以通过利用调试程序（如DEBUG）观察指令执行的效果，能够更直观和深入地理解指令功能。

【学习目标】

- 掌握8086/8088的编程结构，理解存储器组织以及逻辑地址和物理地址的转换，熟悉常用寄存器的名称和作用以及标志寄存器各标志位的含义。
- 熟悉汇编语言的语句格式和源程序格式。
- 熟练掌握汇编语言程序的开发及调试方法。
- 掌握常量表达方法、变量定义、变量属性及其应用。
- 熟练掌握并应用8086/8088的寻址方式及指令系统常用指令。
- 理解目标地址的转移范围和寻址方式。
- 熟悉并正确使用键盘和显示器的常用DOS功能调用。

2.1 汇编语言概述

尽管在使用汇编语言进行程序设计之前，完全理解汇编语言的特点有一定的困难，但首先了解汇编语言的特点对学习汇编语言程序设计是有益的。计算机的应用已经渗透到社会生活的各个领域，人们与计算机进行交流的“语言”经历了机器语言、汇编语言和高级语言3个阶段，正朝着“自然语言”的方向发展。汇编语言是一种能够充分利用计算机硬件特性的低级语言，它与计算机结构有着非常紧密的联系。虽然高级语言能够实现大部分机器语言可以实现的功能，但汇编语言还是经常被用来改进计算机软件和硬件控制系统的工作效率，以及用于高级语言的程序调试，为计算机系统提供高效的代码。

1. 机器语言

机器语言是用二进制编码的机器指令的集合，是由代码0和1组成的面向机器的语言。它是CPU能直接识别和执行的唯一语言。用机器语言描述的程序称为目标程序。

机器指令与CPU有着密切的关系。通常，CPU的种类不同，对应的机器指令也就不同。不同型号CPU的指令集往往有较大的差异。但同一个系列CPU的指令集常常具有良好的向下兼容性。例如，Intel 80386指令集包含了8086指令集。

下面的一组指令代码是利用Intel 8086机器指令实现两数相加的程序段，包含3条机器指令，用十六进制形式表示如下：

```
A01020
```

```
02061120
A21220
```

该程序段的功能很难直接看出。这3条机器指令将存储器中偏移地址2010H单元中的数与偏移地址2011H单元中的数相加，运算结果送入偏移地址2012H单元。

机器语言不能用人们熟悉的形式来描述计算机要执行的任务，用机器语言编写程序十分繁琐，极易出错，一旦有错，很难发现，不便于阅读和维护。但它是计算机可直接识别并执行的语言程序，内存占用少，执行速度快。由于用机器语言编制出的程序不易为人理解、记忆和交流，所以只是在早期或不得已时才用机器语言编写程序，现在几乎没有人用机器语言编写程序了。

2. 汇编语言

为了克服机器语言的缺点，人们采用便于记忆、并能描述指令功能的符号来表示指令的操作码，这些符号被称为指令助记符。助记符一般是说明指令功能的英语词汇或者词汇的缩写。同时也用符号表示操作数，如CPU的寄存器、存储单元地址等。

利用汇编语言，上述两数相加的程序片段可表示如下：

```
MOV    AL,[2010H]
ADD    AL,[2011H]
MOV    [2012H],AL
```

显然，汇编格式指令比二进制编码的机器指令要容易掌握得多。汇编语言是用助记符表示指令功能的计算机语言。用助记符表示的指令称为汇编指令。用汇编指令编写的程序称为汇编语言源程序，或简称为汇编源程序、汇编语言程序。汇编语言程序要比机器语言程序容易理解、调试和维护。

计算机能直接识别的唯一语言是由代码0和1组成的机器语言，所以用汇编语言编写的源程序必须被翻译成用机器语言表示的目标程序后才能由CPU执行。把汇编语言源程序翻译成目标程序的过程称为汇编。完成汇编任务的程序叫汇编程序或汇编器。汇编过程如图2-1所示。

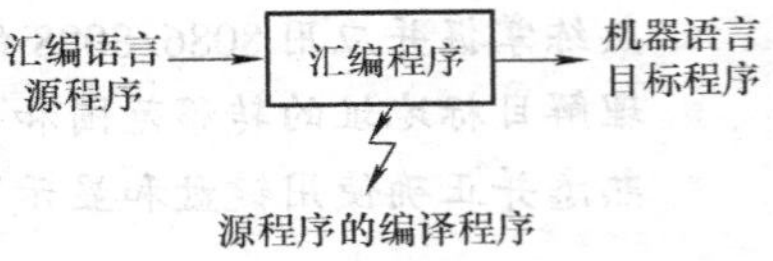

图2-1　汇编过程示意图

3. 高级语言

虽然汇编语言用符号替代机器指令，从一定程度上简化了程序的编写、阅读和调试，但是仍然要求程序设计者熟悉计算机的内部结构等，编写汇编语言程序还是具有一定的难度，不利于计算机的推广与应用。

高级语言是一种类似于自然语言和数学描述语言的程序设计语言，其面向过程或面向对象，脱离具体的机器，易于编写、阅读和调试，且可移植性好。但高级语言源程序必须经过编译后才能翻译成计算机可识别、执行的目标程序，通常不能产生有效的机器语言代码，致使其占用内存空间大，程序运行速度较慢等。

4. 汇编语言特点

汇编语言使用助记符形式，与机器语言相比，汇编语言易于理解和记忆，汇编语言程序也易于编写、阅读与调试。具体而言，汇编语言有如下主要特点：

(1) 汇编语言与机器关系密切。汇编格式指令是机器指令的符号表示，与机器指令是一一对应的关系，仍然是面向机器的低级语言。所以汇编语言源程序与高级语言源程序相比，它的通用性和可移植性要差得多。但通过汇编语言可最直接和最有效地控制机器，这常常是大多数高级语言难以做到的。

(2) 汇编语言程序效率高。构成汇编语言主体的汇编指令都是所对应的某条机器指令的"化身"，能直接控制计算机的硬件设备，充分利用机器硬件系统的许多特性。因此目标程序效率高，反映在时间上是执行速度快；反映在空间是目标程序短，内存占用少。在“时空”效率方面，采用相同算法的前提下，高级语言程序要逊色得多。

（3）编写汇编语言源程序繁琐。编写汇编语言源程序要比编写高级语言源程序繁琐得多。汇编语言是面向机器的语言，高级语言是面向过程或面向目标、对象的语言。

作为机器指令符号化的每一条汇编格式指令所能完成的操作极为有限。程序员在利用汇编语言编写程序时，必须考虑包括寄存器、存储单元和寻址方式在内的几乎所有细节问题，如，指令执行对标志的影响，堆栈设置的位置等。在使用高级语言编写程序时，程序员不会遇到这些琐碎却重要的问题。

（4）汇编语言程序调试相对困难。调试汇编语言程序往往要比调试高级语言程序困难。汇编格式指令的功能有限和程序员要注意太多的细节问题是造成这种困难的客观原因。

5. 汇编语言应用场合

基于汇编语言的特点，其应用场合主要有：

（1）对软件的执行时间或存储容量有较高要求的场合。例如，操作系统的核心程序、智能化仪器仪表的控制系统、实时控制系统等。

（2）需要提高大型软件性能的场合。通常把大型软件中执行频率高的子程序（过程）用汇编语言编写，然后把它们与其他程序一起连接。

（3）软件与硬件关系密切，软件需要直接和有效控制硬件的场合，如设备驱动程序、I/O接口电路的初始化程序段等。

（4）没有合适的高级语言的场合或只能采用汇编语言的时候。例如，开发最新的处理器程序时，暂时没有支持新指令的编译程序。

（5）其他，如系统的底层软件、加密解密软件、分析和防治计算机病毒软件等。

2.2 8086/8088 微处理器编程结构

所谓编程结构，是指从程序员和使用者的角度看到的结构，与芯片内部的物理结构和实际布局有区别。微处理器是采用大规模集成电路技术制成的半导体芯片，是组成微机系统的核心部件，内部集成了计算机的主要部件：控制器、运算器和寄存器组。Intel 8086/8088 微处理器是 Intel 系列微处理器中具有代表性的高性能 16 位微处理器，内部采用 16 位数据通路和流水线结构，从而允许其在总线空闲时预取指令，取指令与执行指令实现了并行操作。

本着面向应用的原则，本节重点介绍 8086/8088 微处理器的编程结构。下面将从功能结构、存储器组织、寄存器组等内容展开。

2.2.1 8086/8088 的功能结构

从功能上来看，Intel 8086/8088 微处理器可分为两部分，即执行单元（Execution Unit，EU）和总线接口单元（Bus Interface Unit，BIU），如图 2-2 所示。EU 不与外部总线相连，它负责指令的译码执行；而 BIU 则负责从存储器或外部设备中读取指令和读/写数据，即完成所有的总线操作。这两个单元在一定程度上处于并行工作状态，提高了微处理器执行指令的速度。这就是最简单的指令流水线技术。

1. 执行单元

执行单元（EU）的功能是负责指令的译码、执行，包括算术、逻辑运算，控制等。指令执行单元（EU）包括算术逻辑运算单元（ALU）、一个 16 位的标志寄存器（Flags）、8 个 16 位的寄存器（通用寄存器组），以及数据暂存器（介绍略）和 EU 控制器等。

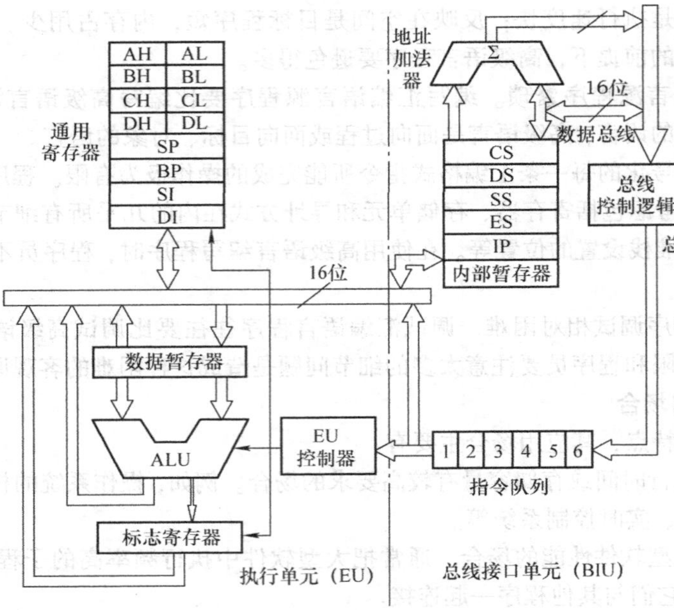

图 2-2　8086 的编程结构

(1) 算术逻辑运算单元（ALU）：是一个 16 位的运算器，用来实现算术运算或逻辑运算，运算结果通过内部总线送到通用寄存器，或者送往 BIU 的内部暂存器中，等待写入存储器。ALU 运算后的结果特征（有无进位、溢出等）置入标志寄存器。输入端数据暂存器用来暂存参加运算的操作数。

(2) 标志寄存器（Flags）：也叫程序状态字寄存器（PSW），用来存放 ALU 运算后的结果特征及控制标志。标志寄存器为 16 位，在 8086/8088CPU 中实际使用了 9 位。

(3) 通用寄存器组：包含 8 个 16 位寄存器，用来存放操作数或地址。每个寄存器又分别有各自的专门用途。

(4) EU 控制器：EU 控制器负责从 BIU 的指令队列中取指令，并对指令进行译码，根据指令内容向 EU 内部各部件发出相应的控制命令以完成每条指令所规定的功能。它相当于计算机中的控制器。

2. 总线接口单元

总线接口单元（BIU）的功能是负责 8086/8088 对存储器和 I/O 设备的所有访问操作。具体包括：负责从内存单元中预取指令，并将其送到指令队列缓冲器暂存；从内存单元或外设端口中读取操作数或者将指令的执行结果传送到指定的内存单元或外设端口；根据有效地址（EA）形成物理地址（PA）。

总线接口单元（BIU）包括 4 个段寄存器、1 个指令指针寄存器、内部暂存器（介绍略）、先进先出的指令队列、总线控制逻辑以及计算 20 位物理地址的地址加法器等。

(1) 4 个 16 位段寄存器：分别用来存放不同逻辑段的段起始地址。

(2) 16 位指令指针寄存器（Instruction Pointer，IP）：IP 用来存放下一条将要执行指令的偏移地址（EA，也叫有效地址），IP 只有和 CS 相结合，才能形成指向指令存放单元的物理地址。在程序执行过程中，IP 的内容自动增量修改，当 EU 执行转移指令、调用指令时，装入 IP 的则是目标地址。

(3) 指令队列：指令队列的作用是预存 BIU 从存储器中取出的指令代码。当 EU 正在执行指令，且不需要占用总线时，BIU 会自动地进行预取指令操作。8086 的指令队列为 6B，可按先后次序依次预存 6B 的指令代码。该队列寄存器按“先进先出”的方式工作。

（4）总线控制逻辑电路：总线控制逻辑电路将 8086 微处理器的内部总线和外部引脚相连，是 8086 微处理器与内存单元或 I/O 接口进行数据交换的必经之路。8086 的外部引脚将在第 4 章介绍。

（5）地址加法器：8086 微处理器输出的 20 位物理地址可直接寻址 1MB 存储空间，但 CPU 内部寄存器及内部总线均为 16 位的寄存器。20 位的物理地址由专门的地址加法器形成。地址加法器将对应段寄存器内容（段的起始地址）左移 4 位后，与 16 位的偏移地址相加。例如在取指令时，地址加法器将代码段寄存器（CS）内容左移 4 位后与 16 位的 IP 值相加，形成 20 位物理地址，送上地址总线去取指令。

3. BIU 与 EU 的操作协调

8086 引入了指令流水线技术，具有指令级的并行性。BIU 和 EU 按以下原则协调工作：

（1）执行单元 EU 并不直接与外部发生联系，而是从总线接口单元 BIU 的指令队列中源源不断地获取指令并执行。每当指令队列中存满一条指令后，EU 就立即开始执行。

（2）每当指令队列中有两个空字节时，BIU 就会自动地寻找空闲的总线周期进行预取指令操作，直至填满为止。其取指的顺序是按指令在程序中出现的先后顺序。

（3）每当 EU 准备执行一条指令时，它会从 BIU 部件的指令队列前部取出指令的代码，然后用几个时钟周期去执行指令。在执行指令的过程中，如果必须访问存储器或者 I/O 接口，那么 EU 就会请求 BIU 进入总线周期，并形成有效地址（EA）送给 BIU，由 BIU 的地址加法器形成物理地址（PA）从存储器或 I/O 接口取回操作数送给 EU，完成访问内存或者 I/O 接口的操作。如果此时 BIU 正好处于空闲状态，会立即响应 EU 的总线请求；如果 BIU 正将某个指令字取到指令队列中，则 BIU 将首先完成这个取指令的总线周期，然后再去响应 EU 发出的访问总线的请求。

（4）每当 EU 执行一条转移、调用或返回指令后，BIU 清除指令队列缓冲器，并从新的目标地址开始预取指令送入指令队列，此时 EU 才能继续执行指令，实现程序执行的转移。这时 EU 和 BIU 的并行操作显然要受到一定的影响，但只要转移、调用指令出现的概率不是很高，EU 和 BIU 间相互独立又相互配合的工作方式仍将大大提高 CPU 的工作效率。

（5）当指令队列已满，且 EU 又没有总线访问请求时，BIU 便进入空闲状态。

综上所述，BIU 与 EU 是一种并行工作方式。BIU 和 EU 既相互独立又相互配合，在 EU 执行指令的同时，BIU 可预取下一条或几条指令。因此，在一般情况下，CPU 执行完一条指令后，就可立即执行存放在指令队列中的下一条指令，从而减少了 CPU 为取指令而等待的时间，提高了 CPU 的利用率，加快整机的运行速度。

4. 8088 的编程结构

从微处理器的内部结构来看，8088 与 8086 很相似，区别仅表现在以下两个方面：

（1）8088 与外部交换数据的数据引脚是 8 位，总线控制电路与专用寄存器组之间的数据总线宽度也是 8 位，而 EU 内部总线仍是 16 位，所以 8088 也称为“准 16 位微处理器”。

（2）8088 BIU 中指令队列长度只有 4B，只要队列中出现一个空闲字节，BIU 就会自动访问存储器预取指令来填满指令队列。

2.2.2 8086/8088 的存储器组织

1. 存储器地址空间和数据存储格式

8086/8088 具有 20 条地址总线，所以可寻址的地址空间容量为 2^{20}（1M）。其存储器以字节（8bit，即 1Byte）为单位组织，每个字节对应一个唯一的 20 位地址（即访问该存储单元的实际地址，也称为物理地址或绝对地址）。存储器单元的地址编排是连续的，地址从0开始编号，顺序加1，是一个无符号二进制整数，通常写成十六进制形式。整个地址空间范围为 $0 \sim 2^{20}-1$（00000H ~ FFFFFH），如图2-3所示。

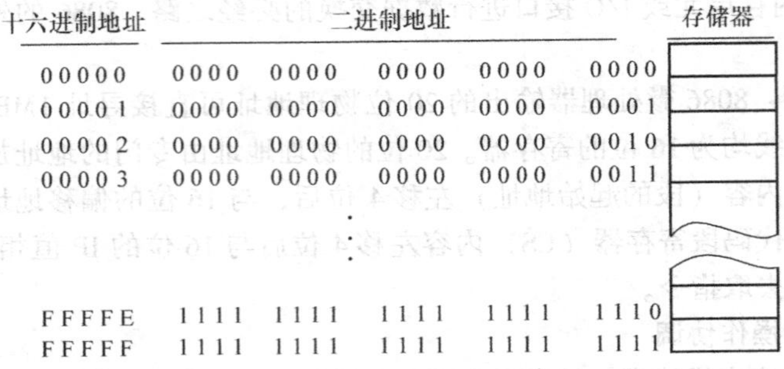

图2-3　存储器的地址

一个存储单元存放的信息称为该存储单元的内容。如图2-4所示，地址为00002H、00003H的存储单元内容分别为12H、34H，可表示为

（00002H）=12H，或［00002H］=12H

（00003H）=34H，或［00003H］=34H

在8086/8088系统中，多字节数据在存储器中占连续的多个存储单元，低字节存入低地址，高字节存入高地址（即“高高低低”存储原则，也称为小字节序或小端方式）。表达时，用它的低字节地址表示多字节数据占据的地址空间。例如，图2-4中地址00002H字单元的内容表示为（00002H）=3412H；地址00002H双字单元的内容表示为（00002H）=78563412H。

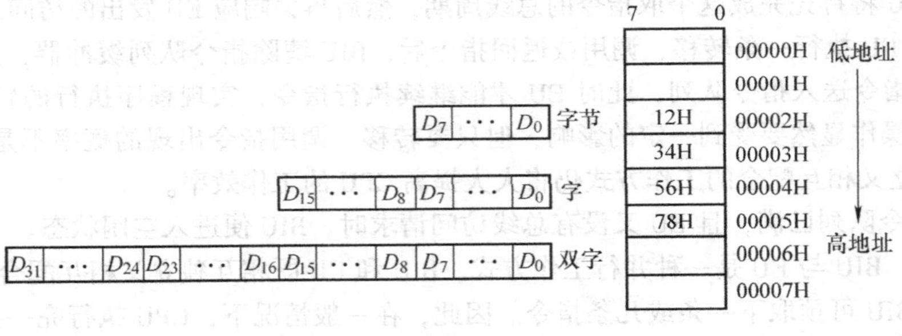

图2-4　8086数据存储格式

注意：一个存储单元地址既可以看成字节单元的地址，也可以看成是字单元的地址，还可以看成是双字单元的地址，因此，使用时需根据具体情况明确。

存储单元各位的编号方法是自右向左从0开始递增计数，最低位（LSB）为 D_0，最高位（MSB）对应字节、字、双字分别为 D_7、D_{15}、D_{31}，如图2-4所示。

在8086存储系统中，允许字从任何地址开始。如果一个字是从偶地址开始存放，称为规则字或对准字。如果一个字是从奇地址开始存放，称为非规则字或非对准字。对规则字的存取可在一个总线周期内完成，非规则字的存取则需两个总线周期。

2. 存储器的分段

8086/8088系统地址总线为20条，可寻址的存储器地址空间为1MB。但是，8086/8088微处理器内部所有的寄存器及内部总线都是16位的，最多只能寻址64KB空间。如何用16位寄存器或内部总线提供的信息来对1MB的存储器空间寻址呢？为了解决这个问题，8086/8088系统引入了存储空间逻辑分段概念，即将整个1MB的存储空间分成若干个段，每个段是存储器中可独立寻址的逻辑单位，称为逻辑段。8086/8088存储器逻辑分段遵循以下两原则：

（1）每个逻辑段的起始地址（简称段地址/段基址/段首址）必须是模16地址（××××0H），即逻辑段首个存储单元的20位物理地址低4位必须是0。这样，省略固定为0000B的低4位，只保留高16位，段地址可用16位二进制数表示。在8086/8088CPU中，设有4个16位段寄存器专门用来存放不同的逻辑段段地址。

（2）每个段的长度最大不超过64KB（16位寄存器表示的最大寻址空间为64KB）。逻辑分段后，段内一个存储单元的地址，可用相对于该段起始单元的偏移量来表示，这个偏移量称为段内偏移地址，也称为有效地址（EA）。因为每段规定不超过64KB的存储空间，所以偏移地址也可用16位二进制数表示。

基于以上逻辑分段的特点，对于任意一个存储单元，只要知道它所在的段地址和它相对于这个段首个存储单元的偏移量，就可以唯一地定位到该存储单元，即采用“段地址：段内偏移地址”的地址形式也可以找到指定的存储单元，这种地址称为逻辑地址。逻辑地址是8086/8088CPU内部和程序设计中使用的地址形式，段地址和段内偏移地址均采用无符号16位二进制数表示。

8086/8088系统中对任何一个存储单元进行访问，地址总线上传送的必须是20位的物理地址。显然，访问存储器单元的物理地址应由逻辑地址变换得到。那么，如何将16位的段地址和16位的段内偏移地址变换为20位的物理地址去访问存储器呢？

由前述逻辑分段的特点可知，在16位段地址的低4位补4个“0”，即恢复在段地址表示时原本省略的固定为0000B的低4位，这样就得到了段起始单元的20位物理地址，然后再加上16位段内偏移地址即可得到对应访问存储单元的20位物理地址。转换关系如图2-5所示，即段地址左移4位，再加上段内偏移地址，相当于完成以下地址计算：

物理地址 = 段地址 × 16 + 段内偏移地址

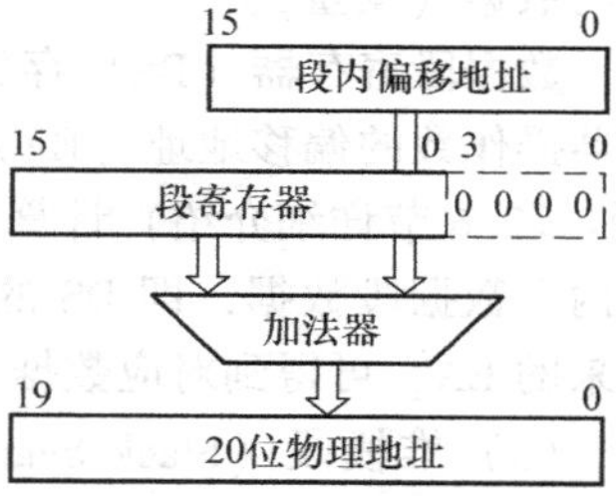

图2-5 物理地址的形成

当CPU访问存储器时，必须完成上述的地址计算，此地址计算过程由BIU中20位地址加法器完成。

存储空间的分段并不是唯一的，各个逻辑段之间可以首尾相连，也可以完全分离或者重叠（部分重叠或完全重叠）。任何一个存储单元，可以唯一地被包含在一个逻辑段中，也可以包含在两个或多个重叠的逻辑段中。因此，同一个物理地址可以对应多个逻辑地址，即可由不同的段地址和偏移地址组合得到。也就是说，对于任何一个存储单元，物理地址是唯一的，但是逻辑地址并不唯一，可以有多个。如图2-6所示，其中存储单元的物理地址是23162H，图中标出的两个重叠段的段地址值分别是2002H和2012H，在对应段内的偏移地址分别是3142H和3042H。

3. 信息的分段存储与段寄存器的关系

存储器的逻辑分段，为信息按特征分段存储带来了方便。在8086/8088系统中，设计有4种逻辑段，每种逻辑段均有各自的用途。为了保存对应逻辑段的段地址，8086/8088设计有4个16位段寄存器，分别是代码段寄存器（CS）、数据段寄存器（DS）、堆栈段寄存器（SS）和附加段寄存器（ES）。每个段寄存器分别用来存放一种逻辑段的段地址，所以可同时使用4个段，如图2-7所示。

（1）代码段（Code Segment）：用来存放程序的指令序列。

代码段寄存器（CS）存放当前代码段的段地址。指令指针寄存器（IP）存放将要执行的指令在代码段中的偏移地址。CPU利用CS：IP取得将要执行的指令，即CS的内容左移4位再加上

IP 的内容就是下一条要执行的指令在内存中的物理地址。

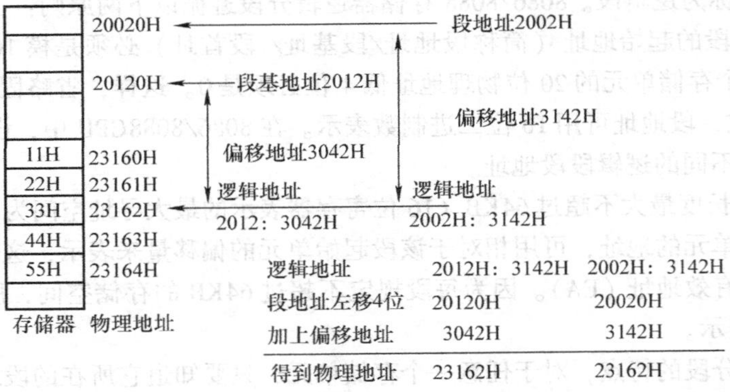

图 2-6　逻辑地址与物理地址

例如，某指令在代码段内的偏移地址为 0100H，即 (IP) = 0100H，当前代码段寄存器 (CS) = 2000H，则该指令在主存储器中的物理地址为 PA = (CS) 左移 4 位 + (IP) = 20000H + 0100H = 20100H。

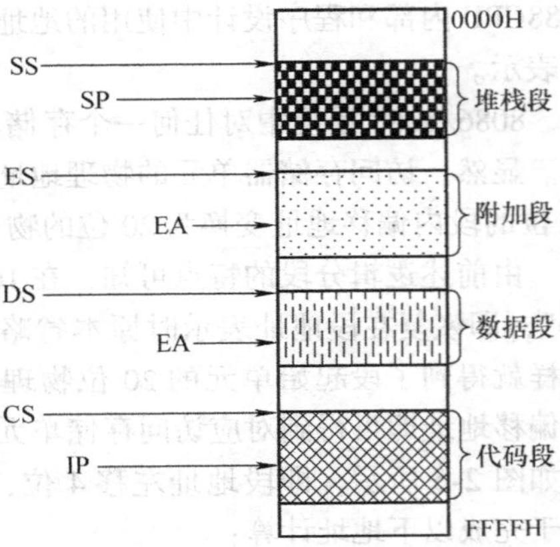

图 2-7　段和段寄存器的引用

（2）数据段（Data Segment）：存放当前运行程序所用的数据（变量）。

数据段寄存器（DS）存放当前数据段的段地址。存储器操作数的偏移地址（EA）按指令中存储器寻址方式（本书 2.6 节详细介绍）计算得到。CPU 利用 DS：EA 读写内存数据段数据，即 DS 的内容左移 4 位再加上计算出来的 EA，可得到对应数据存放的物理地址（PA）。

（3）堆栈段（Stack Segment）：是堆栈所在的主存区域，是程序执行中所需要的临时数据存储区（堆栈区），采用“后进先出”工作方式。

堆栈段寄存器（SS）存放当前堆栈段的段地址。堆栈段一端固定，一端浮动，固定的一端称为栈底，可浮动的一端称为栈顶。堆栈段定义之后，系统将自动以 SP 为指针指示栈顶位置（即 SP 存储栈顶的偏移地址）。对堆栈进行压入/弹出数据的操作时，只能使用 PUSH 和 POP 指令，利用 SS：SP 寻址栈顶单元数据。这时栈顶的物理地址应为

PA = (SS) 左移 4 位 + (SP)

当其他指令要访问堆栈段中的某一存储单元时，通常使用基址寄存器 BP 参与的存储器寻址方式进行，即将该存储单元的偏移地址或偏移地址的分量置入 BP 中，这时该存储单元的物理地址 PA 应为

PA = (SS) 左移 4 位 + EA

（4）附加段（Extra Segment）：是附加的数据段，也用于数据的保存。

附加段寄存器（ES）存放附加段的段地址。串操作指令将附加段作为其目的操作数的存放区域。

每个段寄存器用来确定一个段的起始地址，各段均有各自的用途。取指令和堆栈操作所引用的段寄存器分别规定为 CS 和 SS，是不可变的；串操作中目的操作数所引用的段寄存器规定为 ES，也是不可变的。但是，在存取一般存储器操作数时，段寄存器可以不是默认的 DS；当寻址

方式中涉及 BP 寄存器时，段寄存器也可以不是默认的 SS，只要用段超越前缀直接明确指定引用的段寄存器即可改变这两种默认情况。8086/8088 设计有如下 4 个段超越前缀：

```
CS:     ; 代码段超越，使用代码段的数据
SS:     ; 堆栈段超越，使用堆栈段的数据
DS:     ; 数据段超越，使用数据段的数据
ES:     ; 附加段超越，使用附加段的数据
```

表 2-1 列出了段寄存器的引用规定，请注意允许段超越的情况。

表 2-1　段寄存器引用规定

访问存储器涉及的方式	默认的段寄存器	可超越的段寄存器	偏移地址
取指令	CS	无	IP
堆栈操作	SS	无	SP
一般数据访问（下列情况除外）	DS	CS、ES、SS	有效地址
源数据串	DS	CS、ES、SS	SI
目的数据串	ES	无	DI
BP 作为指针寄存器使用	SS	CS、DS、ES	有效地址

一般来说，当程序较少，数据量又不大时，代码段、数据段、堆栈段和附加段可设置在同一段内，即包含在 64KB 之内。当程序和数据量较大，超过 64KB 时，可定义多个代码段、数据段、附加段和堆栈段。这时在 CS、DS、SS 和 ES 中存放的是当前正在使用的逻辑段段地址，使用中可以通过修改这些段寄存器的内容，以访问其他段，扩大程序规模。必要时，可通过在指令中增加段超越前缀来指向其他段。

2.2.3　8086/8088 的寄存器结构

由图 2-2 可知，8086 微处理器内部具有 14 个 16 位寄存器，按功能不同可分为 3 组：通用寄存器组、段寄存器组和控制寄存器组。寄存器结构如图 2-8 所示。

1. 通用寄存器组

通用寄存器分为三组：数据寄存器、变址寄存器和地址指针寄存器。

（1）数据寄存器。8086/8088 有 4 个 16 位数据寄存器：AX、BX、CX、DX，它们既可作为 16 位寄存器使用，存放数据或地址，也可以分别作为两个 8 位寄存器使用，低 8 位分别称为 AL、BL、CL、DL，高 8 位分别称为 AH、BH、CH、DH。作为 8 位寄存器使用时只能存放数据，不能存放地址。这些寄存器的双重性使得 8086/8088 微处理器可以处理字也可以处理字节数据。

（2）变址寄存器。8086/8088 有两个 16 位变址寄存器：SI 、DI，通常与 DS 联用，为访问当前数据段提供段内偏移地址或偏移地址分量。在串操作指令中，SI 规定用来存放源操作数的偏移地址，称为源变址寄存器；DI 规定用来存放目的

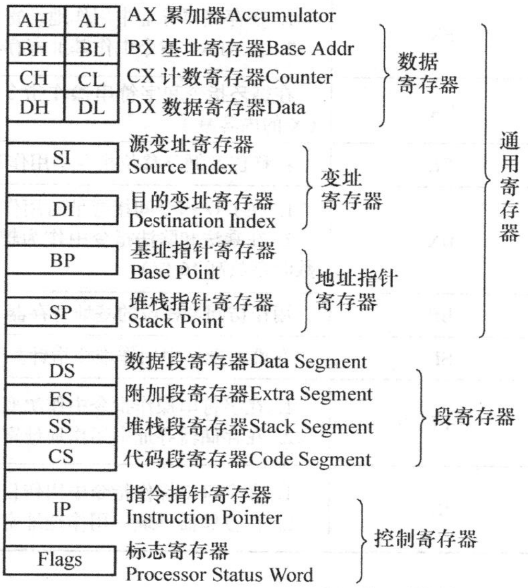

图 2-8　8086/8088 的寄存器结构

操作数的偏移地址，称为目的变址寄存器，且二者不能混用。由于串操作指令规定源操作数（源串）必须位于当前数据段DS中，目的操作数（即目的串）必须位于附加段ES中，因此在串操作中，SI、DI必须与DS、ES联用。当SI、DI不作变址寄存器使用时，也可当作一般数据寄存器使用，用来存放操作数或运算结果。注意，SI、DI只能用作16位寄存器，不能用作8位寄存器。

（3）地址指针寄存器。8086/8088有两个16位地址指针寄存器：SP、BP，它们一般用来存放堆栈操作数的偏移地址。SP和BP通常与SS联用，为访问当前堆栈段提供方便。其中，SP称为堆栈指针寄存器，SP中始终存放的是当前堆栈段中栈顶单元的偏移地址，堆栈操作PUSH和POP指令就是从SP中得到段内偏移地址的。BP为基址指针寄存器，BP中默认存放的是堆栈中某一存储单元的偏移地址或偏移地址的分量。当操作数在堆栈中时，可用BP作基址寄存器，采用随机存取方式读写堆栈段中的数据。

BP寄存器也可当作一般数据寄存器使用，用来存放操作数或运算结果，注意只能用作16位寄存器，不能用作8位寄存器。SP只能用作堆栈指针寄存器，而不能用作数据寄存器。

以上8个16位通用寄存器在一般情况下都具有通用性。此外，它们还具有各自的特定用法，有些指令还隐含地使用这些寄存器。例如，串操作指令和移位指令中规定必须使用CX寄存器（不能用其他寄存器）作为计数寄存器，这样，在指令中就不必给出CX寄存器号，缩短了指令长度，简化了指令的书写形式。通常称这种使用方式为“隐含寻址”。程序设计员编程时必须遵循这些规定。表2-2给出了8086/8088中通用寄存器的特殊用途和隐含性质。汇编语言程序员对这些用途必须充分注意，以便正确和合理地使用这些通用寄存器。

表2-2　通用寄存器的特定用法和隐含性质

寄存器名称	特定用法	隐含性质
AX、AL	1. 在乘法和除法指令中用作累加器 2. 在I/O指令中用作数据寄存器	隐含寻址 显式寻址
AH	在LAHF中用作目的寄存器	隐含寻址
AL	在BCD码运算指令中作累加器	隐含寻址
BX	1. 在存储器寻址中用作地址寄存器或基址寄存器 2. 在XLAT指令中作基址寄存器	显式寻址 隐含寻址
CX	在循环指令和字符串操作指令中用作循环计数器，每做一次循环，CX的内容减1	隐含寻址
CL	在移位及循环移位指令中用作移位次数的计数器	显式寻址
DX	1. 在I/O指令间接寻址时用作地址寄存器 2. 在乘法和除法指令中作为辅助累加器（当乘积或被除数为32位数时存放高16位）	显式寻址 隐含寻址
BP	用作访问堆栈段的基址寄存器	显式寻址
SP	在堆栈操作中用作堆栈指针	隐含寻址
SI	1. 在字符串操作指令中作源变址寄存器 2. 在存储器寻址中用作地址寄存器或变址寄存器	隐含寻址 显式寻址
DI	1. 在字符串操作指令中用作目的变址寄存器 2. 在存储器寻址中用作地址寄存器或变址寄存器	隐含寻址 显式寻址

2. 段寄存器组

程序设计中，访问存储器的地址码由段地址和段内偏移地址两部分组成。段寄存器用来存放段地址。总线接口单元（BIU）中设置有 4 个 16 位的段寄存器，分别是代码段寄存器（CS）、数据段寄存器（DS）、堆栈段寄存器（SS）和附加段寄存器（ES）。CPU 可通过 4 个段寄存器访问存储器中 4 个不同的段。段寄存器的用法在 2.2.2 节中信息的分段存储与段寄存器的关系中已做相应介绍。

3. 控制寄存器组

（1）指令指针寄存器（Instruction Pointer，IP）。指令指针寄存器（IP）和传统 CPU 中的程序计数器（PC）的作用相似，用来存放下一条要执行的指令在当前代码段中的偏移地址。在程序运行中，IP 的内容由 BIU 自动修改，使之总是指向下一条要执行的指令地址，因此它是用来控制指令执行顺序的重要寄存器。IP 的内容程序不能直接访问，但当执行程序控制类指令时，其内容可被隐式修改，置入的是目标地址。

（2）标志寄存器（Flags）。标志寄存器也称程序状态字（PSW）寄存器。8086/8088 CPU 中有一个 16 位的标志寄存器，用来存放运算结果的特征和机器工作状态，实际仅用了 9 位，具体格式如图 2-9 所示。9 个标志位按功能可分为两类：一类叫状态标志，用来表示运算结果的特征，是指令执行后自动建立的，共 6 个，即 CF、PF、AF、ZF、SF 和 OF，这些特征可能会影响后续指令的操作。另一类叫控制标志，用来控制 CPU 的操作或工作状态，共 3 个，即 DF、IF 和 TF。控制标志是人为设置的，指令系统中有专门用来设置或清除控制标志的指令，每一种控制标志都对 CPU 的某个特定操作起控制作用。

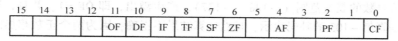

15	14	13	12	11	10	9	8	7	6	5	4	3	2	1	0
				OF	DF	IF	TF	SF	ZF		AF		PF		CF

图 2-9　8086/8088 标志寄存器的格式

1）状态标志介绍如下。

ZF（Zero Flag）——零标志。若本次运算结果为 0，则 ZF = 1，否则 ZF = 0。

SF（Sign Flag）——符号标志。此标志用于反映有符号数运算结果的符号是正还是负。对于有符号数，用最高位表示数的符号，当本次运算结果最高位为 1，表示结果为负数，则 SF = 1，否则 SF = 0。

PF（Parity Flag）——奇偶标志。此标志反映运算结果中最低字节中含“1”的个数。个数为 0 或偶数时，PF = 1；为奇数时，PF = 0。注意，PF 标志仅反映运算结果的最低 8 位中“1”的个数是偶数或奇数，即使是进行 16 位字操作也是如此。

AF（Auxiliary Carry Flag）——辅助进位标志。当进行 8 位数（字节）或 16 位数（字）的低 8 位运算时，低 4 位向高 4 位（即 D_3 位向 D_4 位）有进位或借位时，AF = 1，否则 AF = 0。AF 标志主要供 BCD 码十进制算术指令判别是否要进行十进制调整，用户一般不必关心。

CF（Carry Flag）——进位标志。当本次算术运算结果使最高位产生进位（加法运算）或借位（减法运算）时，则此标志位置“1”，即 CF = 1；若加法运算结果最高位无进位，或减法运算结果最高位无借位，则 CF = 0。

OF（Overflow Flag）——溢出标志。当运算结果产生溢出时，使 OF = 1，否则 OF = 0。

所谓溢出，就是当对有符号数进行运算时，字节运算的结果超出 −128 ~ +127 的范围，或字运算的结果超出 −32768 ~ +32767 的范围。因为这时运算结果已超出目标单元所能表示的数值范围，从而会丢失有效数字，出现错误结果。

特别注意，溢出标志（OF）和进位标志（CF）是两个意义不同的标志。进位标志表示无符号数运算结果是否超出范围，运算结果仍然正确。溢出标志表示有符号数运算结果是否超出范围，运算结果已经不正确。

处理器对两个操作数进行运算时，按照无符号数求得结果，并相应设置进位标志（CF）；同时，根据是否超出有符号数的范围设置溢出标志（OF）。应该利用哪个标志，则由程序员来决定。也就是说，如果将参加运算的操作数认为是无符号数，就应该关心进位；认为是有符号数，则要注意是否溢出。

判断运算结果是否溢出有一个简单的规则：只有当两个相同符号数相加（包括不同符号数相减），而运算结果的符号与原数据符号相反时，才产生溢出，因为此时的运算结果显然不正确。其他情况下则不会产生溢出。

例如，将十六进制数53H和46H相加。

```
    0101 0011      (53H)
+   0100 0110      (46H)
    1001 1001      (99H)
```

分析：两正数相加（补码加），结果为负，显然运算产生了溢出，即OF=1；由于运算结果的最高位为1，所以SF=1；运算结果本身不为0，故ZF=0；运算结果的低8位中含1的个数为偶数，故PF=1；运算结果的最高位没有向前产生进位，故CF=0，运算过程中D_3位向D_4位（即低4位向高4位）没产生进位，故AF=0。

OF和CF区别分析：本例中，若认为是无符号数，即为83+70=153，仍然在8位无符号数的表数范围之内（0~255），没有产生进位，即CF=0。若认为是有符号数，83+70=153，已经超出了8位有符号数的表数范围（-128 ~ +127），产生溢出，即OF=1。并且，运算结果99H作为有符号数是真值-103的补码表示，显然运算结果不正确，因为两个正数相加的正确结果不可能是负数。

又比如，将十六进制数0AAH和7CH相加。

```
    1010 1010      (0AAH)
+   0111 1100      (7CH)
   10010 0110      (26H)←最高位产生的进位1丢失
```

分析：两异号数相加，不可能溢出，即OF=0；由于运算结果的最高位为0，所以SF=0；运算结果本身不为0，故ZF=0；运算结果的低8位中含1的个数为奇数，故PF=0；运算结果的最高位向前产生了进位，故CF=1，运算过程中D_3位向D_4位产生了进位，故AF=1。

OF和CF区别分析：本例中，若认为是无符号数，即为170+124=294，已超出8位无符号数的表数范围（0~255），产生进位，即CF=1。若认为是有符号数，即为-86+124=38，仍然在8位有符号数的表述范围（-128~ +127）之内，没有产生溢出，即OF=0。

2）控制标志介绍如下。

IF（Interrupt Enable Flag）——中断允许标志。IF=1时，表示允许CPU响应外部可屏蔽中断请求；如果IF=0，则禁止CPU响应外部可屏蔽中断请求。用STI指令可使IF标志位置“1”，CLI指令可使IF标志位清“0”。

DF（Direction Flag）——方向标志。控制字符串操作指令地址指针的变化方向。若DF=0，字符串操作指令使地址指针自动增量，即串操作由低地址向高地址进行；如果DF=1，表示地址指针自动减量，即由高地址向低地址进行串操作。用STD指令可使DF标志位置“1”，用CLD指令可使DF标志位清“0”。

TF（Trap Flag）——单步标志。TF=0，表示CPU正常执行程序。如果TF=1，表示使CPU进入单步工作方式，即CPU每执行完一条指令就自动产生一次编号为1的内部中断（这种内部中断称为单步中断，所以TF称为单步标志），使CPU转去执行一个单步中断服务程序。利用单步中断可对程序进行逐条指令的调试，这种逐条指令调试程序的方法就是单步调试。用户可利用此功能来检查每条指令的执行情况，这在程序调试过程中是很有用的。

2.3 汇编语言程序上机调试

汇编语言的学习离不开上机实验。汇编语言程序上机操作包括4个步骤：编辑、汇编、连接、调试运行，如图2-10所示。

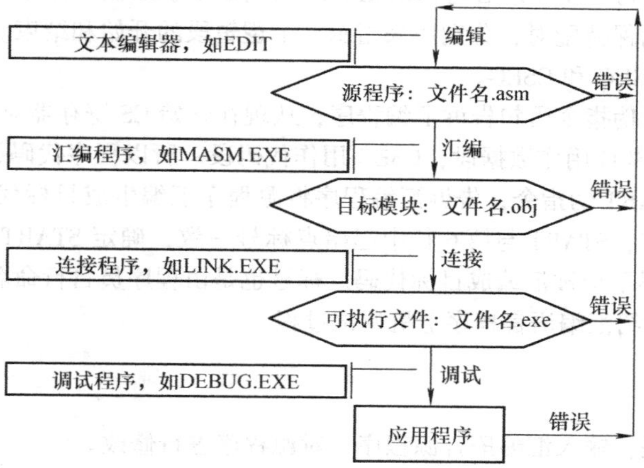

图2-10 汇编语言程序上机调试过程

常用的汇编器有MASM（Marco Assembler，宏汇编）和TASM（Turbo Assembler），连接器有LINK和TLINK，调试器有DEBUG和TD（Turbo Debugger）。MASM、LINK和DEBUG由Microsoft公司出品，TASM、TLINK和TD由Borland公司出品。本书以Microsoft公司的汇编工具包为例，介绍汇编语言程序的上机调试过程。

注意：读者在学习本节内容时，将重点放在程序调试过程和方法上，暂时不需要去探求实例的程序代码及各条指令的含义。相关内容在后续章节会详细介绍。

2.3.1 简单汇编语言源程序

下面先看一个完整的简单汇编语言源程序。

【例2-1】 在屏幕上显示字符串“Hello，Assembly!”。

解：程序如下：

```
;源程序:ex201.asm
;功能:在屏幕上显示字符串“Hello,Assembly!”
DSEG  SEGMENT                          ;数据段开始
    STRING  DB  0DH,0AH,'Hello,Assembly! ',0DH,0AH,'$'
DSEG  ENDS                             ;数据段结束
CSEG  SEGMENT                          ;代码段开始
    ASSUME    CS:CSEG,DS:DSEG          ;设定段寄存器与逻辑段的关系
START:  MOV     AX,DSEG
        MOV     DS,AX                  ;设置数据段段地址
        MOV     DX,OFFSET STRING       ;为DOS功能调用设置入口参数
        MOV     AH,9                   ;为DOS功能调用设置功能号
        INT     21H                    ;DOS功能调用,显示字符串
```

```
        MOV     AX,4C00H         ;为 DOS 功能调用设置功能号和入口参数
        INT     21H              ;DOS 功能调用,返回 DOS 操作系统
CSEG    ENDS                     ;代码段结束
        END     START            ;汇编结束
```

8086/8088 系统中，汇编语言以逻辑段为基础，按段的概念来组织代码和数据。通常，数据变量定义在数据段中，程序写在代码段内。逻辑段定义利用 SEGMENT 和 ENDS 一对伪指令定义，伪指令不会产生机器代码。段开始语句 SEGMENT 中的段名与段结束语句 ENDS 中的段名要相同（由程序员命名），从而保持配对，分别用来指示一个逻辑段的开始和结束。例 2-1 中定义了两个逻辑段，段名分别为 DSEG 和 CSEG。

第 5 行的 ASSUME 伪指令语句告诉汇编程序，从现在开始 CS 寄存器对应 CSEG 段，DS 寄存器对应 DSEG 段，即 DSEG 用作数据段，CSEG 用作代码段。所以程序代码放在 CSEG 段中。

最后一行 END START 伪指令，告诉汇编程序将源程序汇编生成目标代码到此结束，即汇编结束点。END 为保留字，START 与第 6 行中起始点标号一致，确定 START 标号为入口地址。在 END 伪指令之后的代码不会被汇编成目标代码。标号也是由程序员自行命名。

下面结合例 2-1 介绍汇编语言程序上机调试过程。

2.3.2 编辑

编辑阶段的任务是：输入汇编语言源程序，对源程序进行修改。

任意文本编辑软件都可以用来输入和修改汇编语言源程序，如命令行方式下的全屏幕文本编辑器 EDIT，其他高级语言程序开发工具中的编辑环境，Windows 下的记事本（Notepad）、写字板（Writer）、Office Word 等。要注意，一定要用纯文本格式来保存汇编源程序文件，否则无法汇编。汇编语言源程序文件一般应以 . ASM 为扩展名，这样可以简化后续上机步骤中的操作命令。

选择“开始 - 程序 - 附件 - 命令提示符”，单击启动 DOS 命令窗口。在该窗口中，可通过同时按下 Alt + Enter 快捷键，使该窗口在全屏和窗口之间切换，以方便操作。在命令行方式下，具体操作如图 2-11 所示。命令输入后按回车键生效。

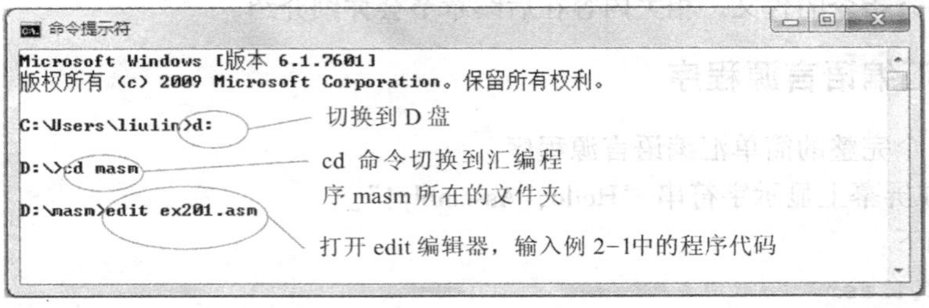

图 2-11　切换到 masm 文件夹

源代码的录入也可以使用记事本等文本编辑环境完成，正确输入例 2-1 中的程序代码，保存源程序文件 ex201. asm，就可以进入下一个汇编环节。

2.3.3 汇编

汇编阶段的任务是将源程序翻译成由机器代码组成的目标模块文件（. OBJ）。

如果源程序中没有语法错误，MASM 将自动生成一个目标模块文件（ex201. obj）；否则 MASM 将给出相应的错误信息。这时应根据错误信息，重新编辑修改源程序后，再进行汇编。

汇编 ex201. asm 源程序的具体操作：输入“masm ex201. asm”并按回车键，如图 2-12

所示。

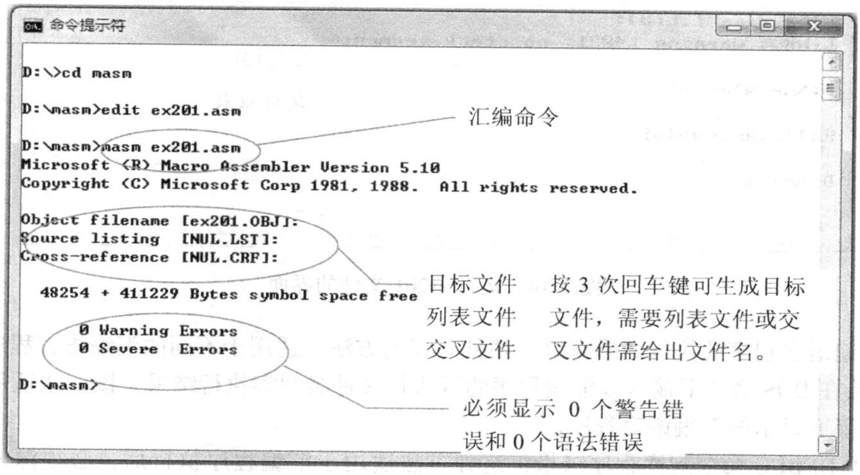

图 2-12 汇编 ex201. asm 文件的界面

如果利用分号“;”结尾命令（如“masm ex201. asm;”），则汇编程序不再提示输入模块文件名、列表文件名等，直接采用默认的文件名。默认采用源程序文件相同的主文件名，扩展名则是相应类型文件的扩展名，例如目标模块文件（. obj）和列表文件（. lst）等。

2.3.4 连接

连接阶段将一个或多个目标文件和库文件连接成一个完整的可执行程序（. EXE 或 . COM 文件）。

将 ex201. obj 目标模块文件连接成可执行文件的具体操作：输入“link ex201. obj”并按回车键，如图 2-13 所示。

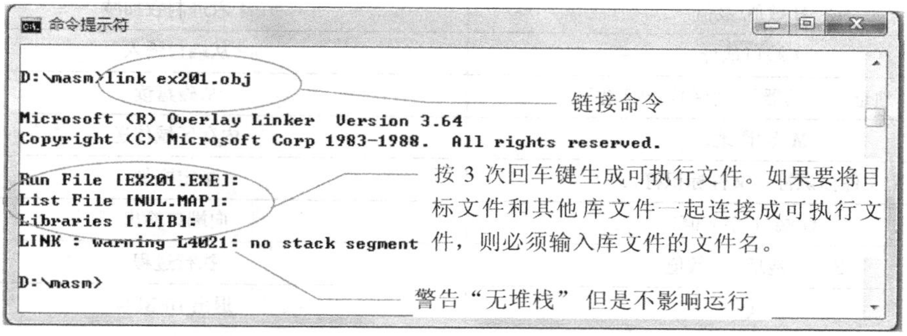

图 2-13 连接 ex201. obj 文件的界面

如果没有错误，LINK 将生成一个可执行文件（ex201. exe）；否则将提示相应的错误信息。这时需要根据错误信息重新修改源程序文件后再汇编、链接，直到生成可执行文件。

2.3.5 运行和调试

经汇编、连接生成的可执行程序只要输入文件名，按下回车键即可运行，如图 2-14 所示。

操作系统装载该文件进入主存，并开始运行，例 2-1 的运行效果如图 2-14 所示。如果出现运行错误，可以从源程序开始排错，也可以利用调试程序帮助发现错误。

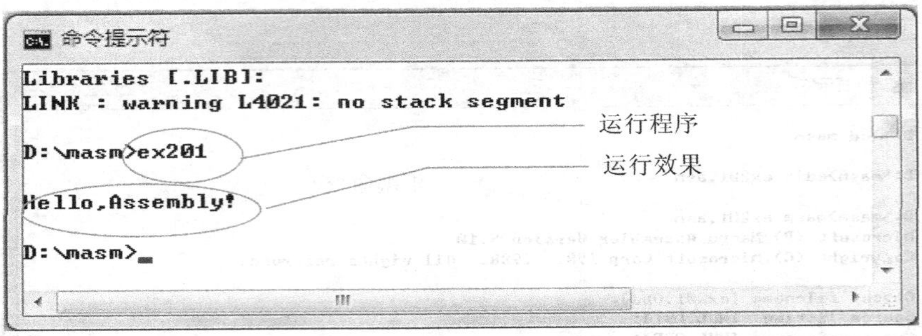

图 2-14　运行 ex201 文件的界面

观测汇编语言程序的执行结果有以下两种不同的方法，适用于不同的汇编语言程序。

1）直接在 DOS 命令下输入该汇编程序的可执行文件名观察执行结果。该方法适用于运行结果直接在屏幕上显示的汇编语言程序。

2）使用 DEBUG 命令观察程序结果，这种方法适用于汇编程序执行后，必须深入观察机器的各个寄存器内容或内存单元内容的情况。

DEBUG 的主要命令列于表 2-3，注意各常用调试命令的使用。

表 2-3　DEBUG 的主要命令

命令格式	功能说明
A [地址]	汇编
C [范围] 地址	内存区域比较
D [范围]	显示内存单元内容
E 地址 [字节值表]	修改内存单元内容
F 范围 字节值表	填充内存区域
G [=起始地址] [断点地址表]	断点执行
H 数值 数值	十六进制数加减
I 端口地址	从端口输入
L [地址 [驱动器号 扇区号 扇区数]]	从磁盘读
M 范围 地址	内存区域传送
N 文件标识符 [文件标识符...]	指定文件
O 端口 字节值	向端口输出
P [=地址] [数值]	执行过程
Q	退出 DEBUG
R [寄存器名]	显示和修改寄存器内容
S 范围 字节值表	在内存区域搜索
T [=地址] [数值]	跟踪执行
U [范围]	反汇编
W [地址 [驱动器号 扇区号 扇区数]]	向磁盘写

（1）DEBUG 命令的使用说明：

1）DEBUG 接受和显示的数都用十六进制表示，且不需要给出后缀字母 H。

2）命令都是一个字母，命令参数随命令而异。

3）命令和参数不区分大小写。

4）分隔符（空格、制表符、逗号等）只在两个相邻接的十六进制数之间是必需的，命令和参数间可以不用分隔符。

5）在提示符出现时，可键入 DEBUG 命令，只有在按下回车键后，命令才开始执行。

6）若 DEBUG 检查出一个命令的语法错误，则用“^Error”指出错误的位置。

7）可以用 Ctrl + Break 键或 Ctrl + C 键来打断一个命令的执行，返回 DEBUG 提示符。

8）若一个命令产生相当多的输出行时，为了能看清屏幕上的显示内容，可按 Ctrl + S 键，暂停显示。

（2）DEBUG 命令参数的说明：

除了退出命令 Q 外，其他 DEBUG 命令都可带有参数。

1）地址。地址参数通常表示一个内存区域（或缓冲区）的开始地址，它由段地址和偏移地址两部分组成。段地址可用一个段寄存器表示，也可用 4 位十六进制数表示。偏移地址用 4 位十六进制数表示。段地址和偏移地址间必须有冒号作为分隔。段地址部分是可以省略的，在段地址默认的情况下，除了 A、G、L、T、U 和 W 命令隐含使用 CS 寄存器的值外，其他命令隐含使用 DS 寄存器的值。

2）范围。范围用于指定内存区域（缓冲区），有两种表示方式：第一种是用起始地址和结束地址表示，结束地址不能具有段地址；第二种是用起始地址和长度表示，长度必须以字母 L 引导，最大范围是 64KB，即 0 ~ 0FFFFH。例如：

```
CS: 100 110
CS: 100 L10
```

下面采用 DEBUG. exe 调试程序观察例 2-1 中程序的执行情况。具体操作步骤如下。

1. 进入 DEBUG 状态

例 2-1 中的程序汇编、连接成功后，即生成可执行文件 ex201. exe，输入“DEBUG ex201. exe”并按回车键，装载 ex201. exe，进入 DEBUG 状态。注意，一定要加文件后缀（. exe），否则会报错。如图 2-15 所示。

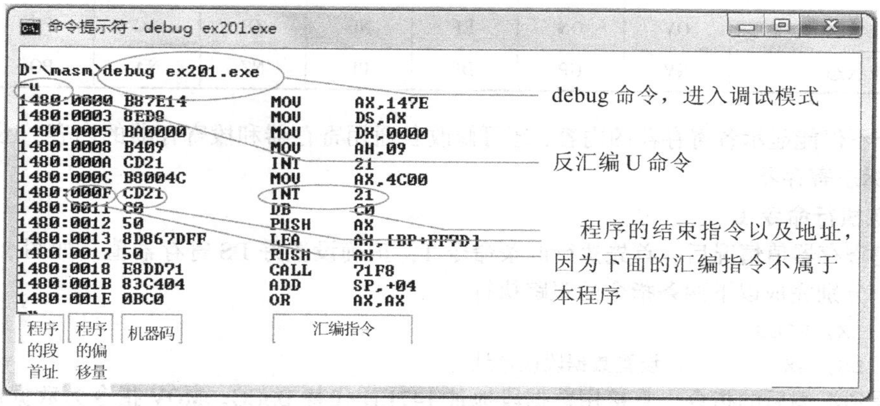

图 2-15　DEBUG 的 U 命令

2. 反汇编命令 U

利用反汇编命令 U 可把内存单元的内容作为机器指令，用助记符的形式显示出来。使用反汇编命令 U 查看程序 ex201. exe 装载后的反汇编，并判断程序的结束地址。如图 2-15 所示。

不带参数的命令 U，从当前 CS：IP 所指处开始，或者紧接着上次反汇编结束的地址开始反汇编，长度为32B，显示在屏幕上。U命令的显示分为3部分：程序所占的存储地址、机器码及汇编指令。带参数的U命令可以从参数指定的地址处反汇编。

3. 命令R

经过上一步反汇编明确了程序在内存中的位置和结束指令位置后，可以开始准备执行，但在执行之前，有必要查看一下原来寄存器和内存相关单元内容，便于在执行后对比相关单元内容是否正确装载或改变。

利用命令R可显示8086/8088各寄存器的内容和下一条将要执行的指令，如图2-16所示。各段寄存器的内容与存储器的实际使用情形有关。

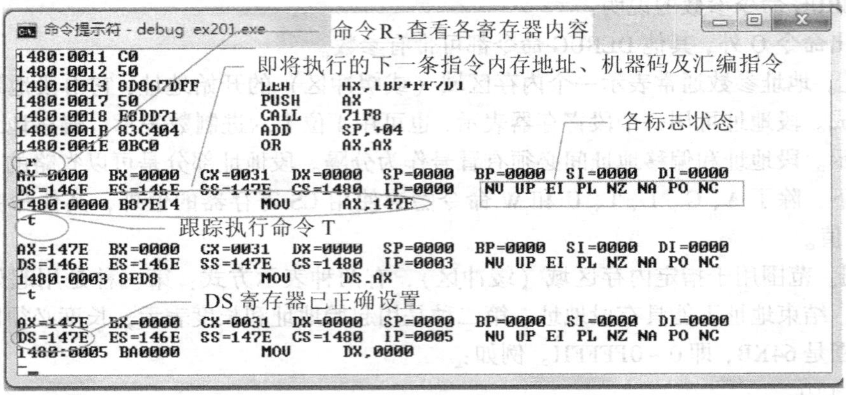

图2-16　DEBUG的命令R、T

DEBUG采用显示标志状态符号的方法反映标志值，每一个标志的状态分别用两个字母表示，表示8个标志状态的符号列于表2-4。

表2-4　DEBUG中标志状态的符号表示

标志名称	溢出 OF	方向 DF	中断 IF	符号 SF	零 ZF	辅助进位 AF	奇偶 PF	进位 CF
置位状态	OV	DN	EI	NG	ZR	AC	PE	CY
复位状态	NV	UP	DI	PL	NZ	NA	PO	NC

R命令不仅能显示各寄存器的内容，还可修改各通用寄存器和段寄存器的内容，还包括指令指针IP和标志寄存器。

4. 跟踪执行命令T

查看完寄存器值情况后，首先执行两条命令T，正确设置好DS寄存器值。如图2-16所示，两条T命令分别完成以下两条指令的跟踪执行。

```
MOV    AX, DSEG
MOV    DS, AX          ; 设置数据段段地址
```

可以看到汇编后的指令，直接用数据段地址147EH代替DSEG。MOV指令为数据传送指令，是程序中使用最多的一条指令。其汇编指令格式为

```
MOV  dst, src   ; dst← (src)，将源操作数src传送至目的操作数dest
```

因此，前两条指令执行完后，可以看到(DS) = (AX) = 147EH，正确完成了数据段段地址的设置。

利用跟踪执行命令T可跟踪执行一条或多条指令。命令T可指定起始执行地址，地址参数以等号引导，如地址参数中无段地址，那么就以CS为段地址。必须注意，起始地址处必须是可执

行指令。如果无起始地址，那么跟踪执行从 CS：IP 所指处开始。如果不指定跟踪执行指令的条数，那么就跟踪执行一条指令。命令 T 会跟踪进入 DOS 功能调用程序。请注意，一般情况下不要进入 DOS 功能调用程序和 BIOS 程序。

5. 显示内存单元命令 D

正确设置好 DS 寄存器值后，先查看数据段的初始内容，即定义的变量的存储分配情况。利用命令 D 查看数据段的内容（段地址须根据实际装入的地址而定，在上一步操作中已正确装入），如图 2-17 所示，显示内容左边是内存单元的逻辑地址栏，中间部分是字节值（十六进制），右边是把字节值作为 ASCII 码所对应的符号，对于非 ASCII 码，或者非显示符号，用点或者空格表示。从图中可以看到例 2-1 中定义的字符串在内存中的存储情况。

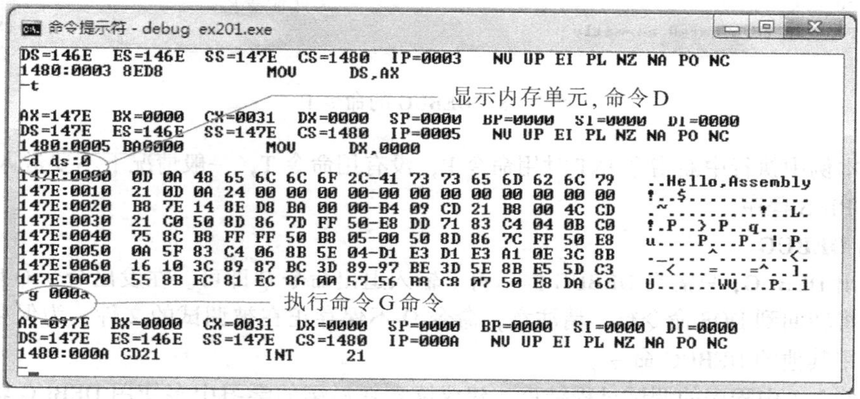

图 2-17 DEBUG 的命令 D、G

如果之前没有执行命令 T 装载好 DS 值，则命令 D 所跟参数段地址应直接给出 4 位十六进制数值，不能用 DS 给段地址。

6. 执行命令 G

观察完数据段情况后，下面用断点执行命令 G 连续运行多条指令。利用执行命令 G 可以设置断点执行被调试程序。没有指定开始地址的命令 G 从当前 CS：IP 处开始执行，直到遇断点或程序正常终止而结束。如图 2-17 所示，这一步指定断点为偏移地址 000AH 的指令“INT 21H”（指令在内存中的存储位置利用调试模式第 2 步介绍的命令 U 查看得到，参见图 2-15），命令 G 控制从当前 CS：IP 处开始执行指令，直到断点位置 000AH 暂停。当然，也可以指定其他断点位置。

7. 执行过程命令 P

下面即将要执行的指令是偏移地址 000AH 单元的指令“INT 21H”。注意，此时最好不要用命令 T，可以用命令 P。

如图 2-18 所示，首先用命令 P 执行指令“INT 21H”，此时，例 2-1 中的源程序只剩最后两条指令没有执行了。最后，依次执行命令 T 和命令 P，将程序执行结束。注意第一个命令 P 在执行 DOS 功能调用后所显示的信息“Hello，Assembly!”。第二个命令 P 调用 DOS 的 4CH 号功能，终止程序执行，所以 DEBUG 显示提示信息“Program terminated normally”，报告被调试程序执行完毕。

利用执行过程命令 P 可步进执行一条或多条指令。命令 P 与命令 T 类似，但不会由于子程序调用或软中断调用而跟踪进入被调用程序。命令 P 是步进跟踪，所以也能一次执行完 LOOP 指令，或者一次执行完重复的串操作指令。

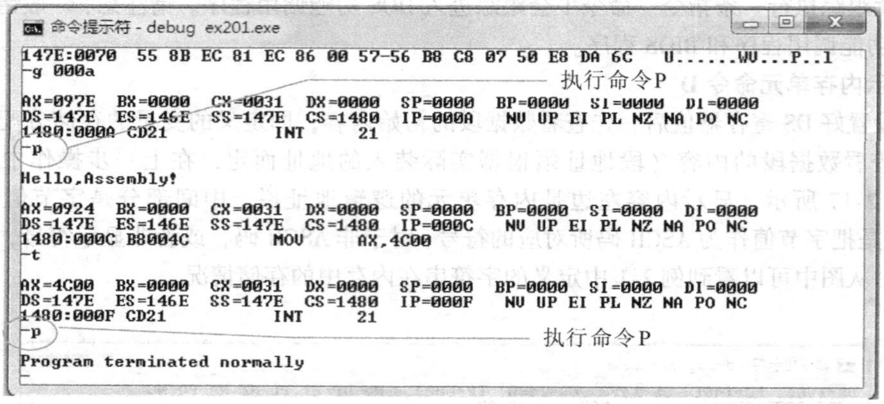

图 2-18　DEBUG 的命令 P

因此，本例中执行中断指令 INT 时用命令 P，没有用命令 T，一般情况下不要进入 DOS 功能调用程序和 BIOS 程序。

8. 退出 DEBUG

为了退出 DEBUG，只需在 DEBUG 提示符下输入退出命令 Q 即可。在发出命令 Q 后，DEBUG 终止，控制将转回到 DOS 命令行。请注意，命令 Q 不保存正在被调试的文件，为保存被调试的内容必须使用其他的 DEBUG 命令。

至此，例 2-1 中程序的调试过程结束。建议读者在后续的学习中多使用 DEBUG 辅助学习汇编指令及汇编程序设计，熟练掌握表 2-3 所列的一些常用 DEBUG 调试命令，这将会对汇编语言有更直观的体验和更深刻的理解。

2.4　汇编语言源程序组织

与存储器的分段结构相对应，汇编语言的源程序由 4 种基本逻辑段组成：代码段、数据段、堆栈段和附加段。其中代码段是一个汇编语言程序所必须具备的段，其他段可有可无。

2.4.1　汇编语言的语句

尽管与高级语言的语句相比，汇编语言语句比较简单，但它有两类完全不同的语句：一类是指令语句，另一类是伪指令语句，这两种语句截然不同。汇编程序在对源程序进行汇编时，把指令语句翻译成机器指令，指令语句有着与其对应的机器指令。伪指令语句没有与其对应的机器指令，只是指示汇编程序如何汇编源程序，包括符号的定义、变量的定义、逻辑段的定义等。因此，指令语句与具体的处理器有关，与汇编程序无关；而伪指令与具体的处理器类型无关，但与汇编程序有关，不同版本的汇编程序支持的伪指令会有所不同。指令语句和伪指令语句的格式相似，都由 4 部分组成。

（1）指令语句的格式

［标号：］　指令助记符　［操作数［，操作数］］［；注释］

指令助记符反映指令的功能，在后续的章节中会陆续介绍。

操作数可以是常数（数值表达式）操作数、寄存器操作数（寄存器名）或者存储器操作数（地址表达式）。指令是否带有操作数，完全取决于指令本身，有的指令无操作数，有的指令只有一个操作数，有的指令需要两个操作数，操作数之间用逗号隔开。指令中有两个操作数时，前面的操作数称为目的操作数，后面的称为源操作数。

标号的使用取决于程序的需要，标号只被汇编程序识别，表示的是指令的地址，它与指令本身操作无关。

由分号引导的注释则纯粹是为了理解和阅读程序的需要，汇编程序将其全部忽略，绝对不影响指令。是否写上注释由程序员决定。为了阅读和理解程序的方便，应恰当地使用注释，通过注释来说明语句或程序的功能。有时整行都可作为注释，只要该行以分号引导。

（2）伪指令语句的格式

［名字］　伪指令定义符　［参数，…，参数］　［；注释］

伪指令定义符规定了伪指令的功能，在后续的章节中会陆续介绍。一般伪指令语句都有参数，用于说明伪指令的操作对象，参数的类型和个数随着伪指令的不同而不同。有时参数是常数（数值表达式），有时参数是一些特定的符号。

伪指令语句中的名字有时是必需的，有时是可省的，这也与具体的伪指令有关。在汇编语言源程序中，名字与标号很容易区分，名字后没有冒号，而标号后一定有冒号。

通常一个语句写一行，语句的各组成部分间要有分隔符。标号后的冒号，注释引导符分号以及操作数间、参数间的逗号都是规定采用的分隔符。此外，空格和制表符也是常用的分隔符，且多个空格或多个制表符的作用与一个空格或制表符的作用相同，所以常通过在语句行中加入空格和制表符的方法使上、下语句行的各部分对齐，以方便阅读。

标号和名字反映对应语句的逻辑地址属性，还具有自身的一些属性。标号和名字是程序员定义的符合汇编语言语法的标识符。标识符一般最多由 31 个字母、数字及规定的特殊字符（?、@、_、$）等组成，并且不能用数字开头。标号和名字不能是汇编语言的保留字。汇编语言中的保留字主要是指令助记符、伪指令定义符和寄存器名，还有一些其他的特殊保留字。特别注意的是，默认情况下，汇编程序不区分字母的大小写。为了提高程序的可读性，标号和名字应尽量有意义。

2.4.2 汇编语言源程序格式

一个完整的汇编语言源程序可以包含若干个代码段、数据段、附加段或堆栈段，段与段之间的顺序可随意排列。需独立运行的程序必须包含一个代码段，并指示程序执行的起始点，一个程序只有一个程序起始点。所有的指令语句必须位于某一个代码段内，伪指令语句可根据需要位于任一段内。

上一节（2.3 节）详细介绍了一个简单汇编语言源程序（例 2-1）的开发调试过程，对汇编语言程序已经有了一个初步的认识和体验。该源程序采用完整段定义格式。通常，一个完整的汇编语言源程序格式主要包含如下内容：

① 处理器选择伪指令；

② 逻辑段定义伪指令；

③ 段使用设定语句；

④ 程序开始；

⑤ 程序终止；

⑥ 汇编结束。

【例 2-2】 汇编语言源程序完整段定义典型格式。

解： 程序如下：

```
.8086                                  ；(1)处理器选择伪指令
```

```
data1   SEGMENT                                     ;(2)数据段定义(可据需要设定,也可无)
......                                              ; 位置A,数据变量定义语句序列
data1    ENDS
data2    SEGMENT                                    ;数据段定义(可据需要设定,也可无)
      ......                                        ; 位置B,数据变量定义语句序列
      ......
data2    ENDS
code    SEGMENT                                     ;代码段
      ASSUME  CS: code, DS:data1, ES:data2;(3)段使用设定语句
start: MOV  AX,data1                                ;(4) 程序起始点
       MOV  DS,AX                                   ;设置段寄存器
       ......
       ......                                       ; 位置C,程序主体部分:指令语句序列
       ......
       MOV  AX,4C00H                                ;(5) 程序结束点,返回DOS
       INT  21H
       ......                                       ;位置D,子程序部分
subp    PROC  NEAR                                  ;定义了一个名为subp的子程序
       ......
       RET
subp    ENDP
        ......
code    ENDS
       END    start                                 ;(6)汇编结束
```

一般情况下，应按照该源程序框架书写汇编语言源程序。数据变量定义伪指令语句序列安排在位置A（数据段），也可以安排在位置B（附加段）。数据的存放最灵活，当然也可以在代码段和堆栈段。程序的主体，即指令语句部分必须安排在位置C（代码段）。子程序一般安排在位置D，即代码段程序结束点后，汇编结束点前，因为子程序是由主程序调用执行的。

1. 处理器选择伪指令

需要使用8086以外其他80x86系列CPU指令时，应该在程序的第一行标明所使用的处理器，称为处理器选择伪指令。如：

```
.386    .386P    .486    .486P    .586    .586P    .686    .686P
```

其中，“.386”表示程序选用80386的基本指令集，“.386P”表示选用80386的基本指令和保护模式下的特权指令，依此类推。默认的处理器选择伪指令是“.8086”，也就是说，当只使用8086的指令系统时，可以省略处理器选择伪指令。

2. 逻辑段定义伪指令

逻辑段定义利用SEGMENT和ENDS一对伪指令实现，必须成对出现。段定义语句就是用来按逻辑段组织程序和利用存储器的，需要配合ASSUME伪指令指明逻辑段是代码段、堆栈段、数据段还是附加段。完整逻辑段定义的一般格式如下：

```
段名 SEGMENT    [定位类型] [组合类型] [使用类型] ['类别']
......          ; 语句序列
......
段名 ENDS
```

段开始语句SEGMENT中的段名与段结束语句ENDS中的段名要相同，从而保持配对。段名

为程序员定义的标识符。

段名可以是唯一的，也可以与程序中其他的段名相同。在同一源程序文件中，如果已用相同的段名定义过段，那么当前这个段就被视为前一个同名段的继续，即同一个段。对一个源程序文件中的同名段而言，后续同名段的定义伪指令 SEGMENT 中的可选项取值应该与前一个同名段相同，或者不再给定可选项值而默认与前一个同名段相同。

段开始语句 SEGMENT 中的可选项“定位类型”、“组合类型”、“使用类型”和“'类别'”通知汇编程序和连接程序如何建立和组合段。这些可选项不是必需的，如果给出，应当按顺序说明这些可选项，如果不给出某个可选项，那么汇编程序使用该可选项的默认值。

（1）段定位（Align）属性。段定位属性指定逻辑段在主存储器中的边界，通知连接程序如何确定该逻辑段的起始地址。段定位属性可以有如下几种选择：

1）BYTE：字节地址开始，任何地址开始（……×××× ××××b）。

2）WORD：字边界开始，偶数地址（……×××× ×××0b）。

3）DWORD：双字边界开始，4 倍数地址（……××××××00b）。

4）PARA：小段边界开始，16 倍数地址（……××××0000b）。

5）PAGE：页边界开始，256 倍数地址（……0000 0000b）。

默认定位属性是 PARA。

（2）段组合（Combine）属性。同一个源程序文件允许多次出现相同名字的段，它们最终被合并成一个段。如果在不同的源程序文件中出现了相同名字的段，可以在段定义时用段组合属性规定如何处理这些段。段组合属性可以有如下几种选择：

1）PRIVATE：本段不与其他模块中同名段合并，每段都有自己的段地址。这是完整段定义伪指令默认的段组合方式。

2）PUBLIC：本段与所有同名同类型的其他段相邻地连接在一起，合成一个大的物理段，指定一个共同的段地址。原段间存在小于 16B 的间隙。

3）COMMON：同名段重叠在一起，形成一个段，内容为排在最后的段的内容。

4）STACK：将所有 STACK 段按照与 PUBLIC 段的同样方式进行无缝合并。这是堆栈段必须具有的段组合属性。

（3）使用（Use）类型属性。使用类型属性是为支持 32 位段而设置的属性，仅仅在使用 80386 以上指令系统的汇编程序中出现，可以有如下两种选择（默认类型为 USE16）。

1）USE16：使用 16 位寻址方式，段长不超过 64KB。

2）USE32：使用 32 位的寻址方式，段长可达 4GB。

（4）段类别（Class）属性。一个段除了有一个段名之外，还可以有一个类别名称。类别名称是用单引号引起来的任意字符串。类别名称相同的段被安置在一片相邻的存储区间，但不会合并成同一个段。当连接程序组织段时，将所有的同类别段相邻分配。

如果一个段没有给出类别，那么这个段的类别就为空。大多数 MASM 程序使用'code'、'data'和'stack'来分别指名代码段、数据段和堆栈段的段类别，以保持所有代码和数据的连续。

3. 段使用设定语句

汇编程序根据段开始语句 SEGMENT 和段结束语句 ENDS 判断出源程序的逻辑段划分，为了有效地产生目标代码，汇编程序还要了解各逻辑段与段寄存器间的对应关系。段寄存器与逻辑段的对应关系由段使用设定语句 ASSUME 说明。

段使用设定语句的简单格式如下：

```
ASSUME  段寄存器名：段名 [，段寄存器名：段名，... ...]
```

段寄存器名可以是 CS、DS、SS 和 ES。段名就是段开始语句 SEGMENT 和段结束语句 ENDS

中规定的段名。例如，下面的 ASSUME 语句告诉汇编程序，从现在开始 CS 寄存器对应 CSEG 段，DS 寄存器对应 DSEG 段。

```
ASSUME  CS: CSEG, DS: DSEG
```

ASSUME 伪指令中的段名域也可以是一个特别的关键字 NOTHING，它表示某个段寄存器不再与任何段有对应关系。

在一条 ASSUME 语句中可建立多个段寄存器与段的关系，只要用逗号分隔。在源程序中可使用多条 ASSUME 语句，通常在代码段的一开始就使用 ASSUME 语句，确定段寄存器与段的对应关系，以后可根据需要再使用 ASSUME 语句改变已建立的对应关系。段使用设定语句 ASSUME 是伪指令语句，它不能设置段寄存器的值。

4. 程序开始

为了指明程序开始执行的位置，需要使用一个标号（如采用 start 标识符）。

在对源程序的连接过程中，连接程序会根据程序起始点正确地设置 CS 和 IP 值，根据程序大小和堆栈段大小设置 SS 和 SP 值。连接程序没有设置 DS 和 ES 值。程序如果使用数据段或附加段，必须明确给 DS 或 ES 赋值。

大多数程序需要数据段，程序的执行开始一般是：

```
start: MOV  AX, data1        ；起始点
       MOV  DS, AX           ；设置 DS
```

5. 程序终止

应用程序执行结束，应该将控制权交还操作系统。在汇编语言程序设计中，有多种返回 DOS 的方法，但一般利用 DOS 功能调用的 4CH 子功能来实现，它需要的入口参数是 AL = 返回数码（通常用 0 表示程序没有错误）。

因此，应用程序的终止代码一般是：

```
MOV  AX, 4C00H        ；程序执行结束点，返回 DOS
INT  21H
```

6. 汇编结束

汇编结束表示汇编程序到此结束将源程序翻译成目标模块代码的过程，而不是指程序终止执行。源程序的最后必须有一条 END 伪指令。

```
END [标号]
```

可选的“标号”参数用于指定与之对应的程序开始执行点（如 start 标识符），连接程序将据此设置 CS：IP 值。

程序终止和汇编结束是个不同的概念，注意区分和理解它们不同的作用，不要混淆。

7. 子程序的定义

在程序设计中，往往将一些需要将在不同的地方多次反复出现的程序段定义成子程序，子程序具有一定的独立性，是完成特定功能的程序段。子程序的定义在汇编源程序中不是必须的，如果设计有子程序，要特别注意子程序的定义是不可以安排在程序开始点至程序终止点之间的。子程序由主程序调用执行，因此一般都安排在程序结束点后，汇编结束点前。

汇编语言中，子程序要用一对伪指令 PROC 和 ENDP 声明，格式如下：

```
子程序名  PROC   [NEAR | FAR]
   ……               ；子程序体

子程序名  ENDP
```

子程序名即子程序入口的符号地址。子程序名应为合法的标识符，不能与同一个源程序中的标号、变量名及其他子程序名相同。可选的参数（NEAR/FAR）指定子程序的调用属性。没有

指定调用属性时，则采用默认属性 NEAR。

1）NEAR：指定为近程子程序。子程序和调用程序必须在同一个代码段中（段内调用），可以省略。

2）FAR：指定为远程子程序，子程序和调用程序可以在不同的代码段中（段间调用）。

2.5 汇编语言中的操作数

汇编指令进行操作的对象称为操作数。通常，汇编语言能识别的操作数有常量、寄存器、变量、标号和表达式。8086/8088CPU 的寄存器结构在 2.2.3 节中已介绍。本节介绍其余操作数形式。

2.5.1 常量

常量表示一个固定的数值，是没有任何属性的纯数值。在汇编阶段，它的值已被完全确定，且在程序运行过程中也不会发生变化。常量有多种形式：常数、字符串、数值表达式、符号常量。数值表达式和符号常量分别在 2.5.3 节和 2.5.4 节中单独介绍。

1. 常数

这里指由二进制、八进制、十进制和十六进制形式表达的数值。在汇编语言中，各种进制的数据以后缀字母区分。

1）二进制：以字母 B 或 b 结尾的由 0 和 1 组成的数字序列，如 10110110B。

2）八进制：以字母 Q 或 q 结尾的由 0～7 组成的数字序列，如 125Q。

3）十进制：以字母 D 或 d 结尾的由 0～9 组成的数字序列，如 2059D。

4）十六进制：以字母 H 或 h 结尾的由 0～9 和 A～F（a～f）组成的数字序列。为了避免与标识符等（如标号、名字、保留字）相混淆，十六进制数必须以数字开头。所以，凡是以字母 A～F 开头的十六进制数，必须在前面加一个 0。如 23AFH，0A25DH。

在汇编语言中，默认的基数是十进制数，即十进制数在表示的时候可以不加后缀字母，如 2059D 也可以写成 2059。汇编语言提供了改变基数的伪指令“.RADIX”。例如：

```
.RADIX  16                ；将默认基数改变为十六进制数
```

2. 字符串

字符串常量是用单引号或双引号括起来的一个或多个字符。字符串常量的值是包括在引号中的字符的 ASCII 代码值。

例如：'A'的值是 41H，'ab'的值是 6162H，而'AB'的值是 4142H。

3. 数值表达式

数值表达式是指在汇编过程中能够由汇编程序计算出数值的表达式，所以组成数值表达式的各部分必须在汇编时就能完全确定。

4. 符号常量

符号常量使用标识符表达一个数值。定义符号常量的伪指令有“EQU”和“=”两种。

2.5.2 变量和标号

变量和标号都代表存储单元。变量表示的存储单元中存放数值；标号表示的存储单元中存放指令代码。标号的定义很简单，是指令语句的可选部分，见 2.4.1 节汇编语句介绍。

变量所代表的内存单元的地址虽然不变，但其中存放的数据可以改变。变量需要事先定义才能使用。定义后的变量可以利用变量名等方法引用其代表的内存单元的数据，即变量的数值。

1. 变量的定义

变量定义伪指令为变量申请以固定长度为单位的存储空间，同时可以将相应的存储单元初始化。

变量定义的汇编语言格式为：

［变量名］　变量定义伪指令　参数［，. . .，参数］［；注释］

变量名为程序员自定义标识符，参数主要由常量或“?”组成。其中“?”表示分配的存储单元未赋初值。变量名是可选的，如果使用变量名，那么它就直接代表该语句所定义分配的存储空间中的首个存储单元。例如：

```
BUFF  DB  100, 12, 56        ; BUFF代表首个字节存储单元，该单元存储初始值为100
```

多个存储单元如果初值相同，可以用复制操作符（重复定义符）DUP 进行定义：

重复次数 DUP（重复参数）

例如：

```
BUFF  DB  3  DUP (12), 56
```

该变量定义伪指令分配4B的存储单元，前3个单元初值相同都为12，后一个单元初值为56。

变量定义伪指令主要有：DB（Define Byte）、DW（Define Word）、DD（Define Double Word）、DQ（Define QuartWord）、DT（Define Ten Byte）等，它们的功能见表2-5。除了 DB、DW、DD 等定义的简单变量，汇编语言还支持复杂的数据变量，如结构（Structure）、记录（Record）等。

表 2-5　变量定义伪指令

助记符	变量类型	变量定义功能
DB	字节	以字节（8bit）为单位为每个数据申请主存空间
DW	字	以字（16bit）为单位为每个数据申请主存空间
DD	双字	以双字（32bit）为单位为每个数据申请主存空间
DQ	8 字节	以 8B（64bit）为单位为每个数据申请主存空间
DT	10 字节	以 10B（80bit）为单位为每个数据申请主存空间

2. 变量的应用

定义后的变量可以利用变量名等方法引用。变量名可以在指令语句中使用，也可以在伪指令语句中使用，结合例 2-3 注意体会它们的区别。

1）在指令语句中的使用：可以通过变量名引用其指向的首个数据，通过变量名加减位移量存取以首个数据为基地址的前后数据。在指令语句中直接引用变量名，其含义是访问该变量名所指向的存储单元。

2）在伪指令语句中的使用：主要是被另外的变量引用，即在另一个变量定义语句中作为参数部分出现。注意，变量名作为一个单独的参数出现在变量定义伪指令中时，只能出现在 DW 或 DD 伪指令语句中，不能出现在 DB、DQ 等变量定义语句中。

【例 2-3】 变量的定义和应用。

解： 程序如下：

```
; 源程序:ex203.asm
; 数据段
DSEG    SEGMENT
    BVAR  DB  1,-2,'AB',3 DUP('a'),?              ;字节变量,8 项
    WVAR  DW  1,-2,'AB',3 DUP('a'),?              ;字变量,7 项
    DVAR  DD  1,-2,'AB',3 DUP('a'),?              ;双字变量,7 项
```

```
    VAR1  DW  WVAR, DVAR, DVAR-WVAR, VAR1-DVAR         ;字变量,4 项
    VAR2  DD  WVAR, DVAR, DVAR-WVAR, VAR1-DVAR         ;双字变量,4 项
    VAR3  DB  DVAR-WVAR, VAR1-DVAR                     ;字节变量,2 项
DSEG ENDS
;代码段
MOV  CL, BVAR               ; BVAR 第 1 个数据送 CL,(CL)=01H
MOV  CH, BVAR+2             ; BVAR 第 3 个数据送 CH,(CH)=41H
MOV  BX, WVAR               ; WVAR 第 1 个数据送 BX,(BX)=0001H
MOV  SI, WVAR+2             ; WVAR 第 2 个数据送 SI,(SI)=0FFFEH(-2)
MOV  DX, WORD PTR DVAR      ; DVAR 第 1 个数据低字送 DX,(DX)=0001H
MOV  AX, WORD PTR DVAR+2    ; DVAR 第 1 个数据高字送 AX,(AX)=0000H
MOV  DI, VAR1+4             ; VAR1 第 3 个数据送 WVAR 第 7 个数据单元。
MOV  WVAR+12, DI
```

上面的变量定义语句汇编后所对应的存储区域分配情况如图 2-19所示，图中的数字值用十六进制表示。注意观察使用不同的变量定义伪指令，同样一个数据在内存中的存储情况，如'AB'。

偏移地址	内容	变量名
0000H	01H	BVAR
0001H	0FEH	
0002H	41H	
0003H	42H	
0004H	61H	
0005H	61H	
0006H	61H	
0007H	00H	
0008H	01H	WVAR
0009H	00H	
000AH	0FEH	
000BH	0FFH	
000CH	42H	
000DH	41H	
000EH	61H	
000FH	00H	
0010H	61H	
0011H	00H	
0012H	61H	
0013H	00H	
0014H	00H	
0015H	00H	
0016H	01H	DVAR
0017H	00H	
0018H	00H	
0019H	00H	
001AH	0FEH	
001BH	0FFH	
001CH	0FFH	
001DH	0FFH	
001EH	42H	
001FH	41H	
0020H	00H	
0021H	00H	
⋮	⋮	

图 2-19　例 2-3 变量定义存储分配

调试的结果如图 2-20 所示。

注意：变量名加减位移量的表示，可以有多种形式，以下几种形式等效：

① MOV CH, BVAR+2

② MOV CH, BVAR[2]

③ MOV CH, [BVAR+2]

3. 变量的定位

汇编程序按照指令书写的先后顺序，按照变量定义的先后顺序一个一个的分配存储空间，按照段定义指令规定的边界定位属性确定每个逻辑段的起始地址。例如，例 2-3 中变量定义依次从数据段偏移地址为 0 的单元开始一个一个分配。汇编语言中提供了定位伪指令来改变这种默认情况。指令格式如下：

```
ORG  参数     ;参数值将作为下一条指令语句或变量的偏移地址
```

例如：

```
DATA  SEGMENT
    ORG  10H
    VAR1  DB 1,'A'
    ORG  $+2
    VAR2  DW  1234H,  $ - VAR1
DATA    ENDS
```

其中，操作符‘$’表示当前偏移地址值，即为下一个所能分配的存储单元的偏移地址。则 VAR1 和 VAR2 在存储器中的分布情况如图 2-21 所示。

4. 变量和标号的属性

变量和标号都表示存储单元。变量表示的存储单元中存放数值；标号表示的存储单元中存放指令代码。所以，变量和标号具有如下 3 种属性：

1）段属性（SEG）：变量或标号对应存储单元所在段的段地址。

2）偏移地址属性（OFFSET）：变量或标号对应的首个存储单元的段内偏移地址。

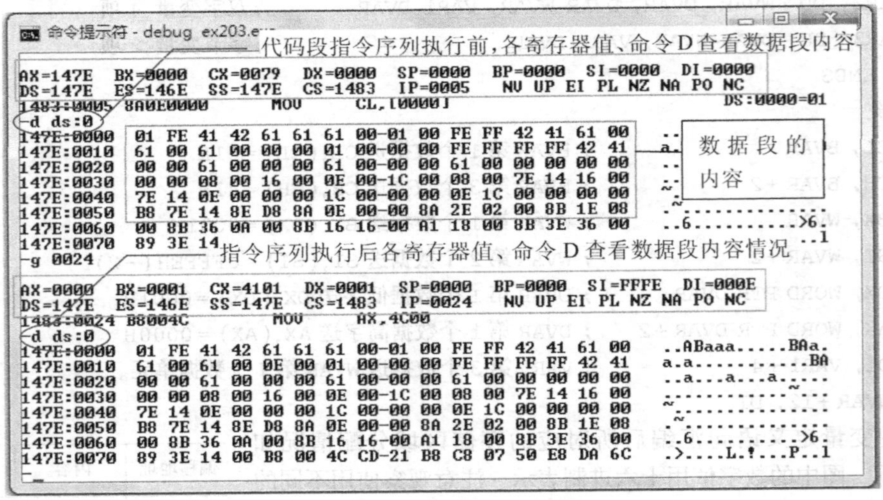

图2-20　例2-3调试结果

3）类型属性（TYPE）：变量的类型属性指的是变量占用存储单元的字节数。属性值由变量定义伪指令来决定。主要的变量和标号类型属性及返回值见表2-6。

在汇编语言程序设计中，变量和标号的这3个属性很重要。汇编语言提供了专门的析值运算符和类型运算符对变量和标号的这3个属性进行相应的操作处理。

偏移地址	内容	变量名
0010H	01H	VAR1
0011H	41H	
0012H	—	
0013H	—	
0014H	34H	VAR2
0015H	12H	
0016H	06H	
0017H	00H	
⋮		

图2-21　VAR1和VAR2变量定义存储分配

5. 析值运算符

析值运算符也称为数值回送运算符，因为这些运算符把一些特征或存储器地址的一部分作为数值回送。析值运算符有SEG、OFFSET、TYPE、SIZE和LENGTH等，它们的使用格式及作用见表2-7。

表2-6　存储器操作数的类型属性及返回值

类型	DB	DW	DD	DF	DQ	DT	NEAR	FAR	常数
属性值	1	2	4	6	8	10	−1	−2	0

表2-7　常用析值运算符

析值运算符	功　能
SEG 变量名/标号	返回变量或标号所在段的段地址
OFFSET 变量名/标号	返回变量或者标号的段内偏移地址
TYPE 变量名/标号	返回变量或标号的类型，类型用数值表示
LENGTH 变量名	返回利用DUP定义的变量中元素的个数，即重复操作符DUP前的重复次数值，其他情况回送1
SIZE 变量名	返回LENGTH×TYPE的值

6. 属性运算符

为了提高访问变量、标号和一般存储器操作数的灵活性，汇编语言还提供了属性运算符PTR和THIS等，以达到按指定属性访问的目的。使用格式及功能见表2-8。

表 2-8 常用属性运算符的格式及功能

属性运算符	功 能
类型 PTR 变量名/标号	临时指定或临时改变变量和标号的使用类型
THIS 类型	用于创建采用当前地址但为指定类型的操作数
SHORT 标号	将标号作为短转移处理
段寄存器:	用来给一个存储器操作数指定一个段属性，即段超越

注：“类型”可以是 BYTE、WORD、DWORD、FWORD、QWORD、TBYTE、NEAR 和 FAR 等，还可以是由结构、记录等定义的类型。

【例 2-4】 属性及其应用，数据段变量定义同例 2-3。

解：程序如下：

```
；源程序：ex204.asm
；代码段
MOV  CX, WORD PTR BVAR
MOV  DX, WORD PTR BVAR+2
MOV  BL, BYTE PTR WVAR
MOV  SI, SEG WVAR+2
MOV  DS, SI
MOV  SI, OFFSET WVAR+2
MOV  BH, BYTE PTR DVAR+8
MOV  DI, WORD PTR DVAR+8
MOV  AL, TYPE WVAR
MOV  AH, LENGTH WVAR
```

该程序执行后各寄存器的值如图 2-22 所示。

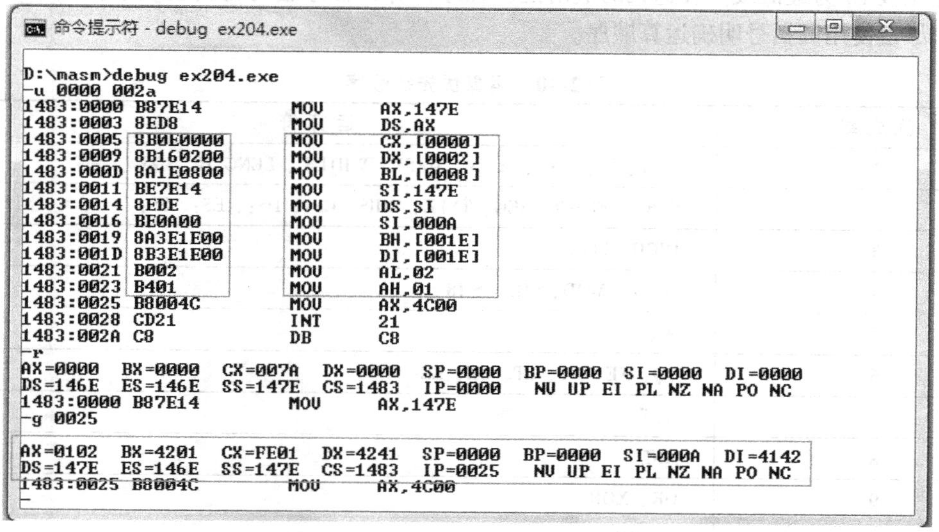

图 2-22 例 2-4 调试结果

2.5.3 表达式

表达式是操作数常见的形式之一，由常量、变量或标号等通过运算符连接而成。汇编语言中，表达式又分为数值表达式和地址表达式。地址表达式的值是一个存储器的地址，在此地址中存放了数据（称为变量）或指令（称为标号）。数值表达式的值是在汇编阶段由汇编程序通过计算确定的，而不是在程序运行过程中计算得到。因此，组成数值表达式的各部分必须在汇编时就能确定，最终得到一个确定的数值，所以数值表达式也是常量。

汇编语言支持多种运算符，见表2-9。

表 2-9　MASM 支持的运算符

运算符类型	运算符号及说明
算术运算符	+（加）、-（减）、*（乘）、/（除）、MOD（取余）
逻辑运算符	AND（与）、OR（或）、XOR（异或）、NOT（非）
移位运算符	SHL（逻辑左移）、SHR（逻辑右移）
关系运算符	EQ（相等）、NE（不相等）、GT（大于）、LT（小于）、GE（大于等于）、LE（小于等于）
析值运算符	OFFSET、SEG、TYPE、LENGTH、SIZE
属性运算符	:、PTR、THIS、HIGH、LOW、SHORT
其他运算符	( )、[ ]、·、< >、MASK、WIDTH

表达式是常数、变量、标号和运算符的组合，如果一个表达式同时具有多个运算符，则按以下规则运算：

1）优先级高的先运算，优先级低的后运算。

2）优先级相同时，按表达式从左到右的顺序运算。

3）括号可以提高运算的优先级，括号内的运算总是在相邻的运算之前进行。

各种运算符的优先级顺序见表2-10。表中同一行的运算符具有相等的优先级，优先级1为最高级，优先级10为最低级。表达式的值由汇编程序计算，程序编写时要正确掌握次序，以免程序出错。尽量使用圆括号明确运算顺序。

表 2-10　运算优先级顺序

优先级	运算符
1	( )、[ ]、·、< >、MASK、WIDTH、LENGTH、SIZE
2	PTR、OFFSET、SEG、TYPE、THIS、CS:、DS:、ES:、SS:
3	HIGH、LOW
4	*、/、MOD、SHL、SHR
5	+、-
6	EQ、NE、GT、LT、GE、LE
7	NOT
8	AND
9	OR、XOR
10	SHORT

【例 2-5】 数值表达式及其应用。

解：汇编语言指令如下：

```
MOV  AX, 3* 4 +5
MOV  DH, 01100100B SHR 2
```

```
MOV  BL, 8CH AND 73H
MOV  AH, 8CH OR 73H
MOV  AX, 10H GT 16
MOV  BL, 6 EQ 0110B
MOV  BX, 32 + ( (13/6) MOD 3)
```

汇编后，计算表达式形成的指令如下：

```
; MOV  AX, 17
; MOV  DH, 19H
; MOV  BL, 0
; MOV  AH, 0FFH
; MOV  AX, 0
; MOV  BL, 0FFH
; MOV  BX, 0022H
```

2.5.4 符号定义

在汇编语言设计中，有时会多次出现同一个数值或表达式。为方便起见，可通过符号定义伪指令给它赋予一个符号，以后就可以用该符号代替这个数值或表达式了。通过符号定义语句，定义用来表示常数、字符串或数值表达式的符号，这个符号也称为符号常量。因为常数、字符串、数值表达式都是常量。

常用的符号定义伪指令有：EQU、=（等号）和 LABEL。

1. 等价语句 EQU

等价语句的一般格式如下：

符号名 EQU 表达式

符号名是程序员自定义的标识符；表达式可以是一个常数、符号、字符串、数值表达式或地址表达式。例如：

```
CR   EQU  ODH                          ; 常数
LF   EQU  0AH
NUM  EQU  4* 128                       ; 数值表达式
ADR  EQU  ES: [BP +DI +5]              ; 地址表达式
MOVE  EQU  MOV                         ; 指令助记符
HELLO  EQU  " Hello, Assembly!"        ; 字符串
```

汇编时，对 EQU 定义的符号名用对应的表达式进行“替换”。

例如：

```
MSG  DB  HELLO            ;等价于 MSG DB"Hello,Assembly!"
MOVE  CX,  NUM +1         ;等价于 MOV  CX,4* 128  + 1
```

利用 EQU 伪指令，可以用一个名字代表一个数值，或用一个简短的名字代替一个较长的名字。如果源程序中需要多次引用某一表达式，则可以利用 EQU 伪操作给其赋一个名字，以代替程序中的表达式，从而使程序更加简洁，便于阅读。将来如果改变表达式的值，也只需修改一处，程序易于维护。

注意：

1）EQU 伪指令不会给符号分配存储单元，注意它跟变量定义伪指令的区别。

2）EQU 伪指令定义的符号不能与其他标识符或关键字相同，也不能被重新定义，否则汇编程序会认为出现符号重新定义错误。

3）如果在程序中要使用符号，则必须遵循“先定义后使用”的规则。

2. 等号语句（=）

汇编语言还提供了等号语句来定义符号常量，即用符号表示一个常数或数值表达式。等号语句的一般格式如下：

符号名 = 数值表达式

例如：

```
X=10
Y=20+300/4
```

等号语句功能与 EQU 相似，主要区别在于 =（等号）可以对同一符号重复定义。例如：

```
X=2* X+10;
```

但是 X EQU 2*X+10 是错误的

3. 定义符号名语句（LABEL）

定义符号名语句（LABEL 伪指令）是定义标号或变量的类型，它和下一条指令共享存储器单元。其一般格式如下：

符号名 LABEL 类型

类型可以是 BYTE、WORD、DWORD、NEAR 和 FAR 等。该语句的功能是定义由“符号名”指定的符号，该符号的段属性和偏移属性与下一个紧接着的存储单元的段属性和偏移属性相同，该符号的类型为参数“类型”所规定的类型。利用 LABEL 伪指令可以使同一个数据区兼有两种类型属性，如 BYTE（字节）和 WORD（字），这样可以在以后的程序中根据不同的需要以字节或字为单位存取其中的数据。

例如：

```
VARW  LABEL  WORD            ；变量 VARW 类型为 WORD
VARB  DB  6  DUP (?)         ；变量 VARB 类型为 BYTE
…
MOV  VARW,   AX              ；AX 送第 1，2 字节中
…
MOV  VARB [4], AL            ；AL 送第 5 个字节中
```

VARW 的类型是 WORD，与 VARB 共享存储区，即段属性和偏移属性与 VARB 相同。

LABEL 伪指令也可以将一个属性为 NEAR 的标号再定义为 FAR 。

例如：

```
QUIT  LABEL  FAR
EXIT: MOV AX, 4C00H
```

这样指令“MOV AX，4C00H”就有了两个标号 QUIT 和 EXIT，但它们的类型不同。

2.6 8086/8088 的寻址方式

指令中操作数的寻找方法称为寻址方式。操作数在计算机中的存放主要有以下 4 种情况：

1）操作数位于指令区（代码段），即操作数包含在指令中，只要取出该指令，就可以得到紧随指令操作码后的操作数，这种操作数称为立即数。

2）操作数位于 CPU 的某一个内部寄存器中，汇编指令中操作数字段是寄存器名，对应寄存器中存放的数据即为要寻找的操作数，这种操作数称为寄存器操作数。

3）操作数位于存储器数据区或堆栈区的某个单元中，汇编指令中操作数字段以某种方式给出存储单元的地址信息，只要知道了存储单元的地址就可以找到操作数，这种操作数称为存储器

操作数。

4）操作数位于I/O接口中，汇编指令中操作数字段以直接或间接的方式给出I/O接口的地址，只要知道I/O接口的地址就可以找到I/O接口操作数。

在8086/8088系统中，根据操作数位于计算机中的不同地方，操作数的寻址方式有立即寻址、寄存器寻址、存储器寻址和I/O接口寻址。其中，存储单元的地址由两部分构成的，即段地址和段内偏移地址。段内偏移地址即有效地址（Effective Address，EA）。由于总线接口单元BIU能根据需要自动引用对应的段寄存器得到段地址，所以存储器寻址方式主要是确定存储单元有效地址EA。然后利用“物理地址PA = 段地址 ×16D + EA”得到操作数的物理地址。有效地址EA是一个16位的无符号数。EA的构成方式有多种，因而形成了多种存储器寻址方式：直接寻址、寄存器间接寻址、寄存器相对寻址、基址变址寻址和相对基址变址寻址。

没有指明时，一般默认的存储器操作数访问在DS段，若寻址方式中使用了BP寄存器时，则默认访问SS段。默认的情况允许在指令中使用段超越前缀改变。

下面将依次介绍8086/8088系统所支持的7种基本寻址方式：立即寻址、寄存器寻址、直接寻址、寄存器间接寻址、寄存器相对寻址、基址变址寻址和相对基址变址寻址。在学习过程中应注意寻址方式的特征及操作数所在的位置。有关I/O接口的寻址在本书的第6章进行介绍。

2.6.1 立即寻址

操作数直接出现在指令中的寻址方式称为立即寻址。立即寻址方式的特征是，立即数作为指令的一部分，紧跟在指令的操作码之后，存放在存储器的代码段；立即数可以是8位或者16位的整数，以常量形式出现，在机器码中可以观测到该立即数。例如：

```
MOV  BH, 12H
MOV  DX, 2012H
MOV  AX, 'A'
MOV  BL, 'B'
```

以上指令源操作数均为立即寻址方式，12H、2012H、'A'、'B'均为常量。4条指令源操作数的寻址过程如图2-23所示，调试结果情况如图2-24所示（本例进入调试命令，依次使用了命令U、R、G，请读者思考原因。对于其他寻址方式，读者也可以采用DEBUG来辅助学习理解）。

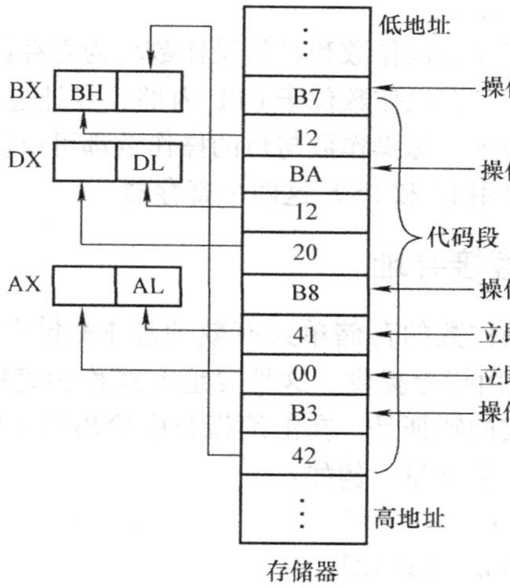

图2-23 立即寻址

上面的程序中，字符A代表的是0041H，而字符B代表的是42H，因为它们必须符合数据类型相匹配的原则。指令“MOV AX,'A'”中，目的操作数AX为16位寄存器，所以字符A由8位ASCII码值（41H）自动扩展到16位（0041H）。而指令“MOV BL,'B'”中，目的操作数BL为8位寄存器，与字符B的8位ASCII码相匹配，无需扩展。

立即数在指令中只能作为源操作数，立即寻址方式主要用于给寄存器或存储单元赋初值，但是段寄存器与标志寄存器除外。为了给段寄存器传送数据，应先将立即数赋给一个通用寄存器，然后再由通用寄存器传送给段寄存器。例如：

```
MOV  AX, 1234H                ; AX←1234H
```

```
MOV  SS, AX                          ; SS← (AX)
```

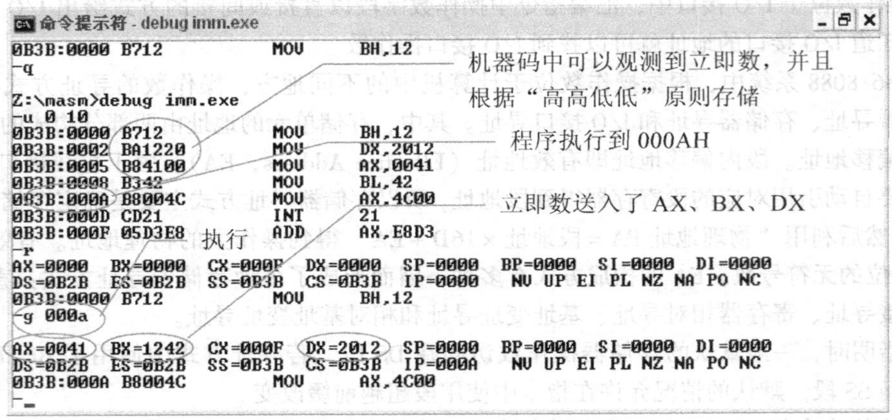

图 2-24　立即寻址调试结果

2.6.2　寄存器寻址

操作数存放在 CPU 内部的某个寄存器中，这种寻址方式称为寄存器寻址。寄存器寻址方式的特征是，寄存器名出现在汇编指令中，寄存器可以是 8 位和 16 位的。例如：

```
MOV  BX, AX
MOV  DH, CL
```

以上指令源操作数和目的操作数均为寄存器寻址方式。

由于寄存器操作数位于 CPU 内部，寻址过程不涉及总线操作，因此寄存器寻址方式速度较快。一条指令中源操作数与目的操作数都可以使用寄存器寻址，但二者必须等长。注意，寄存器寻址不能使用 IP 和 PSW 这两个寄存器。

2.6.3　直接寻址

存放操作数的存储单元有效地址 EA 包含在指令中，即 EA 直接由指令提供，这种寻址方式称为直接寻址。直接寻址方式的特征是，在汇编指令中给出的 EA 是方括号括起来的一个常量。例如：

```
MOV  AX, [0300H]
MOV  CL, [0300H]
```

以上指令源操作数均为直接寻址方式。

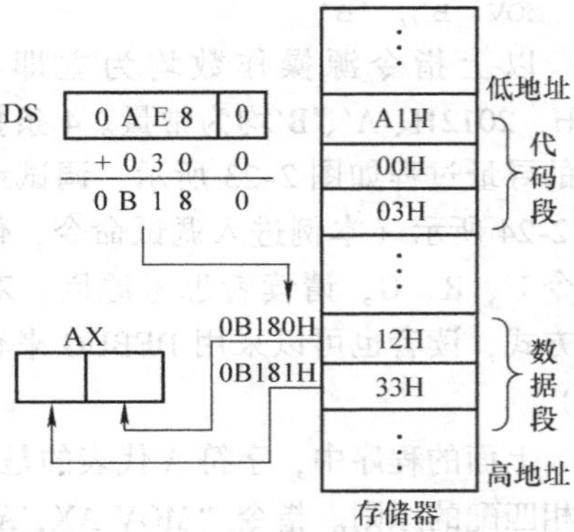

图 2-25　直接寻址

图 2-25 给出了第 1 条指令源操作数的寻址过程，两条指令的调试验证过程如图 2-26 所示。

注意直接寻址方式与立即寻址方式的区别：从汇编指令形式可以看出，在直接寻址指令中，表示有效地址的 16 位数必须加上方括号；另外指令完成的功能不是将常数 0300H 传送到累加器 AX。指令执行后 AX 中的内容为 3312H。

如果没有特别指明，直接寻址方式的操作数是在存储器的数据段，即隐含的段寄存器为 DS，但 8086/8088 允许段超越，即允许用 CS、SS 或 ES 作为段寄存器。例如：

```
MOV  BX, ES: [0300H]
```

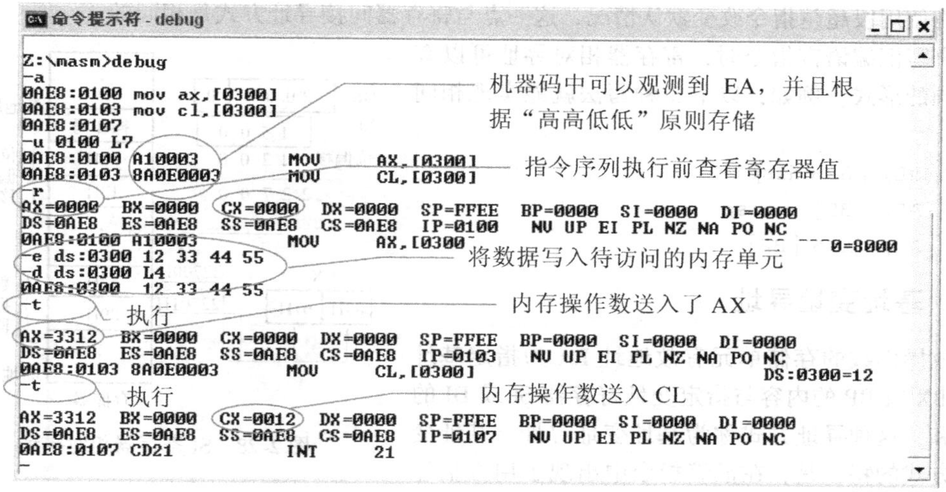

图 2-26 直接寻址调试验证结果

该指令表明 ES 作为段寄存器，操作数要在附加数据段中寻址。

2.6.4 寄存器间接寻址

存放操作数的存储单元有效地址 EA 存放在 CPU 内部 BX、BP、SI、DI 中的某一个寄存器中，这种寻址方式称为寄存器间接寻址。寄存器间接寻址方式的特征是，在汇编指令中出现了用方括号括起来的寄存器。例如：

```
MOV  AX, [BX]
MOV  CX, [BP]
```

以上指令源操作数均为寄存器间接寻址方式，其中第 2 条指令操作数寻址过程如图 2-27 所示。

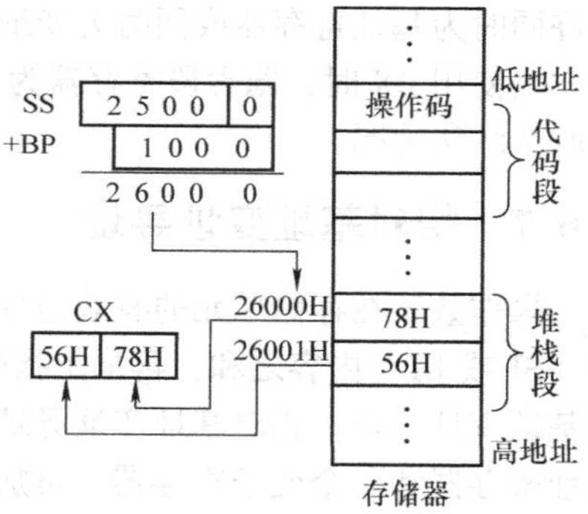

图 2-27 BP 寄存器间接寻址

注意寄存器间接寻址只能使用 BX、BP、SI、DI 这 4 个寄存器，其他寄存器不允许使用。当采用 BX、SI、DI 寄存器时，隐含的段寄存器为 DS；当采用 BP 寄存器时，隐含的段寄存器为 SS。允许使用段超越指令改变默认情况。

2.6.5 寄存器相对寻址

存放操作数的存储单元有效地址 EA 为 CPU 内部 BX、BP、SI、DI 中某一个寄存器的内容加上指令中给出的 8 位或 16 位位移量之和，这种寻址方式称为寄存器相对寻址。寄存器相对寻址方式的特征是，在汇编指令中出现了用方括号括起来的寄存器再加上一个 8 位或 16 位偏移量，其和即为操作数的有效地址 EA。例如：

```
MOV  AX, [SI+1200H]
MOV  BX, [BP+2100H]
```

以上指令源操作数均为寄存器相对寻址方式，其中第 1 条指令操作数寻址过程如图 2-28 所示。

注意寄存器相对寻址只能使用 BX、BP、SI、DI 这 4 个寄存器，其他寄存器不允许使用。当采用 BX、SI、DI 寄存器时，隐含的段寄存器为 DS；当采用 BP 寄存器时，隐含的段寄存器为

SS。允许使用段超越指令改变默认情况，这一点与寄存器间接寻址方式是相同的。

在书写汇编语言指令时，寄存器相对寻址可以有几种不同的形式。例如，以下 3 种写法就能实现相同的功能。

```
MOV  AL, [BP+disp]
MOV  AL, [BP] +disp
MOV  AL, disp [BP]
```

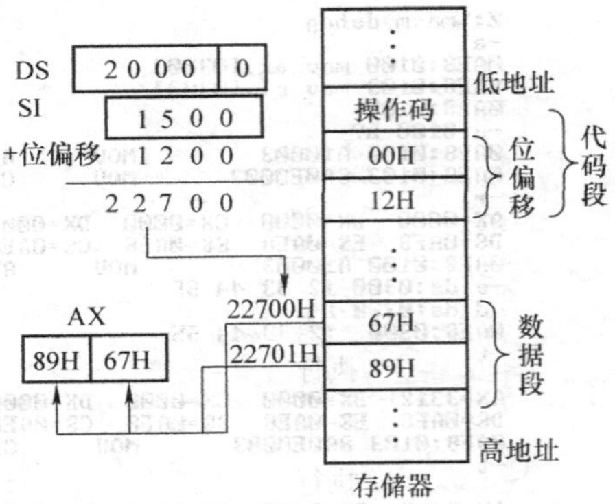

图 2-28　SI 寄存器相对寻址

2.6.6　基址变址寻址

存放操作数的存储单元有效地址 EA 为指定基址寄存器 BX 或 BP 的内容与指定变址寄存器 SI 或 DI 的内容之和，这种寻址方式称为基址变址寻址。基址变址寻址方式的特征是，在汇编指令中出现了用方括号括起来的一个基址寄存器和一个变址寄存器，两个寄存器内容之和即为操作数的有效地址 EA。例如：

```
MOV  AX, [BX+DI]        ;也可以表示成 MOV  AX, [BX] [DI]
```

以上指令源操作数为基址变址寻址方式，该指令操作数寻址过程如图 2-29 所示。

注意：基址变址寻址必须是一个基址寄存器 BX 或 BP 和一个变址寄存器 SI 或 DI 的组合，不允许同时为基址寄存器或同时为变址寄存器。至于隐含的段寄存器，通常由所用的基址寄存器决定，当使用 BX 时，隐含段寄存器为 DS，当使用 BP 时，隐含段寄存器为 SS。允许使用段超越指令改变默认情况。

2.6.7　相对基址变址寻址

操作数所在存储单元的有效地址 EA 为指定基址寄存器（BX 或 BP）的内容与指定变址寄存器（SI 或 DI）内容之和，再加上指令中给定的 8 位或 16 位位移量（disp），这种寻址方式为相对基址变址寻址。相对基址变址寻址方式的特征是，在汇编指令中出现了用方括号括起来的一个基址寄存器和一个变址寄存器，再加上一个 8 位或 16 位偏移量，两个寄存器内容再加上位移量之和即为操作数的有效地址 EA。例如：

```
MOV  AX, 1100H [BX] [DI]
```

以上指令源操作数为相对基址变址寻址方式，该指令操作数寻址过程如图 2-30 所示。

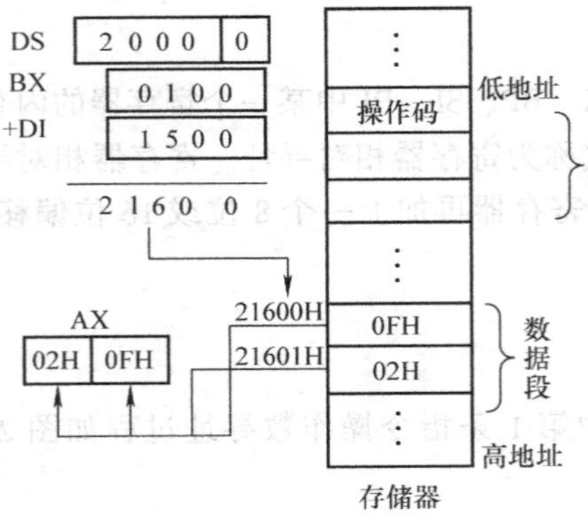

图 2-29　基址变址寻址

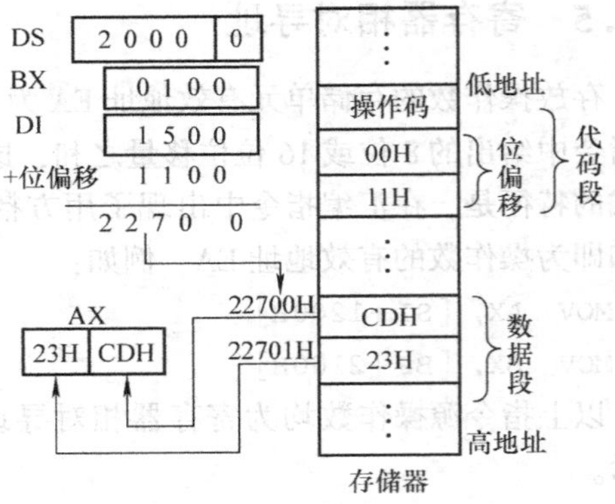

图 2-30　相对基址变址寻址

注意：相对基址变址寻址必须是一个基址寄存器 BX 或 BP 和一个变址寄存器 SI 或 DI 的组合，不允许同时为基址寄存器或同时为变址寄存器。至于隐含的段寄存器，通常由所用的基址寄存器决定，当使用 BX 时，隐含段寄存器为 DS，当使用 BP 时，隐含段寄存器为 SS。允许使用段超越指令改变默认情况，这一点与基址变址寻址方式是相同的。

在书写汇编语言指令时，相对基址变址寻址方式可以有几种不同的形式。例如以下 6 种写法可实现相同的功能。

```
MOV  AL, disp [BP] [SI]
MOV  AL, [BP+disp] [SI]
MOV  AL, [BP+SI+disp]
MOV  AL, [BP] disp [SI]
MOV  AL, [BP+SI] disp
MOV  AL, disp [SI] [BP]
```

【例 2-6】 字数组 WVAR 定义如下，请编写指令序列，用多种方法实现将第 4 个字元素（即 -3）送至 AX。

解：程序段如下：

```
WVAR  DW  1,-2,2,-3,3,-4           ;字变量
;方法 1,直接寻址:
MOV   AX, WVAR+3*2                 ;WVAR 代表数组第一个元素地址,第 4 个元素位移量为 3*2
;方法 2,寄存器间接寻址:
MOV   BX,OFFSET WVAR+3*2           ;数组 WVAR 第 4 个元素偏移地址装入 BX
MOV   AX,[BX]
;方法 3,寄存器相对寻址:
MOV   SI,3*2                       ;WVAR 数组第 4 个元素距首个元素的位移量为 3*2, 置入 SI
MOV   AX,WVAR[SI]
;方法 4,寄存器相对寻址:
LEA   BX,WVAR                      ;WVAR 数组首个元素地址置入 BX
MOV   AX,3*2[BX]
;方法 5,基址变址寻址:
LEA   BX,WVAR                      ;WVAR 数组首个元素地址置入 BX
MOV   SI,3*2                       ;第 4 个元素距首个元素的位移量为 3*2, 置入变址寄存器 SI
MOV   AX,[BX+SI]
;方法 6, 相对基址变址寻址(将偏移量拆分成了两个分量来构造, 本方法只是为展示相对基址变址寻址的使用,本例中该方法不是很恰当):
LEA   BX,WVAR                      ;WVAR 数组首个元素地址置入 BX
MOV   SI,4                         ;第 3 个元素距首个元素的位移量为 2*2,置入变址寄存器 SI
MOV   AX,[BX+SI+2]                 ;第 4 个元素距第 2 个元素的位移量为 2,作为相对量。
```

注意：通过例 2-6 体会一下不同的存储器寻址方式在使用和设置时的区别。对于内存中的操作数，在程序设计中，可以根据需要选择其中的一种寻址方式。

2.7 8086/8088 指令系统

微处理器通过执行指令序列完成指定的操作，处理器能够执行的全部指令的集合就是该处理器的指令系统。Intel 8086/8088 CPU 的 16 位基本指令集与 32 位 80x86 ，包括 Pentium 系列完全

兼容，因此，8086/8088 指令系统是整个 Intel 80x86 系列指令系统的基础。大多数指令既能处理字数据，又能处理字节数据。8086/8088 指令系统按功能可以分为 6 个功能组：数据传送（Data Transter）、算术运算（Arithmetic）、逻辑运算（Logic）、串操作（String menipulation）、程序控制（Program Control）、处理器控制（Processor Control）。

对于每一条指令，学习使用时应注意以下几点：

① 指令的汇编格式；

② 指令的功能；

③ 指令支持的操作数寻址方式；

④ 指令对标志的影响；

⑤ 指令隐含的操作数等其他特殊要求。

特别说明：为了方便指令系统介绍，表 2-11 列举了本书约定使用的一些符号。

表 2-11　操作数符号约定

	符号及含义
操作数	opr 为操作数；src 为源操作数；dst 为目的操作数
寄存器寻址	seg 为段寄存器；reg 为通用寄存器，代表 reg8 或 reg16；reg8 为 8 位通用寄存器；reg16 为 16 位通用寄存器
存储器寻址	mem 为存储器单元，代表 m8 或 m16；m8 为 8 位存储器单元；m16 为 16 位存储器单元
立即数	imm 为立即数，代表 imm8 或 imm16；imm8 为 8 位立即数；imm16 为 16 位立即数

2.7.1　数据传送类指令

数据传送类指令又可分为通用传送指令、累加器专用传送指令、地址传送指令、标志传送指令、查表指令、符号扩展指令。除了 SAHF 和 POPF 指令外，这组指令对各标志没有影响。

1. 通用数据传送指令

通用传送指令包括基本传送指令 MOV、堆栈指令 PUSH 和 POP、交换指令 XCHG。

（1）基本传送指令 MOV。MOV 指令是使用最频繁的指令。

◇指令格式及功能：

```
MOV  dst, src  ; (dst) ← (src)
```

◇支持的寻址方式：

```
src: reg、seg、mem、imm
dst: reg、seg、mem
```

MOV 指令将源操作数 src 的内容传送给目的操作数 dst。当 MOV 指令执行完后，源操作数 src 和目的操作数 dst 的内容相同，实质上是完成数据的复制。MOV 指令可以进行字节数据传送，也可进行字数据的传送，但是 src 和 dst 必须等长，且两者不能同时为存储器操作数。MOV 指令正确的数据传送方向如图 2-31 所示。

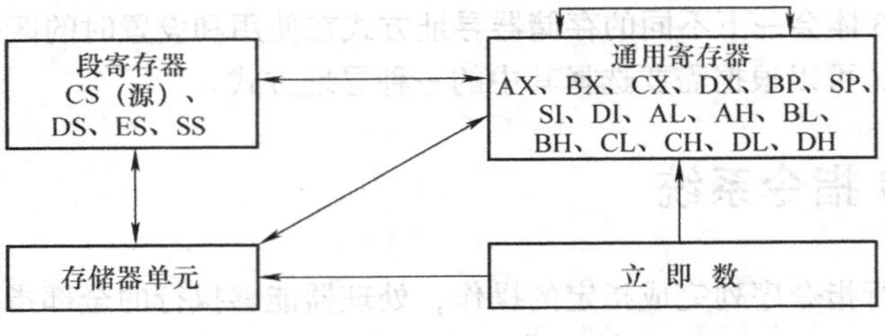

图 2-31　MOV 指令的数据传送方向

◇MOV 指令使用注意事项：

① src、dst 必须有相同的类型，即同为字节类型或同为字类型；

② src、dst 不能同时为存储器操作数 mem；

③ src、dst 不能同时为段寄存器 seg；

④ 立即数 imm 不能直接传送到段寄存器 seg；

⑤ CS 只能作为源操作数，不能作为目的操作数；

⑥ 立即数 imm 无地址，故只能作为源操作数，不能作为目的操作数。

【例 2-7】 数据传送。

解：程序如下：

```
MOV  CL, 05H            ; reg8←imm8
MOV  [BX], 2008H        ; mem16←imm16
MOV  SI, BP             ; reg16←reg16
MOV  DS, AX             ; seg←reg16
MOV  BX, ES             ; reg16←seg
MOV  [BP], ES           ; mem16←seg
MOV  AX, [2008H]        ; reg←mem16
MOV  [1234H], BX        ; mem16←reg
```

【例 2-8】 将存储单元 3000H 的一个字的内容送至 4000H 单元。

解：程序如下：

```
MOV  AX, [3000H]        ; 也可以通过其他通用寄存器传送
MOV  [4000H], AX        ; 但不能直接在两个存储单元间传送
```

【例 2-9】 判断指令对错，并指出错误原因。

解：

```
MOV  CS, AX             ; 错，CS 不能作为目的操作数
MOV  AX, CS             ; 对
MOV  SS, SP             ; 对
MOV  DS, CS             ; 错，两操作数不能同时为段寄存器
MOV  AX, BL             ; 错，两操作数类型不一致
MOV  30H, AL            ; 错，立即数不能用做目的操作数
MOV  AL, 300            ; 错，源操作数超出了目的操作数的表示范围
MOV  [DX], BL           ; 错，DX 不能用于寄存器间接寻址
MOV  [BX], 30H          ; 错，两操作数类型不明确
MOV  [BX], [100H]       ; 错，两操作数不能同时为存储器操作数
```

（2）堆栈操作指令 PUSH 和 POP。堆栈操作指令有两条：入栈指令 PUSH 和出栈指令 POP，用来完成入栈和出栈操作。

在 8086/8088 系统中，堆栈是一段 RAM 区域。堆栈所在的主存区域即堆栈段，用来存放一些临时性的数据，如调用子程序时的入口参数、返回地址等。堆栈段的使用和数据段、代码段有所不同，堆栈段有如下特点：

① 从较大地址开始分配和使用（数据段、代码段从较小地址开始分配和使用）；

② 段地址存放在 SS 中，SP 在任何时候都指向栈顶，跟踪栈顶的变化；

③ 堆栈操作始终遵守“后进先出”的原则；

④ 进出堆栈的数据均以字为单位，所有数据的存入和取出都在栈顶进行，进出栈后自动修改 SP。

例如，某程序中定义了如下堆栈段：

```
SSEG    SEGMENT    STACK              ；堆栈段开始
        DW    100  DUP (?)            ；大小为100个字
SSEG    ENDS                          ；堆栈段结束
```

该程序装入时，操作系统把 SSEG 的段地址置入 SS，堆栈段的字节数置入 SP，即 200（0C8H)，从较大地址开始分配使用。当要压入一个数据时，由 SP 指向的堆栈栈顶位置向低地址方向移动。

1）进栈指令 PUSH。

◇指令格式及功能：

```
PUSH    src              ；(SP) ← (SP) - 2,
                         ；((SP) +1, (SP)) ← (src)
```

◇支持的寻址方式：

src：   reg16、seg、mem16

2）出栈指令 POP。

◇指令格式及功能：

```
POP  dst          ；(dst) ← ((SP) +1, (SP)),
                  ；(SP) ← (SP) + 2
```

◇支持的寻址方式：

dst：reg16、seg、mem16

＊ PUSH 和 POP 指令使用注意事项：

① PUSH 和 POP 指令的操作数必须为字类型；

② PUSH 和 POP 指令的操作数不能为立即数 imm；

③ SP 在任何时候都指向栈顶，进栈出栈操作时自动修改 SP；

④ POP 指令的操作数不能是 CS；

⑤ PUSH 和 POP 指令互为逆操作，在编程中两条指令应成对使用，以达到“栈平衡”。

【例 2-10】 假设(AX) =2107H，分析如下指令功能及堆栈变化情况。

```
PUSH  AX
POP  BX
```

解： 执行指令“PUSH AX”前后堆栈的变化情况如图 2-32 所示。

执行指令“POP BX”前后的堆栈变化情况如图 2-33 所示。

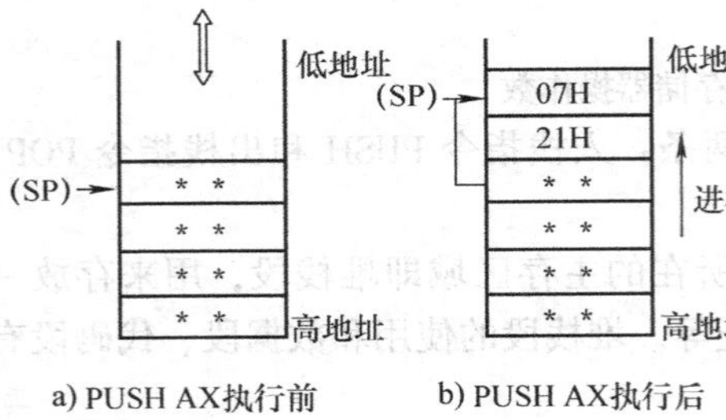

图 2-32 执行指令“PUSH AX”前后堆栈的变化

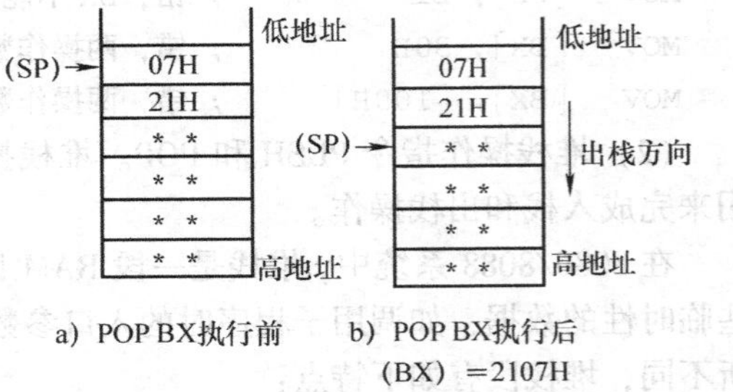

图 2-33 执行指令“POP BX”前后堆栈的变化

【例 2-11】 判断指令对错，并指出错误原因。

解：

```
PUSH   1234H                  ；错，PUSH 指令不支持立即寻址
POP    CS                     ；错，CS 不能作为 POP 指令的目的操作数
PUSH   BL                     ；错，操作数必须为字类型
```

（3）交换指令 XCHG。利用交换指令可方便地实现通用寄存器与通用寄存器或存储单元间的数据交换。

◇指令格式及功能：

```
XCHG  dst, src    ; (dst) ↔ (src)
```

◇支持的寻址方式：

src：reg、mem

dst：reg、mem

交换指令 XCHG 将源操作数 src 的内容与目的操作数 dst 的内容交换。交换指令的传送方向如图 2-34 所示。例如：

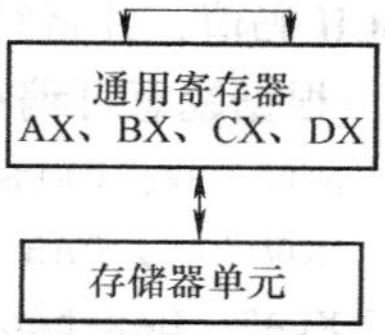

图 2-34　交换指令传送方向

```
XCHG  AL, AH
XCHG  SI, BX
XCHG  [SI + 3], AL
XCHG  [DI + BP +3], BX
```

◇XCHG 指令使用注意事项：

① src、dst 都不能是段寄存器 seg 和立即数 imm；

② src、dst 不能同时为存储器操作数 mem；

③ src、dst 必须有相同的类型，即同为字节类型或同为字类型。

2. 累加器专用传送指令

累加器（AX）专用传送指令包括 I/O 数据传送指令 IN/OUT 和字节转换指令 XLAT。I/O 数据传送指令用于完成累加器 AL/AX 与 I/O 接口（Port）之间的数据传送。字节转换指令 XLAT 用于完成存储器中一个字节的编码转换。输入指令 IN 和输出指令 OUT 将在第 6 章中予以介绍。

字节转换指令 XLAT（也称为换码指令或查表指令）。

* 指令格式及功能：

```
XLAT        ;(AL)←((BX) + (AL))
```

这是一条隐含操作数的指令，隐含的操作数为 AL。XLAT 指令将有效地址为 EA = (BX) + (AL) 所对应的存储单元中一个字节的内容送入 AL，从而实现 AL 中一个字节的代码转换，即 (AL)←((BX) + (AL))。

用 XLAT 实现代码转换的具体步骤如下：

1）建立代码转换表（其最大容量为 256B），将该表定位在存储器中某个逻辑段的一片连续地址中，并将表首地址的有效地址置入 BX。这样，BX 便指向表格首地址。

2）将待转换的数据在表中的序号（索引值）送入 AL 中，该序号实际上就是表中某一项与表首地址之间的位移量。

3）执行 XLAT。

* XLAT 指令使用注意事项：

1）存放索引值的是 8 位的 AL 寄存器，因此所建字节表格长度不能超过 256。

2）表中元素的序号（索引值）从零开始计数。

3）XLAT 指令默认转换的表格在数据段 DS，但可以进行段超越。这时，需要使用字节转换指令的另一种格式：

```
XLAT  table
```

其中操作数 table 为字节表格的变量名，即表格首地址。这样，变量名 table 前加上段超越前缀即可实现段超越。采用这种格式只是为了段超越或提高程序的可读性。字节表格的首地址事先应置入 BX。

4）指令不影响标志位。

【例 2-12】 存储器数据段中有一张十六进制的 ASCII 码表，如图 2-35所示，其首地址为 Hex-table，现希望通过查表法转换得到 A 的 ASCII 码值，并将结果送入 AL 中。

根据题意可编写如下程序段：

```
MOV  BX, OFFSET Hex-table        ; BX ←表首地址
MOV  AL, 0AH                     ; AL ←待查元素在表中的序号
XLAT  Hex-table                  ; 查表转换
```

按顺序执行完上述指令后，‘A’的 ASCⅡ码存放到 AL 中，即(AL) =41H。

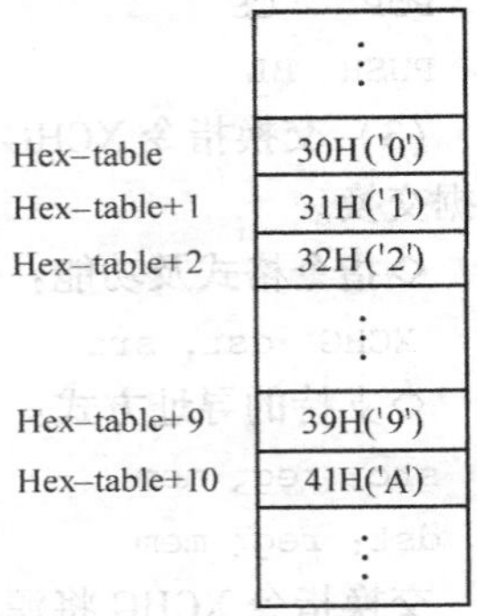

图 2-35　例 2-12 图

3. 地址传送指令

地址传送指令包括 LEA、LDS、LES。这是一类传送地址码的指令，可传送操作数的段地址或有效地址到指定的寄存器。

(1) 有效地址装入指令 LEA (Load Effective Address)。

＊ 指令格式及功能：

```
LEA  dst, src     ; (dst) ←src 的有效地址 EA
```

＊ 支持的寻址方式：

src：mem

dst：reg16

LEA 指令获取源操作数 src（必须是存储器操作数）的 16 位有效地址 EA，传送到 dst 指定的 16 位通用寄存器 reg16 中。

【例 2-13】 执行 LEA BX，[SI + 0500H]，假设(DS) = 3000H，(SI) =0100H。

解： 上述指令的执行过程如图 2-36 所示。执行结果为(BX) =0600H。注意，BX 中是偏移地址 0600H，而不是存储单元的内容 1234H。

＊ 注意 LEA 指令与 MOV 指令的区别：LEA 指令是将存储单元的有效地址 EA 送入指定的寄存器，而 MOV 指令传送的是存储单元中的操作数。

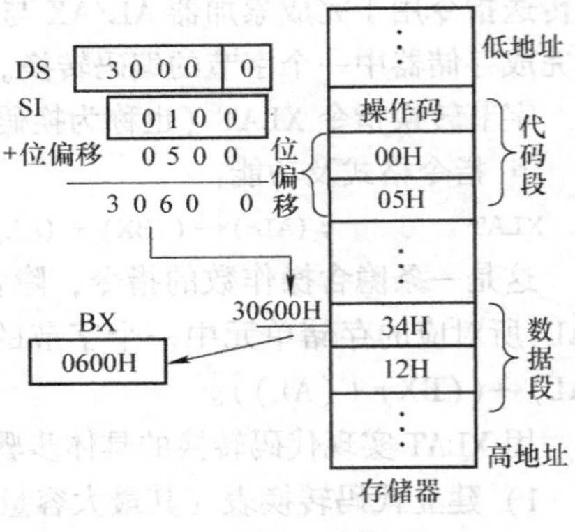

图 2-36　LEA 指令执行过程

若例 213 中指令改为

```
MOV  BX, [SI +0500H]
```

则指令的执行结果为(BX) =1234H。

(2) 地址指针装入 DS 指令 LDS (Load Pointer Using DS)。

＊ 指令格式及功能：

```
LDS  dst, src            ; (dst) ← (src)
                         ; (DS) ← (src+2)
```

＊ 支持的寻址方式：

src：mem

dst：reg16

LDS 指令是一个传送 32 位地址指针的指令，其功能是从指令源操作数 src 所指定的存储单元开始，读取 4 个连续的存储单元内容，即一个 32 位地址指针，前两个字节送入指令中 dst 指定的寄存器，后两个字节送入数据段寄存器 DS。

【例 2-14】 LDS SI , [0010H]

假设原来(DS) = 0F000H，有关存储单元的内容为（0F0010H）= 60H，（0F0011H）= 01H，(0F0012H) = 00H，(0F0013H) = 20H。指令执行过程如图 2-37 所示，指令执行后，(SI) = 0160H，(DS) = 2000H。

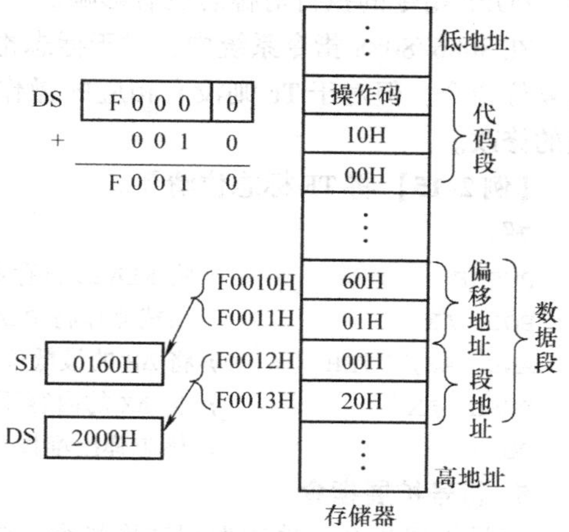

图 2-37 LDS 指令执行过程

（3）地址指针装入 ES 指令 LES（Load Pointer Using ES）。

* 指令格式及功能：

```
LES  dst, src          ; (dst) ← (src)
                       ; (ES) ← (src+2)
```

* 支持的寻址方式：

src：mem

dst：reg16

LES 指令与 LDS 指令类似，也是一个传送 32 位地址指针的指令，其功能是从指令源操作数 src 所指定的存储单元开始，读取 4 个连续的存储单元内容，即一个 32 位地址指针，前两个字节送入指令中 dst 指定的寄存器，后两个字节送入附加段寄存器 ES。

（4）地址传送指令 LEA、LDS、LES 使用注意事项：

① dst 不能是段寄存器。

② src 必须使用存储器寻址方式。

③ 不影响标志位。

4. 标志寄存器传送指令

标志寄存器传送指令包括 LAHF、SAHF、PUSHF、POPF，用于完成和标志位有关的操作，指令中的操作数均以隐含的方式规定，且隐含操作数分别是 AH 和 FLAGS 寄存器。

（1）取标志指令 LAHF（Load AH from Flags）的指令格式及功能：

```
LAHF              ; (AH) ← (Flags 低字节)
```

LAHF 指令将标志寄存器 FLAGS 低 8 位传送给 AH 寄存器。LAHF 指令的执行不影响标志位。

（2）置标志指令 SAHF（Stroe AH into Flags）的指令格式及功能：

```
SAHF              ; (Flags 低字节) ← (AH)
```

SAHF 指令的传送方向与 LAHF 指令相反，将 AH 寄存器的内容传送给标志寄存器 FLAGS 低 8 位。

SAHF 指令执行影响标志位，FLAGS 寄存器中的 SF、ZF、AF、PF 和 CF 将被修改成 AH 寄存器对应位的值，但 FLAGS 寄存器高 8 位中标志位不受影响，即 OF、DF、IF 和 TF。

（3）标志入栈指令 PUSHF（Push Flags onto Stack）的指令格式及功能：

```
PUSHF             ; (SP) ← (SP) -2,
                  ; ((SP)) ← (FLAGS 低字节), ((SP) +1) ← (FLAGS 高字节)
```

PUSHF 指令执行一次入栈操作，将标志寄存器 FLAGS 的内容（16 位）压入堆栈，指令执行不影响标志位。

(4) 标志出栈指令 POPF (Pop Flags off Stack) 的指令格式及功能:

```
POPF        ; (FLAGS 低字节) ← ((SP)), (FLAGS 高字节) ← ((SP) +1)
            ; (SP) ← (SP) + 2,
```

POPF 指令与 PUSHF 指令操作相反, 执行一次出栈操作, 将当前栈顶内容弹出到标志寄存器。POPF 指令的执行对标志位有影响。

在 8086/8088 指令系统中, 对于标志寄存器 FLAGS 高 8 位中的 OF、DF 和 IF 有相应的置位与复位指令, 但对于 TF 则没有相应的操作指令, 为此可以使用 PUSHF 和 POPF 指令来实现 TF 值的修改。

【例 2-15】 将 TF 标志位清零。

解:

```
PUSHF               ; 将 FLAGS 寄存器的内容压入堆栈
POP   AX            ; 出栈操作将 FLAGS 寄存器的内容送入累加器 AX
AND   AH, 0FEH      ; 将 AH 的最低位 (对应 TF 位) 清零
PUSH  AX            ; 将 AX 的内容压入堆栈
POPF                ; 标志弹出堆栈, 实现 TF 值的修改
```

5. 符号扩展指令

符号扩展指令, 也称类型转换指令, 包括字节扩展指令 CBW 和字扩展指令 CWD。符号扩展指令的操作不影响标志位。

在进行各种算术运算时, 指令中两个操作数的字长必须满足相应的规定。具体来讲, 在加法、减法和乘法指令中, 两个操作数的字长必须相等, 在除法指令中, 被除数必须是除数的双倍字长。因此, 有的情况下需要将 8 位数扩展成 16 位数, 或者将 16 位数扩展成 32 位数。其中对于无符号数, 扩展字长时只需在高位部分添上足够的零即可, 而对于带符号数, 扩展字长时应在高位部分添上相应的符号位, 即正数的高位部分添零, 负数的高位部分添 1。符号扩展虽然使数据位数加长, 但数据大小并没有改变。

(1) 字节扩展指令 CBW (Convert Byte to Word) 的指令格式及功能:

```
CBW      ; (AX) ← (AL 中的字节量符号扩展成字)
```

这是一条隐含操作数的指令, 隐含的操作数为 AL 和 AH。

CBW 指令将 AL 的最高有效位 D_7 (AL 符号位) 扩展到 AH 中, 实现一个字节量从字节类型到字类型的转换。也就是说, 若 AL 的 $D_7=0$, 则(AH) = 00H; 若 AL 的 $D_7=1$, 则(AH) = 0FFH。AL 的内容不变。

(2) 字扩展指令 CWD (Convert Word to Double Word) 的指令格式及功能:

```
CWD      ; (DX, AX) ← (AX 中的字量符号扩展成双字)
```

这是一条隐含操作数的指令, 隐含的操作数为 AX 和 DX。

CWD 指令将 AX 的最高有效位 D_{15} (AX 符号位) 扩展到 DX 中, 实现一个字量从字类型到双字类型的转换。也就是说, 若 AX 的 $D_{15}=0$, 则(DX) =0000H; 若 AX 的 $D_{15}=1$, 则(DX) = 0FFFFH。AX 的内容不变。

【例 2-16】 假定 (AX) =0BA45H, 写出 CWD 和 CBW 指令执行的结果。

解:

```
CWD           ; (DX) =0FFFFH, (AX) =0BA45H
CBW           ; (AX) =0045H
```

2.7.2 算术运算类指令

8086/8088 的算术运算指令可以处理 4 种类型的数, 即无符号的二进制数、带符号的二进制

数（补码表示）、无符号的压缩十进制数（压缩型 BCD 码）和无符号的非压缩十进制数（非压缩型 BCD 码）。二进制数可以是 8 位的，也可以是 16 位的。除了压缩十进制数只有加、减法操作外，其余 3 种都可以进行加、减、乘、除运算。

这类指令会根据运算结果影响状态标志，有的还需要利用某些标志，使用它们时应留心有关状态标志。

1. 加、减运算指令

加运算指令包括 ADD、ADC、INC；减运算指令包括 SUB、SBB、DEC、NEG、CMP。除 INC、DEC 指令外，加、减运算指令都影响标志寄存器 FLAGS 中的 6 个状态标志 CF、PF、AF、ZF、SF 和 OF。INC、DEC 指令不影响 CF 标志，但影响其余 5 个状态标志。

加、减运算中的双操作数指令（ADD、ADC、SUB、SBB、CMP）和后面将要介绍的逻辑运算中的双操作数指令（AND、OR、XOR、TEST）支持的操作数形式相同，统一描述如下。

＊ 通用格式：

```
OP  dst, src
```

＊ 支持的寻址方式：

```
src: reg、mem、imm
dst: reg、mem
```

＊ 加、减运算双操作数指令使用注意事项：

① OP 代指某指令助记符，不是实际的指令；

② src、dst 不能同时为存储器操作数 mem；

③ src、dst 不能为段寄存器 seg；

④ dst 不能是立即数；

⑤ src、dst 必须有相同的类型，即同为字节类型或同为字类型。

（1）加法指令 ADD（Binary Addition）。

```
ADD  dst, src          ; (dst) ← (dst) + (src)
```

ADD 指令将目的操作数与源操作数相加，和的结果送回目的操作数。

（2）减法指令 SUB（Binary Subtraction）。

```
SUB  dst, src          ; (dst) ← (dst) - (src)
```

SUB 指令将目的操作数减去源操作数，差的结果送回目的操作数。

（3）带进位加法指令 ADC（Addition with Carry）。

```
ADC  dst, src          ; (dst) ← (dst) + (src) + (CF)
```

ADC 指令将目的操作数与源操作数相加，再加上进位标志 CF 的值，并将结果送回目的操作数。

（4）带借位减法指令 SBB（Subtraction with Borrow）。

```
SBB  dst, src          ; (dst) ← (dst) - (src) - (CF)
```

SBB 指令将目的操作数减去源操作数，再减去借位标志 CF 的值，并将结果送回目的操作数。

ADC、SBB 指令主要用于与 ADD 和 SUB 指令相结合实现多精度数的加减运算。

（5）比较指令 CMP（Compare）。

```
CMP  dst, src          ; (dst) - (src)
```

CMP 指令将目的操作数减去源操作数，但结果不送回目的操作数。执行 CMP 指令后，两个操作数的内容均不变，而比较结果仅仅反映在标志位上，这也是 CMP 指令与减法指令 SUB 的区别。CMP 指令通过减法运算影响标志位，用于比较两个操作数的大小，常常与条件转移指令结合起来使用，完成各种条件判断和相应的程序转移。

(6) 求补指令 NEG (Negate)。

```
NEG  dst          ; (dst) ←0 - (dst)
```

NEG 指令的操作是用“0”减去目的操作数，结果送回目的操作数。

(7) 加 1 指令 INC (Increment by 1)。

```
INC  dst          ; (dst) ← (dst) + 1
```

INC 指令将目的操作数加 1，再送回目的操作数。

(8) 减 1 指令 DEC (Increment by 1)。

```
DEC  dst          ; (dst) ← (dst) - 1
```

DEC 指令将目的操作数减 1，再送回目的操作数。

(9) INC、DEC、NEG 指令使用注意事项：

1) 均为单操作数指令，操作数 dst 可以是寄存器 reg 或存储器操作数 mem，但不能是立即数 imm 和段寄存器 seg。

2) 指令的操作数可以是字节或字类型。若操作数为存储器操作数 mem 时，注意明确类型，否则为错误指令。

例如：

```
INC AL                  ; 8 位寄存器加 1
DEC BX                  ; 16 位寄存器减 1
DEC BYTE PTR [DI]       ; 存储器操作数减 1，字节操作
NEG WORD PTR [SI]       ; 存储器操作数求补，字操作
```

3) INC、DEC 指令不影响 CF 标志，但影响 SF、ZF、AF、PF 和 OF 标志。

4) NEG 指令影响标志寄存器 FLAGS 中的 6 个状态标志 CF、PF、AF、ZF、SF 和 OF。

【例 2-17】 试分析如下指令执行结果及标志位的状态。

解：

```
MOV  BX,0       ; (BX) =0,不影响标志位
DEC  BX         ; (BX) =0FFFFH,CF 不影响、PF =1、AF =1、ZF =0、SF =1、OF =0
INC  BX         ; (BX) =0,CF 不影响、PF =1、AF =1、ZF =1、SF =0、OF =0
SUB  BX,1       ; (BX) =0FFFFH,CF =1、PF =1、AF =1、ZF =0、SF =1、OF =0
NEG  BX         ; (BX) =1,CF =1、PF =0、AF =1、ZF =0、SF =0、OF =0
```

读者可利用 debug 调试该指令序列，观察执行情况，注意每条指令执行结束后 BX 和各标志位的变化。

【例 2-18】 数据段定义如下，试编写指令序列计算变量 DVAR1 和 DVAR2 之和，并将结果存入 SUM 变量。

```
DSEG  SEGMENT              ; 数据段
  DVAR1  DD  12345678H
  DVAR2  DD  89ABCDEFH
  SUM    DD  ?
DSEG   ENDS
```

解： 两个变量均为双字变量，因为 8086/8088 最多只能处理 16 位的加法运算，所以加法要分两次进行，先进行低 16 位相加，然后再做高 16 位相加，在做高 16 位相加时必须考虑低 16 位相加后的进位。可用以下指令序列实现。

```
MOV AX, WORD PTR DVAR1      ; DVAR1 低 16 位送累加器 AX
ADD AX, WORD PTR DVAR2      ; DVAR1 与 DVAR2 的低 16 位相加
MOV WORD PTR SUM, AX        ; 低 16 位之和送 SUM 低 16 位保存
```

```
MOV AX, WORD PTR DVAR1 +2        ; DVAR1 高 16 位送累加器 AX
ADC AX, WORD PTR DVAR2 +2        ; DVAR1 与 DVAR2 的高 16 位相加
MOV WORD PTR SUM +2, AX          ; 高 16 位和送 SUM 高 16 位保存
```

上述程序段中用了 ADD 和 ADC 两条不同的加法指令，ADD 指令用于完成低 16 位的两个字节的相加，相加的结果可能产生进位，因此高 16 位的两个字节相加必须考虑进位标志位的状态。

2. 乘法指令（Multiplication）

8086/8088 系统中乘法指令有两条：MUL、IMUL，可以完成 8 位或 16 位二进制数的乘法运算（见图 2-38）。

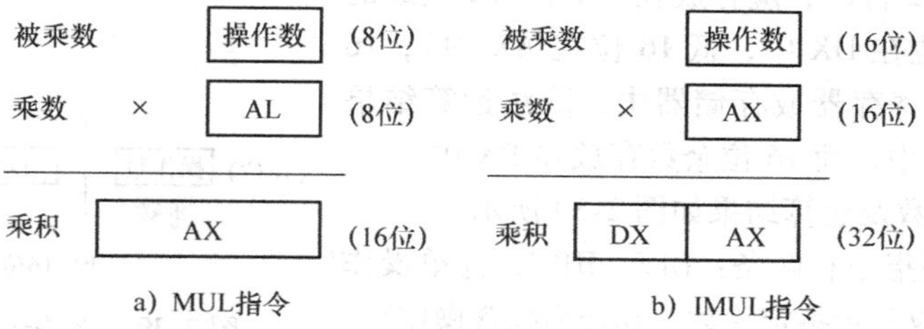

图 2-38 乘法运算的操作数及运算结果示意图

（1）无符号数乘法指令 MUL（Multiplication Unsigned）。

```
MUL  src      ; src 为字节量时，进行字节乘运算：(AX) ← (AL) × (src)
              ; src 为字量时，进行字乘运算：(DX, AX) ← (AX) × (src)
```

（2）有符号数乘法指令 IMUL（Integer Multiplication）。

```
IMUL  src      ; src 为字节量时，进行字节乘运算：(AX) ← (AL) × (src)
               ; src 为字量时，进行字乘运算：(DX, AX) ← (AX) × (src)
```

（3）MUL、IMUL 指令使用注意：

1）src 可以是寄存器 reg 或存储单元 mem，不能是立即数和段寄存器 seg。

2）MUL、IMUL 为单操作数指令，参与乘法运算的另一个乘数隐含为累加器 AL（字节乘）或 AX（字乘），乘积隐含存入 AX（字节乘）或 DX 和 AX（字乘，其中乘积高 16 位存入 DX 中，低 16 位存入 AX 中）。乘法运算的操作数及运算结果如图 2-38 所示。

3）src 若为存储单元 mem 时，注意明确类型。例如：

```
MUL BYTE PTR [SI +disp]       ; AL 乘以 8 位存储器操作数，乘积送 AX
MUL WORD PTR [BP] [DI]        ; AX 乘以 16 位存储器操作数，乘积送 DX: AX
```

4）乘法指令按如下规则影响 CF 和 OF 标志：

MUL 指令——若乘积的高一半（AH 或 DX）为 0，则 OF = CF = 0；否则 OF = CF = 1。

IMUL 指令——若乘积的高一半是低一半的符号扩展，则 OF = CF = 0；否则 OF = CF = 1。

乘法指令利用 OF 和 CF 判断乘积的高一半是否具有有效数值，而非是否发生溢出或产生进位。

5）乘法指令对 PF、AF、ZF、SF 标志没有定义。

特别注意："对标志没有定义"是指指令执行后这些标志是任意的、不可预测的（即不知道是 0 还是 1）。这与"对标志不影响"是不同的，不影响是指指令执行后不改变标志原本的状态。

【例 2-19】 已知(AL) =0FFH，(BL) =2，分别用 MUL 和 IMUL 计算(AL) ×(BL)。

```
MUL BL          ;乘积(AX) =01FEH, (255 ×2 =510)
IMUL BL         ;乘积(AX) =0FFFEH, ( -1 ×2 = -2)
```

3. 除法指令

8086/8088 CPU 执行除法运算时规定：

1）除数只能是被除数的一半字长，即被除数为 16 位时，除数应为 8 位，被除数为 32 位时，除数应为 16 位。

2）当被除数为 16 位时，应存放在 AX 中，8 位的除数可以存放在寄存器或存储器中，除法运算结果的 8 位商存放在 AL 中，而 8 位余数存放在 AH 中。

3）当被除数为 32 位时，应存放在 DX 和 AX 组成的寄存器对中（高 16 位在 DX 中，低 16 位在 AX 中），16 位的除数可以存放在寄存器或存储器中，除法运算结果的 16 位商存放在 AX 中，而 16 位余数存放在 DX 中。

除法运算的操作数及运算结果如图 2-39 所示。

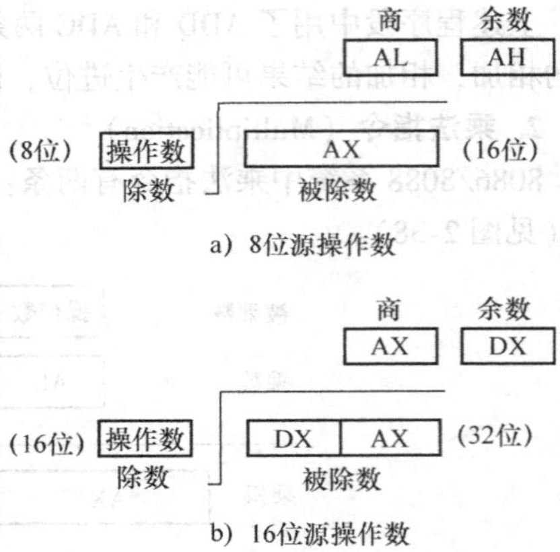

图 2-39　除法运算的操作数及运算结果示意图

8086/8088 的除法指令有两条：DIV、IDIV，为单操作数指令。除法指令中仅显示指定除数，其余为隐含操作数。

（1）无符号数除法指令 DIV（Division Unsigned）。

```
DIV  src
;src 为字节量时,进行字节量除运算:(AL)←(AX)/(src),(AH)←(AX)% (src)
;src 为字量时,进行字量除运算:(AX)←(DX:AX)/(src),(DX)←(DX:AX)% (src)
```

（2）有符号数除法指令 IDIV（Integer Division）。

```
IDIV  src
;src 为字节量时,进行字节量除运算:(AL)←(AX)/(src),(AH)←(AX)% (src)
;src 为字量时,进行字量除运算:(AX)←(DX:AX)/(src),(DX)←(DX:AX)% (src)
```

（3）DIV 、IDIV 指令使用注意事项：

1）除数 src 可以是寄存器 reg 或存储单元 mem，不能是立即数和段寄存器 seg。

2）除数 src 若为存储单元 mem 时，注意明确类型。例如：

```
IDIV BX                    ; DX: AX 除以 BX
IDIV BYTE PTR [DI]         ; AX 除以 8 位存储器操作数
IDIV WORD PTR [BX] [SI]    ; DX: AX 除以 16 位存储器操作数
```

3）指令对标志寄存器 FLAGS 中的 6 个状态标志没有定义。

4）当除数为 0，或商超出了 AL/AX 的表示范围（除法溢出）时，CPU 会产生一个类型号为 0 的内部中断，即除法错中断。

5）不允许两个字长相等的数相除。如果被除数与除数字长相等，应在除法之前对被除数进行类型转换，使之成为除数字长的双倍。

特别注意： IDIV 指令之前应利用 CBW、CWD 指令进行转换，但在无符号数除 DIV 之前，不能用 CBW 或 CWD 指令，一般采用 MOV 等指令清高 8 位或高 16 位。

6）IDIV 指令余数的符号总是与被除数的符号相同。

【例 2-20】 用 DIV 和 IDIV 指令计算(AX)/(BL)。已知(AX)=0410H，(BL)=0B8H。

```
DIV BL          ; 商 AL=05H , 余数 AH=78H
IDIV BL         ; 商 AL=F2H (即 -14), 余数 AH=20H (即 32)
```

有符号数 0410H 真值为 1040，B8H 真值为 −72。注意 DIV 和 IDIV 的区别，读者可以利用 DEBUG 调试验证分析。

【例 2-21】 X、Y、Z、V、W 均为有符号字变量，计算 W←(V −(X * Y + Z −1234))/X。

解：汇编语言中，对于表达式的计算，必须按照各级运算符的优先级，合理的安排计算次序和数据类型。因此，首先应确定好计算顺序，其次要确定各步运算的数据类型。对于本例要计算的表达式，计算顺序如下：

1）X＊Y → 暂存中间结果。16 位有符号数相乘，乘积为 32 位。

2）X＊Y＋Z → X＊Y＋Z－1234 → 暂存中间结果。因为 X＊Y 结果为 32 位，所以 Z 应进行符号扩展成 32 位，1234 为立即数、正数，直接 0 扩展即可。因此这一步都是 32 位的加减。

3）V－(X＊Y＋Z－1234)→(V－(X＊Y＋Z－1234))/X →保存最终结果。因为 X＊Y＋Z－1234 的结果是 32 位，所以 V 需符号扩展到 32 位之后参加运算。(V－(X＊Y＋Z－1234))的结果为 32 位，X 为 16 位，因此，(V－(X＊Y＋Z－1234))/X 为 16 位，最终结果商为 16 位。

程序段如下：

```
MOV   AX, X
IMUL  Y                  ; X* Y
MOV   CX, AX             ;X* Y(32 位)暂存入 BX:CX。DX:AX 需用于 Z 的符号扩展
MOV   BX, DX
MOV   AX, Z              ;Z 置入 AX 进行符号扩展至 DX:AX,扩展为 32 位
CWD
ADD   CX, AX
ADC   BX, DX             ;X* Y+Z
SUB   CX, 1234
SBB   BX, 0              ;X* Y+Z-1234
MOV   AX, V              ;V 置入 AX 进行符号扩展至 DX:AX,扩展为 32 位
CWD
SUB   AX, CX
SBB   DX, BX             ;V-(X* Y+Z-1234)
IDIV  X                  ;(V-(X* Y+Z-1234))/X,商在 AX 中,余数在 DX 中。
MOV   W, AX              ;保存最终结果
```

4. 十进制调整指令

计算机中的算术运算，都是针对二进制数的运算，而人们在日常生活中习惯使用十进制。在 8086/8088 系统中，针对十进制算术运算有一类十进制调整指令。

计算机系统中用 BCD 码表示十进制数。BCD 码有两种表示方法：一类为压缩 BCD 码，即规定每个字节表示两位 BCD 数；另一类称为非压缩 BCD 码，即用一个字节表示一位 BCD 数，其中高 4 位用 0 填充。例如，十进制数 1234D，表示为压缩 BCD 数时为 1234H，表示为非压缩 BCD 数时为 01020304H，用 4 个字节表示。相关的 BCD 转换指令见表 2-12。

表 2-12　十进制调整指令

指令格式	指 令 说 明	指 令 用 法
DAA	压缩的 BCD 码加法调整	放在加法指令之后，将 AL 中的和调整为压缩的 BCD 码
DAS	压缩的 BCD 码减法调整	放在减法指令之后，将 AL 中的差调整为压缩的 BCD 码
AAA	非压缩的 BCD 码加法调整	放在加法指令之后，将 AL 中的和调整为非压缩的 BCD 码
AAS	非压缩的 BCD 码减法调整	放在减法指令之后，将 AL 中的差调整为非压缩的 BCD 码
AAM	乘法后的 BCD 码调整	放在字节乘 MUL 之后，将 AL 中的乘积调整为非压缩的 BCD 码
AAD	除法前的 BCD 码调整	放在字节除 DIV 之前，将 AX 中的非压缩的 BCD 码调整为二进制数

注意：BCD码进行乘、除法运算时，一律使用无符号数形式，因而AAM和AAD应固定地出现在MUL之后和DIV之前。

【例2-22】 假设AL为28的BCD码，BL为68的BCD码，求这两个十进制数之和。

解：指令序列如下：

```
ADD  AL, BL
DAA
```

执行ADD前：(AL)=28H，(BL)=68H；则执行ADD后：AL=90H，AF=1；再执行DAA指令后，正确的结果为：AL=96H，CF=0，AF=1。DAA调整后才是正确的结果（28+68=96）。

2.7.3 逻辑运算和移位类指令

逻辑运算和移位类指令可以对8位或16位的寄存器或存储单元中的内容按位进行逻辑运算或移位操作，这一类指令包括逻辑运算指令、移位指令和循环移位指令3组。

这类指令也会影响状态标志，使用它们时请留心有关状态标志。

1. 逻辑运算指令

逻辑运算指令包括NOT、AND、OR、XOR和TEST共5条指令。

NOT为单操作数指令，支持的操作数形式与INC、DEC指令相同，但NOT指令的执行不影响标志位。

AND、OR、XOR、TEST指令为双操作数指令，支持的操作数形式与加、减运算类的双操作数指令（如ADD、SUB等）相同。这4条逻辑运算指令的执行均影响标志位：CF、OF标志位清为0；SF、PF、ZF按照运算结果的特征设置；AF没有定义，状态不确定。

（1）逻辑“非”指令NOT（Logical not）。

```
NOT  dst
```

NOT指令将8位或16位操作数按位取反，结果送回目的操作数。

（2）逻辑“与”指令AND（Logical and）。

```
AND  dst, src    ; (dst) ← (dst) ∧ (src)
```

AND指令将目的操作数和源操作数按位进行逻辑“与”运算，结果送回目的操作数。

（3）逻辑“或”指令OR（Logical Inclusive or）。

```
OR  dst, src    ; (dst) ← (dst) ∨ (src)
```

OR指令将目的操作数和源操作数按位进行逻辑“或”运算，结果送回目的操作数。

（4）逻辑“异或”指令XOR（Logical Exclusive or）。

```
XOR  dst, src    ; (dst) ← (dst) ⊕ (src)
```

XOR指令将目的操作数和源操作数按位进行逻辑“异或”运算，结果送回目的操作数。

（5）测试指令TEST（Test or non-Destructive Logical and）。

```
TEST  dst, src    ; (dst) ∧ (src)
```

TEST指令的操作和AND指令类似，即将目的操作数和源操作数按位进行逻辑“与”，二者的区别在于TEST指令不将逻辑运算的结果送回目的操作数，逻辑运算的结果仅仅反映在状态标志位上。

上述各指令的应用和特性介绍如下。

（1）AND指令一般用来屏蔽、保留一些位，其中要屏蔽的位可以和“0”进行逻辑“与”，而要保留的位可以和“1”进行逻辑“与”。

【例2-23】 将AX中的最高位和最低位保留，其余位清零，可用下面的指令：

```
AND AX, 8001H
```

（2）OR 指令常用来将某些位置位，同时使其余位保持不变，其中需要置位的位可以和“1”进行逻辑“或”，而保持不变的位可以和“0”进行逻辑“或”。

【例 2-24】 将 BX 中的低 4 位置位，而其余位不变，可以使用下面的指令：

```
OR  BX, 000FH
```

（3）AND、OR 指令有一个共同的特性：如果一个寄存器操作数自身与自身进行逻辑“与”或逻辑“或”操作，则其内容不变，但逻辑运算本身会改变标志位的状态，具体来说，将影响 SF、ZF 和 PF，且使 OF 和 CF 清零。利用这一特性可以在数据传送指令之后，通过逻辑操作判断数据的正负、是否为零以及奇偶特性等。

例如：

```
      MOV   AL, BVAR
      AND   AL, AL          ; 影响标志位
      JNZ   NEXT            ; 如果不为零则转移到 NEXT
      ……
NEXT: ……
```

在以上程序中，如果没有逻辑运算操作，则不能在 MOV 指令后面进行条件判断和程序转移，因为 MOV 指令不影响标志位状态，当然也可以使用其他指令来代替逻辑运算指令，例如“CMP AL，0”或者“SUB AL，0”等，但相对来讲，逻辑运算指令字节较少，且执行速度较快。

（4）XOR 指令常用来将某些特定位“求反”，而其余位则保持不变，其中要“求反”的位和“1 ”进行逻辑“异或”，要保持不变的位和“0 ”进行逻辑“异或”。

【例 2-25】 假设(BH) = 10110010B，分析以下指令执行后 BH 中的内容。

```
XOR BH, 01011011B
```

解：指令执行后，(BH) = 11101001B。

XOR 指令的另一个重要应用是：一个寄存器操作数自身与自身进行逻辑“异或”，实现清零。例如：

```
XOR BH, BH           ; BH 清零
XOR SI, SI           ; SI 清零
```

当然，使用其他指令也能实现寄存器内容的清零，例如：

```
MOV   SI, 0          ; SI 清零
SUB   SI, SI         ; SI 清零
AND   SI, 0          ; SI 清零
```

（5）TEST 指令常常用于位测试，并与条件转移指令一起共同完成对特定位的判断，实现相应的程序转移。这与比较指令 CMP 类似，不过 TEST 指令一般只比较某些特定的位，而 CMP 指令比较整个操作数。例如，若要检测 AL 中的最低位是否为 1，若为 1 则转移，可用以下指令：

```
        TEST AL, 01H
        JNZ  NEXT
        ……
NEXT:
```

若要检测 BX 中的内容是否为 0，若为 0 则转移，可用以下指令：

```
        TEST BX, 0FFFFH
        JZ   NEXT
        ……
NEXT:
```

2. 移位指令

8086/8088系统中，移位指令可分为非循环移位指令和循环移位指令两组。非循环移位指令有逻辑移位和算术移位两种。逻辑移位是对无符号数移位，总是用“0”填补空出的位；算术移位是对有符号数进行移位，在移位中必须保持符号位不变。有4条非循环移位指令：逻辑左移指令SHL（Shift Logical Left）、逻辑右移指令SHR（Shift Logical Right）、算术左移指令SAL（Shift Arithmetic Left）、算术右移指令SAR（Shift Arithmetic Right）（其中SHL和SAL指令的操作完全相同），它们执行的操作如图2-40所示。

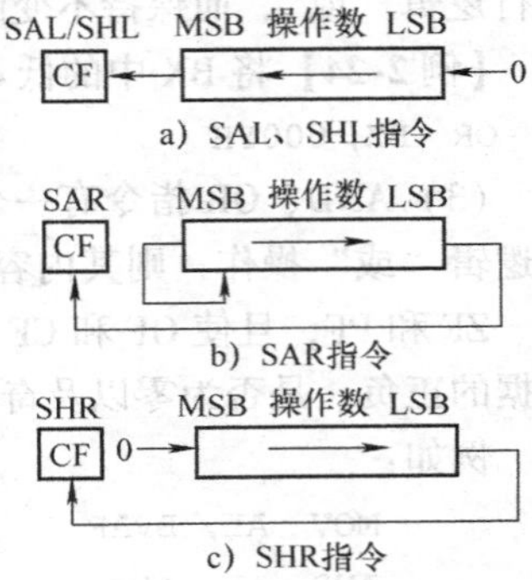

图2-40　非循环移位指令的功能

循环移位指令有不带进位循环移位和带进位循环移位两种。所谓循环移位，是指将移位对象首尾相连，数据位在闭环当中循环移动而不会丢失。8086/8088系统有4条循环移位指令：不带进位的循环左移指令ROL（Rotate Left）、不带进位的循环右移指令ROR（Rotate Right）、带进位的循环左移指令RCL（Rotate Left through Carry）、带进位的循环右移指令RCR（Rotate Right through Carry）。它们执行的操作如图2-41所示。

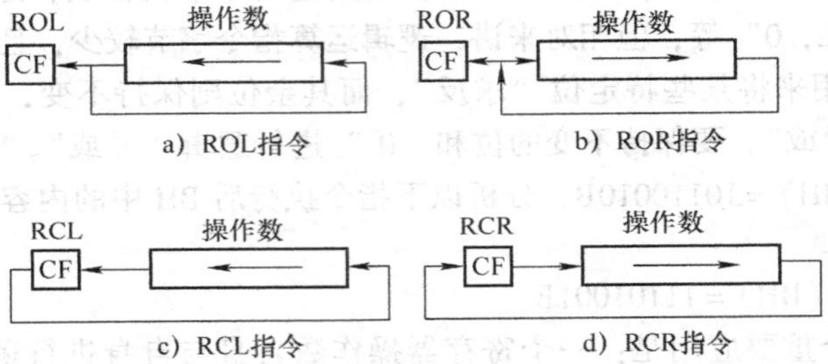

图2-41　循环移位指令的功能

以上两组移位类指令支持的操作数形式相同。统一描述如下：

（1）通用格式：

```
OP dst, src
```

（2）支持的寻址方式：

```
src: 1、CL
dst: reg、mem
```

（3）移位类指令使用注意事项：

1）OP代指某指令助记符，不是实际的指令。

2）src用于指定移位位数，只能为1或CL。

3）dst用于指定要进行移位操作的目的操作数，可以是寄存器reg或存储单元mem，不能为段寄存器seg和立即数。

4）移位指令对标志寄存器Flags中6个状态标志的影响，具体情况如下：

① CF = 移入的数值；

② 当移位位数为1时，若最高有效位的值发生变化时，则OF = 1，否则OF = 0；当移位次数大于1时，OF不确定。

③ 非循环移位指令根据移位结果设置SF、ZF、PF标志，对AF标志没有定义。

④ 循环移位指令不影响SF、ZF、PF、AF标志。

5）dst 可以是字节或字类型。若为存储单元 mem 时，注意明确类型，否则为错误指令。

例如：

```
SHR WORD PTR [BX+DISP], CL          ; 字存储单元右移 CL 指定位
ROL BH, 1                           ; 寄存器循环左移 1 位
ROR BYTE PTR [BP] [DI], CL          ; 字节存储单元循环右移 CL 指定位
RCL BYTE PTR disp [SI], 1           ; 字节存储单元带进位循环左移 1 位
RCL WORD PTR [SI+BP], CL            ; 字存储单元带进位循环左移 CL 指定位
```

（4）一个无符号的二进制数左移 1 位，相当于该数乘以 2，因而可以利用左移指令完成乘法运算，而且移位指令比乘法指令的执行速度快得多。

【例 2-26】 试分析以下程序段功能。

```
SAL AL,1               ;(AL)←(AL) ×2
MOV BL,AL              ;(BL)←(AL) ×2
SAL AL,1               ;(AL)←(AL) ×4
SAL AL,1               ;(AL)←(AL) ×8
ADD AL,BL              ;(AL)←(AL) ×8 + (AL) ×2
```

解：该程序段的功能是：实现（AL）←（AL）×10。

（5）一个无符号的二进制数逻辑右移 1 位，相当于该数除以 2，因而可以利用右移指令完成除法运算，而且移位指令比除法指令执行速度要快得多。

【例 2-27】 将 AX 中的 16 位无符号数除以 512。

解：因为 $2^9=512$，所以只要将 AX 逻辑右移 9 位即可实现上述除法运算。

指令序列如下：

```
MOV CL, 9             ; CL←移位次数
SHR AX, CL            ; AX 逻辑右移 9 位
```

（6）利用带进位循环移位指令与移位指令组合可以实现多精度数的移位。

【例 2-28】 将 DX 和 AX 组合的 32 位操作数一起向左移 1 位。

解：注意在移位过程中必须将低 16 位中的最高位移至高 16 位中的最低位，因此可以先将 AX 中的低 16 位左移 1 位，此时，低 16 位的最高位移入了 CF，再把 DX 中的高 16 位连同 CF 左移 1 位。指令序列如下：

```
SAL AX, 1         ; AX 左移 1 位，AX 的最高位移入 CF
RCL DX, 1         ; DX 带进位循环左移 1 位，CF 移入 DX 的最低位
```

2.7.4 程序控制类指令

程序控制类指令用于控制程序的流程。在 8086/8088 系统中，指令的执行顺序是由代码段寄存器 CS 和指令指针寄存器 IP 的内容决定的。一般情况下，程序中的指令是按顺序依次执行的，即 CS 不变，IP 寄存器自动修改指向下一条指令所在的内存单元。但在实际运行中，程序经常会根据微处理器的状态和一些制约条件，不再按顺序执行，这就需要在程序中用到程序控制类指令，从而实现分支与循环。程序控制类指令通过改变 CS 和 IP 的内容来实现程序执行顺序的变化。8086/8088 系统提供了大量程序控制类指令，按功能可分成以下 4 类：

1）无条件转移指令和条件转移指令。

2）循环指令。

3）过程调用和过程返回指令。

4）软中断指令和中断返回指令。

其中除了中断指令，其余指令均不影响标志位状态。

由于程序代码可包含多个代码段，所以根据转移时是否需要修改代码段寄存器 CS，它们又可分为段内转移和段间转移两大类。段内转移是指转移后继续执行的指令仍在同一个代码段中，仅重新设置指令指针 IP。条件转移指令和循环指令只能实现段内转移。段间转移是指转移后继续执行的指令在另一个代码段中，不仅重新设置 IP，而且重新设置代码段寄存器 CS。软中断指令和中断返回指令一般都是段间转移。无条件转移指令和过程调用及返回指令既可以是段内转移，也可以是段间转移。段内转移也称为近转移，而段间转移也称为远转移。

对无条件转移指令和过程调用指令而言，按确定转移目的地址的方式还可分为直接转移和间接转移两种。如果在指令中直接给出地址差，则称为直接转移；如果在指令中以间接的方式给出目的地址，则称为间接转移。汇编语言中，在表达直接转移时，采用目标地址的标号。表达间接转移时，采用寄存器名或存储器操作数。

1. 无条件转移指令

＊ 指令格式及功能：

```
JMP opr          ; 用 opr 指定的目标地址修改 IP 或 CS: IP。
```

＊ 支持的寻址方式：

段内直接寻址、段内间接寻址、段间直接寻址、段间间接寻址。

无条件转移指令 JMP 是无任何先决条件就能使程序改变执行顺序。CPU 只要执行 JMP 指令，就能使程序转到指定的目标地址，从目标地址开始执行指令。

（1）段内直接转移。无条件段内直接转移指令的使用格式如下：

```
JMP 标号          ;段内转移,直接寻址,(IP)←(IP) +位移量
```

这条指令使程序流程无条件地转移到标号地址处。跳转范围为当前代码段 64KB 范围内，用一个 16 位数表示地址位移量。指令也可表示为

```
JMP NEAR PTR 标号        ; (IP)←(IP) +16 位位移量
```

如果转移的范围在 -128 ~ + 127 之间，用一个 8 位数表示地址偏移量，我们称这种转移为短转移。指令可表示为

```
JMP SHORT 标号        ; (IP)←(IP) +8 位位移量
```

在实际使用中，汇编程序会根据实际的跳转范围自动确定标号的 NEAR 属性或 SHORT 属性，所以可以省略标号前面的属性操作符“NEAR PTR”或“SHORT”，由汇编程序根据标号自行判断。

这种利用目标地址与当前 IP 地址之间的差值记录转移目标地址的转移方式也称为相对转移。

（2）段内间接转移。无条件段内间接转移指令的格式如下：

```
JMP opr
```

这条指令使控制无条件地转移到由操作数 opr 的内容给定的目标地址处。在该转移指令中不给出标号，而是给出一个操作数，该操作数 opr 可以是 16 位的通用寄存器或字存储单元。16 位操作数内容即为目标有效地址（EA）送入 IP。例如：

```
JMP CX                    ; CX 寄存器的内容送 IP
JMP WORD PTR [1234H]      ; 字存储单元 [1234H] 的内容送 IP
```

（3）段间直接转移。段间转移也称为远转移。无条件段间直接转移指令的使用格式如下：

```
JMP FAR PTR 标号
```

这条指令把目标地址的段值和偏移地址分别置入 CS 和 IP，使程序流程无条件地转移到标号所对应的地址处。标号前的符号“FAR PTR”向汇编程序说明这是段间转移。这种在指令中直接包含转移目标地址的转移方式也称为绝对转移。

例如：

```
JMP FAR PTR EXIT        ; EXIT 是定义在另一个代码段中的标号
```

（4）段间间接转移。无条件段间间接转移指令的格式如下：

```
JMP opr
```

这条指令使控制无条件地转移到由操作数 opr 的内容给定的目标地址处。操作数 opr 必须是双字存储单元。例如：

```
JMP DWORD PTR [1234H]          ; 双字存储单元的低字内容送 IP
                               ; 双字存储单元的高字内容送 CS
```

2. 条件转移指令

条件转移指令需要根据指定的条件确定程序是否发生转移。因此，条件转移指令的执行首先要测试指定的条件，如果条件满足，则程序转移到目标地址去执行程序；如果条件不满足，则程序将顺序执行下一条指令，由此实现分支程序。8086/8088 有着丰富的条件转移指令，其中绝大多数（JCXZ 指令除外）是以某些标志位，或是标志位的逻辑运算作为测试的条件，其通用指令格式为

```
JCC 标号
```

指令助记符中的“CC”表示测试条件。指令中的标号用以指明转移的目标地址，但与 JMP 指令不同，JCC 指令只支持短转移，即条件转移指令的下一条指令到目标地址之间的相对位移量必须在 -128 ~ +127 的范围内，满足条件时的转移与 JMP 指令的直接短转移类似，即(IP)←(IP) + disp，disp 为 8 位的相对位移量。

8086/8088CPU 的所有条件转移指令见表 2-13，表中斜线分隔了同一条指令的多个助记符形式，有些指令采用多个助记符形式只是方便记忆和使用。

表 2-13 条件转移指令

分 类	助记符 JCC	转移条件	说 明
判断单个标志位状态	JZ/JE	ZF = 1	为零/相等，则转移
	JNZ/JNE	ZF = 0	不为零/不相等，则转移
	JS	SF = 1	为负，则转移
	JNS	SF = 0	为正，则转移
	JO	OF = 1	溢出，则转移
	JNO	OF = 0	不溢出，则转移
	JP/JPE	PF = 1	低字节'1'的个数为偶，则转移
	JNP/JPO	PF = 0	低字节'1'的个数为奇，则转移
	JC	CF = 1	有进位，则转移
	JNC	CF = 0	无进位，则转移
比较两个无符号数高低	JB/JNAE/JC	CF = 1	低于/不高于等于，则转移
	JNB/JAE/JNC	CF = 0	不低于/高于等于，则转移
	JBE/JNA	$(CF \vee ZF) = 1$	低于等于/不高于，则转移
	JNBE/JA	$(CF \vee ZF) = 0$	不低于等于/高于，则转移
比较两个有符号数大小	JL/JNGE	$(SF \forall OF) = 1$	小于/不大于等于，则转移
	JNL/JGE	$(SF \forall OF) = 0$	不小于/大于等于，则转移
	JLE/JNG	$((SF \forall OF) \vee ZF) = 1$	小于等于/不大于，则转移
	JNLE/JG	$((SF \forall OF) \vee ZF) = 0$	不小于等于/大于，则转移
测试 CX 值是否为 0	JCXZ	CX = 0	CX 的内容为 0，则转移

使用条件转移指令注意，应首先执行影响有关标志位状态的指令形成判定条件，然后才能用条件转移指令测试标志位，以确定程序是否转移。所以在条件转移指令之前，常有 CMP、TEST 指令以及其他算术、逻辑运算等指令。

JCC 指令不影响标志位，但要利用标志位，根据利用的标志位不同，分成 4 种情况，具体参见表 2-13。

无符号数间的次序关系称为高于（Above）、等于（Equal）和低于（Below）；有符号数间的次序关系称为大于（Greater）、等于（Equal）和小于（Less）。不论无符号数还是有符号数，两数是否相等可由 ZF 标志反映。当两个无符号数相减时，CF 位的情况（是否有借位）反映两个无符号数的高低，因此，用于无符号数比较的条件转移指令（如 JB 和 JAE 等）通过检测标志 CF 来判别条件是否成立，但进位标志 CF 不能反映两个有符号数的大小。有符号数的大小关系需组合 SF 和 OF 标志来反映，因此，用于有符号数比较的条件转移指令（如 JL 和 JGE 等）通过检测标志 SF 和 OF 来判别条件是否成立。

无符号数之间、有符号数之间大小比较后的条件转移指令有很大不同。在使用时要注意区分它们，不能混淆。

例如，以下程序段可实现 AX 和 BX 中两个无符号数的比较，把较大的数存放到 AX 中，把较小的数存放在 BX 中：

```
        CMP AX, BX
        JAE OK              ；无符号数比较大小转移
        XCHG AX, BX
OK:     ……
```

如果要比较的两个数是有符号数，则上面的程序段中 JAE 应改用 JGE 指令。

【例 2-29】 AX 中存放的数据如果是奇数，将 CL 清 0；如果是偶数，将 CL 设置成 -1。

解：要判断 AX 是奇数还是偶数，只要判定 AX 最低位 D_0 是“0”（偶数），还是“1”（奇数）。因此，可考虑根据 D_0 位的不同来影响标志位从而形成判定条件，利用条件转移指令。如何让 D_0 位能影响到标志位？利用哪个标志位来判定（即选择哪条条件转移指令）？可以有多种方法，读者也可以思考其他的解决方法。

方法一：用测试指令将除最低位外的其他位变成 0，保留最低位不变。判断这个数据是 0，AX 就是偶数；否则，为奇数。判断运算结果是否为 0，使用 ZF 标志位，即 JZ 或 JNZ 指令。程序段如下：

```
        TEST AX, 01H
        JZ EVE
        MOV CL, 0
        JMP NEXT
EVE:    MOV CL, 0FFH
NEXT:   ……
```

方法二：将最低位用移位指令移至进位标志，判断进位标志是 0，AX 就是偶数；否则，为奇数，利用 JNC 或 JC 指令。程序段如下：

```
        MOV BX, AX
        SHR BX, 1
        JNC EVE
        MOV CL, 0
        JMP NEXT
EVE:    MOV CL, 0FFH
```

```
NEXT:  ……
```

方法三：将最低位用移位指令移至最高位（符号位），判断符号标志是0，AX就是偶数；否则，为奇数，利用JNS或JS指令，程序段如下：

```
        MOV BX, AX
        ROR BX, 1
        AND BX, BX        ；注意此处为什么要用AND指令，还可以换成其他指令么？
        JNS EVE
        MOV CL, 0
        JMP NEXT
EVE:    MOV CL, 0FFH
NEXT:   ……
```

【例2-30】DVAR1和DVAR2为已定义的有符号数双字变量。如果DVAR1 > DVAR2，则设置CL值为1，否则设置CL值为 -1。

解：因为DVAR1、DVAR2为双字变量，在8086/8088系统无法直接比较大小，需分高、低16位两部分进行比较。如果高16位比较不相等，那么它们大小关系就确定了，如果相等才需要进一步比较低16位。程序段如下：

```
         MOV DX, WORD PTR DVAR1 +2
         MOV AX, WORD PTR DVAR1
         CMP DX, WORD PTR DVAR2 +2
         JG BIG
         JL NOTBIG
         CMP AX, WORD PTR DVAR2
         JA BIG
NOTBIG:  MOV CL, 0FFH
         JMP NEXT
BIG:     MOV CL, 01H
NEXT:    ……
```

应特别注意的是，本例中，在比较低16位时用的是无符号数比较的JA指令，而不能用JG指令（具体原因请读者自行思考）。

3. 循环指令

在程序设计中，经常需要使一些程序段反复执行，这些反复执行的程序段就是循环。循环指令用于实现循环控制的，实际上是一组增强型的条件转移指令，也是根据测试标志位状态是否满足条件来控制转移。8086/8088系统设置了3条循环控制指令：LOOP、LOOPZ/LOOPE、LOOPNZ/LOOPNE，它们都隐含使用CX寄存器作为循环次数计数器，见表2-14。

表2-14 循环指令

指令格式	执行操作
LOOP 标号	CX = CX -1，若 CX≠0，则转标号处，循环
LOOPNZ/LOOPNE 标号	CX = CX -1，若 CX≠0 且 ZF = 0，则转标号处，循环
LOOPZ/LOOPE 标号	CX = CX -1，若 CX≠0 且 ZF = 1，则转标号处，循环

循环指令使用注意事项：

1）循环指令对标志位没有影响。

2）循环指令与条件转移指令相同，只支持短转移。

3）使用循环指令时，在循环程序开始之前应先将循环次数送至 CX 寄存器。

4）LOOP 指令功能其实相当于以下两条指令的组合，即

```
DEC CX
JNZ 标号
```

【例 2-31】编程计算 1 + 2 + 3 + … + 100 = ?，将结果保存到字变量 SUM 中。

解：程序段如下：

```
        XOR AX, AX          ; 累加器清零
        MOV BX, 0001H       ; BX←1
        MOV CX, 100         ; CX←循环次数 100
AGAIN:  ADD AX, BX          ; AX← (AX) + (BX)
        INC BX              ; BX← (BX) +1
        LOOP AGAIN          ; 未循环结束，则继续
        MOV SUM, AX         ; 循环结束，保存结果
```

【例 2-32】数据段中分别以 STRING1 和 STRING2 为首地址存放着 100 个字符，比较两字符串，找出其中第一个不相同的字符分别送至 AL 和 BL 寄存器，若两串完全相同，则令 AL = BL = 0。

解：程序段如下：

```
        LEA SI,STRING1      ;SI←字符串 STRING1 首地址
        LEA DI,STRING2      ;DI←字符串 STRING2 首地址
        MOV CX,100          ;CX←循环次数
CYCLE:  MOV AL,[SI]         ;AL←字符串 STRING1 中的字符
        MOV BL,[DI]         ;BL←字符串 STRING2 中的字符
        INC SI              ;SI←(SI)+1
        INC DI              ;DI←(DI)+1
        CMP AL,BL           ;(AL) - (BL)
        LOOPE CYCLE         ;若(CX)≠0,且 ZF=1,则转向 CYCLE
        JNZ DONE            ;若相应两个单元的内容不等,则转向 DONE
        MOV AL,0            ;若两字符串完全相同,则 AL←0
        MOV BL,0            ;若两字符串完全相同,则 BL←0
DONE:   ......
```

程序使用 LOOPE 指令来控制循环，既有计数（CX）控制，又有条件（ZF）控制。循环结束有两种可能性：

1）字符串比较找出了第一个不相同的字符：循环结束时 ZF = 0，AL 和 BL 寄存器内是第一个不相同的字符。

2）比较字符串没有找到不相同的字符：循环结束时 ZF = 1。

对于 LOOPZ/LOOPE，LOOPNZ/LOOPNE 控制的循环，一般应在循环结束后用条件转移指令分开这两种情况，分别处理。

4. 子程序调用和返回指令

子程序具有一定的独立性，能实现某个特定功能。主程序在每次需要实现该特定功能时可以用 CALL 指令调用该子程序，切换到子程序执行，在子程序执行到最后，再用 RET 指令返回调用它的主程序，继续执行后续指令，如图 2-42 所示。子程序调用

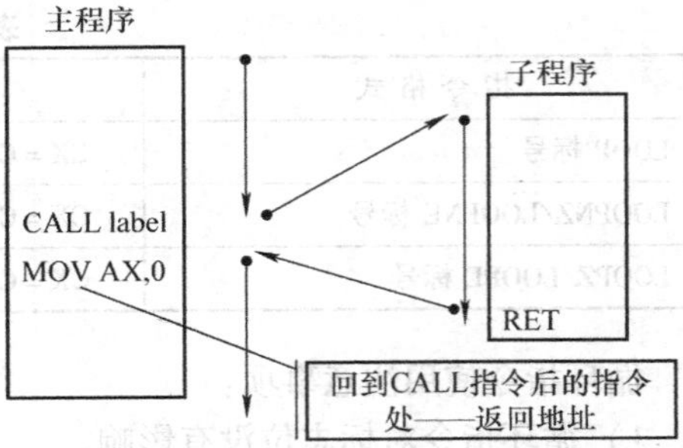

图 2-42　子程序调用和返回过程示意图

指令 CALL 和返回指令 RET 指令均不影响标志位。

（1）子程序调用指令 CALL（Call a Procedure）。子程序调用 CALL 指令与 JMP 指令类似，也是通过改变代码段寄存器 CS 和指令指针寄存器 IP 的内容，使程序的执行顺序发生转移。CALL 指令也支持 4 种调用转移方式：段内直接调用、段内间接调用、段间直接调用、段间间接调用。与 JMP 指令的不同之处在于，执行 CALL 指令时，须将断点地址（即当前的 IP 或 CS：IP 的内容）压入堆栈保护，以便子程序执行结束时通过出栈操作能够正确返回主程序继续执行；而 JMP 指令只是使程序转移，而不需要返回，因此不保存断点地址。

1）段内直接调用：

```
CALL near_proc          ;SP←(SP)-2, ((SP)+1:(SP))←(IP)
                        ;IP←(IP)+disp
```

CALL 指令的操作数是子程序名，指令通过汇编，可以得到其下一条指令与被调用子程序的入口地址之间的相对位移量 disp，相对位移量为 16 位有符号数。指令的操作是先将 IP 压入堆栈，然后将 IP 加上相对位移量 disp，使控制转移到被调用的子程序。

2）段内间接调用：

```
CALL opr            ; SP←(SP)-2, ((SP)+1:(SP))←(IP)
                    ;IP←(opr)
```

CALL 将 IP 寄存器的内容压入堆栈，然后将操作数 opr 的内容传送给 IP。指令中的操作数 opr 为 16 位的寄存器或存储单元，其内容为近程子程序的入口地址。

3）段间直接调用：

```
CALL far_proc           ;CS 入栈: SP←(SP)-2,((SP)+1:(SP))←(CS)
                        ;IP 入栈:SP←(SP)-2,((SP)+1:(SP))←(IP)
                        ;转移:CS←far_proc 的段地址，IP←far_proc 的偏移地址
```

CALL 指令段间直接调用是先将当前 CS 和 IP 值依次压入堆栈，然后将远程子程序的段地址和偏移地址分别送入 CS 和 IP，从而使控制转移到被调用的远程子程序。指令中的操作数是一个远程子程序名。

4）段间间接调用：

```
CALL opr            ; CS 入栈: SP← (SP) -2, ( (SP) +1: (SP)) ← (CS)
                    ; IP 入栈: SP← (SP) -2, ( (SP) +1: (SP)) ← (IP)
                    ; 转移: CS← (opr) 的高 16 位，IP← (opr) 的低 16 位
```

操作数 opr 只能为 32 位的存储器操作数。CALL 指令先将当前 CS 和 IP 中的内容依次压入堆栈，然后将 opr 内容的高 16 位送入 CS 寄存器，低 16 位送入 IP，实现向位于其他代码段的远程子程序的转移。

实际编程中，汇编程序会自动确定是段内还是段间调用，同时也可以采用 near ptr 或 far ptr 操作符强制为近调用或远调用。

（2）子程序返回指令 RET（Return from Procedure）。子程序的最后一条可执行指令必须是返回指令，用来返回到调用子程序的主程序断点处，从断点处继续执行主程序。

1）段内返回：有两种指令形式，即不带参数返回和带参数返回。

```
RET             ;无参数、段内返回。IP 出栈:IP←((SP)+1:(SP)),SP←(SP)+2
RET imm16       ;有参数、段内返回。IP 出栈:IP←((SP)+1:(SP)),SP←(SP)+2
                ;调整栈顶指针:SP←(SP)+imm16
```

RET 实现子程序的段内返回，指令将栈顶单元的内容弹出到 IP 寄存器。

2）段间返回：有两种指令形式，即不带参数返回和带参数返回。

```
RET             ;无参数、段间返回。IP 出栈:IP←((SP)+1:(SP)),SP←(SP)+2
```

```
                ;CS 出栈:CS ←((SP)+1:(SP)),SP←(SP)+2
RET imm16       ;有参数、段内返回。IP 出栈:IP ←((SP)+1:(SP)),SP←(SP)+2
                ;CS 出栈:CS ←((SP)+1:(SP)),SP←(SP)+2
                ;调整栈顶指针:SP←(SP)+imm16
```

RET 实现子程序的段间返回，指令先将栈顶单元的内容弹出到 IP 寄存器，然后接着弹出一个字单元的内容到 CS 寄存器。

RET 指令允许带一个 16 位立即数参数 imm16，在执行指令时，除了从堆栈弹出断点地址外，还要舍弃由 imm16 指定的若干字节的内容，即修改当前堆栈指针 SP 的值加上 imm16。带参数返回指令主要用于主程序通过堆栈向子程序传递参数的情况，RET 指令执行时，可以将调用前压入堆栈的一些参数删除掉。由于堆栈操作是字操作，因此 imm16 总是偶数。

注意：RET 指令的类型（段内或段间）是隐含的，自动与子程序定义时的类型相匹配。尽管段内返回和段间返回具有相同的汇编助记符，但汇编程序会自动生成不同的指令代码。

【例 2-33】段内调用与返回举例。

解：程序如下：

```
          code SEGMENT
               ......
               CALL subp
2000: 200H→    ......
               ......
          subp PROC NEAR
2000: 300H →   ......
               ......
               RET
          subp ENDP
          code ENDS
```

子程序 subp 被调用前后堆栈的变化情况如图 2-43 所示。

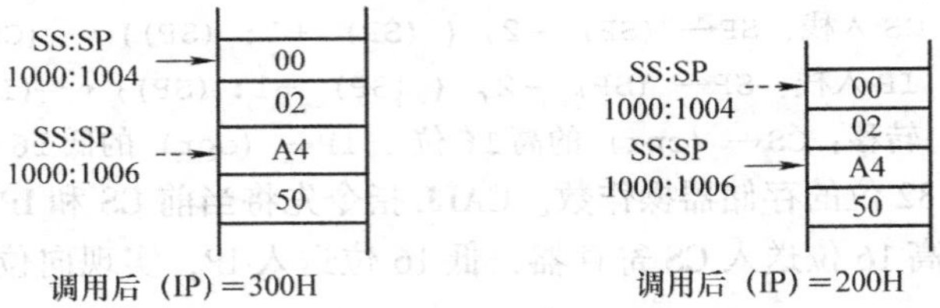

图 2-43　段内调用与返回堆栈变化

【例 2-34】段间调用与返回举例。

解：程序如下：

```
          code1 SEGMENT
                ......
          CALL far ptr subp
2000: 100H→     ......
                ......
          code1   ENDS
          code2   SEGMENT
                ......
```

```
    subp PROC FAR
3000: 200H→ ……
        ……
        RET
    subp ENDP
    code2 ENDS
```

子程序 subp 被调用前后堆栈的变化情况如图 2-44 所示。

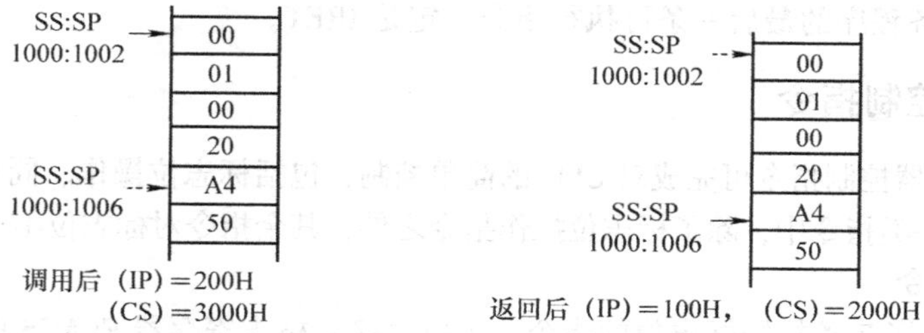

图 2-44 段间调用与返回堆栈变化

5. 中断与中断返回指令

CPU 在执行当前程序的过程中，当出现某些异常事件或某种外部请求时（即中断源），使得 CPU 暂停正在执行的主程序，转去执行处理该事件的服务程序（即“中断服务程序”），该服务程序执行结束后，CPU 返回被暂停执行的主程序处（即断点）继续执行。这个过程称为“中断”。中断是一种特殊的改变程序执行顺序的方法。关于中断更多的介绍将在第 7 章展开。

8086/8088 CPU 支持 256 个中断，每个中断用一个 8 位编号（中断类型码，也称为中断向量号）来区别。中断指令有 3 条：INT、IRET、INTO。

（1）中断指令 INT（Interrupt）。

```
INT n        ; 标志寄存器入栈：(SP) ← (SP) - 2 , ( (SP) +1, (SP) ) ← (FLAGS)
             ; CS 入栈：(SP) ← (SP) - 2, ( (SP) +1, (SP) ) ← (CS)
             ; IP 入栈： (SP) ← (SP) - 2, ( (SP) +1, (SP) ) ← (IP)
             ; 跳转：(IP) ← ( n×4) , (CS) ← ( n×4 +2)
```

INT 指令中的操作数 n 为中断类型码，为 8 位的立即数，其取值范围为 0 ~ 255。INT 指令的功能是启动类型码为 n 的中断服务程序。具体执行的操作如下：

① 将标志寄存器 FLAGS 入栈；

② 清除标志位 TF 和 IF，以禁止单步中断和可屏蔽中断；

③ 断点保护，CS 入栈；

④ 断点保护，IP 入栈；

⑤ 实现向对应中断服务程序的跳转（设置 CS：IP 值）：用中断类型码 $n\times4$ 计算出存放中断服务程序入口地址的内存单元地址，从该地址取出的第一个字（低地址的两个字节）送入 IP 寄存器，第二个字（高地址的两个字节）送入 CS 寄存器。

INT 指令除了将 TF 和 IF 清零外，对其他标志位没有影响。

从中断指令的操作可以看出，除了把标志寄存器一起压入堆栈，并且根据中断类型码寻址中断服务程序入口地址外，整个操作与段间间接调用指令 CALL 是相同的。

（2）溢出中断指令 INTO（Interrupt of Overflow）。

```
INTO    ; 无操作数
```

INTO 指令检测溢出标志位 OF，若 OF = 1，则启动类型码为 4 的中断服务程序，否则，不进行任何操作，接着执行后续指令。当发生中断时，INTO 指令的操作相当于“INT 4” 指令。

(3) 中断返回指令（Interrupt Return）。

```
IRET        ; 恢复断点，IP 出栈：IP← ( (SP) +1: (SP)), SP ← (SP) +2
            ; 恢复断点，IP 出栈：CS← ( (SP) +1: (SP)), SP ← (SP) +2
            ; 恢复标志寄存器：FLAGS← ( (SP) +1: (SP)), SP ← (SP) +2
```

IRET 指令将压入堆栈的断点地址弹出，使控制返回到中断调用处，继续执行后续指令，同时恢复标志寄存器的内容。IRET 指令影响所有的标志位状态。

注意：中断服务程序的最后一条可执行指令一定是 IRET。

2.7.5 处理器控制指令

8086/8088 处理器控制指令可完成对 CPU 的简单控制，包括标志位操作、同步控制和其他控制等控制功能。在这一类指令中，除了标志位操作指令之外，其余指令对标志位不产生任何影响。

1. 标志处理指令

8086/8088 提供了 7 条控制标志位的指令，可以直接对标志寄存器 FLAGS 中的 CF、DF 和 IF 位进行操作，用以改变标志位的状态，具体见表 2-15。

表 2-15 标志处理指令

汇编语言格式	执 行 操 作
CLC	清进位标志，CF =1
STC	置进位标志，CF =0
CMC	进位标志取反
CLD	清方向标志，DF =0
STD	置方向标志，DF =1
CLI	关中断标志，IF =0，不允许中断
STI	开中断标志，IF =1，允许中断

2. 处理器控制指令

处理器控制指令用以控制处理器的工作状态，均不影响标志位，下面仅列出了一些常用指令，具体见表 2-16。

表 2-16 处理器控制指令

汇编语言格式	执 行 操 作
HLT	使处理器处于停止状态，不执行指令
WAIT	使处理器处于等待状态，TEST 线为低时，退出等待
ESC	使协处理器从系统指令流中取得指令
LOCK	封锁总线指令，可放在任一条指令前作为前缀
NOP	空操作指令，常用于程序的延时和调试

2.7.6 串操作类指令

串操作类指令可以用来实现内存区域的数据串操作，这些数据串可以是字节串，也可以是字串。串操作指令可以分为两组：一组实现数据串的传送；另一组实现数据串的检测，具体见表 2-17。所有串操作指令都具有如下共同特点：

1）源串由 DS：[SI] 提供，允许段超越。

2）目的串由 ES：[DI] 提供，不允许段超越。

3）每执行一次串操作，源串地址指针 SI 和目的串地址指针 DI 将自动修改：

① 若 DF＝0（执行 CLD 指令），SI、DI 自动＋1（字节串）或＋2（字串）；

② 若 DF＝1（执行 STD 指令），SI、DI 自动－1（字节串）或－2（字串）。

4）默认寄存器使用：CX 存放串长度，AL 存放存取或搜索的默认值。

表 2-17　串操作指令

功能	指令格式	执行操作
串传送	MOVS dst，src MOVSB MOVSW	由操作数说明是字节或字操作；其余同 MOVSB 或 MOVSW [(ES:DI)]←[(DS:SI)]；SI＝SI±1，DI＝DI±1；REP 控制重复前两步 [(ES:DI)]←[(DS:SI)]；SI＝SI±2，DI＝DI±2；REP 控制重复前两步
串比较	CMPS dst，src CMPSB CMPSW	由操作数说明是字节或字操作；其余同 CMPSB 或 CMPSW [(ES:DI)]－[(DS:SI)]；SI＝SI±1，DI＝DI±1；重复前缀控制前两步 [(ES:DI)]－[(DS:SI)]；SI＝SI±2，DI＝DI±2；重复前缀控制前两步
串扫描	SCAS dst SCASB SCASW	由操作数说明是字节或字操作；其余同 SCASB 或 SCASW AL－[(ES:DI)]]；DI＝DI±1；重复前缀控制前两步 AX－[(ES:DI)]；DI＝DI±2；重复前缀控制前两步
串送存	STOS dst STOSB STOSW	由操作数说明是字节或字操作；其余同 STOSB 或 STOSW AL→[(ES:DI)]]；DI＝DI±1；重复前缀控制前两步 AX→[(ES:DI)]；DI＝DI±2；重复前缀控制前两步
串装入	LODS src LODSB LODSW	由操作数说明是字节或字操作；其余同 LODSB 或 LODSW [(DS:SI)]]→AL；SI＝SI±1；重复前缀控制前两步 [(DS:SI)]→AX；SI＝SI±2；重复前缀控制前两步

串操作类指令可以与重复指令前缀配合使用，使操作可以重复进行、及时停止。重复指令前缀的几种形式见表 2-18。

表 2-18　重复前缀

汇编格式	执行过程	影响指令
REP	①若（CX）＝0，则退出；②CX＝CX－1；③执行后续指令；④重复①～③	MOVS，STOS，LODS
REPE/ REPZ	①若（CX）＝0 或 ZF＝0，则退出；②CX＝CX－1；③执行右边的串操作指令；④重复①～③	CMPS，SCAS
REPNE/ REPNZ	①若（CX）＝0 或 ZF＝1，则退出；②CX＝CX－1；③执行右边的串操作指令；④重复①～③	CMPS，SCAS

1. 数据串的传送

这组串操作指令实现对数据串的传送（MOVS）、存储（STOS）和读取（LODS），可以配合 REP 重复前缀使用，不影响标志位。

【例 2-35】 将数据段中首地址为 SOURCE 的 200B 传送到附加段首地址为 DEST 的存储区中。

方法一：使用传送指令 MOV 的循环程序段如下：

```
LEA SI,SOURCE          ;SI←源串首址指针
LEA DI,DEST            ;DI←目标串首址指针
```

```
        MOV CX,200              ;CX←字符串长度
NEXT:   MOV AL,[SI]             ;源串中的1B送入累加器AL
        MOV ES:[DI],AL          ;累加器AL中的1B送至目的串
        INC SI                  ;修改源地址指针寄存器
        INC DI                  ;修改目的地址指针寄存器
        LOOP NEXT               ;未传送完毕,则返回
```

方法二：使用不带重复前缀字节串传送指令的程序段如下：

```
        LEA SI, SOURCE
        LEA DI, DEST
        MOV CX, 200
        CLD                     ; 清方向标志 DF
NEXT:   MOVSB                   ; 传送 1B
        LOOP NEXT               ; 未传送完毕，则返回
```

方法三：使用带重复前缀字节串传送指令的程序段如下：

```
        LEA SI, SOURCE
        LEA DI, DEST
        MOV CX, 200
        CLD
        REP MOVSB               ; 传送 200B
```

可以看出，在使用 MOV 指令时，由于不允许直接由存储单元到存储单元进行传送，因此必须利用寄存器作为中间桥梁，而 MOVS 指令允许存储器到存储器的直接传送，另外 MOVS 指令隐含了对地址指针的修改，特别是带有重复前缀的串传送指令，可以省去程序中的循环操作，因此程序结构得到很大的简化。

2. 数据串的检测

这组串操作指令实现对数据串的比较（CMPS）和扫描（SCAS）。由于串比较和扫描的实质是进行减法运算，所以它们像减法指令一样影响标志位。这两个串操作指令可以配合重复前缀 REPE/REPZ 和 REPNE/REPNZ 使用，通过 ZF 标志说明两数是否相等。

注意：重复执行结束的条件是“或”的关系，只要满足条件之一就可以。所以指令执行完成，可能数据串还没有比较（扫描）完，也可能数据串已经比较（扫描）完，编程时需要区分。

【例 2-36】 在数据段中有一字符串 STRING1，其长度为 20B；在附加段中有一长度相等的字符串 STRING2，要求找出它们之间不相匹配的位置。

解：实现上述功能的程序段如下：

```
    LEA SI, STRING1             ; 装入源串偏移地址
    LEA DI, STRING2             ; 装入目的串偏移地址
    MOV CX, 20                  ; 装入字符串长度
    CLD                         ; 方向标志复位
    REPE CMPSB
```

上述程序段执行之后，SI 或 DI 的内容即为两字符串中第一个不匹配字符的下一个字符的位置。若两字符串中没有不匹配的字符，则当比较完毕后（CX =0），退出重复操作状态。

【例 2-37】 在附加段中有一个字符串 STRING2，长度为 20B，在该字符串中搜索字符‘A’。

解：实现上述功能的程序段如下：

```
    LEA DI, STRING2             ; 装入目的串偏移地址
    MOV AL, 'A'                 ; 装入关键字节
```

```
MOV CX, 20                  ; 装入字符串长度
REPNE SCASB
```

上述程序段执行之后，DI 的内容即为相匹配字符的下一个字符的地址，CX 中是剩下还未比较的字符个数。若字符串中没有所要搜索的关键字节（或字），则当查完之后（CX）=0 退出重复操作状态。

2.8 基本 I/O 功能调用

大多数的程序都有一个“人-机”交互的过程，键盘和显示器是“人-机”交互的基本设备，经常要求从键盘获取信息，再将计算机的处理结果通过显示器输出显示。在汇编语言程序设计中，用户可以直接调用 DOS 或 ROM-BIOS 提供的键盘和显示器的输入输出功能，而不必了解其硬件的具体细节。本小节将选择其中常用的系统功能调用加以介绍。

ROM-BIOS（基本 I/O 系统）是固化在 ROM 中的一组 I/O 设备驱动程序，它为系统各主要部件提供设备级的控制，还为汇编语言程序设计者提供了字符 I/O 操作。程序员在使用 ROM-BIOS 的功能调用时，可以不关心硬件 I/O 接口的特性，仅使用指令系统的软中断指令（INT n）。

DOS 系统功能调用是微机的磁盘操作系统 DOS 为用户提供的一组例行子程序。这些子程序可分为以下 3 个主要方面：磁盘的读/写及控制管理、内存管理、基本输入/输出管理（如键盘、打印机、显示器、磁带管理等），另外还有时间、日期等子程序。

对于 BIOS 和 DOS 功能调用，使用时一般需要经过以下步骤：

1）将调用参数装入指定的寄存器中。

2）BIOS 或 DOS 功能号装入 AH；如需子功能号，把它装入 AL。

3）按中断类型号调用 DOS 或 BIOS 中断（INT）。

4）检查或取得返回参数。

有的功能调用不需要入口参数，这时 1）可以略去。功能调用结束后，一般都有出口参数，这些出口参数常放在寄存器中，通过出口参数，用户可以知道调用的成功与否。

例如，将一个 ASCII 字符显示在屏幕的当前光标位置，可使用 DOS 的 2 号功能调用，中断类型号为 21H。程序段如下：

```
MOV DL, '? '            ; 设置入口参数
MOV AH, 2               ; 设置功能号 2
INT 21H                 ; DOS 功能调用
```

上述功能也可用 ROM-BIOS 的 0EH 号功能实现，中断类型号为 10H。程序段如下：

```
MOV AL, '? '            ; 要显示的字符送入 AL
MOV AH, 0EH             ; 功能号送入 AH
INT 10H                 ; ROM-BIOS 功能调用
```

2.8.1 键盘功能调用（INT 21H）

表 2-19 列出了主要的 DOS 键盘功能调用，包括单字符及字符串的输入等功能。

1. 单字符输入

在交互程序中常常需要用户对一个提示作出应答，或通过输入一个字母或数字等按键对菜单各项进行选择，这时就要用到 DOS 键盘调用的单字符输入功能。

【例 2-38】 分析以下程序段功能：

```
GET_KEY:     MOV  AH,1
```

```
INT 21H
CMP AL,'Y'
JE YES
CMP AL,'N'
JE NO
JNE GET_KEY
```

表 2-19 DOS 键盘功能调用（INT 21H）

AH	功　能	调用参数	返回参数
1	从键盘上输入一个字符并回显在屏幕上	无	AL = 字符
6	读键盘字符，不回显	DL = 0FFH	若有字符可取，AL = 字符，ZF = 0；若无字符可取，AL = 0，ZF = 1
7	从键盘输入一个字符，不回显	无	AL = 字符
8	从键盘输入一个字符，不回显，检测 Ctrl-Break	无	AL = 字符
A	输入字符到缓冲区	DS：DX = 缓冲区首址	
B	读键盘状态	无	AL = 0FFH 有键入，AL = 00 无键入
C	清除键盘缓冲区，并调用一种键盘功能	AL = 键盘功能号（1，6，7，8 或 A）	

解：该程序段接收键盘输入并对其进行测试，如果输入“Y”，程序将转入标号为 YES 的程序段；而输入“N”程序将转入标号为 NO 的程序段，按下其他键程序继续等待“Y”或“N”的输入。

这段代码可以用在交互程序中，要求对屏幕显示的信息回答 Y 或 N 的场合。

1 号系统功能调用等待从键盘输入一个字符，并送入寄存器 AL，不需入口参数。执行 1 号功能调用，系统将扫描键盘，等待有键按下。一旦有键按下，就将键值（ASCII 码值）读入，先检查是否是 Ctrl-Break，若是，则退出命令执行；否则将键值送入 AL，同时将这个字符显示在屏幕上。

DOS 键盘调用的 1、6、7、8 号功能都能从键盘输入一个字符并送入 AL 寄存器，区别在于有无回显和是否检测终止键。

【例 2-39】 编写程序段，检测键盘输入的字符是否为回车键，要求当按下回车键后才能继续运行。

解：程序如下：

```
WAIT_HERE:  MOV   AH,7              ;7 号功能调用,等待键盘输入
            INT   21H
            CMP   AL,0DH            ;是回车键?
            JNE   WAIT_HERE         ;否,则继续等待下一次按键输入
```

在检测键盘输入的按键时，如果检测的按键是字母、数字或可显示符号等可直接把它们写在 CMP 指令中，用单引号括起来。但是要检测的按键是回车、换行等不可显示的控制字符时，就要在指令中写出它们的 ASCII 码值。

2. 字符串输入

DOS 键盘调用的 0AH 号功能从键盘接收一串字符（以回车符结束）并把它存入用户指定的内存输入缓冲区，该缓冲区第一个字节单元指出缓冲区能容纳的字节个数（包括回车符），不能为 0。第二个字节初始定义时为空，从系统功能返回后，由 0AH 号系统功能程序填入实际输入的

字符个数（不包括回车符）。从第三个字节开始为输入字符存放区，存放从键盘接收的字符串，以回车符结束。如果实际输入的字符少于定义的字符数，缓冲区将空余的字节填零。如果实际输入的字符多于定义的字符数，将后来输入的字符丢掉，且PC将会响铃发出“嘟嘟”声。调用时，要求DS：DX必须指向用户指定的缓冲区。

例如，现在需要输入一行字符，最多不超过50个（不含回车），那么输入缓冲区可以定义如下：

```
DATA SEGMENT
  BUF DB 51                 ；缓冲区长度
        DB ?                ；保留，填入实际输入的字符个数
        DB 51 DUP (?)       ；定义51B存储空间
DATA ENDS
```

也可以如下定义，完全等效：

```
DATA SEGMENT
  BUF DB 51,?, 51 DUP (?)
DATA ENDS
```

对于上面定义的缓冲区，如果从键盘输入了字符串“ABCDEFG↙”从系统功能返回后，缓冲区各字节内容依次为：51，7，41H，42H，43H，44H，45H，46H，47H，0DH，……。

【例2-40】 从键盘输入不大于65535的十进制数，把它转换成二进制数，存入BINARY。

分析：假定从键盘输入“65535↙”，首先应将键盘输入的数字字符值（ASCII码）转换成对应的数值。例如十进制数字字符‘6’（36H）应转换成对应数值6。十进制数字字符值与其数值之间相差30H，可以使用AND指令或SUB指令来实现转换。转换后可以得到数字：6，5，5，3，5。

输入的十进制数字串所代表的数值大小可表示成：

$$6\times10^4+5\times10^3+5\times10^2+3\times10^1+5=((((0\times10+6)\times10+5)\times10+5)\times10+3)\times10+5$$

用二进制数进行上述运算，即可得到65535对应的二进制数。上述运算可以用循环的方法计算，每次循环完成一次“$P=P\times10+X_i$”的计算，对于65535这个5位十进制数，需重复5次该运算。X_i 即为十进制数各位数值，P 的初值设置为0。源程序如下：

```
DATA SEGMENT
    BUFFER DB 6, ?, 6 DUP(?)
    C10    DW 10
    BINARY DW ?
DATA ENDS
CODE SEGMENT
    ASSUME DS: DATA, CS: CODE
START:MOV AX, DATA
    MOV DS, AX
    LEA DX, BUFFER                ;装载输入缓冲区首地址
    MOV AH, 0AH                   ;行输入功能代号
    INT 21H                       ;从键盘输入一个数,以回车键结束
    MOV AX, 0                     ;累加器清零
    MOV CL, BUFFER +1             ;循环次数
    MOV CH, 0
    LEA BX, BUFFER +2             ;装载字符存放区首地址
```

```
ONE:MUL C10                    ;P=P×10
    MOV DL,[BX]                ;取出一个字符
    AND DL, 0FH                ;转换成二进制数
    ADD AL, DL                 ;累加,P=P×10+Xi
    ADC AH, 0
    INC BX                     ;修改指针
    LOOP ONE                   ;计数与循环
    MOV BINARY, AX             ;保存结果
    MOV AX, 4C00H
    INT 21H
CODE    ENDS
    END START
```

2.8.2 显示功能调用（INT 21H）

DOS 显示功能调用见表 2-20。

表 2-20 DOS 显示功能调用（INT 21H）

AH	功 能	调 用 参 数
2	显示一个字符（检验 Ctrl-Break）	DL=字符，光标跟随字符移动
6	显示一个字符（不检验 Ctrl-Break）	DL=字符，光标跟随字符移动
9	显示字符串	DS：DX=串地址，串必须以 $ 结束，光标跟随串移动

1. 单字符输出

DOS 显示功能调用的 2、6 号功能都能将 DL 中给定的字符输出显示在当前光标位置处，且光标移动到下一个字符位置，区别在于是否检测终止键。

【例 2-41】在屏幕上显示字符串“Hello，Assembly！”。

解：程序如下：

```
DSEG SEGMENT
    STRING DB  'Hello,Assembly! ','$'
DSEG ENDS
CSEG SEGMENT
    ASSUME CS: CSEG, DS: DSEG
START: MOV AX, DSEG
    MOV DS, AX
    LEA BX, STRING
    MOV CX, 15
NEXT:MOV DL,[BX]             ;设置入口参数
    MOV AH, 2                ;设置功能号 2
    INT 21H                  ;功能调用
    INC BX
    LOOP NEXT
    MOV AX,4C00H
    INT 21H
CSEG ENDS
```

```
END START
```

运行上面的程序，输出的字符串“Hello，Assembly!”可能会和其他的文字混合在同一行上输出。为了使输出的字符串单独占用一行显示，可以增加一些控制字符，即回车（0DH）、换行符（0AH）。因此，对上面程序中的部分代码做如下修改，程序的输出就能独占一行了。

```
DSEG    SEGMENT
    STRING DB 0DH, 0AH, 'Hello, Assembly! ', 0DH, 0AH, '$'
DSEG    ENDS
……
MOV CX, 19
……
```

特别注意：控制字符虽然没有显示内容，但是仍然是一个字符。所以上面的程序中设置字符输出个数时，应设置成 19。本例功能与例 2-1 功能相同，只是调用了不同的系统功能来实现显示。

2. 字符串输出

DOS 显示功能调用的 9 号功能实现字符串的输出显示。调用时，要求 DS：DX 必须指向内存中一个以‘$’作为结束标志的字符串。字符串中每一个字符（不包括结束标志‘$’）都输出打印。例如，在 2.3.1 节中例 2-1 在屏幕上显示字符串“Hello，Assembly!”就是调用了 9 号 DOS 显示功能来实现的。

【例 2-42】用十进制格式输出显示单字节无符号数的值。

分析：假定某个单字节无符号数 X 的值为 165（10100101B）。若要以十进制方式输出显示，即应该依次输出数字字符‘1’，‘6’，‘5’。显然，只要分离出十进制数各个数值位，然后转换成 ASCII 码即可。那么，如何得到十进制数的各个数值位呢？利用“除 10 取余”的方法可依次分离。需 3 步：

1）分离出个位数数值：首先执行 $X/10$，可以得到商 16（0001 0000B），余数 5（0000 0101B），余数即是分离出来的个位数数值 5。

2）分离出十位数数值，即第一步商 16 的个位数，同样“除 10 取余”，即 16/10，得到商 1（0000 0001B），余数 6（0000 0110B），余数即原十进制数的十位数数值。

3）分离出百位数数值，即第二步商 1 的个位数，同样“除 10 取余”，即 1/10，得到商 0，余数 1（0000 0001B），余数即为原十进制数的百位数数值。

显然，以上 3 步操作相同，可用循环程序实现，每次操作得到的余数依次为十进制数的个位数 5、十位数 6 和百位数 1，但是要求显示输出的顺序应该是‘1’，‘6’，‘5’。利用堆栈的“先进后出”的操作特点，就可以很好地解决这个逆序的问题，即每步“除 10 取余”得到的余数依次压入堆栈，然后显示时依次从堆栈弹出。最后入栈的百位数 1 最先出栈显示。

```
DATA    SEGMENT
    X  DB  165
    C10  DB  10
    MSG DB  'The Data is: ', 0DH, 0AH, '$'
DATA    ENDS
CODE    SEGMENT
    ASSUME  DS: DATA, CS: CODE
START:
    MOV AX, DATA
    MOV DS, AX
```

```
    MOV CX, 3               ; 循环次数，字节无符号数的值小于255，即最多3位十进制数
    MOV AL, X
ONE: MOV AH, 0              ; 高8位清零
    DIV C10                 ; 执行16b÷8b除法
    PUSH AX                 ; 把余数（在AH中）压入堆栈
    LOOP ONE
    ; 十进制数的个位、十位、百位数值已依次入栈。
    MOV DX, OFFSET MSG      ; 9号功能入口参数设置
    MOV AH, 9               ; 功能号设置
    INT 21H                 ; 向显示器输出一个以'$'结尾的字符串，输出提示信息。
    MOV CX, 3               ; 重新装载CX
TWO: POP DX                 ; 从堆栈中弹出余数（在DH中）
    XCHG DH, DL             ; 把余数交换到DL
    OR DL, 30H              ; 转换成数字的ASCII代码
    MOV AH, 2
    INT 21H                 ; 向显示器输出一个字符
    LOOP TWO
    MOV AX, 4C00H
    INT 21H
CODE ENDS
    END START
```

习　题

2-1 8086/8088 CPU分为哪两大功能部件？其各自的主要功能是什么？8086/8088 CPU中有哪些寄存器？各有什么用途？

2-2 8086/8088 CPU中标志寄存器有哪两类标志？简述各标志位的含义。

2-3 简述伪指令“EQU”与“=”之间有什么区别？

2-4 画图说明下列语句分配的存储空间及初始化的数值

(1) FF1　DB '0100', 2 +5, ?, 'ABC'

(2) FF2　DW 2 DUP (?), 'A', 'BC', 1000H, 25H

(3) FF3　DB 2 DUP (1, 2 DUP (2, 3), 4)

2-5 指出下列指令的错误。

```
A1  DB  ?
A2  DB  10
K1  EQU  1024
```

(1) MOV K1, AX　　(2) MOV A1, AX

(3) CMP A1, A2　　(4) K1 EQU 2048

(5) MOV AX, BH　　(6) MOV [BP], [DI]

(7) XCHG CS, AX　　(8) POP CS

2-6 假设在数据段进行如下的定义：

```
DATA    Segment
    XX  DB  -50, 71, 5, 65, 0
    YY  DB  200 DUP ('ABCD')
    ZZ  DW  100 DUP (?)
```

```
    WW  DW  25H, 1052H, 370H, 851H
DATA    ENDS
```

（1）用一条指令将 YY 的偏移地址送入 BX。

（2）用一条伪指令给出该数据段占用所有字节长度。

（3）用一条伪指令给出变量 ZZ 分配的字节数目。

（4）编写一段程序将 WW 数组中的数据全部送入 YY 缓冲区。

（5）将数组 XX 中的第 2 个数据与第 5 个数据进行调换。

2-7 什么叫寻址方式？8086/8088 指令系统有哪些寻址方式？

2-8 将首地址为 BLOCK 的字数组中的第 100 个数送入 AX 中，试写出相关指令序列，要求分别使用以下 3 种寻址方式：

（1）以 BX 寄存器的间接寻址。

（2）以 BX 寄存器的相对寻址。

（3）以 BX、SI 寄存器的基址变址寻址。

2-9 已知：(BX)＝1200H，(BP)＝2400H，(SI)＝0100H，(DI)＝0200H，(SS)＝1000H，(DS)＝2000H，(ES)＝3000H，变量 VAR1 对应地址为 2000H，试分别指出下列指令中存储器操作数的寻址方式及物理地址。

（1）MOV AL, [20H]

（2）MOV AL, [BP+10H]

（3）MOV [BX+SI-20H], AX

（4）MOV BL, ES: [BX+10H]

（5）MOV VAR1 [BX+DI], AL

2-10 设 Block 为字单元 1000H：001FH 的符号地址（变量），该单元的内容是 01A1H，试问以下两条含有 Block 的指令有什么不同？指令执行后 BX 的内容是多少？

（1）MOV BX, Block

（2）LEA BX, Block

2-11 什么叫堆栈？采用堆栈的意义？

2-12 若在数据段中从字节变量 TABLE 相应的单元开始存放了 0～15 的平方值，试写出包含有 XLAT 指令的指令序列查找 N（0～15）中的某个数的平方。（设 N 的值存放在 CL 中）

2-13 编写程序对存放在 DX，AX 中的双字长数据求补。

2-14 写出实现下列计算的指令序列（假定 X、Y、Z、W、R 都为有符号数字变量）。

（1）$Z=(WX)/(R+6)$　　（2）$Z=2(W-X)/(5Y)$

（3）$Z=(X+Y)/R-W$　　（4）$Z=100(X/Y+W)+R$

2-15 设在 AX、BX、CX、DX 中均存放的是用压缩的 BCD 码表示的 4 位十进制数，试编写程序完成以下的计算：

（1）(AX)＋(BX) →AX

（2）(DX)－(CX) →DX

2-16 简述指令的“DAA”和“DAS”对 BCD 码运算后进行调整的规则。

2-17 用程序段实现对存入在 BX、AX 的双字进行左移 5 位操作。

2-18 试分析下列程序完成什么功能。

```
MOV  CL, 4
SHL  DX, CL
MOV  BL, AH
SHL  AX, CL
SHR  BL, CL
```

```
OR  DL, BL
```

2-19 已知程序段如下：

```
MOV AX, 1234H
MOV CL, 4
ROL AX, CL
DEC AX
MOV CX, 4
MUL CX
```

试问：(1) 每条指令执行后，AX寄存器的内容是什么？

(2) 每条指令执行后，CF、SF及ZF的值分别是什么？

(3) 程序运行结束时，AX及DX寄存器的值为多少？

2-20 程序中的“转移”是个什么概念？CPU执行转移指令是如何实现转移的？

2-21 设(DS)=2000H，(BX)=0030H，(SI)=0202H，(20232H)=00H，(20233H)=06H，分别执行下述两条指令后，实际转移的目标地址物理地址多少？

(1) JMP   BX

(2) JMP   Word PTR [BX+SI]

2-22 编写指令序列，实现下述要求：

(1) 使AX寄存器的低4位清零，其余位不变。

(2) 使BX寄存器的低4位置1，其余位不变。

(3) 测试BX中的位0和位4，当这两位同时为零时，将AL置1，否则AL置0。

2-23 下面程序段在什么情况下执行结果是(AH)=0？

```
BEGIN: IN AL, 60H
       TEST AL, 80H
       JZ BRCH1
       XOR AX, AX
       JMP STOP
BRCH1: MOV AH, 0FFH
STOP: ……
```

2-24 “CALL”指令与“JMP”指令的相同之处是什么？不同之处是什么？

2-25 叙述8086/8088 CPU执行指令“CALL DWORD PTR [100H]”的步骤。

2-26 设下列程序执行前，栈顶指针SS：SP为1000H：0220H，试求：

```
POP CX
POP BX
POP AX
RET 4
```

(1) 画出该程序执行后的堆栈存储情况示意图。

(2) 给出当前栈顶SS和SP的值。

2-27 一双字长的带符号数放在X和$X+2$中（X为变量)，试编写一程序对这个数求其绝对值。

2-28 试编写一个汇编语言程序，要求将键盘输入的小写字母用大写字母显示出来。

2-29 试编写程序实现例2-36的功能，但是不要使用字符串操作指令。

2-30 试编写程序实现例2-37的功能，但是不要使用字符串操作指令。

2-31 在使用“REPNZ CMPSB”指令时，应事先做好哪些工作？

2-32 已知在以ARRAY为首地址的内存区域存放了100个字节数，试编写相关的程序段以完成将该数据传送到BUFF为首地址的存储区域中的操作。分别用以下不同方法实现。

(1) 用一般数据传送指令“MOV”实现。

（2）用字符传送指令“MOVSB”实现。

（3）用重复操作前缀传送指令“REP MOVSB”实现。

（4）用 LODSB/STOSB 实现。

2-33 判断以 STRING1 和 STRING2 为首地址的内存区域存放的两个长度为 20 的字符串是否相等。若相等将 SIGN 单元置 1，反之，将 SIGN 单元置 0。分别用以下不同方法实现。

（1）用比较条件转移指令实现。

（2）用重复操作前缀搜索指令实现。

2-34 试用其他指令序列来代替完成以下指令的功能：

（1）LOOP NEXT

（2）LDS BX, [100H]

（3）XLAT

（4）LOOPZ NEXT

（5）XCHG AX, [BX]

（6）NEG Word PTR [1000H]

（7）ADC AL, [SI + BX]

（8）MOVSW （DF = 0）

（9）REPZ CMPSB （DF = 0）

第 3 章　汇编语言程序设计

【本章提要】

汇编程序的基本结构包括顺序、分支、循环结构以及子程序结构，为了使读者能够熟练掌握汇编语言程序设计的基本方法和技巧，本章从最简单的顺序程序设计开始，由浅入深的介绍分支、循环程序设计及子程序设计方法，并提供了相应的参考实例。

【学习目标】

- 掌握各种程序结构及其编程方法，包括单分支、双分支等分支程序设计，计数控制循环、条件控制循环等循环程序设计以及子程序设计。
- 熟悉常见编程问题，例如数组运算，大小写转换，奇偶校验，字符或数据个数统计，求最小值、最大值，代码转换等。

3.1　顺序程序设计

顺序结构程序按指令书写的先后次序依次执行，没有转移、循环等程序控制类指令，顺序结构是最基本的程序结构。

【**例 3-1**】设计一个将十六进制数字转换为对应七段码的程序。

解：七段显示数码管主要部分是 7 段 LED 发光管，通过 7 个发光段的不同组合，能较好地显示十六进制数字（0，…，9，A，B，C，D，E，F）。每一段由一个二进制位控制它的亮或暗。因此，可用一个字节来控制七段显示数码管的显示。如图 3-1 所示，各段顺时针分别称为 a、b、c、d、e、f、g，有的产品还附带有一个小数点 h，依次对应 $D_0 \sim D_7$ 位。假定 0 表示对应段亮，1 表示对应段暗，那么显示数字 0 对应的控制码应为 11000000B，显示数字 1 对应的控制代码为 11111001B，依此类推，显示数字 F 对应的控制代码为 10001110B。这种用于控制七段显示数码管亮暗的代码就称为七段码。

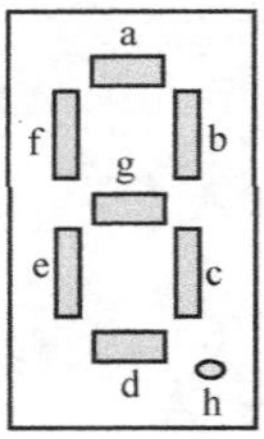

图 3-1　七段显示数码管

显然，十六进制数字与七段码的关系难以表示成一个简单的算术表达式，所以，利用查表法实现代码转换较合适。

源程序如下：

```
; 程序名：ex301.asm
; 功 能：十六进制数字到七段码的转换
DSEG SEGMENT
    LEDTB  DB 0C0H, 0F9H, 0A4H, 0B0H, 99H, 92H, 82H, 0F8H
           DB 80H, 90H, 88H, 83H, 0C6H, 0C1H, 86H, 8EH ; 七段码表
    XDATA  DB 9; 要显示的十六进制数字
    XCODE  DB ?; 存放要显示数字对应的七段码
DSEG   ENDS
CSEG   SEGMENT
    ASSUME CS: CSEG, DS: DSEG
```

```
START  : MOV AX, DSEG
         MOV DS, AX
         MOV BX, OFFSET LEDTB
         MOV AL, XDATA      ; 取十六进制数字
         AND AL, 0FH
         XLAT               ; 查表取得对应的七段码
         MOV XCODE, AL      ; 保存
         MOV AX, 4C00H
         INT 21H
CSEG     ENDS
   END    START
```

利用查表的方法实现代码转换的关键是表的组织。上述程序中按十六进制数字的大小组织七段代码表，这便于查找。这种代码转换方法简明快捷。

3.2 分支程序设计

分支程序就是根据不同的情况或条件执行不同功能的程序，它具有判断和转移功能，在程序中利用条件转移指令对运算结果的状态标志进行判断，以实现转移功能。

汇编语言中实现分支的要素有两个：

（1）形成条件：使用能影响状态标志的指令，如算术逻辑运算、比较、测试等影响相应标志位的指令，将状态标志设置为能正确反映条件成立与否的状态。

（2）分支控制：使用条件转移指令，对状态标志等进行测试判断，确定程序如何转移，形成分支。

分支程序结构可以有单分支、双分支和多分支结构3种形式，如图3-2所示。

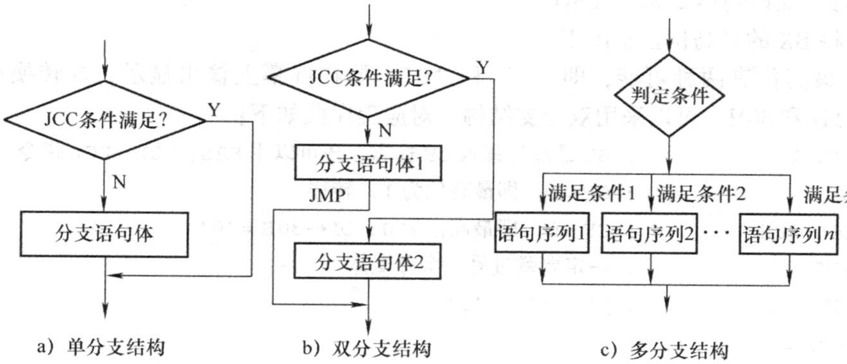

图3-2 分支程序结构流程

3.2.1 单分支程序结构

单分支程序结构要注意采用正确的条件转移指令。当条件满足时，则发生转移，跳过分支语句体；若条件不满足，则顺序向下执行分支语句体。如图3-2a所示。

【例3-2】 计算AL中有符号数的绝对值，并保存在RESULT字节变量中。

分析：根据数学中绝对值的概念，一个正数的绝对值是它本身，而一个负数的绝对值是它的相反数。要计算一个数的相反数，就要完成减法运算，即用0减去这个数。而8086系统有专用的求反指令NEG。求绝对值程序流程如图3-3所示，是一个典型的单分支结构，对应程序段如下：

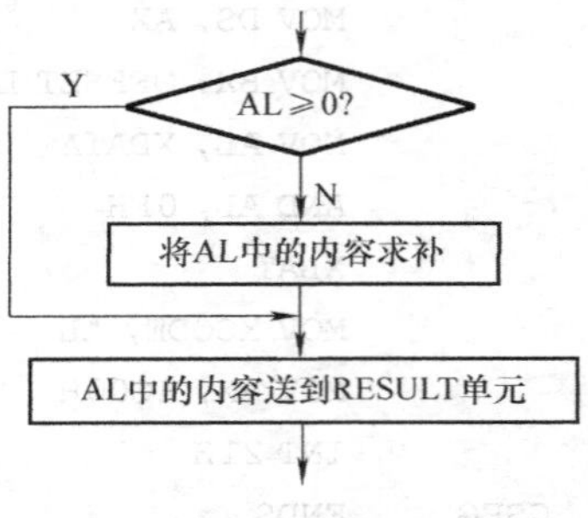

图3-3 求绝对值程序流程

```
        CMP   AL, 0            ; 比较AL与0
        JGE   NONEG            ; 条件满足（AL≥0），转移
        NEG   AL               ; 条件不满足，求补
NONEG: MOV   RESULT, AL        ; 送结果
```

如果修改以上程序中分支控制条件，程序可改为

```
        CMP   AL, 0            ; 比较AL与0
        JL    YESNEG           ; 条件满足（AL<0），转移，求补
        JMP   NONEG            ; 条件不满足（AL≥0），转移直接保存结构
YESNEG: NEG   AL               ; 条件满足，求补
NONEG: MOV   RESULT,AL         ; 送结果
```

对比以上两个程序段，虽然功能相同，但是前者只有条件满足（AL≥0）时才会发生跳转，而后者无论条件满足与否都要发生跳转，明显不如前者合理。

单分支程序中，因为只有一个分支需要进行处理，这部分应紧跟在条件转移指令之后，将不需要处理的部分转走，这样转移指令的判断条件最好是使不需要处理的那种情况成立，直接跳转过去。

3.2.2 双分支程序结构

双分支程序结构是条件满足则跳转到执行第2个分支语句体，条件不满足则顺序执行第1个分支语句体，如图3-2b所示。注意，第1个分支体后一定要有一个JMP指令跳到第2个分支体后，否则将执行分支语句体2而出现错误。

【例3-3】 将BX的最高位显示出来。

分析：BX最高位有两种可能，即‘1’和‘0’，要在屏幕上输出显示，要转换成对应的ASCII码，即31H和30H，可以采用双分支结构，对应程序段如下：

```
      SHL BX, 1          ; BX最高位移入CF标志，还可以用SAL、ROL、RCL指令
      JC ONE             ; CF=1，即最高位为1，转移
      MOV DL, 30H        ; CF=0，即最高位为0：DL←30H='0'
      JMP TWO            ; 一定要跳过另一个分支体
ONE:  MOV DL, 31H        ; DL← 31H='1'
TWO:  MOV AH, 2
      INT 21H            ; 显示
```

如果修改以上程序中分支控制条件，对于双分支结构，只要对应交换两个分支语句体即可，相应的程序段如下：

```
      SHL BX, 1          ; BX最高位移入CF标志
      JNC ONE            ; CF=0，即最高位为0，转移
      MOV DL, 31H        ; CF=1，即最高位为1：DL←31H='1'
      JMP TWO            ; 一定要跳过另一个分支体
ONE:  MOV DL, 30H        ; DL← 30H='0'
TWO:  MOV AH, 2
```

```
        INT 21H                ; 显示
```

一般，双分支结构都可以设计成单分支结构。先假设某一种条件成立，写出该条件成立时的语句，然后通过条件判断，以单分支的形式写出另一种条件成立时的语句。注意选择恰当的条件控制语句。本例改成单分支程序结构程序段如下：

```
        MOV DL, '0'            ; 先假设最高位为'0'，将 DL←30H='0'
        SHL BX, 1              ; BX 最高位移入 CF 标志
        JNC TWO                ; CF=0，即最高位为0，结果已经算出，直接转移
        MOV DL, '1'            ; CF=1，即最高位为1，写出分支语句体：DL←31H='1'
   TWO: MOV AH, 2
        INT 21H                ; 显示
```

本例中要显示的数字0和1，它们的 ASCII 码值刚好都相差30H，基于这个共性，本例还可以改写成顺序结构的程序如下：

```
        MOV DL, 0
        SHL BX, 1              ; BX 最高位移入 CF 标志
        ADC DL, 30H            ; CF=0, DL←0+30H+0=30H='0'
                               ; CF=1, DL←0+30H+1=31H='1'
   TWO: MOV AH, 2
        INT 21H                ; 显示
```

【例3-4】 将4位二进制表示的一个十六进制数转换成对应的 ASCII 码值。

分析：十六进制数和它对应的 ASCⅡ码之间有如下关系：

$$Y=\begin{cases}X+30H & X\leqslant 9\\ X+37H & X>9\end{cases}$$

采用双分支结构，对应程序段如下，

```
         MOV AL, X
         AND AL, 0FH
         CMP AL, 9
         JA ALPH               ; 如果是 A~F 之间的数字，转
         ADD AL, 30H           ; 如果是 0~9 之间的数字，顺序执行
         JMP DONE
   ALPH: ADD AL, 37H           ; 如果是 A~F 之间的数字
   DONE: MOV Y, AL
```

采用单分支结构实现，可以改写如下：

```
         MOV AL, X
         AND AL, 0FH
         OR AL, 30H            ; 先假设是 0~9 之间的数字
         CMP AL, '9'
         JBE DONE              ; 如果是 0~9 之间的数字，转 DONE，保存
         ADD AL, 7             ; 如果是 A~F 之间的数字，再加 7 修正
   DONE: MOV Y, AL
```

本例也可以采用顺序结构实现转换，即利用查表法实现一位十六进制数转换成 ASCII 码。事先在内存中建立一张十六进制数字字符的 ASCII 代码表，用 XLAT 指令执行换码操作就可以完成需要的转换，具体实现类似于例3-1。

3.2.3 多分支程序结构

多分支程序结构是多个条件对应各自的分支语句体，哪个条件成立就转入相应分支语句体执

行，如图3-2c所示。

【例3-5】 编程实现符号函数，变量X和Y均为数据段中的字节变量。

$$Y=\begin{cases}1(X>0)\\0(X=0)\\-1(X<0)\end{cases}\qquad X\text{的范围}:(-128\sim+127)$$

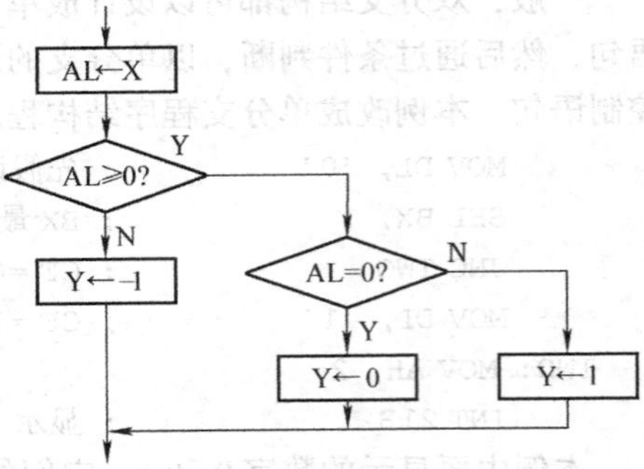

图3-4　实现符号函数程序流程

分析：这是一个3分支结构，用两个条件转移指令来实现。源程序流程如图3-4所示。程序段如下：

```
        MOV AL, X
        CMP AL, 0
        JGE BIGER
        MOV AL, 0FFH        ; X<0, -1 送入 Y 单元
        JMP OK
BIGER:  JE OK               ; X=0, 0 送入 Y 单元
        MOV AL, 1           ; X>0, 1 送入 Y 单元
OK:     MOV Y, AL
```

【例3-6】 从键盘上输入数字"1"到"3"，根据输入选择对应程序块执行。

```
DATA SEGMENT
    PROMPT DB 0DH, 0AH, " INPUT A NUMBER (1~3): $"
    MSG1 DB 0DH, 0AH, " FUNCTION 1 EXECUTED.  $"
    MSG2 DB 0DH, 0AH, " FUNCTION 2 EXECUTED.  $"
    MSG3 DB 0DH, 0AH, " FUNCTION 3 EXECUTED.  $"
DATA ENDS
CODE SEGMENT
     ASSUME CS: CODE, DS: DATA
START: MOV AX, DATA
       MOV DS, AX
INPUT: LEA DX, PROMPT
       MOV AH, 9
       INT 21H              ; 输出提示信息
       MOV AH, 1
       INT 21H              ; 输入一个数字
; ***************** ①开始测试条件*******************
       CMP AL, '1'
       JB INPUT             ;" 0" 或非数字，重新输入
       JE F1                ; 数字" 1", 转 F1
       CMP AL, '2'
       JE F2                ; 数字" 2", 转 F2
       CMP AL, '3'
       JE F3                ; 数字" 3", 转 F3
       JMP INPUT            ; 大于" 3", 重新输入
; ***************** ②各分支语句序列******************
F1:    LEA DX, MSG1         ; F1 程序块
       JMP OUTPUT           ; 每个分支结束，都要用 JMP 指令跳转到所有分支结束的地方
```

```
F2:       LEA DX, MSG2     ; F2 程序块
          JMP OUTPUT       ; 每个分支结束，都要用 JMP 指令跳转到所有分支结束的地方
F3:       LEA DX, MSG3     ; F3 程序块
          JMP OUTPUT       ; 最后一个分支结束，JMP 可以省略
OUTPUT: MOV AH, 9
          INT 21H
          MOV AX, 4C00H
          INT 21H
CODE      ENDS
      END  START
```

多分支结构可以利用多个条件转移指令来实现，依次测试条件是否满足，若满足则转入相应分支入口，若不满足则继续向下测试，直到全部测试完毕，如例 3-5 和例 3-6。这种方法编程简单、直观，但运行速度慢，要依次检查才能进入要求的入口。为了克服上述方法的弱势，可利用地址表方法实现多分支，可以直接找到相应分支入口，当分支较多的时候，采用地址表方法的优势更明显。地址表方法首先要在内存中建立一张地址表，表中依次存放每个分支的入口地址。对例 3-6 采用地址表法，做如下修改即可。

（1）在数据段中增加一张跳转表，表中依次存放每个分支的入口地址。

```
ADDTBL  DW  F1, F2, F3     ; 注意，一定是 DW 类型
```

（2）在接收了键盘数字输入后，测试各分支条件的程序段（例 3-6 源程序中①～②之间程序段）作如下修改即可。

```
CMP AL, '1'
JB INPUT                 ; 不正确输入，重新输入
CMP AL, '3'
JA INPUT                 ; 不正确输入，重新输入
SUB AL, '1'              ; 将数字字符"1"到"3"转换为0, 1, 2
SHL AL, 1                ; 转换为0, 2, 4
MOV BL, AL
MOV BH, 0                ; 转入 BX
JMP ADDTBL [BX]          ; 间接寻址，转移到对应程序块
```

3.3 循环程序设计

在程序设计中，往往要求某一段程序重复执行多次，这时候就可以利用循环程序结构。一般，一个循环程序结构由以下几部分组成：

（1）循环初始化部分。是为保证循环程序能正常进行而设置的初值。循环初值分两类：一类是循环工作部分的初值，如累加器清零、设置地址指针等；另一类是控制循环结束条件的初值，如计数初值等。

（2）循环工作部分。即需要重复执行的程序段，即循环体。

（3）循环修改部分。按一定规律修改操作数地址及控制变量，为下一次执行循环体做好准备。

（4）循环控制部分。判断循环的条件（规定的循环次数或特定循环条件），决定是否继续循环。

循环控制可以在进入循环体之前进行（“先判断、后循环”），也可以在循环体后进行（“先循环、后判断”）。因此有两种结构的循环程序：WHILE 型循环和 DO-WHILE 型循环，如图 3-5

所示。

1）WHILE 型循环先判断循环结束条件，结束条件不满足则进入循环，结束条件满足则结束循环，所以循环次数可能为 0 次。

2）DO-WHILE 型循环先执行循环体，然后判断循环继续条件，条件满足则转向循环体工作部分继续循环，循环次数至少 1 次。

（5）循环结束部分。主要用来分析和存放程序的结果。

特别注意，循环初始化和结束处理部分都只执行一次。在循环程序设计中必须保证循环体和循环控制中没有转向循环初始化部分的语句，否则会造成死循环或者达不到预期效果。

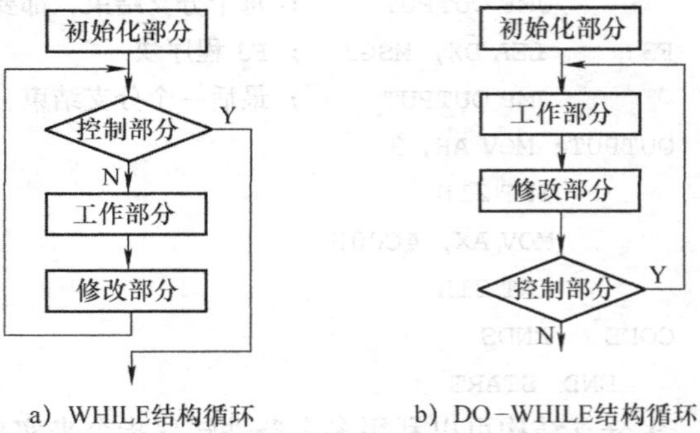

图 3-5　循环结构

如何控制循环是循环程序设计中最重要的一个环节，最常见的循环控制方法有两种：计数控制循环和条件控制循环。

（1）计数循环。循环的次数事先已知，用一个变量（寄存器或存储器单元）记录循环的次数（称为循环计数器）。计数可采用增量或减量形式。

（2）条件循环。循环的次数事先并不确定，根据某个条件是否满足来决定是否继续循环。

3.3.1　计数循环

当循环次数已知时，通常使用计数控制循环。这种循环程序用循环计数器的值来控制循环，也可以结合其他条件共同控制。通常采用 LOOP、LOOPZ、LOOPNZ、JCXZ 等指令实现控制，使用 CX 寄存器作为循环计数器。

【例 3-7】 字节数组 ARRAY 存放有 10 个有符号数，找出最大数送字节变量 MAX。

求 N 个数据中最大值的方法：预设一个最大值，取出一个数据与这个最大值进行比较，如果数据大于该最大值，则将该数据作为新的最大值。所有数据都比较完后留下的就是这 N 个数据中的最大值。预设的最大值的初值可以从 N 个数据中任取一个，然后跟其余 $N-1$ 个数依次比较；也可以根据数据的范围，取一个该范围内的最小数，然后依次跟 N 个数比较。同理，可得出找 N 个数据中最小值的方法。

在汇编语言中，不同类型的数据表示的范围不同，在该范围内的最大最小值也不同，选择的条件转移类指令也不同。汇编语言程序员必须清楚所要处理的数据的类型，以及预设的最大、最小数初值，见表 3-1。其中预设的最大数初值应为该范围内的最小数，预设的最小数初值应为该范围内的最大数。对于无符号数应该用无符号数条件转移类指令转移，带符号数应该用带符号数转移类指令转移。

表 3-1　最大、最小数的初值取值

类型	8 位无符号数	8 位有符号数	16 位无符号数	16 位带符号数
预设最大数初值	0	-128/80H	0	-32768/8000H
预设最小数初值	255/0FFH	127/7FH	65535/0FFFFH	32767/7FFFH
适用指令	JA、JB、JAE、JBE	JG、JL、JGE、JLE	JA、JB、JAE、JBE	JG、JL、JGE、JLE

分析：根据题意，本例首先将数组的第一个数预设为当前最大值，送入 AL，然后将 AL 中

的数与后面的 9 个数逐个比较，如果 AL 中的数较小，则将该相比较的数置入 AL 中，如果 AL 中的数大于或等于相比较的数，则保持不变，在比较过程中，AL 中始终保持较大的数，比较 9 次，则最大者必在 AL 中，最后把 AL 中的数送入 MAX 单元。本题的数据是带符号数，应该选带符号数转移类指令实现条件转移。具体流程如图 3-6 所示（DO-WHILE 型循环）。

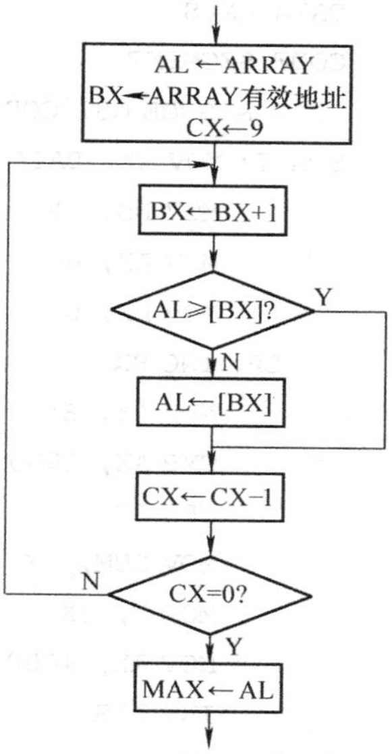

图 3-6 找出数组中最大数的程序流程

源程序如下：

```
DATA SEGMENT
    ARRAY DB -1, 59, 23, -45, 116, 107, 15, 25, 118, -14
    MAX DB ?
DATA ENDS
CODE SEGMENT
    ASSUME CS: CODE, DS: DATA
START: MOV AX, DATA
       MOV DS, AX
       MOV AL, ARRAY        ; 取数组第一个元素预设为最大数初值
       MOV BX, OFFSET ARRAY    ; 设置地址指针初值
       MOV CX, 9            ; 设置比较次数
LOOP1: INC BX               ; 修改地址指针，指向下一个要比较的数
       CMP AL, [BX]         ; 比较
       JGE NEXT             ; AL 的数较大，直接结束本次比较，采用带符号数转移指令
       MOV AL, [BX]         ; AL 的数较小，将该数置入 AL，使 AL 始终是当前较大值
 NEXT: LOOP LOOP1           ; 计数循环控制，cx 是否为 0
       MOV MAX, AL          ; 比较结束，保存最大值
       MOV AX, 4C00H
       INT 21H
CODE   ENDS
    END    START
```

本例中，如果在 8 位带符号数范围内预设当前最大值，则 MAX 初值应设为 80H，从数组的第一个数开始比较，比较 10 次可以得到最大数。

3.3.2 条件循环

在有些情况下，循环次数事先无法确定，通常采用条件控制循环。是否执行循环体与问题的某些条件有关，这些条件可以通过指令来测试。若测试比较的结果表明满足循环条件，则继续循环；否则结束循环。条件循环更具普遍性，计数循环实质上是一种特殊的条件循环。

【例 3-8】 编程完成求 $1+2+3+\cdots+N$ 的累加和，直到累加和超过 1000 为止。统计被累加的自然数个数送 N，累加和送 SUM。假定 N 和 SUM 为已定义的字变量。

分析：本例循环次数不确定，因此采用条件循环控制。流程如图 3-7 所示，DO-WHILE 型循环结构。

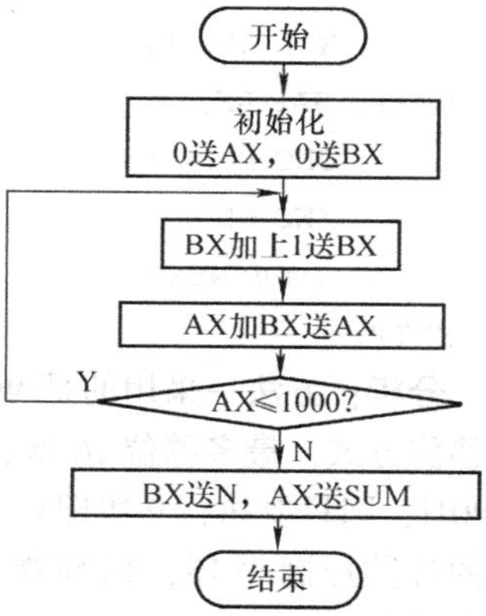

图 3-7 N 个数累加的程序流程

源程序如下：

```
DATA SEGMENT
    SUM DW ?
```

```
    N   DW ?
DATA ENDS
CODE SEGMENT
     ASSUME CS: CODE, DS: DATA
START: MOV AX, DATA
       MOV DS, AX               ; 设置 DS
       MOV AX, 0                ; 累加器 AX 清 0
       MOV BX, 0                ; BX 统计累加自然数个数，清 0
   LP: INC BX                   ; BX 加 1
       ADD AX, BX               ; 求累加和
       CMP AX, 1000             ; 比较累加和是否大于 1000
       JBE LP                   ; ≤1000 转，继续累加
       MOV SUM, AX              ; 否则结束累加，保存累加和
       MOV N, BX                ; 保存累加的自然数个数
       MOV AX, 4C00H
       INT 21H                  ; 返回 DOS
CODE   ENDS
       END START                ; 汇编结束
```

【例 3-9】统计 BX 寄存器中 1 的个数，并将结果存放在 DL 寄存器中。

解：程序段如下（方法一）：

```
    MOV AX, BX
    XOR DL, DL
L:  AND AX, AX          ; 测试 AX 中的数据是否为 0，形成循环判断条件
    JZ EXIT             ; 循环控制
    SAL AX, 1           ; 循环体：实现一次统计。将 AX 中的最高位移入 CF 中
    JNC L               ; 如果 CF=0，转 L
    INC DL              ; 如果 CF=1，则 (DL) +1→DL
    JMP L               ; 转 L 处继续循环
EXIT: ……
```

该功能的实现还可以改写成计数循环，程序段如下（方法二）：

```
       MOV AX, BX
       MOV CX, 16
       XOR DL, DL
NEXT:  SAL AX, 1        ; 循环体：实现一次统计。将 AX 中的最高位移入 CF 中
       JNC L            ; 如果 CF=0，转 L 处结束本次循环
       INC DL           ; 如果 CF=1，则 (DL)+1→DL
   L:  LOOP NEXT        ; 循环控制：CX 减 1，判断 CX 是否为 0，不是 0 则循环
EXIT: ……
```

分析：方法一采用的是 WHILE 型的条件控制循环。若(BX)=0，则不必循环，统计过程采用移位方式，最多移位 16 次，有可能只移位几次就可使(BX)=0，结束循环，如 BX 中的数是 3780H，则只要执行 9 次即可。循环的次数最少 0 次，最多 16 次。方法二采用的是 DO-WHILE 型的计数控制循环，循环次数固定是 16 次。对于本例显然方法一（WHILE 型循环结构）更有效。

3.3.3 多重循环

如果一个循环的循环体内包含了另一个循环，称这个循环为“多重循环”，各层循环可以是计数循环，也可以是条件循环。多重循环设计方法与单重循环设计方法相同，但应特别注意以下几点：

1）各层循环的初始控制条件及程序实现。

2）内循环可以嵌套在外循环中，也可以多层嵌套，但各层循环之间不能交叉，可以从内层跳到外层循环，不可以从外层循环中直接跳转进内层循环。

3）防止出现死循环。

双重循环的流程如图3-8所示。

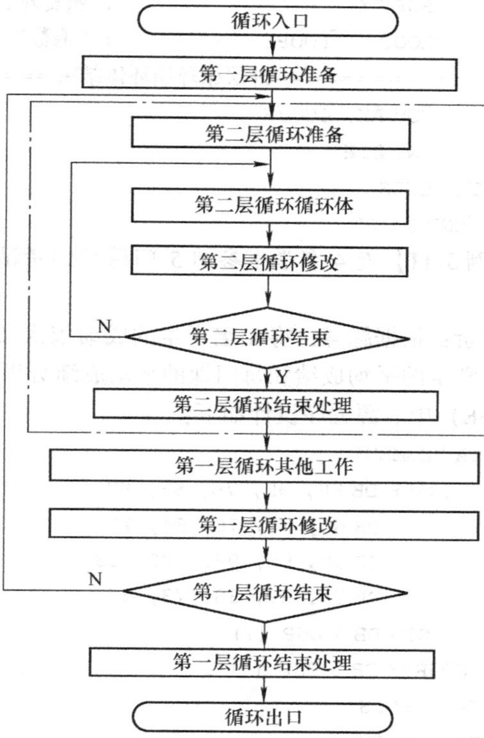

图3-8 双重循环的流程

【例3-10】 有符号字节元素数组存有 N 个有符号数，要求将这 N 个数由小到大排列。

分析：采用冒泡排序法。从第一个数据开始相邻的数进行比较，如大小次序不对，两数交换位置。第一遍比较 $N-1$ 次后，最大的数已到了数组的尾部，第二遍仅需比较 $N-2$ 次就够了，依次类推，共需比较 $N-1$ 遍即完成排序，显然共需要两重循环。源程序设计如下：

```
DATA    SEGMENT
    ARRAY1 DB 15H, 0A7H, 34H, 55H, 90H, 7EH, 3CH, 25H, 56H, 0D6H
    N  EQU  $ - ARRAY1
DATA   ENDS
CODE   SEGMENT
   ASSUME CS: CODE, DS: DATA
START: MOV AX, DATA
       MOV DS, AX
; ********************** 开始排序********************
       MOV CX, N - 1          ; 设置外层循环计数器，CX中为排序的“遍数”(N - 1)
; ==================外层循环循环体开始============
LOOP1: PUSH CX                ; 保存外循环计数器
       MOV BX, 0              ; BX = 整序元素在数组内的位移，每一遍从第一个元素开始
; -------内层循环循环体开始，CX的值是内层循环的次数------
LOOP2: MOV AL, ARRAY1[BX]
       CMP AL, ARRAY1[BX + 1]  ; 邻元素比较
       JLE NEXT                ; 不需要整序，转NEXT
       XCHG AL, ARRAY1[BX + 1] ; 交换邻元素位置
       XCHG AL, ARRAY1[BX]
```

```
NEXT: INC BX                    ; 修改指针
      LOOP    LOOP2             ; 本遍未结束，转 LOOP2 继续
; ----------内层循环循环体结束 ---------------
      POP CX                    ; 恢复外层循环计数器
      LOOP    LOOP1             ; “遍数”未满，转 LOOP1 继续
; =============外层循环循环体结束 ================
      MOV AX, 4C00H
      INT 21H
CODE   ENDS
   END START
```

【例 3-11】 有 4 名学生参加 5 门课程的考试，试计算每个学生的平均成绩和每门课的平均成绩。

分析： 根据题意，将 4 名学生的成绩依次按序存放在一个字节数组（首址为 GRADE）中，将每个学生的平均成绩和每门课的平均成绩分别按序保存在两个字节数组（首址分别为 STU 和 COURSE）中。源程序设计如下：

```
DATA SEGMENT
     GRADE DB 80, 95, 76, 83, 92
           DB 65, 81, 78, 84, 78
           DB 90, 86, 96, 100, 83
           DB 79, 69, 88, 73, 56
       STU DB 4 DUP (?)
    COURSE DB 5 DUP (?)
DATA    ENDS
CODE    SEGMENT
     ASSUME CS: CODE, DS: DATA
  START: MOV AX, DATA
         MOV DS, AX
; **************** 求每个学生的平均成绩****************
         MOV DI, 4              ; 设置外层循环计数器，DI 中为学生人数
         LEA BX, GRADE          ; 设置地址指针，BX 指向成绩表 GRADE
         LEA SI, STU            ; 设置地址指针，SI 指向学生平均分表 STU
; ===================外层循环循环体开始 =============
    L11: MOV AX, 0              ; 累加器清 0
         MOV CX, 5              ; 设置内层循环计数器，CX 中为课程数
; ---------------内层循环循环体开始 ---------------
    L22: ADD AL, [BX]
         ADC AH, 0              ; 累加，考虑可能的进位
         INC BX                 ; 修改地址指针
         LOOP L22               ; 内层循环控制
; ------内层循环循环体结束，AX 中为某学生 5 门课总成绩 -----
         MOV DL, 5
         DIV DL                 ; 求平均值，保存在 AL 中
         MOV [SI], AL           ; 保存平均值
         INC SI                 ; 修改地址指针
```

```
        DEC DI                  ; 修改外层循环计数值 DI
        JNZ L11                 ; 外层循环控制
; ====================外层循环循环体结束=============
; ************** 以下为求每门课的平均成绩**************
        LEA DI, GRADE           ; 设置地址指针，DI 指向成绩表 GRADE
        LEA SI, COURSE          ; 设置地址指针，SI 指向课程平均分表 COURSE
        ; MOV DI, BX
        MOV CX, 5               ; 设置外层循环计数器，CX 中为课程数
; ====================外层循环循环体开始=============
   L01: PUSH CX                 ; 外层循环计数值 CX 入栈保护
        MOV BX, DI              ; 设置内层循环地址指针
        MOV AX, 0               ; 累计器清 0
        MOV CX, 4               ; 设置内层循环计数器，CX 中为学生数
; ------ -----------内层循环循环体开始----------------
   L02: ADD AL, [BX]
        ADC AH, 0               ; 累加，考虑可能的进位
        ADD BX, 5               ; 修改地址指针，指向下一个学生本课程地址
        LOOP L02                ; 内层循环控制
; ----内层循环循环体结束，AX 中为某门课 4 名学生的总成绩----
        MOV DL, 4
        DIV DL                  ; 求课程平均成绩，在 AL 中
        MOV [SI], AL            ; 保存课程平均成绩
        INC SI                  ; 修改外层循环 COURSE 表地址指针
        INC DI                  ; 修改外层循环 GRADE 表地址指针
        POP CX                  ; 恢复外层循环计数值
        LOOP L01                ; 外层循环控制
; ====================外层循环循环体结束=============
        MOV AX, 4C00H
        INT 21H
CODE  ENDS
      END  START
```

在多重循环的程序结构中，若采用计数循环，多层循环计数器的处理可以采用如图 3-9所示的方式。图 3-9 列举了两种处理方式。例 3-10 采用了左图的处理方式，例 3-11 有两个双重循环，第一个双重循环采用了右图的处理方式，而第二个双重循环采用了左图的处理方式。另外，也可以将 CX 寄存器分成 CH 和 CL 两个 8 位寄存器作为内、外层循环的计数器，采用条件转移指令（如 JNZ）控制循环。

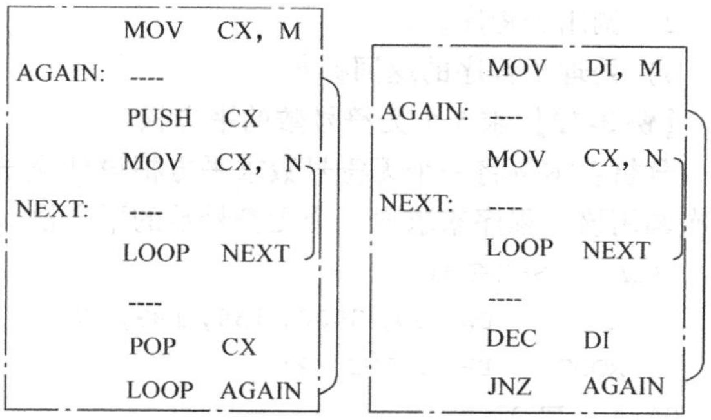

图 3-9 双重循环中计数器的保存和恢复

3.4 子程序设计

把功能相对独立的程序段单独编写和调试，作为一个相对独立的模块供多个程序使用，就形

成子程序。采用子程序结构可以实现源程序的模块化，简化源程序结构，提高代码重用及编程效率，特别是对于复杂程序更易于调试和维护。主程序（调用程序）需要利用 CALL 指令调用子程序（被调用程序），子程序需要利用 RET 指令返回主程序。

3.4.1 子程序的编写与应用

汇编语言中，子程序要用一对过程伪指令 PROC 和 ENDP 声明。通常，子程序的格式基本如下：

```
; 子程序清单
子程序名 PROC      [NEAR/FAR]
         PUSH      ……            ; 保护现场（寄存器/存储器）
         PUSH      ……            ; 个数根据具体情况决定
             ……                  ; 子程序主体
             ……
         POP……                   ; 恢复现场，注意出栈次序
         POP……                   ; 先进栈的寄存器后出栈
         RET                     ; 返回
子程序名 ENDP
```

设计一个子程序之前，首先应该明确如下一些子程序清单项，这些内容通常以注释的方式写在子程序代码前，以方便调用者知道如何使用该子程序等。

1）子程序的名称、功能等说明。

2）子程序中影响到的寄存器或存储器单元。

3）子程序的入口参数、出口参数。

入口参数（输入参数）：主程序调用子程序时，提供给子程序的参数。

出口参数（输出参数）：子程序执行结束返回给主程序的参数。

4）子程序中调用了其他子程序的名称。

通常，主程序每调用一次子程序，需要做以下 3 件事：

1）为子程序准备入口参数。

2）调用子程序。

3）处理子程序的返回参数。

【例 3-12】 求 5 个无符号数的平方根。

分析： 本例将一个无符号数求平方根设计成子程序模块（“SQUARE”子程序），主程序中依次调用该子程序来求取 5 个无符号数的平方根，源程序如下：

```
DATA    SEGMENT
   X       DW  59, 3500, 139, 199, 77          ; 欲求平方根的数组
   ROOT    DB  5 DUP (?)                       ; 存放平方根内存区
DATA    ENDS
CODE    SEGMENT
   ASSUME CS: CODE, DS: DATA
START: MOV AX, DATA
       MOV DS, AX
       LEA BX, X                               ; 初始化指针
       LEA SI, ROOT
       MOV CX, 5                               ; 设置计数器初值
```

```
  ONE: MOV AX, [BX]                      ; 设置入口参数
       CALL SQUARE                       ; 调用子程序
       MOV [SI], AL                      ; 保存返回参数（平方根）
       ADD BX, 2                         ; 修改指针
       INC SI                            ; 修改指针
       LOOP ONE                          ; 循环控制
       MOV AX, 4C00H                     ; 程序执行结束点，返回 DOS
       INT 21H
; ******************** 主程序结束********************
; 名称：SQUARE
; 功能：求 16 位无符号数的平方根
; 入口参数：AX 中设置欲求平方根的无符号数
; 出口参数：AL 中为平方根
; 影响寄存器：AX（AL）
  SQUARE PROC NEAR
       PUSH CX      ; 保护现场
       PUSH BX
       ; 利用公式 N² =1 +3 +… + (2N -1)求平方根
       MOV BX, AX                        ; 要求平方根的数送 BX
       MOV AL, 0                         ; AL 中存放平方根，初值 0
       MOV CX, 1                         ; CX 置入第一个奇数 1
  NEXT: SUB BX, CX
       JB DONE
       ADD CX, 2                         ; 形成下一个奇数
       INC AL                            ; AL 存放已减去奇数的个数
       JMP NEXT
  DONE: POP BX                           ; 恢复现场，注意按照先进后出的顺序恢复现场
       POP CX
       RET                               ; 子程序返回
  SQUARE ENDP
CODE    ENDS
       END   START                       ; 汇编结束点
```

注意：

1）子程序是由主程序调用执行的，因此，子程序应安排在代码段的主程序之外，一般安排在主程序执行终止返回 DOS 后，汇编结束 END 伪指令之前的位置，如例 3-12。当然也可以安排在代码段中程序起始点之前的位置。

2）子程序开始应该保护使用到的寄存器内容，并在返回前进行恢复。

3）子程序中对堆栈的压入和弹出操作要成对使用，注意保持堆栈的平衡。

4）子程序可以与主程序共用一个数据段，也可以使用不同的数据段，此时要注意修改 DS，还可以在子程序最后设置数据区（利用 CS 寻址）。

【例 3-13】 子程序最后设置数据区示例。

```
; 名称：HTOASC
; 功能：将 AL 低 4 位表达的一位十六进制数转换为 ASCII 码输出显示
; 入口参数：AL 中低 4 位设置与转换显示的十六进制数
```

```
; 出口参数: AL 中为转换后的 ASCII 码
; 影响寄存器: AX
HTOASC PROC
    PUSH BX
    PUSH DX
    MOV BX, OFFSET ASCII     ; BX 指向 ASCII 码表
    AND AL, 0FH              ; 取得一位十六进制数
    XLAT CS: ASCII           ; 换码: AL←CS: [BX+AL], 数据在代码段 CS
    MOV DL, AL               ; 显示
    MOV AH, 2
    INT 21H
    POP DX
    POP BX
    RET
      ; 子程序的数据区
    ASCII DB '0123456789ABCDEF' ; 十六进制数字对应的 ASCII 码表
HTOASC ENDP
```

5）子程序允许嵌套和递归。子程序本身又调用了其他子程序，即为子程序嵌套。嵌套的层数不限，只要堆栈空间足够即可，但要注意寄存器的保护与恢复，避免各层子程序之间寄存器使用冲突。子程序如果调用了子程序自身，称为子程序递归调用。

【例 3-14】 子程序嵌套示例，本例中子程序嵌套调用了例 3-13 中的子程序 HTOASC。

```
; 名称: ALDISP
; 功能: 以十六进制形式显示 AL 中的二进制数
; 入口参数: AL 中为要显示输出的二进制数
; 出口参数: 无
; 影响寄存器: 无
ALDISP PROC
     PUSH AX          ; 保护入口参数
     PUSH CX
     PUSH AX          ; 暂存数据
     MOV CL, 4
     SHR AL, CL       ; 转换 AL 的高 4 位
     CALL HTOASC      ; 子程序调用 (嵌套)
     POP AX           ; 转换 AL 的低 4 位
     CALL HTOASC      ; 子程序调用 (嵌套)
     POP CX
     POP AX
     RET              ; 子程序返回
ALDISP ENDP
```

【例 3-15】 子程序递归调用示例。

编程计算 $N!$，$N! = N\times(N-1)\times(N-2)\times\cdots\times2\times1(N\geqslant0)$

分析： 已知递归定义 $N! = N\times(N-1)!$，因此，求 $N!$ 可以设计成输入参数为 N 的递归子程序，每次递归调用的输入参数递减 1。如果 $N>0$，则由当前参数 N 乘以递归子程序返回值得到本层返回值；如果递归参数 $N=0$，得到返回值为 1。源程序如下：

```
DATA  SEGMENT
    N        DW 3
    RESULT  DW ?            ; 保存结果
DATA ENDS
CODE SEGMENT
    ASSUME CS: CODE, DS: DATA
START: MOV AX, DATA
       MOV DS, AX
       PUSH N               ; 入口参数N入栈
       CALL FACT            ; 子程序FACT调用，求N!
       POP RESULT           ; 出口参数弹出至RESULT
       MOV AX, 4C00H        ; 返回DOS
       INT 21H
; 名称：FACT
; 功能：计算N!
; 入口参数：N压入堆栈（采用堆栈传递参数）
; 出口参数：N! 值在栈顶
; 影响寄存器：无
FACT PROC
    PUSH AX
    PUSH BP
    PUSH DX
    MOV BP, SP
    MOV AX, [BP+8]          ; 从堆栈中取入口参数
    CMP AX, 0               ; 比较入口参数是否为0
    JNE FACT1               ; 不为0，则转递归调用控制
    INC AX                  ; 如果为0，设置出口参数为0!=1
    JMP FACT2
FACT1: DEC AX               ; 设置求（N-1）! 的入口参数值
    PUSH AX                 ; 入口参数入栈
    CALL FACT               ; 递归调用，求（N-1）!
    POP AX                  ; 出口参数弹出至AX
    MUL WORD PTR [BP+8]     ; 求(N)!=N×(N-1)!
FACT2: MOV [BP+8], AX       ; 设置出口参数，假定N! 不会超出AX的表示范围
    POP DX
    POP BP
    POP AX
    RET
FACT ENDP
CODE ENDS
    END START
```

分析：子程序FACT是一个采用堆栈传递参数的递归子程序，调用前要给子程序传递1个参数（即求阶乘的*N*值），压入堆栈，然后调用子程序FACT，则IP值入栈保护。进入子程序后，依次保护寄存器入栈，子程序中指令“PUSH DX”执行完后，堆栈内数据存储情况如图3-10所

示。根据图3-10所示，在子程序中读取入口参数，设置出口参数操作都在［BP+8］的堆栈单元。若求3!，即*N*值为3，则子程序FACT共被调用4次（第一次由主程序调用，后3次均由子程序FACT自身调用），每次调用的输入参数递减1，直到递减到0才停止递归调用依次递归返回（回溯）。每次调用、每次返回调用程序堆栈中数据的变化情况如图3-10所示。图中IP值1为主程序中指令“POP RESULT”在内存的偏移地址值，IP值2为子程序FACT中指令“POP AX”（“CALL FACT”后一条指令）在内存中的偏移地址。

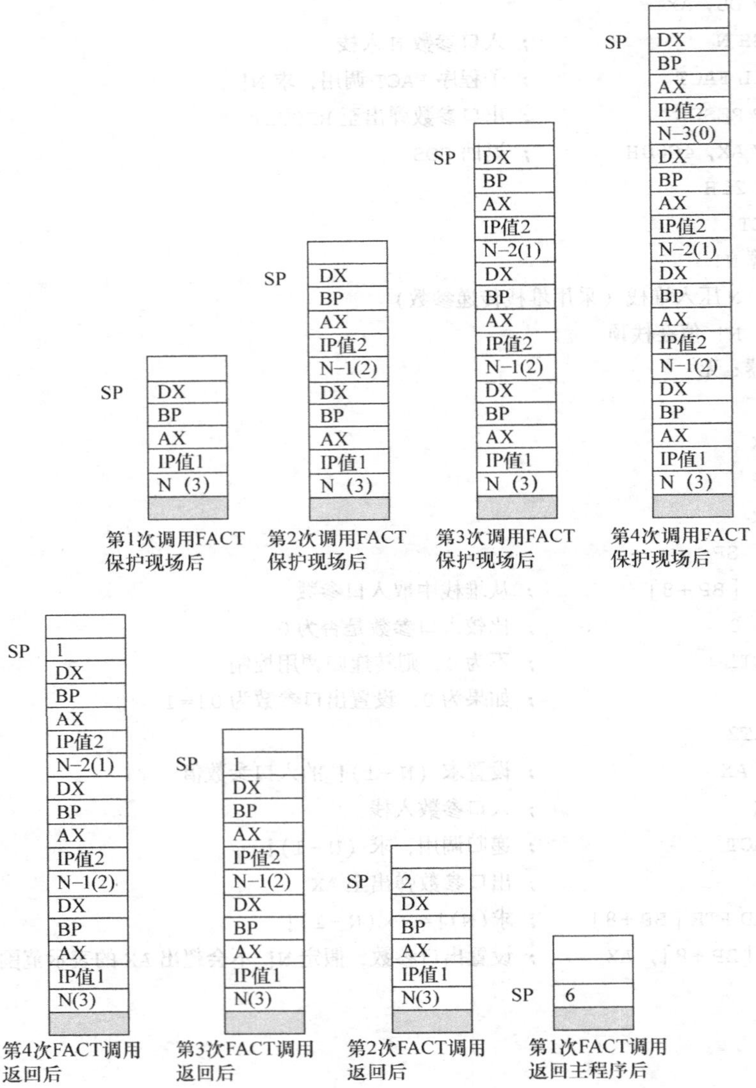

图3-10　*N*! 递归调用堆栈变化

本例程序的堆栈变化比较复杂，读者在分析该程序时必须清楚堆栈的变化情况，否则无法掌握递归子程序的设计精髓。建议读者在编写这类子程序时最好画出类似的堆栈示意图，以避免堆栈操作出错。

3.4.2 子程序的参数传递

主程序与子程序间一个主要问题是参数传递。参数的传递通常有3种方法：

1）用寄存器传递：适合于参数较少的情况，传递速度较快。

2）用共享变量传递：适合参数较多的情况，需要先在内存中定义变量。

3）用堆栈传递：适合参数较多且子程序有嵌套、递归调用的情况。

1. 用寄存器传递参数

这是最简单和最常用的一种参数传递方法，只要把参数存于约定的寄存器中即可。例如前面例题中，例3-12～例3-14中的子程序都是采用寄存器传递参数。在第2章中介绍的DOS系统功能调用也都是采用寄存器传递参数。

由于通用寄存器个数有限，这种方法对少量数据可以直接传递数值，而对大量数据只能传递地址。采用寄存器传递参数，要注意作为出口参数的寄存器不能保护和恢复，而作为入口参数的寄存器可以保护，也可以不保护。

2. 用共享变量传递参数

利用共享变量（全局变量）进行参数传递，即子程序和主程序使用同一个变量名存取数据。如果变量定义和使用不在同一个源程序中，需要利用PUBLIC、EXTREN声明；如果主程序还要利用原来的变量值，则需要注意保护和恢复。利用共享变量传递参数，子程序的通用性较差，但特别适合在多个程序段间，尤其在不同的程序模块间传递数据。

3. 用堆栈传递参数

采用堆栈传递参数是程式化的，主程序将入口参数压入堆栈，子程序从堆栈中取出参数；子程序将出口参数压入堆栈，主程序弹出堆栈取得它们。例如，例3-15中的子程序采用堆栈传递参数。

利用堆栈传递参数，适合参数较多且子程序有嵌套、递归调用的情况。它也是编译程序处理参数传递，以及汇编语言与高级语言混合编程时的常规方法。

【例3-16】 编程采用子程序结构实现数组元素求和。

解：程序如下：

```
; 数据段
DATA SEGMENT
    ARY1 DW 1, 2, 3, 4, 5, 6, 7, 8, 9, 10
    COUNT1 DW ($ - ARY1) /2; ARY1 元素个数
    SUM1 DW ?
DATA ENDS
```

下面分别采用不同的参数传递方法设计子程序，注意它们设计和使用上的差别。

方法一：通过寄存器传送变量

```
; 子程序名：PROADD1
; 功能：求字数组各元素之和
; 入口参数：CX = 数组元素个数，
;           DS：BX = 数组的段地址：偏移地址
; 出口参数：AX = 数组元素和
; 影响寄存器：AX
PROADD1     PROC
        PUSH CX
        PUSH BX
```

```
        XOR AX, AX                ; 累加器清 0
SUMA:   ADD AX, [BX]              ; 求和
        INC BX                    ; 修改地址指针，指向下一个数据
        INC BX
        LOOP SUMA
        POP BX
        POP CX
        RET
PROADD1    ENDP
; 主程序
        MOV BX, OFFSET ARY1       ; BX←数组的偏移地址
        MOV CX, COUNT1            ; CX←数组的元素个数
        CALL PROADD1              ; 调用求和子程序
        MOV SUM1, AX              ; 处理出口参数
```

方法二：通过存储器传递参数（共享变量）

```
; 子程序名：PROADD2
; 功能：求字数组各元素之和
; 入口参数：COUNT1 = 元素个数，
;           ARY1 = 数组名（含段地址：偏移地址）
; 出口参数：SUM1 = 字数组元素和
; 影响寄存器：无
PROADD2  PROC  NEAR
       PUSH AX                    ; 保护寄存器
       PUSH CX
       PUSH SI
       LEA SI, ARY1               ; SI←数组的偏移地址
       MOV CX, COUNT1             ; CX←数组的元素个数
       XOR AX, AX                 ; 累加器清 0
NEXT:  ADD AX, [SI]               ; 求和
       ADD SI, 2                  ; 修改地址指针，指向下一个数据
       LOOP NEXT
       MOV SUM1, AX               ; 保存数组元素和
       POP SI                     ; 恢复寄存器
       POP CX
       POP AX
       RET
PROADD2 ENDP
```

主程序中直接使用 CALL 指令即可调用子程序 PROADD2 对数组 ARY1 求和（入口参数和出口参数使用数据段定义的变量），但这种方法实现的子程序通用性很差。例如，数据段定义有两个以上的需要求和的数组时，数据段定义如下：

```
DATA SEGMENT
    ARY1     DW  1, 2, 3, 4, 5, 6, 7, 8, 9, 10
    COUNT1   DW  ($ - ARY1)/2               ; ARY1 元素个数
    SUM1     DW  ?
```

```
    ARY2    DW  10, 20, 30, 40, 50, 60, 70, 80, 90, 100
    COUNT2  DW  ($ -ARY2)/2            ; ARY2 元素个数
    SUM2    DW  ?
DATA    ENDS
```

调用子程序 PROADD2 只能累加数组 ARY1 各元素之和，而不能累加数组 ARY2 中的各元素之和。

因此，采用存储器传递参数时，为了使子程序具有一定的通用性，一般可以采用地址表法，通过地址表传送变量地址。地址表方法首先要在内存中建立一张地址表，表中依次存放每个变量的入口地址。对子程序 PROADD2 采用地址表法修改如下。

（1）在数据段中增加一张跳转表，表中依次存放每个分支的入口地址。

```
TABLE DW 3 DUP (?)          ; 地址表，注意，一定是 DW 类型
```

（2）子程序修改如下：

```
; 子程序名：PROADD2
; 功能：求字数组各元素之和
; 入口参数：字变量 TABLE 中依次存放数组首地址、元素个数变量及元素和变量的偏移地址
; 出口参数：数组元素和直接由子程序写入到元素和变量中
; 影响寄存器：无
PROADD2 PROC NEAR
      PUSH AX                 ; 保护寄存器
      PUSH BX
      PUSH CX
      PUSH SI
      PUSH DI
      MOV BX, OFFSET TABLE    ; BX←TABLE 的偏移地址
      MOV SI, [BX]            ; SI←数组的偏移地址
      MOV DI, [BX+2]          ; DI←存放元素个数的变量偏移地址
      MOV CX, [DI]            ; CX←数组元素个数
      MOV DI, [BX+4]          ; DI←存放元素元素和的变量偏移地址
      XOR AX, AX              ; 累加器清 0
NEXT: ADD AX, [SI]            ; 累加
      ADD SI, 2               ; 修改地址指针，指向下一个数组元素
      LOOP NEXT
      MOV [DI], AX            ; 保存累加和至存储单元
      POP DI                  ; 恢复寄存器
      POP SI
      POP CX
      POP BX
      POP AX
      RET
PROADD2 ENDP
; 主程序
START: MOV AX, DATA
       MOV DS, AX
       MOV TABLE, OFFSET ARY1
```

```
MOV TABLE +2, OFFSET COUNT1
MOV TABLE +4, OFFSET SUM1
CALL PROADD2
MOV TABLE, OFFSET ARY2
MOV TABLE +2, OFFSET COUNT2
MOV TABLE +4, OFFSET SUM2
CALL PROADD2
```

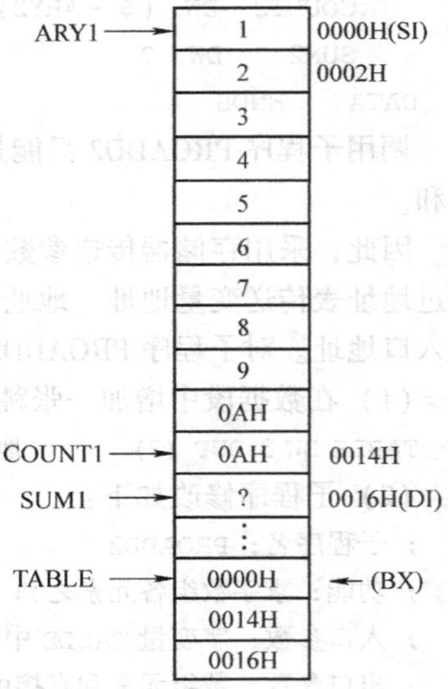

图 3-11　内存数据段数据示意图

分析：子程序 PROADD2 采用存储器传递参数，主程序调用前要给子程序传递 3 个参数，即数组首地址（如 ARY1 偏移地址 0000H）、元素个数变量的偏移地址（如 COUNT1 偏移地址 0014H）、元素和变量的偏移地址（如 SUM1 偏移地址 0016H），依次置入地址表 TABLE 中，然后才能调用子程序 PROADD2 求数组元素和。内存数据段存储情况如图 3-11 所示。根据图示，在子程序中设置地址指针，访问入口参数等操作可以更直观。建议读者在编写这类子程序时最好画出类似的数据段存储示意图，以减少在子程序中访问参数出错的可能。

方法三：通过堆栈传递参数

```
; 子程序名: PROADD3
; 功能: 求字数组各元素之和
; 入口参数: 数组首地址、元素个数变量及元素和变量的偏移地址依次压入堆栈
; 出口参数: 数组元素和直接由子程序写入到元素和变量中
; 影响寄存器: 无
PROADD3 PROC
      PUSH BP
      MOV BP, SP            ; 设置 BP, 可利用 BP 参与的寻址方式访问堆栈单元
      PUSH AX               ; 保护寄存器
      PUSH CX
      PUSH SI
      PUSH DI
      MOV SI, [BP +8]       ; BX←TABLE 的偏移地址
      MOV DI, [BP +6]       ; DI←存放元素个数的变量偏移地址
      MOV CX, [DI]          ; CX←数组元素个数
      MOV DI, [BP +4]       ; DI←存放元素和的变量偏移地址
      XOR AX, AX            ; 累加器清 0
NEXT: ADD AX, [SI]          ; 累加
      ADD SI, 2             ; 修改地址指针, 指向下一个数组元素
      LOOP NEXT
      MOV [DI], AX          ; 保存累加和至存储单元
      POP DI                ; 恢复寄存器
      POP SI
      POP CX
      POP AX
      POP BP
      RET 6                 ; 子程序返回, 同时修改栈顶位置, 跳过 6 个字节单元
```

```
PROADD3 ENDP
; 主程序
        MOV AX, DATA
        MOV DS, AX
        MOV BX, OFFSET ARY1     ; 将地址压入堆栈，传递参数
        PUSH BX
        MOV BX, OFFSET COUNT1
        PUSH BX
        MOV BX, OFFSET SUM1
        PUSH BX
        CALL PROADD3
        MOV BX, OFFSET ARY2     ; 将地址压入堆栈，传递参数
        PUSH BX
        MOV BX, OFFSET COUNT2
        PUSH BX
        MOV BX, OFFSET SUM2
        PUSH BX
        CALL PROADD3
```

分析：子程序 PROADD3 采用堆栈传递参数，主程序调用前要给子程序传递 3 个参数，即数组首地址（如 ARY1 偏移地址 0000H）、元素个数变量的偏移地址（如 COUNT1 偏移地址 0014H）、元素和变量的偏移地址（如 SUM1 偏移地址 0016H），依次压入堆栈，然后调用子程序 PROADD3，则 IP 值入栈保护。进入子程序后，依次保护寄存器入栈，指令“PUSH DI”执行完后，堆栈内数据存储情况如图 3-12 所示。根据图示，在子程序中读取入口参数，设置出口参数等操作可以更直观。建议读者在编写这类子程序时最好画出类似的堆栈示意图，以避免在子程序中堆栈操作出错。

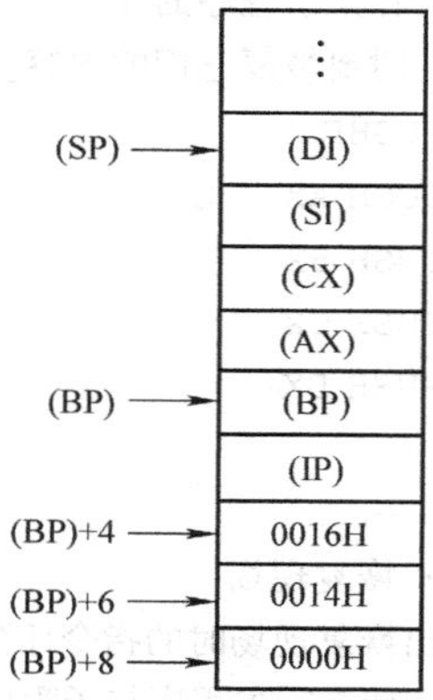

图 3-12　进入子程序 DI 入栈后堆栈内数据示意图

习　题

3-1　在以 Block 为首地址的字节单元中，存放了一个班级的学生考试成绩。试编写一程序，利用学生的序号来查表得到该学生的成绩，设学生的序号在 NUMBER 单元，查表结果存入 RESULT 单元。

3-2　试编程序，统计由 52600H 开始的 100 个单元中所存放的字符‘A’的个数，并将结果存放在 DX 中。

3-3　在当前数据段（DS），偏移地址为 GRADE 开始的连续 80 个单元中，存放着某班 80 个同学某门考试成绩。按要求编写程序：

（1）试编写程序统计≥90 分；80 分～89 分；70 分～79 分；60 分～69 分，＜60 分的人数各为多少，并将结果放在同一数据段、偏移地址为 LEVEL 开始的连续单元中。

（2）试编写程序，求该班这门课的平均成绩，并放在该数据段的 AVER 单元中。

3-4　在以字节变量 ARRAY 为首地址的内存区域存储了一组带符号的数据，试编写程序将数据组的所有正数相加，并将和送入 SUM 字单元。

3-5　若某班有 50 名学生，考汇编语言课程，且所有考生的成绩都已存放自 XX 单元开始的内存区中，试编写一程序找出最高分和最低分。

3-6　在首地址为 ARRAY 为首地址的内存区域里，存放了一组带符号的数据，试编写程序分别统计

零、正数和负数的个数，统计结果分别存放在 ZZ、XX、YY 中。

3-7 设有一个管理软件可接受 10 个键盘命令（分别是 A、B、C，…，J），执行这 10 个命令的程序入口地址分别是 PROCA、PROCB、PROCC，…，PROCJ。编写一程序从键盘上接收命令，并转去执行相应的程序。要求分别用以下两种方式来实现：

(1) 用比较转移指令

(2) 用地址表法

3-8 设在寄存器 AX、BX、CX 中存放的是 16 位无符号数，试编写程序段，找出 3 个数值居中的一个，并将其存入 BUFF 字单元中。

3-9 编写确定一个十进制数 X(2≤X≤200)是否是素数（质数）的程序。

3-10 在以 BLOCK 为首地址的数据区域按着从小到大的顺序存放了一个年级（180 人）学生的汇编语言成绩表。试编写程序将分数 82 插入到该数组合适的位置。

3-11 已知数组 A 中包含 15 个互不相等的整数，数据 B 中包含 20 个互不相等的整数，试编写一程序，将即在 A 数组中出现又在 B 数组中出现的整数存放于数组 C 中。

3-12 在某子程序的开始处要保护标志寄存器 Flags、AX、BX、CX、DX 寄存器的内容，在子程序结束时要恢复它们的内容。例如：

```
PUSHF
PUSH AX
PUSH BX
PUSH CX
PUSH DX
……
……
；恢复现场
```

试写出恢复现场时的指令序列。

3-13 什么叫主程序与子程序之间传递参数？实现参数传递一般有哪几种方法？简述每种方法的适用场合。

3-14 简述嵌套调用和递归调用的不同。

3-15 在以 BLOCK 为首地址处存放 100 个无符号字节数。试编写一程序，求出该数组中的最大数与最小数的差，并将其送入 RESULT 单元，要求调用子程序来完成对最大数和最小数的求解。

3-16 某年级参加英语 4 级考试的有 250 名学生，试编写一程序完成 60～69，70～79，80～89，90～100 这 4 个分数段的统计工作，要求用子程序完成每个分数段的统计工作。

3-17 编写一个子程序，对 AL 中的数据进行偶校验，并将经过校验的结果放回 AL 中。

3-18 试编写程序，利用上题的子程序为 52600H 开始的 256 个单元的数据加上偶校验。

第4章　16位微处理器的外部特性

【本章提要】

本章主要介绍Intel公司16位微处理器8086、8088两种工作模式的含义和特点，16位微处理器8086、8088、80286各类引脚的名称和功能，8086、8088微处理器子系统的构成，总线周期的组成及典型总线周期的操作时序。

【学习目标】

- 掌握8086、8088最大最小模式的构成。
- 掌握16位微处理器各类引脚的名称和作用（传送信号类型、方向及有无三态功能）。
- 了解8086、8088最大最小模式下微处理器子系统的构成，掌握每个部件的功能。
- 掌握8086、8088总线周期的构成，了解存储器读写、I/O读写以及复位等典型总线周期的操作时序。

4.1　8086/8088的外部特性

微处理器通过引脚完成对外信息交互。不同类型的微处理器，其引脚设置也不相同。Intel公司的16位微处理器主要有8086、8088和80286，前面的章节先介绍8086和8088的两种工作模式，然后重点介绍8086的外部特性，后面的章节简要介绍8088和80286的外部特性。

4.1.1　8086/8088的工作模式

8086/8088微处理器为适应不同的应用环境，设置有两种工作模式，即最小模式与最大模式。

所谓最小模式，就是系统中只有一个8086/8088微处理器。在这种情况下，所有的总线控制信号都是直接由8086/8088的相关引脚产生，系统中的总线控制逻辑电路被减到最少。最小模式适用于规模较小的微机应用系统。

最大模式是相对于最小模式而言的。在最大模式下，系统中至少包含两个微处理器，其中8086/8088作为主处理器，其他的微处理器称为协处理器，它们协助主处理器工作。在最大模式中，总线控制信号由8086/8088外部的总线控制逻辑生成，总线控制逻辑电路较复杂。最大模式用在中、大规模的微机应用系统中。

与8086/8088配合工作的协处理器有两类，一类是数值协处理器8087，另一类是输入/输出协处理器8089。8087是一种专用于数值运算的协处理器，它能实现多种类型的数值运算，如高精度的整型和浮点型数值运算、三角函数的计算、对数函数的计算等。这些运算若用软件的方法来实现，将耗费大量的机器时间，引入8087协处理器可以大大提高主处理器的运行速度。8089协处理器具有一套专门用于输入/输出操作的指令系统，可以直接为输入/输出设备服务，使主处理器不再承担这类工作。在系统中增加8089协处理器之后，会明显提高主处理器的效率，尤其是在输入/输出操作比较频繁的系统中。

4.1.2　8086的引脚

8086微处理器具有40根引脚，采用双列直插封装（Dual In-line Package，DIP）形式，如

图 4-1所示。

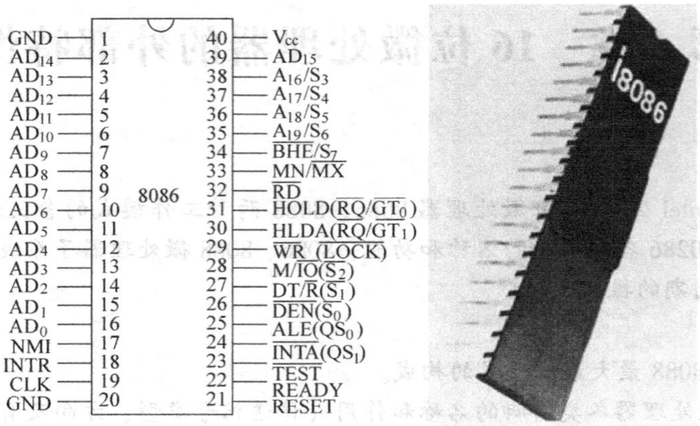

图 4-1　8086 的引脚及封装

下面分类介绍 8086 的引脚。

1. 最大最小模式选择引脚

该引脚为 $MN/\overline{MX}$（Minimum/Maximum），为输入方向。当该引脚输入高电平时，8086 工作在最小模式，当输入低电平时工作在最大模式。图 4-1 中，8086 的 24 ~ 31 引脚各具有两个名称，其中括号外面的名称对应最小模式，而括号中的名称对应最大模式，即这些引脚的作用在最大模式和最小模式下是不同的。其他引脚在两种模式下都一样。

2. 地址/数据复用引脚

引脚复用是指，同一个引脚在不同时刻传送不同类型的信息。8086 具有 16 根地址/数据复用引脚，它们是 $AD_{15} \sim AD_0$（Address/Data），用于分时传送地址信息和数据信息。

当传送地址信息时，这些引脚是输出方向的，用于输出 8086 要访问的存储器或外设的地址。当传送数据信息时，这些引脚是双向的，既可以输出数据又可以输入数据。

$AD_{15} \sim AD_0$ 具有三态功能，8086 放弃控制总线时，这些引脚与 8086 内的逻辑电路隔离，不会影响其他部件对总线的控制。

3. 地址/状态复用引脚

$A_{19}/S_6 \sim A_{16}/S_3$（Address/Status）是 4 根地址/状态复用信号输出引脚，分时输出地址及状态信息，三态输出。当输出状态信息时，$S_6 = 0$ 指示 8086 当前与总线连通；$S_5 = 1$ 表明 8086 可以响应可屏蔽中断请求（即 8086 当前开中断，IF = 1）；S_4、S_3 信号的组合用以指明当前使用的段寄存器，见表 4-1。

表 4-1　S_4、S_3 与段寄存器的关系

S_4	S_3	所使用段寄存器
0	0	ES
0	1	SS
1	0	CS
1	1	DS

4. 公共模式控制引脚

$\overline{RD}$（Read）：读控制引脚，三态输出，低电平有效。当有效时表示 8086 对存储器或外设进行读操作。

$\overline{BHE}/S_7$（Bus High Enable/Status）：高 8 位数据允许/状态复用信号引脚，分时输出$\overline{BHE}$和状态信号 S_7。$\overline{BHE}=0$ 表示高 8 位数据线 $D_{15} \sim D_8$ 上的数据有效，$\overline{BHE}=1$ 表示 $D_{15} \sim D_8$ 上的数据无效。S_7 状态信号未定义任何实际意义。

利用$\overline{BHE}$信号和 AD_0 信号可确定 8086 系统当前的操作类型，具体规定见表 4-2。

表 4-2 $\overline{BHE}$和 AD_0 的代码组合和对应的操作

$\overline{BHE}$	AD_0	操　作	所用数据引脚
0	0	从偶地址单元开始读/写一个字	$AD_{15} \sim AD_0$
0	1	从奇地址单元或端口读/写一个字节	$AD_{15} \sim AD_8$
1	0	从偶地址单元或端口读/写一个字节	$AD_7 \sim AD_0$
1	1	无效	
0	1	从奇地址开始读/写一个字（在第一个总线周期将低 8 位数据送到 $AD_{15} \sim AD_8$，下一个周期将高 8 位数据送到 $AD_7 \sim AD_0$）	$AD_{15} \sim AD_0$
1	0		

READY：就绪引脚，输入，高电平有效。该引脚用于接收来自于主存储器或者 I/O 接口向 CPU 发来的“准备好”状态信号，高电平表明主存储器或 I/O 接口已经准备好进行读写操作。该信号是协调 8086 与主存或 I/O 接口之间进行信息传送的联络信号。

INTR（Interrupt Request）：可屏蔽中断请求输入引脚，高电平有效。当该引脚出现高电平时，表示外部产生了可屏蔽中断请求，若此时中断允许标志 IF=1，8086 响应该请求，若 IF=0 则不响应。

NMI（Non-Maskable Interrupt）：非屏蔽中断请求输入引脚，上升沿有效。当该引脚由低变高时，表示外部产生了非屏蔽中断请求，不受中断允许标志 IF 的限制，在当前指令执行完后 8086 自动进入中断服务程序。

RESET：复位引脚，输入，高电平有效。8086 要求复位信号至少维持 4 个时钟周期才能起到复位的效果。当计算机冷启动或者软启动后，复位信号有效，8086 进行复位操作。

$\overline{TEST}$：测试引脚，输入，低电平有效。该引脚上的信号与 WAIT 指令结合起来使用，CPU 执行 WAIT 指令后处于等待状态，当该引脚输入低电平时，系统脱离等待状态，继续执行被暂停执行的指令。

5. 最小模式控制引脚

$\overline{INTA}$（Interrupt Acknowledge）：可屏蔽中断请求响应引脚，三态输出，低电平有效。该引脚输出低电平表示 8086 响应了可屏蔽中断请求，用以通知中断源提供中断类型号，该信号为两个连续的负脉冲。

ALE（Address Latch Enable）：地址锁存允许引脚，输出，高电平有效。该引脚输出高电平时，表示当前地址/数据复用引脚、地址/状态复用引脚上输出的是地址信息，然后利用随后的下降沿将地址信息锁存到外部的地址锁存器中。ALE 信号不能悬空。

$\overline{DEN}$（Data Enable）：数据允许引脚，三态输入，低电平有效。当该引脚输出低电平时表示 8086 准备发送或接收数据，通常用作外部数据总线收发器的一个控制信号。

$DT/\overline{R}$（Data Transmit/Receive）：数据收发控制信号引脚，三态输出。8086 通过该引脚发出控制数据传送方向的控制信号，当该信号为高电平时，表示数据由 8086 输出，否则表示 8086 读取外部数据。该信号作为外部数据总线收发器的第二个控制信号。

$M/\overline{IO}$（Memory/Input &Output）：存储器或者 I/O 接口选择信号引脚，三态输出。当该引脚输

出高电平时，表明 8086 进行存储器的读写操作；当该引脚输出低电平时，表明 8086 进行 I/O 接口的读写操作。

$\overline{WR}$（Write）：写控制信号引脚，三态输出，低电平有效。与 $M/\overline{IO}$配合实现对存储单元或 I/O接口所进行的写操作控制。

HOLD（Hold Request）：总线保持请求信号引脚，三态输入，高电平有效。该引脚用作传送系统中的其他总线部件向 8086 发来的总线使用请求信号。

HLDA（Hold Acknowledge）：总线保持响应信号引脚，三态输出，高电平有效。有效时表示 8086 认可其他总线部件提出的总线使用请求，准备让出总线控制权。

8086 工作在最小模式时，通过 $DT/\overline{R}$、$M/\overline{IO}$、$\overline{RD}$和$\overline{WR}$这 4 个引脚上的信息组合确定当前的总线操作类型，见表 4-3。例如，执行“MOV AX，［BX］”指令时，CPU 从存储器中取出由 DS: BX指出的一个内存字数据，传送到 AX 寄存器中，此时系统总线上 $DT/\overline{R}$、$M/\overline{IO}$、$\overline{RD}$和$\overline{WR}$这 4 个信号电平分别为 0，1，0，1。

表 4-3　8086 的总线操作类型

$DT/\overline{R}$	$M/\overline{IO}$	$\overline{RD}$	$\overline{WR}$	对应的操作	对应总线信号
0	0	0	1	读 I/O	$\overline{IORC}$
0	1	0	1	读存储器	$\overline{MRDC}$
1	0	1	0	写 I/O	$\overline{IOWC}$
1	1	1	0	写存储器	$\overline{MWTC}$

6. 最大模式控制引脚

QS_1、QS_0（Instruction Queue Status）：指令队列状态信号引脚，输出。它们的组合给出了前一个 T 状态中指令队列的状态，便于外部器件对 8086 内部指令队列的动作进行跟踪，见表 4-4。

表 4-4　QS_1、QS_0 与指令队列状态

QS_1	QS_0	性　能
0	0	无操作
0	1	从指令队列的第一个字节取走代码
1	0	队列为空
1	1	除第一个字节外，还取走了后续字节中的代码

$\overline{S_2}$、$\overline{S_1}$、$\overline{S_0}$（Status）：总线周期状态信号引脚，输出。这些信号组合起来可以指出当前总线周期中所进行的操作类型，外部总线控制器利用这些信号来产生对存储器、I/O 接口的控制信号。具体关系见表 4-5。

表 4-5　$\overline{S2}$ ~ $\overline{S0}$与总线操作类型

$\overline{S2}$	$\overline{S1}$	$\overline{S0}$	操作	总线控制器 8288 产生的信号
0	0	0	中断响应	$\overline{INTA}$（中断响应）
0	0	1	读 I/O 端口	$\overline{IORC}$（IO 读）
0	1	0	写 I/O 端口	$\overline{IOWC}$（IO 写）
0	1	1	暂停	无
1	0	0	取指令	$\overline{MRDC}$（存储器读）
1	0	1	读内存	$\overline{MRDC}$（存储器读）
1	1	0	写内存	$\overline{WMTC}$（存储器写）
1	1	1	无作用	无

$\overline{\text{LOCK}}$（Lock）：总线封锁信号引脚，输出，低电平有效。当该引脚输出低电平时，系统中其他总线部件就不能占用系统总线。$\overline{\text{LOCK}}$信号是由指令前缀 LOCK 产生的，在 LOCK 前缀后面的一条指令执行完毕之后，便撤销$\overline{\text{LOCK}}$信号。此外，在 8086 的中断响应总线周期中，在 CPU 发送两个中断响应脉冲之间$\overline{\text{LOCK}}$信号也自动变为有效的低电平，以防止其他总线部件在中断响应过程中占有总线，从而使一个完整的中断响应过程不被打断。

$\overline{\text{RQ}}/\overline{\text{GT}}_1$、$\overline{\text{RQ}}/\overline{\text{GT}}_0$（Request/Grant）：总线请求信号/总线允许信号引脚，双向，低电平有效。当输入时，用于输入外部器件向 8086 发送的总线使用请求；当输出时，用于向外部器件发回总线允许信号，即总线请求和应答信号在同一引脚上分时传输，但方向相反。这两个引脚可供 8086 以外的两个部件与 8086 协商总线使用情况。$\overline{\text{RQ}}/\overline{\text{GT}}_0$比$\overline{\text{RQ}}/\overline{\text{GT}}_1$的优先级高。

7. 电源和时钟引脚

V_{CC}、GND：电源、地引脚。8086 采用单一 5V 电源，与 V_{CC}连接，但有两个接地引脚。

CLK：时钟信号输入引脚，用于输入 8086 工作时的晶体振荡信号。8086 最高的时钟频率为 5MHz，实际的应用系统中由时钟芯片 8284 为 8086 提供的时钟频率为 4.77MHz，占空比约为 33%（即一个周期中 1/3 时间为高电平，2/3 时间为低电平）。

4.2　8086 的总线操作

总线操作指的是 8086 通过系统总线与外部器件的信息交互过程，如读写存储器、读写外设等。完成一次总线操作所需要的时间称为总线周期。

4.2.1　8086 总线周期的构成

8086 的一切操作都是在主时钟 CLK 的控制下按节拍有序地进行的，系统主时钟的一个时钟信号所持续的时间称为时钟周期。8086 的一个基本总线周期由 4 个 T 状态构成，它们分别是 T_1、T_2、T_3 和 T_4。每个 T 状态的持续时间为一个时钟周期。总线周期总是以 T_1 开始，至 T_4 结束。如果一个总线周期结束后没有后续总线操作，则总线处于空闲状态（T_i）。总线周期的构成如图 4-2所示。

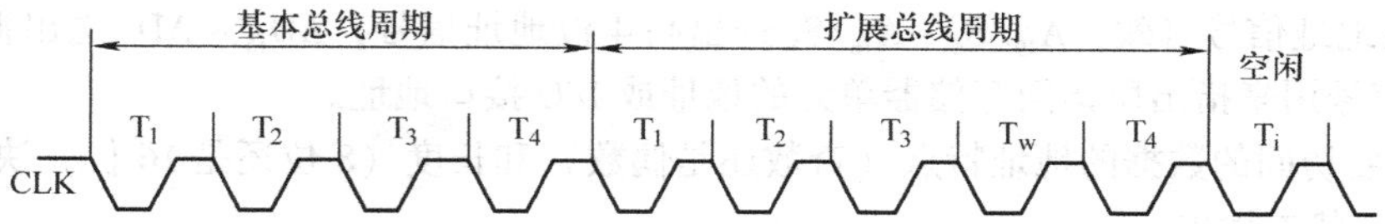

图 4-2　8086 的总线周期

8086 在各个 T 状态的操作如下：

T_1 状态：输出地址信息并锁存到外部的地址锁存器。

T_2 状态：撤销地址信息，发出控制信号，为传送数据作准备。

T_3 状态：如果被访问对象已准备好，则数据稳定。

T_4 状态：读写数据，总线周期结束。

CPU 的工作速度通常要比被访问对象的工作速度快，如果通过一个基本总线周期不能完成总线操作，此时 8086 可通过就绪引脚 READY 上的信息决定是否对总线周期进行延长。具体过程如下：

8086 总是在 T_3 状态的前沿检测 READY 引脚上的信息，如果为高电平则说明被访问对象已就绪，T_3 状态结束后直接进入 T_4 状态，总线周期不延长，通过一个基本总线周期就可以完成总线操作；如果检测到 READY 引脚为低电平，说明被访问对象没有准备好，T_3 状态结束后进入等待状态 T_w，并在 T_w 的前沿继续检测 READY 引脚，决定在 T_w 结束后是否继续插入 T_w，一直到在某个 T_w 前沿检测到 READY 引脚为高电平，则在 T_w 结束后进入 T_4。包含一个或多个 T_w 状态的总线周期称为扩展总线周期。

4.2.2 8086 的总线时序

总线时序反映了在一个总线周期中 CPU 的各类引脚上的信息随时间变化的情况。下面重点介绍 8086 几种典型的总线时序。

1. 读总线时序

8086 读存储器或者读外设在很多方面是相同的，因此通过一张图来介绍这两种总线操作的操作时序，如图 4-3 所示。

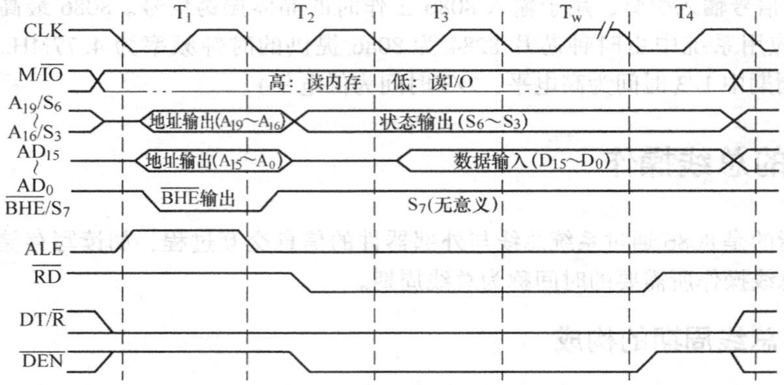

图 4-3　8086 读总线时序

下面分别介绍各个 T 状态的主要功能。

（1）T_1 状态。

1）$M/\overline{IO}$有效，用来指出本次读周期是读存储器还是读外设，它一直保持到 T_4 有效。

2）20 位地址信号有效，$A_{19}/S_6 \sim A_{16}/S_3$ 送出高 4 位地址信号，$AD_{15} \sim AD_0$ 送出低 16 位地址信号。地址信号用来指出所访问存储器单元的地址或 I/O 接口地址。

3）根据要访问的数据的地址特点（奇数还是偶数）和长度（8 位还是 16 位）决定$\overline{BHE}$信号的值，并在 T_1 状态输出。

4）ALE 有效。在 T_1 的后沿 ALE 信号变低，出现一个由高到低的下降沿。ALE 信号用作外部地址锁存器的锁存信号，利用下降沿将 CPU 送出的地址信号锁存到地址锁存器。

5）当系统中配有数据收发器时，T_1 状态中使 $DT/\overline{R}$ 变低，用来通知数据收发器本总线周期为读周期，为接收数据做准备。

（2）T_2 状态。

1）$A_{19}/S_6 \sim A_{16}/S_3$ 送出状态信息 $S_6 \sim S_3$。

2）$AD_{15} \sim AD_0$ 浮空，为后面传送数据做准备。

3）$\overline{BHE}/S_7$ 开始输出状态信号 S_7，并且一直持续到总线周期结束。

4）$\overline{RD}$有效，表示要对存储器或外设进行读操作。

5）$\overline{DEN}$有效，使得数据收发器可以传输数据。

（3）T_3 状态：从存储器或外设读出的数据出现在数据总线上。

（4）T_4 状态：在 T_4 与 T_3 状态的交界处，8086 采集数据，然后撤消各控制及状态信号，总线操作结束。

当通过一个基本的总线周期不能完成总线读操作时，8086 根据 READY 引脚在 T_3 和 T_4 之间插入一个或若干个 T_w 状态。在 T_w 状态中，各引脚维持在 T_3 的状态不变。

2. 写总线时序

8086 写存储器或者写外设在很多方面也是相同的，因此也通过一张图来介绍这两种总线操作的操作时序，如图 4-4 所示。

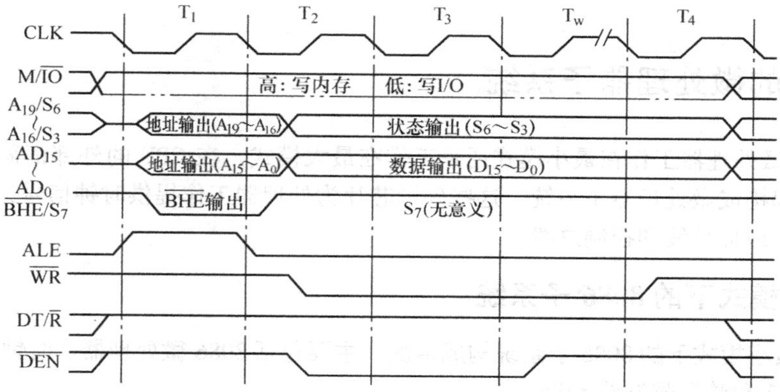

图 4-4　8086 写总线时序

（1）T_1 状态：基本上与读总线周期相同，只是此时 $DT/\overline{R}$ 输出高电平而不是低电平。

（2）T_2 状态：与读总线周期主要有两点不同：

1）$\overline{RD}$变成$\overline{WR}$，代表写操作。

2）$AD_{15} \sim AD_0$ 不是浮空，而是发出要写入存储器或者外设中的数据。

T_3、T_W、T_4 状态与读周期相同。

3. 复位时序

8086 的复位操作是通过 RESET 引脚上的触发信号来执行的，当 RESET 引脚上有高电平时，CPU 就结束当前操作，进入初始化（复位）过程，包括把各内部寄存器（除 CS）清 0，标志寄存器清 0，指令队列清 0，将 FFFFH 送 CS。当 RESET 从高到低跳变时触发 CPU 内部的一个复位逻辑电路，经过 7 个 T 状态，CPU 即自动启动。重新启动后，系统从 FFFF0H 开始执行指令。

8086 进行复位时，内部各主要寄存器和指令队列的内容见表 4-6。

表 4-6　复位后寄存器的状态

寄存器	状态	寄存器	状态	寄存器	状态
FLAG	0000H	IP	0000H	CS	FFFFH
DS	0000H	SS	0000H	ES	0000H
指令队列	空	IF	0		

8086 的复位时序如图 4-5 所示。

在复位时，不具有三态功能的控制引脚输出无效状态，而具有三态功能的引脚全部处于悬空状态。

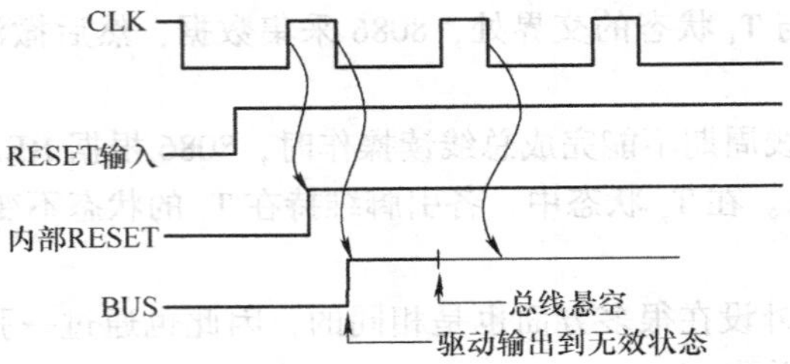

图 4-5　8086 复位时序

4.3　8086 的微处理器子系统

不管 8086 微处理器工作在最小模式还是工作在最大模式，在 CPU 的外部都需要一些外围芯片与处理器一起构成微处理器子系统。这些外围芯片为处理器工作提供时钟信号，并提供系统工作的数据总线、地址总线和控制总线。

4.3.1　最小模式下的 8086 子系统

图 4-6 是最小模式下的 8086 子系统构成情况，主要包括 8086 微处理器、时钟发生器 8284A、地址锁存器 8282 和数据收发器 8286。

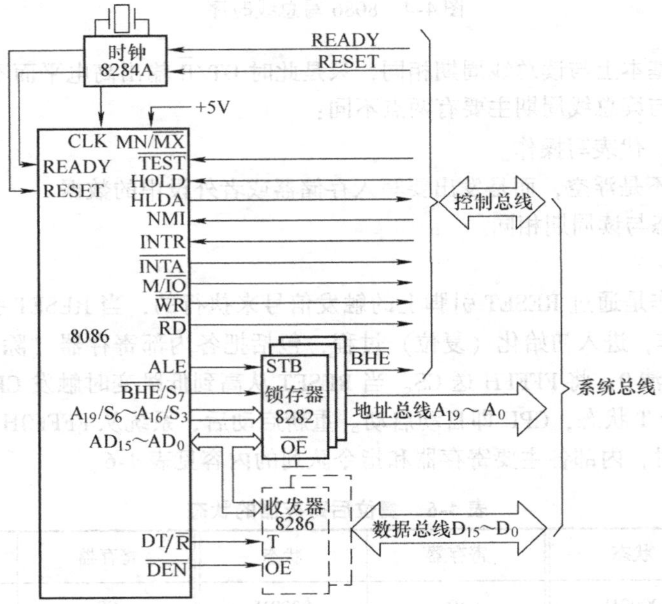

图 4-6　最小模式下的 8086 子系统

时钟发生器 8284A 为系统提供频率恒定的时钟信号，同时对外部设备发出的准备好（READY）信号和复位（RESET）信号进行同步。

由于 8086 CPU 采用了地址引脚与数据引脚复用、地址引脚与状态引脚复用等技术，而在执行对存储器读写或对 I/O 设备输入输出的总线周期中，存储器或 I/O 设备要求在整个总线周期中地址信息一直保持有效，所以在构成微机系统时，必须附加地址锁存器，以形成独立的外部地址总线和数据总线。

在总线周期的 T_1 状态，CPU 在复用引脚上输出地址信息，以指出要访问的存储器单元或外设端口地址，CPU 此时还会送出高电平的 ALE 信号。从总线周期的 T_2 状态开始，复用引脚上不再是地址信息，而是数据信息（$AD_{15} \sim AD_0$）或状态信息（$A_{19}/S_6 \sim A_{16}/S_3$），但因为有了地址锁存器对地址信息进行锁存，所以在总线周期的后半部分，地址和数据同时出现在地址总线和数据总线上。由于地址锁存器 8282 是 8 位锁存器，而需要锁存的信号包括 $A_{19}/S_6 \sim A_{16}/S_3$、$AD_{15} \sim AD_0$ 以及 $\overline{BHE}/S_7$ 共 21 个，因此需要 3 片。地址锁存器的锁存信号 STB 由 ALE 驱动，而三态输出使能信号 $\overline{OE}$ 接地。地址锁存器的输出形成了系统地址总线 $A_{19} \sim A_0$ 和控制总线中的 $\overline{BHE}$。

地址/数据复用引脚 $AD_{15} \sim AD_0$ 还作为数据收发器 8286 的输入，其输出形成系统数据总线 $D_{15} \sim D_0$。数据收发器 8286 是 8 位的双向三态缓冲器，需要两片，它们的两个控制信号分别由 8086 的 $DT/\overline{R}$ 和 $\overline{DEN}$ 引脚驱动。在总线周期的 $T_2 \sim T_4$ 阶段，地址/数据复用引脚 $AD_{15} \sim AD_0$ 上的数据信息通过数据收发器 8286 与系统数据总线交互。只有当系统中所连的存储器和外设较多，需要增加数据总线的驱动能力时，才要用数据收发器，所以数据收发器是可选的而不是必不可少的部件。

在最小模式下，系统只有一个处理器，因此 $M/\overline{IO}$、$\overline{RD}$、$\overline{WR}$、HOLD、HLDA、NMI、INTR、$\overline{INTA}$ 等控制信号都由 8086 处理器来管理。通常由 $M/\overline{IO}=1$ 和 $\overline{RD}=0$ 组合产生存储器读信号；由 $M/\overline{IO}=1$ 和 $\overline{WR}=0$ 组合产生存储器写信号；$M/\overline{IO}=0$ 和 $\overline{RD}=0$ 组合产生 I/O 读信号；由 $M/\overline{IO}=0$ 和 $\overline{WR}=0$ 组合产生 I/O 写信号。

4.3.2 最大模式下的 8086 子系统

图 4-7 是最大模式下的 8086 子系统构成情况，主要包括 8086 微处理器、时钟发生器 8284A、地址锁存器 8282、数据收发器 8286 和总线控制器 8288。

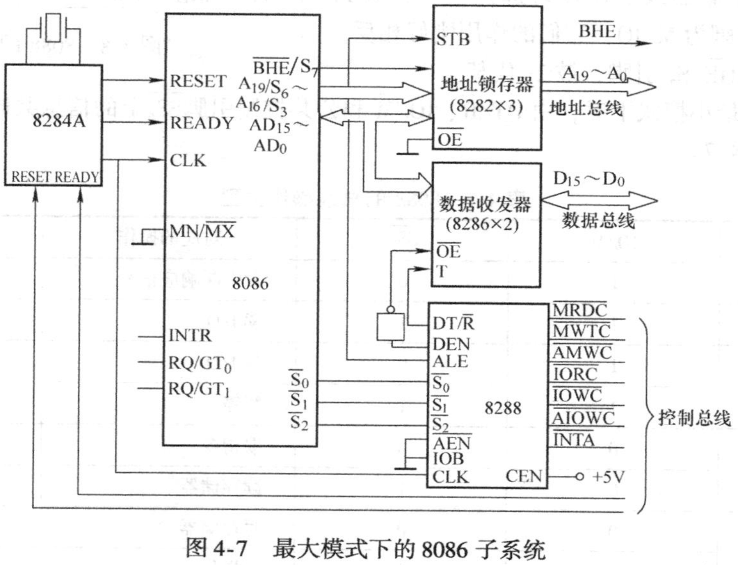

图 4-7 最大模式下的 8086 子系统

比较图 4-6 和图 4-7 可以看出，最大模式和最小模式在配置上的主要差别在于：在最大模式下要用总线控制器 8288 来对 8086 CPU 发出的 3 个状态信号 $\overline{S_2}$、$\overline{S_1}$、$\overline{S_0}$ 译码后生成控制总线以及地址锁存器 8282、数据收发器 8286 所需要的控制信号。

最大模式系统中，需要用总线控制器来变换与组合控制信号的原因在于：在最大模式的系统中，一般包含两个或多个处理器，这样就要解决主处理器和协处理器之间的协调工作，和对系统总线的共享控制问题，8288 总线控制器就起了这个作用。

由 8288 提供的控制信号主要有存储器读信号 $\overline{MRDC}$、存储器写信号 $\overline{MWTC}$、超前存储器写信号 $\overline{AMWC}$、I/O 读信号 $\overline{IORC}$、I/O 写信号 $\overline{IOWC}$、超前 I/O 写信号 $\overline{AIOWC}$ 以及可屏蔽中断请求响应信号 $\overline{INTA}$。

在最大模式的系统中，一般还有中断优先级管理部件 8259A 用以对多个中断源进行中断优先级的管理。但如果中断源不多，也可以不用中断优先级管理部件。

4.4 8088 的外部特性

8088 和 8086 在很多方面是相同的，因此本节将不再详细介绍，只是就 8088 与 8086 不同的地方进行介绍。

1. 8088 的引脚

8088 也具有 40 根地址引脚，采用双列直插封装形式，如图 4-8 所示。

8088 与 8086 不同的地方表现在：

1）8088 只具有 8 根地址/数据复用引脚 $AD_7 \sim AD_0$，另外还有 8 根地址专用引脚 $A_{15} \sim A_8$。不管是 8088 还是 8086，传送地址信息的引脚都是 20 根，都能访问 1MB 内存空间。8088 具有 8 根数据引脚，而 8086 具有 16 根数据引脚，因此 8088 每次对外只能访问 8 位数据，而 8086 既可以访问 8 位数据又可以访问 16 位数据。

2）8088 的存储器或 I/O 接口选择信号引脚为 $IO/\overline{M}$，而 8086 的对应引脚为 $M/\overline{IO}$，它们的作用刚好相反。

3）8088 无 $\overline{BHE}/S_7$ 引脚，被 $\overline{SS_0}$ 代替。

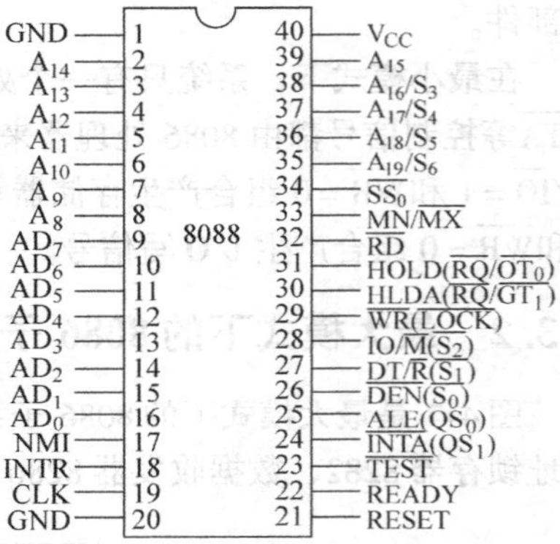

图 4-8 8088 的引脚排列

8088 工作在最小模式下时，由 $DT/\overline{R}$、$IO/\overline{M}$ 和公共控制引脚 $\overline{SS_0}$ 上的信息共同决定了 8088 的当前操作，见表 4-7。

表 4-7 8088 的总线操作类型

$DT/\overline{R}$	$IO/\overline{M}$	$\overline{SS_0}$	对应的操作	对应总线信号
0	1	0	发中断响应信号	$\overline{INTA}$
0	1	1	读 I/O	$\overline{IORC}$
1	1	0	写 I/O	$\overline{IOWC}$
1	1	1	暂停	—
0	0	0	取指令	$\overline{IORC}$
0	0	1	读存储器	$\overline{IORC}$
1	0	0	写存储器	$\overline{MWTC}$
1	0	1	无操作	—

2. 8088 的总线时序

8088 微处理器的总线周期的构成情况与 8086 相同，复位时序也与 8086 相同，而读、写总线周期与 8086 基本相同。图 4-9 为 8088 的读总线时序。

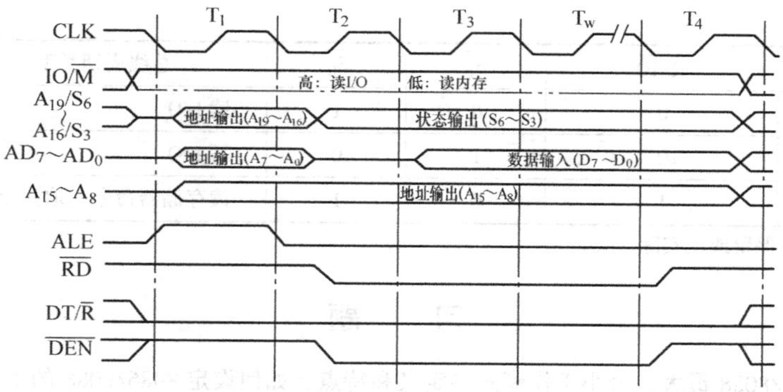

图 4-9　8088 的读总线时序

8088 读写总线时序与 8086 读写总线时序的区别主要是因为两个微处理器的引脚不同，体现在以下 3 点：

1）8088 的 IO/$\overline{M}$ 引脚用于区分访问的对象是存储器还是外设。如果访问的是主存，则该引脚在整个总线周期中维持低电平，访问外设时输出并维持高电平。

2）8088 具有 8 根地址/数据复用引脚 AD_7 ~ AD_0 和 8 根地址专用引脚 A_{15} ~ A_8。AD_7 ~ AD_0 在 T_1 状态输出地址信息，在其他 T 状态传送数据信息；而 A_{15} ~ A_8 在整个总线周期输出地址信息。

3）由于 8088 不具有 $\overline{BHE}/S_7$ 引脚，因此在总线时序图中无此相关信息。

3. 8088 微处理器子系统

8088 最小模式、最大模式下的微处理器子系统与 8086 类似，不同的地方在于：地址锁存器需要锁存的引脚信号包括 A_{19}/S_6 ~ A_{16}/S_3、A_{15} ~ A_8 以及 AD_7 ~ AD_0；数据收发器连接 8088 的地址/数据复用引脚 AD_7 ~ AD_0，生成的是 8 位数据总线 D_7 ~ D_0。

4.5　80286 的外部特性

80286 共有 68 个引脚，采用四侧扁平封装（Quad Flat Package，QFP）形式，如图 4-10示。

1. 80286 的主要引脚

80286 不再采用地址引脚与数据引脚分时复用，而是具有独立的 24 根地址引脚 A_{23} ~ A_0 和 16 根数据引脚 D_{15} ~ D_0。因此，80286 能够访问存储器的空间增大到 16MB；一次总线操作可以访问 8 位或 16 位数据，传送数据所使用的数据线与 $\overline{BHE}$和 A_0 有关，这一点与 8086 相同。

图 4-10　80286 的封装

2. 80286 的总线周期

80286 引脚 CODE/$\overline{INTA}$、M/$\overline{IO}$、$\overline{S_1}$、$\overline{S_0}$上的信号组合决定了 80286 的总线周期类型，见表 4-8。

表 4-8　80286 的总线操作类型

CODE/$\overline{INTA}$	M/$\overline{IO}$	$\overline{S_1}$	$\overline{S_0}$	总线周期类型	对应总线信号
0	0	0	0	中断响应	$\overline{INTA}$
0	1	0	1	读存储器数据	$\overline{MRDC}$
0	1	1	0	写存储器数据	$\overline{MWTC}$

（续）

CODE/$\overline{INTA}$	M/$\overline{IO}$	$\overline{S_1}$	$\overline{S_0}$	总线周期类型	对应总线信号
1	0	0	1	读 I/O	$\overline{IOWC}$
1	0	1	0	写 I/O	$\overline{IOWC}$
1	1	0	1	读存储器命令（取指令）	$\overline{MRDC}$

注：其他的组合被保留或无实际含义。

习　题

4-1　解释 8086/8088 最大、最小工作模式的定义和特点，如何设定 8086/8088 的工作模式？

4-2　何为引脚的分时复用？8086、8088 各有哪些分时复用引脚？8086 和 8088 在引脚上的区别主要有哪些？

4-3　分别介绍 8086 最小模式下 ALE、HOLD、HLDA、NMI、INTR 和$\overline{INTA}$引脚的作用及有效电平。

4-4　8086 为什么设置$\overline{BHE}/S_7$引脚？在总线周期的 T_1 状态，该引脚和 AD_0 引脚输出的信息有哪几种组合，分别代表什么操作？

4-5　8086 和 8088 最大模式、最小模式下的总线周期类型分别由哪些引脚信号区分？80286 的总线周期类型由哪些引脚信号区分？当 8086 执行指令“ADD AX，[BX+10H]”时，引脚 M/$\overline{IO}$、$\overline{RD}$和$\overline{WR}$上输出的信息分别是什么？

4-6　8086/8088 最大、最小模式下的微处理器子系统主要由哪些部件构成？简要介绍每个部件的功能。8086、8088 微处理器子系统中分别需要多少片地址锁存器？如果需要的话，各需要多少片数据收发器？

4-7　简述 8086、8088 总线周期的构成情况。如果(DS)=1000H，(AX)=1234H，主存的访问速度足够快（不需要插入 T_W 状态），则 8086 在指令“MOV [2000H]，AX”的执行阶段需要哪种总线周期操作？在该总线周期的各个 T 状态，8086 相关引脚输出的信息分别是什么？如果换作是 8088 执行以上指令，情况又是什么？

4-8　8086/8088 复位时的操作主要有哪些？复位后执行的首条指令的地址是多少？

第 5 章　存储器及存储体系

【本章提要】

本章主要介绍与存储器有关的概念、存储器分类、主要性能指标，SRAM、DRAM 和各类 ROM 存储器的存储原理和典型芯片，位扩展、字扩展和字位全扩展等 3 种存储器扩展原理，8 位和 16 位存储器组织，微型计算机的存储器空间划分，CMOS RAM、BIOS ROM、SHADOW RAM 的含义和功能，以及三级存储体系。

【学习目标】

- 掌握存储位元、存储单元的概念，了解存储器内部的一般结构，掌握存储器的主要性能指标，了解存储器的分类方法。
- 了解 SRAM、DRAM 和各类 ROM 存储器的工作原理和典型存储芯片。
- 掌握位扩展、字扩展和字位全扩展等 3 种存储器扩展方式，了解 8 位和 16 位存储器组织。
- 了解微型计算机存储器空间划分，CMOS RAM、BIOS ROM、SHADOW RAM 以及三级存储体系。

5.1　存储器概述

微型计算机的工作原理是程序存储和程序控制，也就是将编制好的程序存储到特定的部件中，微处理器负责从中读取程序中的每一条指令，然后由微处理器中的控制器对指令进行译码产生控制信号，控制微型计算机的各组成部件有条不紊地协同运行。存储器正是用于完成程序、数据等信息存储的部件，是微型计算机必不可少的核心部分。

早期的计算机中通常只有一个中央处理器，因此中央处理器处于计算机的中心地位。而现代计算机已经发展到多处理器时代，存储器则成为了计算机的中心，多个处理器通过存储器共享信息。

5.1.1　基本概念

图 5-1 较直观地表达了信息在存储器中的组织形式。

1. 存储位元

计算机中的存储器以二进制“0”和“1”形式存储信息，用于存放单个二进制信息位的电路称为存储位元，又称为基本存储电路，它是存储器存储信息的最小单位。图 5-1 中的每一个小方格表示一个存储位元。

地址	内容			
00000H	1	0	…	1
00001H	0	1	…	1
00010H	1	1	…	0
00011H	0	1	…	0
00100H	0	0	…	1
⋮	…			

图 5-1　存储器存储信息示意图

为了稳定、可靠的存储信息，存储位元必须具备以下条件：具有两个稳定的能量状态，分别表示二进制信息“0”和“1”；借助外部能量能够使两个稳态相互进行无限次转换，这反映了存储器的可写性，即存储的信息是可以被改变的；借助外部能量能获取存储位元当前所处的能量状态，这反映了存储器的可读性；性能可靠。

2. 存储单元

一个存储单元由若干个存储位元组成，存储单元中所包含的存储位元个数称为存储单元长度。不同存储器的存储单元长度不尽相同，如1、2、4、8 等，通常是2 的整数次幂。图5-1 中每一行中的若干个存储位元构成了一个存储单元。

存储单元是存储器的最小访问单位。当微处理器等器件访问存储器时，所能访问的二进制信息长度等于存储单元长度。例如，某个存储器的存储单元长度为8，说明每一个存储单元包含8 个存储位元，能够存放1B 信息，外部器件每次访问存储器只能访问8 位二进制信息。

3. 存储器地址

为了区分存储器中的每一个存储单元，必须为每个存储单元从0 开始进行编号，存储单元的编号称为存储单元地址。存储单元地址是无符号数，而且每个存储单元的地址是唯一的。显然，如果存储器地址的宽度是 m，存储器中存储单元的个数是 M，则 $M=2^m$。

外部器件访问存储器时必须先给出所要访问的存储单元地址，存储器根据地址信息找到相应的存储单元，然后将存储单元中的信息送出，或者将外部提供的信息写入到该存储单元。

4. 存储阵列

存储阵列就是存储器中所有存储位元的总称，也称为存储矩阵。

5.1.2 存储器的分类

随着存储技术的不断发展，出现了多种多样的存储器，可以从不同的角度对存储器进行分类，图5-2 为存储器的分类情况。

1. 按存储介质分类

存储介质是指存储器存储信息的载体，通常有磁介质、半导体介质和光介质3 种。磁介质存储器有软/硬磁盘、磁带等。半导体介质存储器有静态随机读写存储器（SRAM）、动态随机读写存储器（DRAM）、只读存储器（ROM）和闪存（Flash ROM）等。光介质存储器有只读光盘（CD-ROM）、可改写性光盘（CD-RW）、只读型数字视盘（DVD-ROM）等。

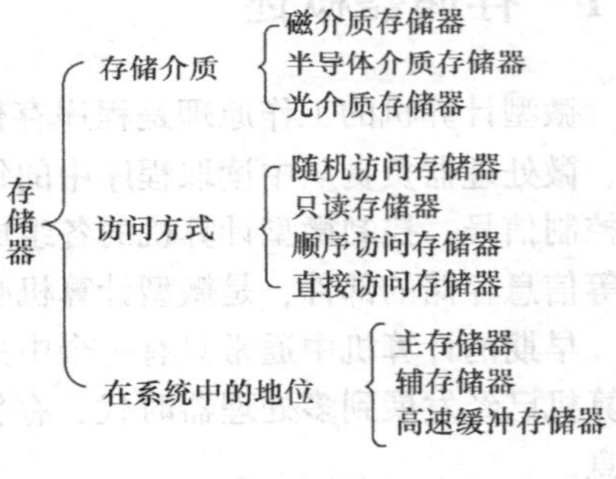

图5-2 存储器分类

2. 按访问方式分类

按访问方式可分为随机访问存储器（RAM）、只读存储器（ROM）、顺序访问存储器（如磁带）和直接访问存储器（如硬盘）等。

随机访问是指对存储器中任一存储单元的内容访问所需要的时间相同，与存储单元所处的物理位置无关。这类存储器读/写方便，用途广泛（目前被广泛应用到主存、高速缓存），但缺点是在断电后内容丢失。随机访问存储器可进一步分为静态随机访问存储器（SRAM）和动态随机访问存储器（DRAM）。

只读存储器（ROM）的本意是指存储的内容只能读出而不能写入，而现代的大多数ROM 可以通过特定的方法改写内部的信息。这类存储器常用于保存某些不需要或不经常改变的信息，保存的内容在断电后也不会丢失。

顺序访问指的是存取时间的长短和存储单元的物理位置有关，磁带就是典型的顺序存储器。在顺序访问存储器SAM 中，一般只能用平均读写时间做为衡量存储器工作速度的指标。该类存储器的优点是不同的存储单元可以共享一套读写电路，结构简单。

磁盘是典型的直接访问存储器，访问存储器的时间由两部分组成：寻道时间和旋转等待时间。磁头在盘面径向寻找磁道可以看作是随机访问方式。定位到磁道后，还需要等待一段旋转时间，当该磁道上的扇区旋转到磁头下方时才能开始访问。因此，访问磁道上的扇区可以看作是顺序访问方式。

3. 按在计算机系统中的地位

从该角度存储器可分为主存储器（Main Memory，MM，又称内存）、辅助存储器（Auxiliary Memory，AM，又称外存）和高速缓冲存储器（Cache）等，详细介绍见5.8节。

5.1.3 存储器的性能指标

性能指标是衡量存储器性能优劣的主要依据。存储器的主要性能指标有容量、速度和可靠性等。由于存储器种类繁多，工作原理各不相同，性能指标的具体含义也有很大差异，下面以主存储器为例来介绍存储器的性能指标。

1. 容量

存储器所能容纳的全部信息量称为存储器容量，通常以位（Bit）或字节（Byte，B）为单位，也可以用存储单元数乘存储单元字长的形式表示。例如，容量为64K×8的存储器表示该存储器具有64K个存储单元，每个存储单元的长度为8bit。在表示容量时经常用到几个单位的前缀，如K、M、G、T、P等，它们之间的换算关系见表5-1。

表5-1 容量单位间的换算关系

单位	B	KB	MB	GB	TB	PB	EB	ZB	YB
换算关系	8bit	2^{10}B	2^{20}B	2^{30}B	2^{40}B	2^{50}B	2^{60}B	2^{70}B	2^{80}B

2. 速度

用来描述主存储器速度的指标主要有存取时间、存储周期和带宽。

存取时间是指从启动一次主存储器访问到完成该访问为止所需要的时间。以读存储器为例，从微处理器向主存发出存储器地址开始到被选中存储单元的内容出现在数据总线上为止所用的时间就是读存取时间。

与存取时间不同，存储周期是指对存储器进行连续访问所需的最小时间间隔。存储周期比存取时间长，这是因为访问任何一种存储器时，在访问操作结束后总需要一段时间进行恢复操作。

存储带宽是指在单位时间内存储器存取信息的总量，单位是bit/s（位/秒）或者B/s（字节/秒）。

3. 可靠性

可靠性是指存储器连续正常工作的能力，通常用平均故障间隔时间来作为衡量可靠性的指标。平均故障间隔时间越大，存储器的可靠性越高。

5.2 半导体随机访问存储器

目前的主存储器普遍使用半导体存储器。在前面已经介绍，半导体存储器分为随机访问存储器和只读存储器。本节介绍随机访问存储器，只读存储器在5.3节介绍。

随机访问存储器通常用于构建主存中的程序和数据区域，用于存放系统和用户的程序和数据。随机访问存储器又分为静态随机访问存储器（SRAM）和动态随机访问存储器（DRAM）。

5.2.1 静态随机访问存储器

SRAM利用双稳态触发器存储信息，每个存储位元由6个MOSFET（场效应晶体管）构成，速度快、成本高、集成度较低，常用于构成缓冲存储器。

1. SRAM 的内部结构

SRAM 的内部结构如图 5-3 所示，可划分成存储体阵列、地址译码器、控制逻辑和输出缓冲器等 4 个组成部分。

存储体阵列是存储器内部所有存储单元的总称。存储器根据外部器件通过地址引脚 A_0 ~ A_{m-1} 提供的地址信息经过地址译码器选中存储体阵列中的某个存储单元；片选信号 $\overline{CS}$、读控制信号 $\overline{OE}$ 和写控制信号 $\overline{WE}$ 经过控制逻辑产生控制信号，使被选中存储单元的信息和存储器中的内部数据线导通；输出缓冲器连接存储器内部数据线和外部数据引脚，并对输出的信号进行放大。

2. 典型 SRAM 存储器

典型的 SRAM 芯片有 2114（1K×4）、2124（2K×4）、6116（2K×8）、6232（4K×8）、6264（8K×8）和 62256（32K×8）等。图 5-4 为 6264 的逻辑符号，下面对 6264 的外部特性做简要介绍。

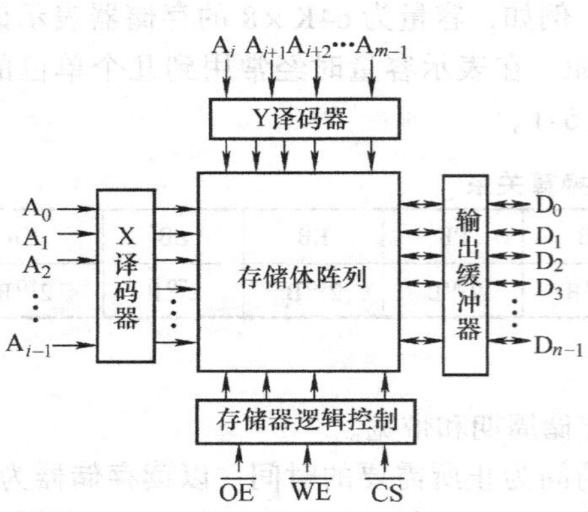

图 5-3 SRAM 的内部结构

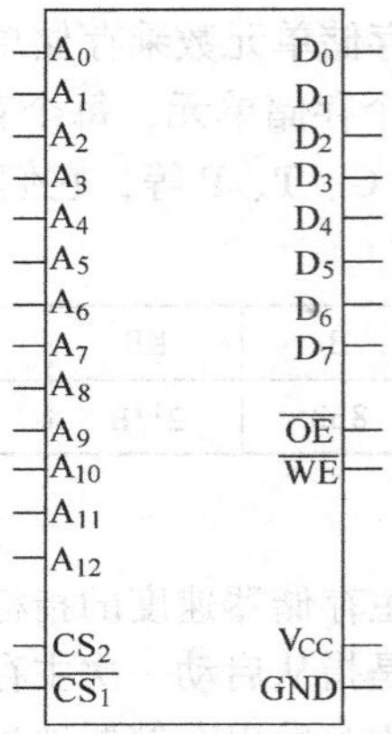

图 5-4 6264 的逻辑符号

6264 具有以下几类引脚。

（1）地址引脚。6264 具有 $\log_2 8K = 13$ 根地址引脚（A_{12} ~ A_0），用来接收访问部件送出的存储单元地址。地址引脚是单向输入的，通常与系统地址总线相连。

（2）数据引脚。6264 具有 8 根数据引脚（D_7 ~ D_0，并行存储器的数据引脚数与存储单元长度相等），用来向访问部件送出所访问存储单元的信息，或者接收访问部件欲写入到存储单元中的信息。数据引脚是双向的，通常连接系统数据总线。

（3）片选引脚。6264 具有一对片选引脚，只有当 $\overline{CS_1}$ 为低电平且 CS_2 为高电平时 6264 才能工作。片选信号是单向输入的，通常由系统地址总线中的高位地址信息和部分控制信号线（如 $M/\overline{IO}$）经过译码电路产生。

（4）读、写控制引脚。芯片的读、写控制线是单向输入的，连接控制总线中的相应信号。读控制线 $\overline{OE}$ 低电平有效，代表对 6264 进行读操作。写控制线 $\overline{WE}$ 低电平有效，代表对 6264 进行写操作。

有些 SRAM 存储器只有一个读写控制引脚 $\overline{WE}$，输入为低电平代表写操作，而输入高电平代表读操作。

（5）供电引脚。电源引脚 V_{CC} 向 6264 提供工作电源，接 +5V 电源。GND 接地。

5.2.2 动态随机访问存储器

动态随机访问存储器（DRAM）以电容极间有无电荷来存储信息，可由 1 个、3 个或 4 个

MOS FET 构成，集成度高。由于电容的放电特性，DRAM 需要定时刷新，通常用于构成主机的内存储器。

1. DRAM 的结构

图 5-5 为 DRAM 的内部结构和相关引脚。内部结构可分为地址译码器、存储体阵列、输出缓冲器和时钟发生器。前 3 个组成部分的功能和 SRAM 内部相应部件的功能相同，在此不再赘述。时钟发生器负责完成对 DRAM 的读写控制和刷新操作。

在引脚方面，DRAM 和 SRAM 有较大不同。除了地址引脚、数据引脚、读/写控制引脚外，DRAM 还具有一对特殊引脚：行地址选择引脚($\overline{RAS}$)和列地址选择引脚($\overline{CAS}$)。$\overline{RAS}$用于将地址引脚输入的地址信息锁存到行地址缓冲与锁存器，而$\overline{CAS}$用于将地址引脚输入的地址信息锁存到列地址缓冲与锁存器。地址译码器的输出用来选择存储体阵列中的存储位元。

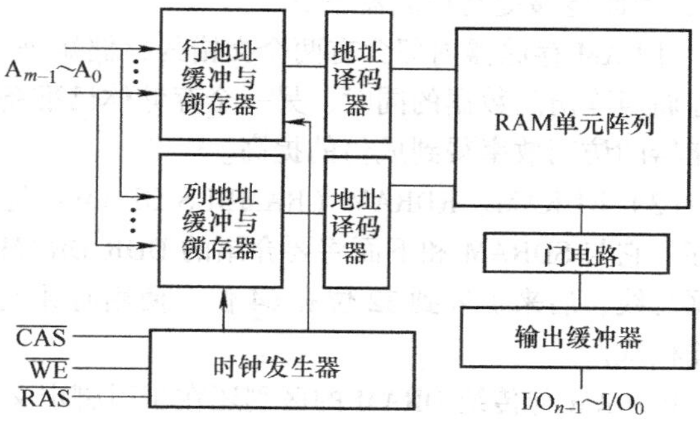

图 5-5　DRAM 的内部结构和相关引脚

需要指出的是，DRAM 存储器的地址引脚数与地址宽度是不同的。如某 DRAM 的容量为 4K×2，则该存储器的地址宽度为 12，而地址引脚为 6。当访问存储器时，存储单元的 12 位地址信息分两次送出，每次送出 6 位，分别在$\overline{RAS}$和$\overline{CAS}$的作用下锁存到行地址锁存器和列地址锁存器。

2. 典型 DRAM 存储器

DRAM 存储器也有很多，下面以 64K×1 的 DRAM 存储器 Intel2164 为例简要介绍其外部特性。图 5-6 是 2164 的逻辑符号图。

2164 的地址宽度为 $\log_2 64K = 16$，但实际只有 8 根地址引脚(A_0~A_7)。2164 将 16 位存储器地址等分为 8 位行地址和 8 位列地址，先后通过 8 根地址引脚输入，在$\overline{RAS}$、$\overline{CAS}$的作用下分别存入内部的行地址锁存器和列地址锁存器。

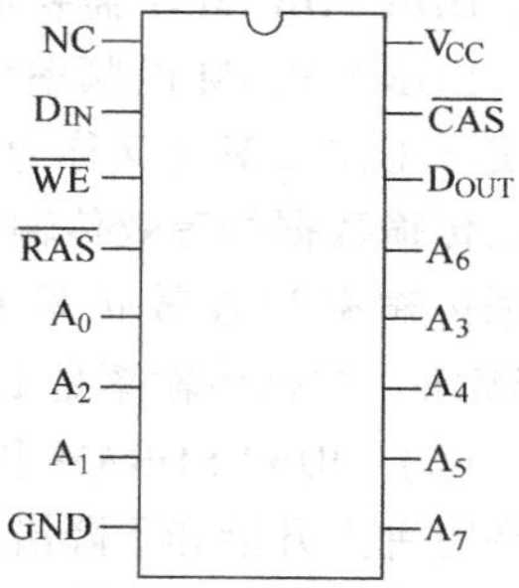

图 5-6　2164 的逻辑符号

2164 也是并行存储器，它的存储单元长度为 1，应该具有 1 根数据引脚，但实际具有两根数据引脚 DIN 和 DOUT。DOUT 为输出方向，用于输出数据；而 DIN 为输入方向，用于输入数据，即数据输入引脚和数据输出引脚是分开的，这与大多数存储器的数据引脚不同。2164 只具有一个读/写控制引脚$\overline{WE}$，当$\overline{WE}$为高电平时代表读操作，所选中存储单元的内容经过 DOUT 引脚输出；当$\overline{WE}$为低电平时代表写操作，DIN 引脚上输入的内容被写入到选中的存储单元。

3. 改进型高速 DRAM

虽然传统的 DRAM 具有结构简单且造价低的优点，在构建主存储器时被广泛使用，但由于它的工作速度较低，不能很好地满足微处理器的高速访问需要。下面简要介绍几种改进型高速 DRAM 存储器，它们在不同历史时期满足了高速访问需要。

(1) EDO DRAM。EDO DRAM（Extended Data Out DRAM）称为扩展数据输出 DRAM。EDO DRAM 不需要等待当前读写周期结束即可启动下一个读写周期，即可以在输出一个数据的过程中准备下一个数据的输出。这种设计节省了重新生成地址的时间，提高了访问速度。

由于减少了一个周期的等待时间，EDO DRAM 可以获得的突发模式周期为 5、2、2、2，即若访问 4 次主存，总共需要的时钟周期为 5+2+2+2=11 个周期。

（2）SDRAM。SDRAM（Synchronous Dynamic Random Access Memory）即同步型 DRAM，它的基本原理是将 CPU 和 DRAM 通过同一个时钟信号锁在一起，使得两者能够共享一个时钟周期，在系统时钟的上升沿锁存所有的输入/输出信号，以相同的速度同步调工作。在开始访问存储器的时候，CPU 和 SDRAM 之间需要花费一定的时间实现同步，但是一旦同步之后，每 1 个时钟周期就可以访问一次存储器，不需要插入等待周期（非同步 DRAM 往往需要插入若干个等待周期），因此能够提高存储器带宽。

SDRAM 存储器内部含有两个交错的存储矩阵（即双存储体结构），在 CPU 从一个存储体或者存储矩阵访问数据的同时，另一个存储体已准备好读、写数据。通过两个存储体的紧密切换，存储器的访问效率得到成倍的提高。

（3）RDRAM。RDRAM（RAMBUS DRAM）是美国的 Rambus 公司在 2000 年开发生产的一种内存。它与 SDRAM 和下面将要介绍的 DDR DRAM 不兼容，是一种全新的设计，最初采用 16 位数据总线，后来扩展到 32 位和 64 位。使用时钟上升沿和下降沿传输数据，内部采用了串行数据传输模式。

RDRAM 与传统 DRAM 的区别还在于引脚定义会随命令而改变，同一组引脚线可以被定义成地址，也可以被定义成控制线，其引脚数仅为正常 DRAM 的 1/3。当需要扩展芯片容量时，只需要改变命令，不需要增加芯片引脚。这种设计减少了铜线的长度和数量，使数据传输中的电磁干扰大为降低，有效地提高内存的工作频率。

但由于 RDRAM 价格高昂以及 Rambus 公司的专利许可限制，它一直未能成为市场主流，其地位被相对廉价而性能同样出色的 DDR SDRAM 迅速取代，市场份额很小。

（4）DDR SDRAM。DDR SDRAM（Double Data Rate SDRAM）称为双数据传输率同步 DRAM，是从 SDRAM 发展而来的，数据有效宽度为 64 位。DDR 运用了更高级的同步电路，它与 SDRAM 的主要区别在于采用了两位预读取技术，在系统时钟的上升沿和下降沿都能进行数据传输。因此，DDR SDRAM 不需要提高时钟频率就能加倍提高工作速度。

DDR SDRAM 的频率可以用工作频率和等效传输频率两种方式来表示。工作频率是内存颗粒的实际工作频率（又称为核心频率），但是由于 DDR 可以在脉冲的上升沿和下降沿都传输数据，所以传输数据的等效传输频率是工作频率的两倍。由于外部数据总线的数据宽度为 64 位，所以数据传输率为等效传输频率的 8 倍。如 DDR 266 的工作频率为 133MHz，等效传输频率是 266MHz，数据传输率是 133×2×（64÷8）MB/s=2128MB/s。

（5）DDR2 SDRAM 和 DDR3 SDRAM。DDR2 SDRAM 是 DDR SDRAM 的改进型，虽然都采用了在时钟上升沿和下降沿同时进行数据传输的基本方式，但是由于 DDR2 SDRAM 采用了 4 位预读取能力，因此拥有两倍于上一代 DDR SDRAM 的数据传输速度。在同样的 100MHz 的工作频率下，DDR 的实际工作频率为 200MHz，而 DDR2 SDRAM 则可以达到 400MHz。DDR2 SDRAM 的工作电压采用 1.8V，相对于 DDR 的 2.5V 标准电压下降不少，从而有效地降低了功耗和发热量。

DDR3 是在 DDR2 基础上改进后的产品，与 DDR2 的主要区别有以下 3 个方面：

1）数据预读取能力设计为 8 位，其 DRAM 内核的频率只有接口频率的 1/8。同样运行在 200MHz 核心工作频率下，DDR2 的等效数据传输频率为 800MHz，而 DDR3 的等效数据传输频率为 1600MHz。

2）DDR3 采用点对点的拓扑架构。在采用 DDR3 SDRAM 的计算机系统中，一个内存控制器只与一个内存通道打交道，而且这个内存通道只能是一个插槽。因此，对于单物理 Bank 的模组而言，内存控制器与 DDR3 内存模组之间是点对点的关系（Point-to-Point，P2P）；而对于双物理 Bank 的模组而言是点对双点的关系（Point-to-two-Point，P22P），从而大大减轻了地址/命令/控制与数据总线的负载。

3）DDR3 采用 100nm 以下生产工艺，将工作电压从 1.8V 降至 1.5V，同频率下比 DDR2 更省电；内部增加了温度传感器，可根据工作温度动态控制刷新频率，达到省电目的。

5.3 半导体只读存储器

传统意义上的 ROM 指的是只能读出而不能写入的半导体随机存储器，信息无法被用户所改写。但是随着用户需求的不断改变，越来越需要对 ROM 内所存放的内容进行各自不同的设计，于是就诞生了可改写的 ROM，例如 PROM、EPROM、EEPROM 和 Flash ROM 等。相对于 RAM 而言，ROM 的工作速度与之基本相当，但结构更简单、集成度较高、造价较低、功耗也小，而且可靠性较高，具有非易失性，无需刷新。另一方面相对于外存而言，虽然两者同样具有非易失性，但工作速度快很多，所以 ROM 在很多场合已经开始逐渐取代外存，实现存储功能。ROM 通常用来存放无需修改的软件程序（如引导程序、设备管理程序等）和特殊编码（如显示器中的字符点阵、汉字库等）。

5.3.1 掩膜只读存储器

掩膜只读存储器（MROM）属于传统意义上的 ROM，即其内容由半导体生产厂商按照客户需要，在生产过程中通过“光刻掩膜”工艺直接存入固定信息，其内容在写入之后任何人都无法改变。大部分 MROM 芯片是利用在存储位元处有无 MOS FET 来表示存储的信息是二进制“0”还是“1”。MROM 的优点是可靠性高、价格便宜，适合于保存那些批量较大，且不需要用户修改的信息；但缺点是由于用户无法修改，所以灵活性差。

5.3.2 一次可编程只读存储器

一次可编程只读存储器（PROM）是一种允许用户只能写入一次信息的半导体只读存储器，这类存储器通过在存储位元处有无熔丝来表示存储的信息是二进制“0”还是“1”。刚出厂时，所有存储位元处都有熔丝，代表存储的信息全为“0”（或“1”），由用户根据自己的需要通过加载过载电压来对存储单元电路进行熔丝烧断从而改写信息。熔丝烧断后不可恢复，因此只能写入一次。PROM 的优点是比 MROM 的灵活性高，但由于只能一次性写入，可重复利用率低。

5.3.3 可擦除可编程只读存储器

可擦除可编程只读存储器（EPROM）是一种可以多次改写的 ROM，又称为紫外线擦除可编程只读存储器。EPROM 类似于 PROM，其出厂时存储内容为全“0”（或“1”），用户可以根据自己需要通过专用编程器写入信息，每次写入都是将整片内容全部一次性写入。但是若要重写，必须先将原存储内容整片擦除，然后再重新整片写入新的内容。

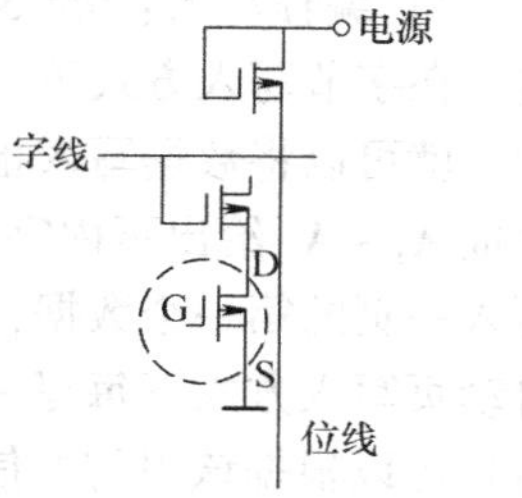

图 5-7 EPROM 的存储位元

EPROM 的存储位元主要是一个 FAMOS FET（浮栅雪崩注入型 MOS FET），如图 5-7 中虚线圆圈所示。它的源极（S）接地，漏极（D）通过 MOS FET 连接位线，而栅极（G）悬空，没有引出线（所以称为浮栅）。EPROM 的基本存储原理是以 FAMOS FET 的浮栅中有无电荷来表示信息的。若要写入信息，则在对应单元的漏极（D）上加上几十伏的负电压，使得很多电子注入到浮栅（G）中，从而在源极（S）和漏极（D）之间形成导电沟道，将它们连接起来，使得 FAMOS FET 导通，信息就被写入了。

EPROM 器件的上方有一个石英窗口，当使用光子能量较高的紫外光照射浮栅（G）的时候，浮栅中的电子获得足够的能量逃逸，浮栅中积存的电荷消失，从而擦除存储的信息。当信息写入完成后需要用不透光材料遮挡住石英窗口，防止光线照射引起信息丢失。

如图 5-8 所示，8K ×8 的 EPROM 芯片 2764 有 13 根地址线、8 根数据线、一个片选信号端 $\overline{CE}$、一个输出允许信号端$\overline{OE}$、一个编程电压端 V_{PP}和一个编程信号端$\overline{PGM}$。注意，EPROM 没有类似于 RAM 的写信号端$\overline{WE}$。下面以 2764 为例，介绍 EPROM 的工作原理。

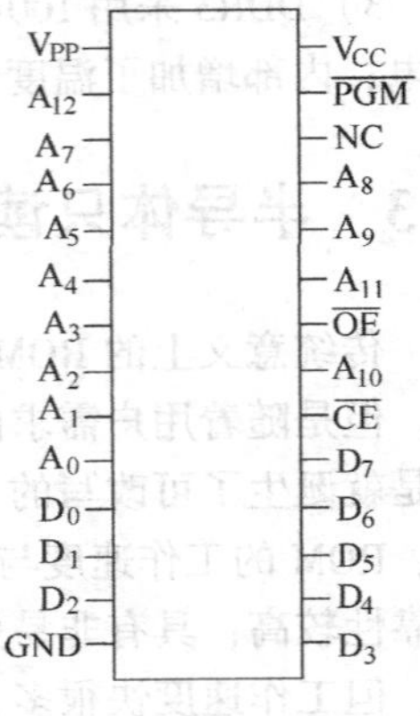

图 5-8　2764 的引脚

1）读取：当$\overline{CE}$ =0、$\overline{OE}$ =0 时，根据地址引脚 A_{12} ~ A_0 上的地址选 8K 单元中对应的存储单元，将其内的信息从数据引脚 D_7 ~ D_0 输出。

2）编程写入：在 V_{PP}上加 +12V 编程电压，通过地址引脚、数据引脚给出要写入单元的地址和数据，并使$\overline{CE}$ =0、$\overline{OE}$ =1。然后在$\overline{PGM}$施加负脉冲，就可以将 1B 的数据写入相应的存储单元中。重复以上过程，可将数据逐一写入。

5.3.4　电可擦除可编程只读存储器

与 EPROM 用紫外线擦除的机理不同，电可擦除可编程只读存储器（EEPROM）在 FAMOS FET 的浮栅（G）上又增加了一个控制栅（G_1）并且有引出线。写入时，控制栅（G_1）接地，同时在漏极（D）加 20V 正脉冲，将浮栅（G）置于一个较强的电场中。在电场力的作用下，G 上的自由电子会越过绝缘层进入源极，达到擦除的目的，相当于存储了状态“0”。擦除时，控制栅（G_1）接 20V 正脉冲，电子由衬底注入到 G 上，相当于存储了状态“1”。

EEPROM 除了可正常读操作外，还可以将整个芯片或某个指定单元内的信息擦除并写入。擦除写入需要两个写周期，第一个写周期在数据线上送全“1”，将所有单元全部写“1”，即擦除；第二个写周期在数据线上送新的数据将新的单元内容写入。

图 5-9 为 8K ×8 的 EEPROM 芯片 98C64A 的引脚排列，下面以它为例介绍 EEPROM 的引脚和工作原理。

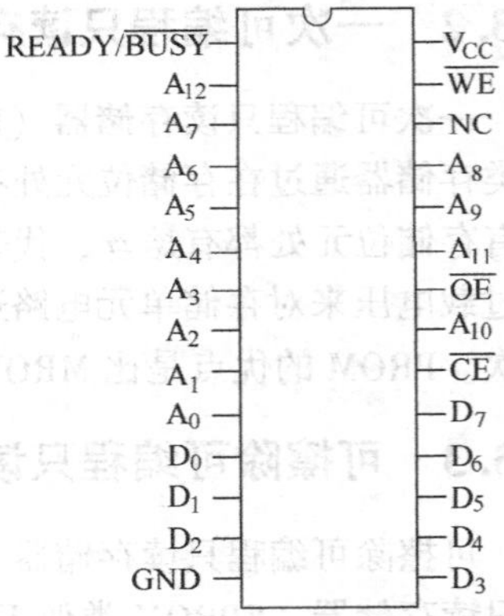

图 5-9　98C64A 的引脚排列

1）读取：通过地址引脚 A_{12} ~ A_0 给出存储单元的地址，并且使$\overline{CE}$ =0、$\overline{OE}$ =0、$\overline{WE}$ =1，存储单元内的信息从数据引脚 D_7 ~ D_0 输出。

2）编程写入：98C64A 支持字节写入和自动页写入两种方式。在字节写入方式下，当$\overline{CE}$ =0、$\overline{OE}$ =1 时，在$\overline{WE}$上加负脉冲，就可以将数据写入指定的存储单元中；在自动页写入方式下，地址相邻的 32B 称为页，低位地址 A_4 ~ A_0 给出页内字节单元的地址，而高位地址 A_{12} ~ A_5 给出页地址。自动页写入时，首先写入一页的第一个数据，然后连续写入本页的其他数据。字节写入方式下每写一个字节期间或者自动页写入方式下每写一页数据期间，引脚 READY/$\overline{BUSY}$输出低电平，写入完成后输出高电平，CPU 可以根据该引脚的信息确定一个字节或一页数据的写入是否完成。

3）擦除：实质就是写入操作。擦除一个字节单元就是向该单元中写入 0FFH；如果从 D_7 ~ D_0 输入 0FFH，使$\overline{CE}$ =0、$\overline{WE}$ =0，并在$\overline{OE}$施加 +15V 电压，保持这种状态 10ms 就可以擦除所有单元的内容，称为片擦除。

5.3.5 Flash ROM

Flash 存储器又称为闪速存储器，它是 20 世纪 80 年代中期在 EEPROM 的基础上发展出的一种快速读写型只读存储器，具有密度高和非易失性两大优点，是存储技术跨时代的产物。由于该类只读存储器具有集成度高、读取速度快、单一供电、编程次数多等显著特点，所以得到日益广泛的应用，如掌上电脑、数码相机、MP3 播放器、U 盘等小型、微型电子产品中都有它的应用。现代微型计算机中通常用 EEPROM 或者 Flash ROM 构建主存储器中的只读区域，在目前开始流行的"超级本"中还用 Flash ROM 构建固态硬盘。

Flash ROM 芯片与同容量 EPROM 芯片的引脚完全兼容。下面以 512K×8 的 Flash ROM 芯片 28F040 为例介绍 Flash 芯片的引脚和工作原理，引脚排列如图 5-10 所示。

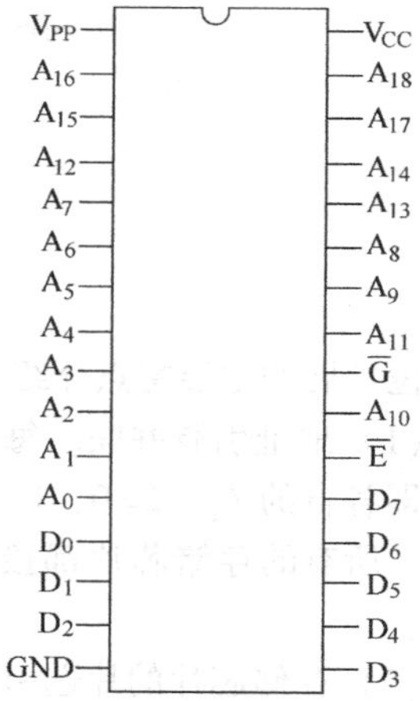

图 5-10 28F040 的引脚排列

28F040 也有数据读出、编程写入和擦除 3 种工作方式。与前面讲过的芯片不同的是，28F040 必须通过向内部状态寄存器写入命令的方式控制芯片的工作方式。

1）读取：向状态寄存器写入命令 00H 或者 FFH 后即可进行读操作，通过地址引脚 $A_{18} \sim A_0$ 给出存储单元的地址，并且使片选信号 $\overline{E}=0$、输出允许信号 $\overline{G}=0$，存储单元内的信息从数据引脚 $D_7 \sim D_0$ 输出。

2）编程写入：28F040 以字节为单位进行编程写入，每写入一个字节需要两个总线周期。第 1 个总线周期向状态寄存器写入命令 10H；第 2 个总线周期向指定的单元写入指定的数据，地址从地址引脚输入，数据从数据引脚输入，并使 $\overline{E}=0$、$\overline{G}=1$、V_{PP}为 +12V。

3）擦除：28F040 既可以一次擦除整个芯片（向状态寄存器写入命令 30H），也可以进行块擦除（向状态寄存器写入命令 20H）。28F040 的 512KB 被分成 16 个 32KB 的块，每一块均可独立进行擦除。

5.4 存储器扩展

由于受到硬件集成度的限制，单个存储芯片的容量是有限的，所以主存储器往往由若干个存储芯片共同构成，即用多个存储芯片扩展形成主存储器。在进行存储器扩展时，主要解决的问题是如何连接每个存储芯片的地址引脚、数据引脚、读写控制引脚，如何生成各个存储芯片的片选信号等。下面逐一介绍存储器扩展所涉及的技术问题。

5.4.1 扩展方式

如果要用容量为 $m \times n$ 的存储芯片构造容量为 $M \times N$ 的主存储器，则需要的存储芯片的数量可由以下公式计算：

$$所需存储芯片数量 = (MN) / (mn) \tag{5-1}$$

确定计算机所需存储芯片的数量后，如何将它们组织在一起呢？这就是扩展方式需要解决的问题。扩展方式主要有位扩展、字扩展和字位全扩展 3 种形式。

1. 位扩展

当 $M=m$ 而 $N>n$ 时，需要采用位扩展方式。顾名思义，位扩展就是只扩展存储单元的长度而存储单元的个数保持不变。下面通过例题介绍位扩展的主要特点。

【例 5-1】用 16K×1 的存储芯片构造 16K×8 的存储器。

解：根据式（5-1）计算可知，需要存储芯片的数量为 8 片，采用位扩展方式。8 片存储芯片的逻辑结构如图 5-11 所示。

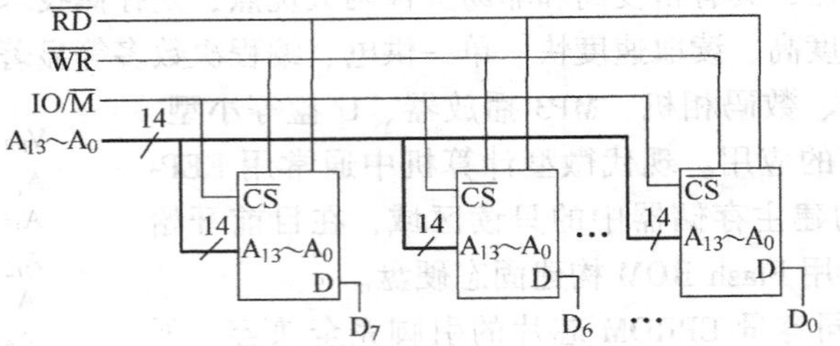

图 5-11　位扩展的逻辑结构

位扩展的主要特点介绍如下。

（1）地址引脚并联。每个存储芯片的 14 根地址引脚 $A_{13} \sim A_0$ 并联到系统地址总线的 $A_{13} \sim A_0$，即各自的 A_i（$i=0, 1, \cdots, 13$）并联到系统地址总线的 A_i。当系统地址总线上出现地址信息后，所有的存储芯片都接收到同一个地址信息，分别选中各自存储矩阵中相同位置的存储单元。

（2）存储芯片的片选引脚并联。每个存储芯片的片选信号并联在一起，构成一个存储芯片组，使所有的存储芯片同时工作。片选信号$\overline{CS}$可以并联到系统控制信号 $IO/\overline{M}$（该信号为低电平表示访问存储器，存储芯片被选中）。

（3）存储芯片的读、写控制引脚并联。通常并联到系统控制线中的读信号$\overline{RD}$和写信号$\overline{WR}$。

（4）存储芯片的数据引脚分别接系统数据总线的不同位。每个存储芯片的 1 根数据引脚 D 分别连接到系统数据总线的 D_i（$i=0, 1, \cdots, 7$），如最左边一片的 D 连接到系统数据总线的 D_7，最右边一片的 D 连接到系统数据总线的 D_0。每一位系统数据线上的信息分别对应不同存储芯片中的存储单元。

对于例 5-1，如果访问部件需要读取存储器中某个地址的存储单元内容，则 8 个存储芯片同时选中各自存储阵列中位置相同的存储单元，每个存储单元中的 1 位二进制信息同时出现在系统数据总线的不同位上，这样访问部件就可以读取到一个字节的信息。

2. 字扩展

当 $M>m$ 而 $N=n$ 时，需要采用字扩展方式。字扩展就是只扩展存储单元的个数而存储单元的长度保持不变。下面通过例题介绍字扩展的主要特点。

【例 5-2】用 16K×8 的存储芯片构造 64K×8 的存储器。

解：根据式（5-1）可知，需要存储芯片的数量为 4 片，采用字扩展方式。4 片存储芯片的逻辑结构如图 5-12 所示。

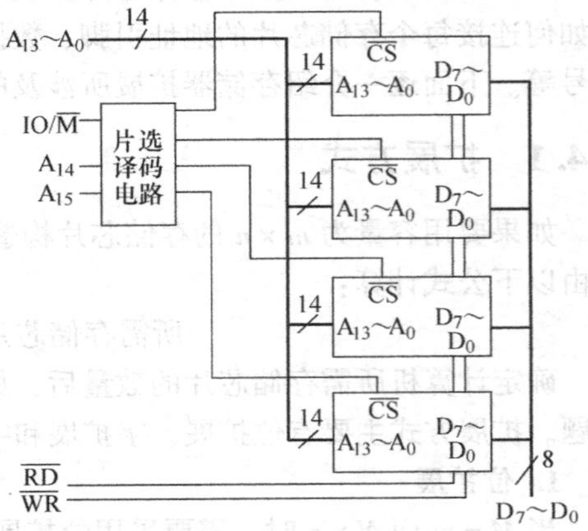

图 5-12　字扩展的逻辑结构

字扩展的主要特点介绍如下。

（1）地址引脚并联。扩展后的存储器具有 16 根地址引脚（$A_{15} \sim A_0$）。每个存储芯片的 14 根地址引脚 $A_{13} \sim A_0$ 并联到系统地址总线的 $A_{13} \sim A_0$，地址总线中的 A_{14}和 A_{15}具有其他用途。

(2) 片选引脚由片选译码电路生成。片选信号$\overline{CS}$不能并联，而是连接到片选译码电路的不同输出端。片选译码电路在$IO/\overline{M}$为低电平时根据A_{14}和A_{15}的信息决定哪个输出信号有效，多个译码输出信号中最多只有一个有效，所以4个存储芯片不能同时工作。

(3) 存储芯片的读、写控制引脚并联。

(4) 存储芯片的数据引脚并联到系统数据总线。每个存储芯片的8根数据引脚$D_7 \sim D_0$并联到系统数据总线$D_7 \sim D_0$，即每个存储芯片的D_i（$i=0, 1, \cdots, 7$）并联到系统数据总线的D_i。

对于例5-2，如果访问部件需要读取存储器中某个地址的存储单元内容，则地址信息中的A_{14}和A_{15}经过片选译码电路选中某个存储芯片，$A_{13} \sim A_0$用于选中该存储芯片中的一个存储单元，该单元中的8位二进制信息通过系统数据总线$D_7 \sim D_0$输出，其他3个存储芯片不工作。

3. 字位全扩展

当$M>m$且$N>n$时需要采用字位全扩展方式。字位全扩展就是既要扩展存储单元的个数又要扩展存储单元的长度，是字扩展和位扩展两种方式的组合。下面通过例题介绍字位全扩展的主要特点。

【例5-3】 用16K×4的存储芯片构造64K×8的存储器。

解： 根据式（5-1）计算可知，需要存储芯片的数量为8片，采用字位全扩展方式。8片存储芯片的逻辑结构如图5-13所示。

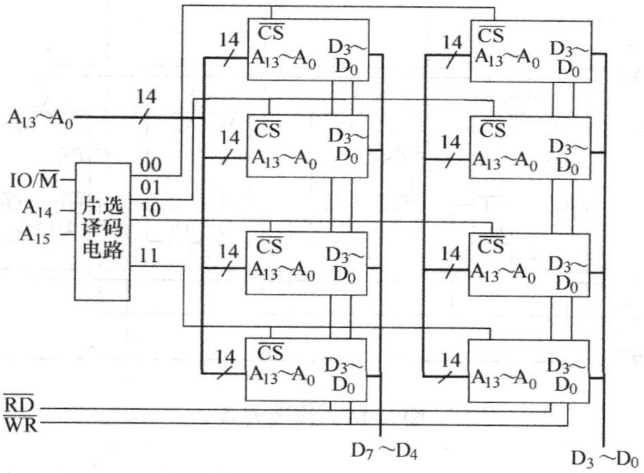

图5-13 字位全扩展的逻辑结构

字位全扩展的主要特点介绍如下。

(1) 存储芯片的地址引脚并联。扩展后的存储器具有16根地址引脚$A_{15} \sim A_0$。每个存储芯片的14根地址引脚$A_{13} \sim A_0$并联到系统地址总线的$A_{13} \sim A_0$，地址总线中的A_{14}和A_{15}具有其他用途。

(2) 存储芯片的片选引脚的连接。进行位扩展的存储芯片的片选信号并联，图5-13中每一行的两个存储芯片进行位扩展，形成了4个16K×8的存储芯片组。然后4个存储芯片组再进行字扩展，形成了64K×8的存储器，每个存储芯片组的片选信号（即位扩展时两个存储芯片的片选信号的并联）连接到片选译码电路的不同输出端。4个存储芯片组不能同时工作。

(3) 存储芯片的读、写控制引脚并联。

(4) 存储芯片的数据引脚的连接。每个存储芯片有4根数据引脚（$D_3 \sim D_0$）。不同存储芯片组中相同位置的存储芯片的4根数据引脚并联到系统数据总线$D_7 \sim D_0$中的高、低各4位。如果存储芯片组中左边的存储芯片的数据引脚并联到系统数据总线的$D_7 \sim D_4$，则存储芯片组中右边的存储芯片的数据引脚并联到系统数据总线的 $D_3 \sim D_0$。

对于该字位全扩展实例，如果访问部件需要读取存储器中某个地址的存储单元内容，则地址信息中的 A_{14} 和 A_{15} 经过片选译码电路选中某个存储芯片组，$A_{13} \sim A_0$ 被该存储芯片组中的两个存储芯片用来选择各自存储矩阵中的一个存储单元，这两个存储单元中的各 4 位二进制信息分别通过系统数据总线 $D_7 \sim D_4$ 和 $D_3 \sim D_0$ 输出，从而得到一个字节信息。其他 3 个存储芯片组不工作。

5.4.2 片选信号的生成

存储芯片片选信号的生成是存储器扩展中的另一个重要问题，它决定了扩展时所用存储芯片在扩展后形成的存储器中的地址分配。片选信号的生成方式通常有线选方式、全译码方式和部分译码方式。

1. 线选方式

线选方式是指用除了连接存储芯片地址引脚以外的系统高位地址线直接（或经反相器）分别连接到字扩展所用的各个存储芯片或存储芯片组（位扩展时所用多个存储芯片的总称）的片选端，当对应地址线信息有效时，所连接的存储芯片被选中工作。图 5-14 为 4 个存储芯片进行字扩展时片选信号的线选生成方式。

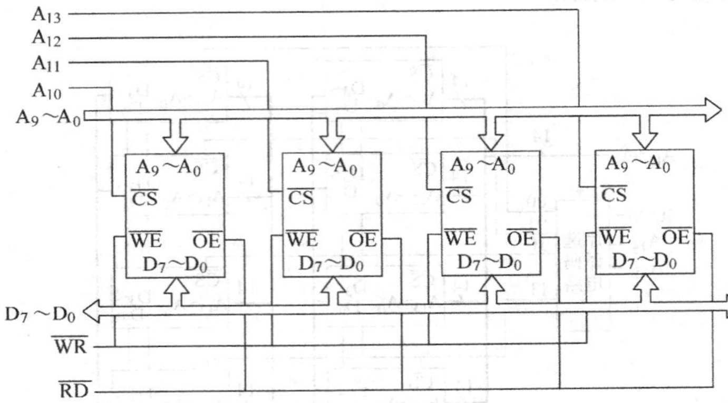

图 5-14 线选方式

线选方式最大的优点是无需译码器、电路简单、控制方便、成本较低、速度较快；但是最大的缺点是片选信号较少，不适合存储芯片较多的场合。此外，每次只能使一根用作片选的高位地址线有效，否则会导致数据输出冲突，所以线选方式的存储器地址空间存在很多浪费，被分成了很多互相隔离的区域，空间利用率较低。

2. 全译码方式

全译码方式是指将除了连接存储芯片地址引脚以外的其他所有高位地址线用作片选译码电路的输入信号，译码电路的输出端分别连接到字扩展所用的各个存储芯片或者存储芯片组的片选引脚。片选译码电路根据高位地址信息的组合唯一选择一个存储芯片工作。

假设系统共有 12 根地址信息（$A_{11} \sim A_0$），图 5-15 为 4 个存储芯片进行字扩展时片选信号的全译码生成方式。其中，低位部分（$A_9 \sim A_0$）连接各个存储芯片的地址引脚，而全部剩余的 A_{11}、A_{10} 用作片选译码电路的输入。

全译码方式的优点是所有存储芯片的地址都是唯一的、连续的，不存在地址重叠现象，便于扩展，但是对译码电路要求较高。全译码方式可以提供对全部存储空间的寻址能力。当存储器容量小于可寻址的存储空间时，可从译码器输出线中选出连续的几根作为片选控制，多余的令其

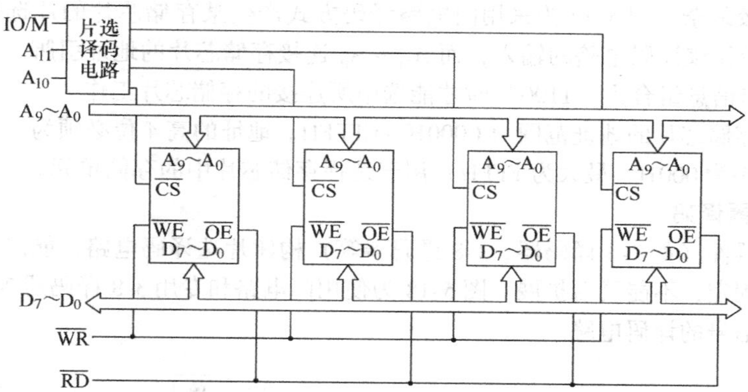

图 5-15　全译码方式

空闲，以便需要时扩充。通常在存储器容量扩充时采用的都是全译码方式。

3. 部分译码方式

部分译码方式是指从除了连接存储芯片地址引脚以外的其他所有高位地址线中选择部分地址信号用作片选译码电路的输入信号，译码电路的每一个输出端分别连接到字扩展所用的各个存储芯片或者存储芯片组的片选引脚。片选译码电路根据所选用的高位地址信息的组合唯一选择一个存储芯片工作。

假设系统共有 16 根地址信息（$A_{15}\sim A_0$），图 5-16 为 4 个存储芯片进行字扩展时片选信号的部分译码生成方式。其中，低位部分（$A_9\sim A_0$）连接各个存储芯片的地址引脚，剩余高位地址线中的 A_{11}、A_{10}用作片选译码电路的输入，而其他剩余高位地址线（$A_{15}\sim A_{12}$）空置不用。

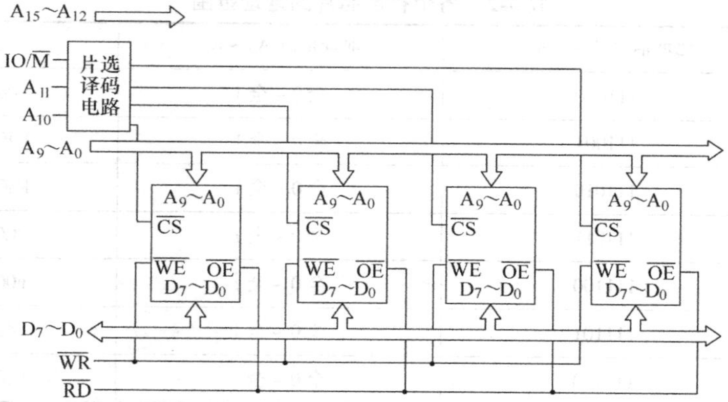

图 5-16　部分译码方式

部分译码方式常用于不需要全部地址空间的寻址能力，但采用线选方式地址线又不够用的情况。由于有部分高位地址没有用到，因此部分译码方式存在地址重叠现象。

5.4.3 片选译码电路的实现方式

在用全译码方式或者部分译码方式生成存储芯片的片选信号时，都会用到译码电路。片选译码电路的实现方式通常有门电路译码、专用译码器译码和可编程器件译码。

1. 门电路译码

门电路译码即用 TTL 或 MOS 门电路（如与门、或门、非门、与非门、或非门等）实现片选译码电路，结构较复杂。图 5-17 为采用门电路译码方式产生某存储芯片的片选信号。系统地址线中的 $A_{15} \sim A_{12}$用作该译码电路的输入，而 $A_{11} \sim A_0$ 连接存储芯片的地址引脚。只有当 $IO/\overline{M}=0$ 且 $A_{15} \sim A_{12}$上输出信息组合为“1100”时才能选中所连接的存储芯片工作。

在该例中，存储芯片的地址范围为 C000H ~ CFFFH。地址的高 4 位必须为“1100”，低 12 位的任意组合（最小为 000H，最大为 FFFH）用于选择存储芯片中的存储单元。

2. 专用译码器译码

用专用译码器件（如 2-4 译码器、3-8 译码器等）构建片选译码电路，能产生较多的片选信号输出，但结构固定，不能灵活扩展。图 5-18 为使用门电路和专用 3-8 译码器 74LS138 为 8 个存储芯片产生片选信号的译码电路。

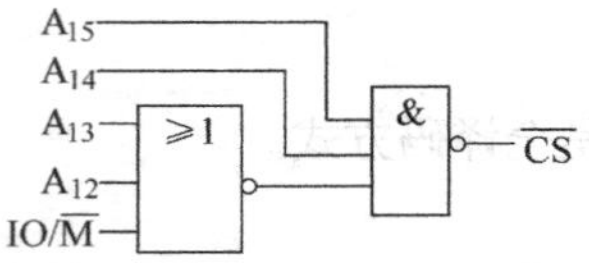

图 5-17　门电路译码

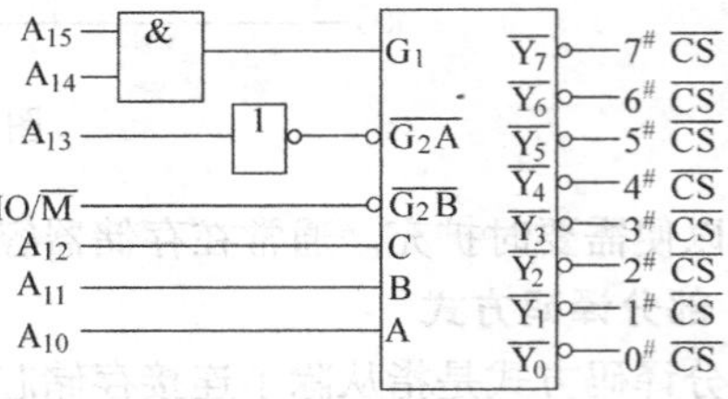

图 5-18　专用译码器译码

图中，只有当 74LS138 的 3 个控制信号 G_1、$\overline{G_2A}$、$\overline{G_2B}$都有效时，才能根据 3 位编码输入信号 C、B、A 的信息产生一个有效的译码输入$\overline{Y_i}$（i 为 C、B、A 上的信号所代表的数值）。当控制信号无效时，所有的译码输出信号都无效。8 个存储芯片在系统中的地址范围见表 5-2。

表 5-2　各个存储芯片的地址范围

芯片序号	地址信息 $A_{15} \sim A_{10}$	地址信息 $A_9 \sim A_0$	地址范围
0	111000	全 0 ~ 全 1	E000H ~ E3FFH
1	111001	全 0 ~ 全 1	E400H ~ E7FFH
2	111010	全 0 ~ 全 1	E800H ~ EBFFH
3	111011	全 0 ~ 全 1	EC00H ~ EFFFH
4	111100	全 0 ~ 全 1	F000H ~ F3FFH
5	111101	全 0 ~ 全 1	F400H ~ F7FFH
6	111110	全 0 ~ 全 1	F800H ~ FBFFH
7	111111	全 0 ~ 全 1	FC00H ~ FFFFH

3. 可编程器件译码

可编程器件译码即使用可编程器件（如小容量的 PAL 和 GAL 器件、大容量的 FPGA 和 CPLD 器件）实现片选译码电路。首先要根据实现的译码逻辑编写译码源程序，然后编译生成一定格式的文件，将该文件下载到相应的可编程器件，在内部建立片选译码电路。下面以 GAL 器件 GAL16V8 为例介绍可编程器件译码方式的过程。

（1）GAL16V8 介绍。GAL16V8 是具有 20 个引脚的小容量 PLD 器件。它的引脚排列如图 5-19a所示。

（2）编写译码源程序。首先要事先分配 GAL16V8 各个引脚的具体功能。例如，在具有 16 位

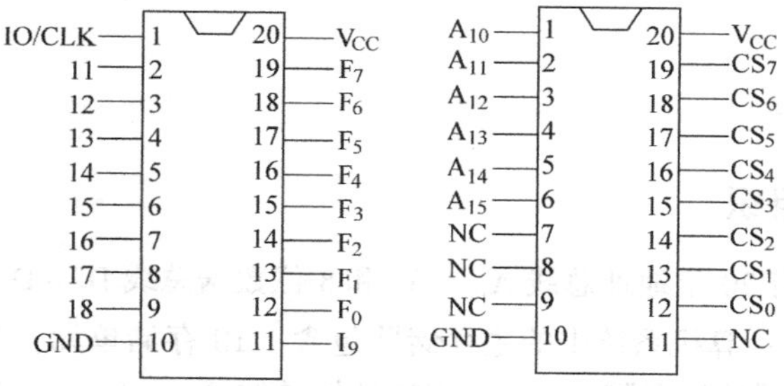

a) 引脚分布　　b)引脚分配

图 5-19　GAL16V8 引脚排列及具体分配

地址线的计算机系统中，用 8 片 1K×8 的存储芯片经过字扩展构建 8K×8 的存储器，可以用高位地址信号 $A_{15}\sim A_{10}$ 作为片选译码电路的输入，$A_9\sim A_0$ 连接各个存储芯片的地址引脚。片选译码电路的 8 个输出 $CS_7\sim CS_0$ 分别连接各个存储芯片的片选引脚（假设低电平有效）。GAL16V8 的引脚分配如图 5-19b 所示，NC 代表该引脚空置不用。

编址的译码源程序如下：

```
GAL16V8
Address for EX.
VER 2012 -7
UJS
A10  A11  A12  A13  A14  A15  NC  NC  NC  GND
NC CS0 CS1 CS2 CS3 CS4 CS5 CS6 CS7 VCC
/CS0 =A15* A14* A13* /A12* /A11* /A10
/CS1 = A15* A14* A13* /A12* /A11* A10
/CS2 = A15* A14* A13* /A12* A11* /A10
/CS3 = A15* A14* A13* /A12* A11* A10
/CS4 = A15* A14* A13* A12* /A11* /A10
/CS5 = A15* A14* A13* A12* /A11* A10
/CS6 = A15* A14* A13* A12* A11* /A10
CS7 = /A15 + /A14 + /A13 + /A12 + /A11 + /A10
DESCRIPTION
```

GAL16V8 仅支持 3 种逻辑操作：与运算“*”、或运算“+”和取反操作“/”。如果要选中 CS_0 所连接的存储芯片，则 CS_0 应输出 0，即“/CS0 = A15 * A14 * A13 */A12 */A11 */A10”表达式的左端为“1”，则“A15 * A14 * A13 */A12 */A11 */A10”的运算结果必须为 1，即地址线 $A_{15}\sim A_{10}$ 上的地址信息必须为“111000”；如果要选中 CS_7 所连接的存储芯片，则 CS_7 应输出 0，即“CS7 =/A15 +/A14 +/A13 +/A12 +/A11 +/A10”表达式的左端为“0”，则“/A15 +/A14 +/A13 +/A12 +/A11 +/A10”的运算结果必须为 0，即地址线 $A_{15}\sim A_{10}$ 上的地址信息必须为“111111”。各存储芯片的地址范围与表 5-2 中 8 个存储芯片的地址范围相同。

（3）建立译码电路。编写的源程序经过编译后生成可供下载的位流文件，通过特定的方式下载到 GAL16V8 中，GAL16V8 会根据位流文件的内容生成相应的硬件电路，实现片选译码功能。

显然，可编程器件译码方式非常灵活，通过编写不同的源程序就可以实现不同的片选译码电路。

5.5 存储器组织

5.5.1 8位存储器组织

8088计算机系统具有20位地址总线 $A_{19} \sim A_0$ 和8位数据总线 $D_7 \sim D_0$，8088每次访问存储器只能访问1B信息。8088计算机系统中的主存储器包含1MB存储单元，8根数据引脚 $D_7 \sim D_0$ 连接数据总线 $D_7 \sim D_0$，20根地址引脚 $A_{19} \sim A_0$ 连接地址总线 $A_{19} \sim A_0$，如图5-20所示。在8088最大模式系统中，主存储器的读写信号分别连接控制总线中的 $\overline{MRDC}$ 和 $\overline{MWTC}$；在8088最小模式系统中，读写信号使用控制总线中的 $\overline{RD}$、$\overline{WR}$ 和 IO/$\overline{M}$ 经过译码电路生成。8088系统中的主存储器通常由若干个存储芯片经过扩展形成。

【例5-4】 在8088最小模式系统中，部分主存区域由4片SRAM经过字扩展构成，系统地址总线 $A_{11} \sim A_0$ 与芯片地址引脚 $A_{11} \sim A_0$ 并联，图5-21为产生4个SRAM芯片片选信号的译码电路，回答下列问题：

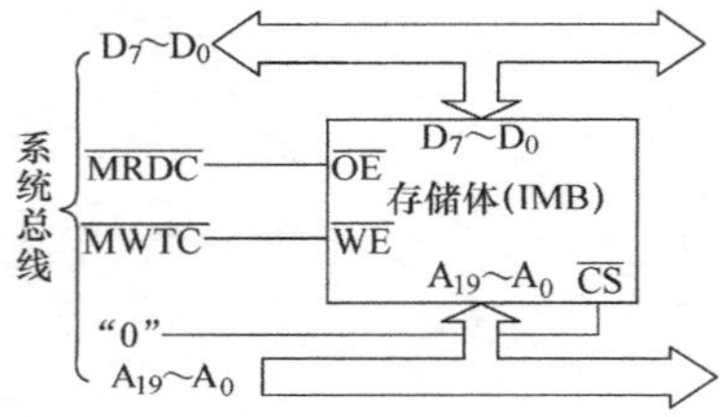

图5-20　8088的8位存储器组织

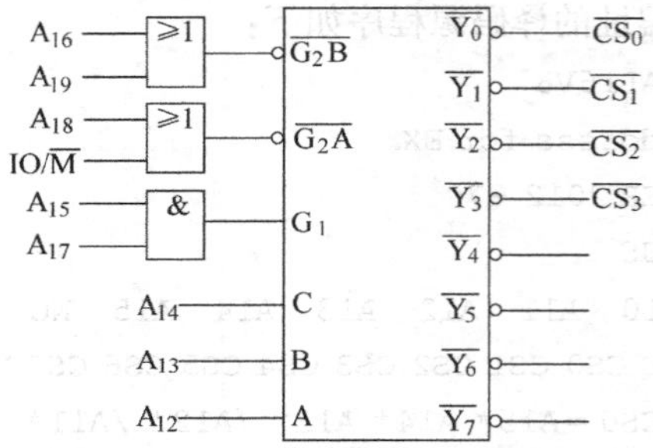

图5-21　片选信号生成电路

（1）每个SRAM芯片的容量是多少？

（2）片选信号采用什么译码方式？

（3）确定每个SRAM芯片的物理地址范围。

解：（1）根据题意，每个存储芯片具有12根地址引脚 $A_{11} \sim A_0$，8根数据引脚 $D_7 \sim D_0$。因此每个存储芯片的容量为4K×8（即4KB或者32kbit）。

（2）除了连接存储芯片地址引脚的地址总线外，剩余的地址总线 $A_{19} \sim A_{12}$ 全部用于片选译码电路的输入，因此属于全译码方式。

（3）根据前面确定存储芯片地址范围的方法可知，$\overline{CS_0} \sim \overline{CS_3}$ 所连存储芯片的地址范围分别为：28000H～28FFFH、29000H～29FFFH、2A000H～2AFFFH和2B000H～2BFFFH。

5.5.2 16位存储器组织

在8086计算机系统中，具有20位地址总线 $A_{19} \sim A_0$ 和16位数据总线 $D_{15} \sim D_0$，8086每次访问存储器能访问1B或2B信息。8086计算机系统中的主存储器包含1MB存储单元，被分为两个512K×8的存储区，每个存储区具有8根数据引脚（$D_7 \sim D_0$）和19根地址引脚（$A_{18} \sim A_0$）。两个存储区的19根地址引脚并联到地址总线中的 $A_{19} \sim A_1$，而各自的8根数据引脚分别并联到数据总线中的 $D_{15} \sim D_8$ 和 $D_7 \sim D_0$，与 $D_{15} \sim D_8$ 相连的称为奇区，与 $D_7 \sim D_0$ 相连的称为偶区。地址信号 A_0 和控制信号 $\overline{BHE}$ 用于选择两个存储区，$A_0 = 0$ 选择偶区，$\overline{BHE} = 0$ 选择奇区。8086中的存储器组织如图 5-22 所示。

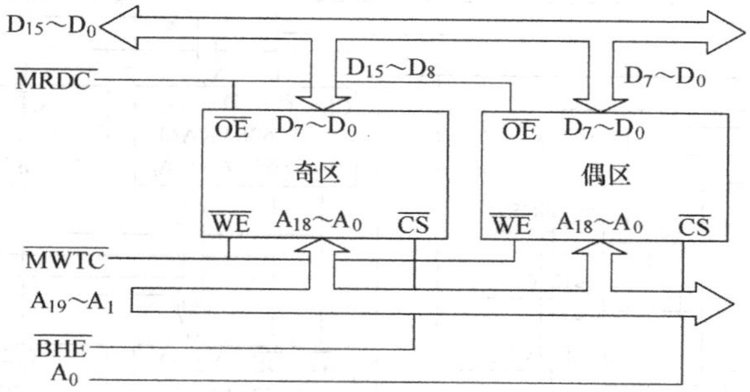

图 5-22 8086 的 16 位存储器组织

8086 访问主存时，根据地址特点和访问数据的长度分为 4 种情况，见表 5-3。

表 5-3 8086 的访存操作类型

访存类型	所用数据总线	A_0 及$\overline{BHE}$	举　例
偶地址字节访问	$D_7 \sim D_0$	$A_0=0$、$\overline{BHE}=1$	MOV AL，[2000H]
奇地址字节访问	$D_{15} \sim D_8$	$A_0=1$、$\overline{BHE}=0$	MOV AL，[2001H]
偶地址字访问	$D_{15} \sim D_0$	$A_0=0$、$\overline{BHE}=0$	MOV AX，[2000H]
奇地址字访问	$D_{15} \sim D_8$	$A_0=1$、$\overline{BHE}=0$	MOV AX，[2001H]
	$D_7 \sim D_0$	$A_0=0$、$\overline{BHE}=1$	

需要注意的是，当从奇地址访问 16 位字数据时，不能同时得到全部数据，而是被转换成两次字节存储器访问：首先，根据给定的奇数地址和$\overline{BHE}=0$ 选中奇区中的某个存储单元，通过 $D_{15} \sim D_8$ 得到 1B 数据；然后将奇数地址加 1（结果必然为偶数，所以 $A_0=0$），$\overline{BHE}=1$，选中偶区中的某个存储单元，通过 $D_7 \sim D_0$ 得到第二个 1B 数据，将得到的 2B 数据组合后就可以形成所需要的 16 位字数据。8088 也可以从主存储器中访问 16 位字数据，但不管地址是偶数还是奇数，必须转换成两次访问操作，每次访问 1B 信息。

80286 计算机系统中也采用 16 位存储器组织，只不过奇区和偶区的容量分别是 8M × 8（80286 具有 24 位地址总线，其中的 $A_{23} \sim A_1$ 连接两个存储区的 23 位地址引脚，A_0 和$\overline{BHE}$用于选择偶区和奇区）。

【例 5-5】在 8086 最小模式系统中，用两片 8K × 8 的 6264SRAM 构建地址连续的 16KB 主存 RAM 区域，用两片 8K × 8 的 2764EPROM 构建地址连续的 16KB 主存 ROM 区域，扩展逻辑如图 5-23所示。点画线框中为片选译码电路，4 个译码输出端分别连接 6264 的片选引脚$\overline{CS_1}$（片选引脚 CS_2 接 +5V，常有效）和 2764 的片选引脚$\overline{CE}$。由于 EPROM 芯片 2764 没有写控制引脚，所以不需要连接$\overline{WR}$信号到 2764。识读电路图后回答下列问题：

（1）扩展出的主存区域中，偶区和奇区分别由哪些存储芯片构成？

（2）确定每一个存储芯片的物理地址范围。

解：

（1）1#6264 和 3#2764 的各 8 根数据引脚并联到系统数据总线 $D_7 \sim D_0$，而 2#6264 和 4#2764 的各 8 根数据引脚并联到系统数据总线 $D_{15} \sim D_8$。所以，1#6264 和 3#2764 构成了扩展出的主存区域的偶区，而 2#6264 和 4#2764 构成了奇区。

（2）各个存储芯片的地址范围可用表格的形式分析，见表 5-4。

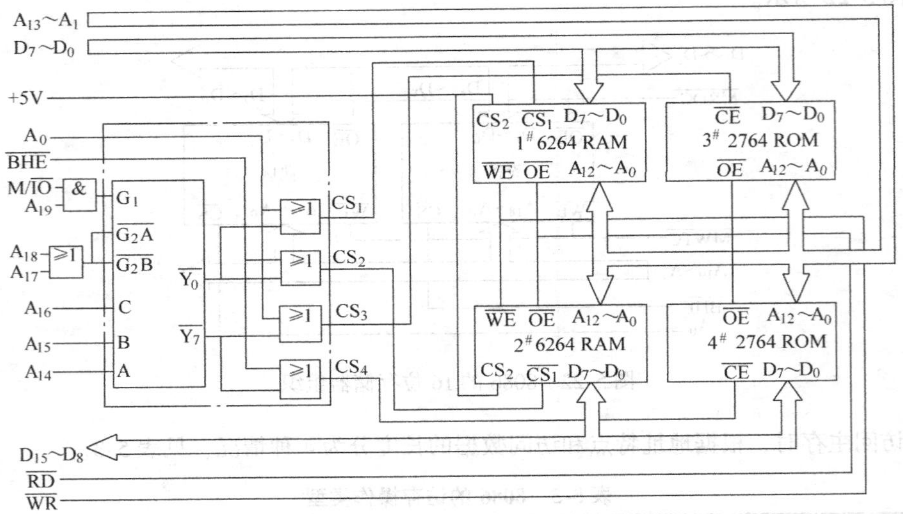

图 5-23 8086 中的存储器扩展举例

表 5-4 各片 6264 及 2764 的地址范围

芯片序号	地址 $A_{19}\sim A_{14}$	地址 $A_{13}\sim A_1$	地址 A_0	地址范围
1# 6264	100000	全0~全1	0	80000H~83FFFH 中的偶数地址
2# 6264	100000	全0~全1	1	80000H~83FFFH 中的奇数地址
3# 2764	100111	全0~全1	0	9C000H~9FFFFH 中的偶数地址
4# 2764	100111	全0~全1	1	9C000H~9FFFFH 中的奇数地址

因此，1#6264 和 2#6264 共同构成的 16KB 主存 RAM 区域的地址范围为 80000H~83FFFH，而 3#2764 和 4#2764 共同构成的 16KB 主存 ROM 区域的地址范围为 9C000H~9FFFFH。通过该例可以看出：在 16 位存储器组织中，偶区和奇区中的存储单元交叉编址，偶区或奇区中位置相邻的两个存储单元的地址相差 2。

5.6 存储空间的划分

不同的计算机系统中，主存储器的容量不同。例如：8088 和 8086 的主存容量为 1MB，80286 的主存容量为 16MB，80386、80486 和 Pentium Pro 之前的 Pentium 系列的主存容量为 4GB，Pentium Pro 之后的 Pentium 系列及 Core 的主存容量为 64GB。通常，这些存储空间被划分成若干个区域，用于存储不同类型的信息。图 5-24 为内存区域的划分情况。

1. 常规内存

从 0 地址开始的 640KB 存储空间（0H~9FFFFH）被称为常规内存，用来存放系统、用户的程序和数据。

2. 保留内存

从 A0000H 开始的 384KB 存储空间（A0000H~FFFFFH）被称为保留内存，又称为上位内存或上端内存。这部分存储空间有专门的用途，通常又被分为若干个区域，如用于存放显示信息的显示缓存区，用于存放系统引导程序的 BIOS ROM 区和用于存放各种接口电路驱动程序的 ROM 等。

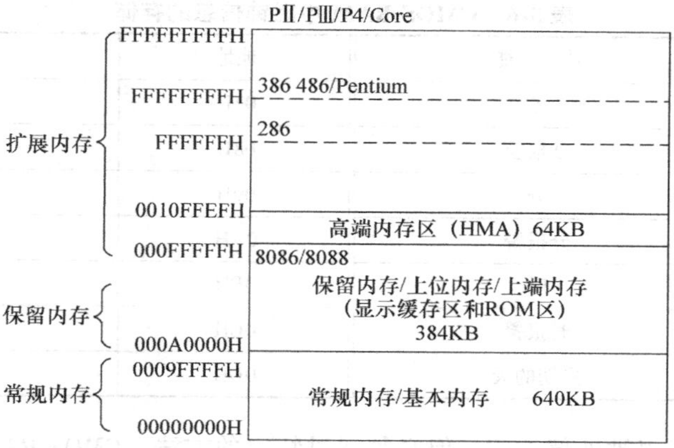

图 5-24　微机主存空间的划分

常规内存和保留内存的总容量为 1MB。

3. 扩展内存

从 80286 开始的计算机系统中，主存的容量大于 1MB。把超过 1MB 的存储空间称为扩展内存。在扩展内存中，把地址范围在 100000H ~ 10FFEFH 间的约 64KB 称为高端内存。扩展内存中也分为 RAM 区域和 ROM 区域，分别用于存放系统、用户的程序和数据以及各类引导程序。

5.7　CMOS RAM、BIOS ROM、SHADOW RAM

1. CMOS RAM

CMOS RAM 是计算机系统中采用互补金属氧化物半导体（CMOS）晶体管构成的集成电路，内部包含两个功能模块：用来记录系统时间的实时时钟电路和一定容量的非挥发性随机读写存储器（NVRAM）。存储器主要用来存放以下各类信息：系统日期和时间、系统安全特性、能源管理设置、各类部件（如存储器、鼠标、键盘等）的设置参数和其他可选特性等。

CMOS RAM 中存储器各个单元的作用见表 5-5，表 5-6 为时钟信息的具体存放位置。

表 5-5　CMOS RAM 中各个存储单元的用途

CMOS RAM 的地址	存放信息	CMOS RAM 的地址	存放信息
00 ~ 0DH	实时时钟信息	17H	扩展存储器低字节
0EH	诊断状态字节	18H	扩展存储器高字节
0FH	停机状态字节	19H，1AH	硬盘驱动器类型（大于 15）
10H	软盘驱动器类型	1BH ~ 2DH	保留
11H	保留	2EH ~ 2FH	2 字节 CMOS 校验和（10 ~ 2DH）各字节累加和
12H	硬盘驱动器类型（小于 15）	30H	扩展存储器低字节
13H	保留	31H	扩展存储器高字节
14H	设备字节	32H	日期世纪字节
15H	基本存储器低字节	33H	信息标志（在加电时设置）
16H	基本存储器高字节	34H ~ 3FH	保留

表 5-6 CMOS RAM 中时钟信息的存储

地址	功 能	地址	功 能
00H	秒	07H	日
01H	秒报警	08H	月
02H	分	09H	年
03H	分报警	0AH	状态寄存器 A
04H	时	0BH	状态寄存器 B
05H	时报警	0CH	状态寄存器 C
06H	星期的天	0DH	状态寄存器 D

存储器中的信息可以被外部访问，但必须通过特定的方法。CMOS RAM 在系统中占用两个 I/O 地址，分别是 70H 和 71H。70H 用来存放存储单元的地址，而 71H 用来存放存储单元中的内容。通过操作 70H 和 71H 两个端口地址就可以完成对 CMOS RAM 中存储单元的访问。

例如，以下程序片段的作用是将当前时间的“日”信息更改为 25。

```
MOV DX, 70H
MOV AL, 07H            ; 设置存储单元地址
OUT DX, AL             ; 或者: OUT 70H, AL
MOV DX, 71H
MOV AL, 25             ; 设置存储单元内容
OUT DX, AL             ; 或者用: OUT 71H, AL
```

而以下程序段的作用是获取当前时间的“秒”信息。

```
MOV DX, 70H
MOV AL, 00H            ; 设置存储单元地址
OUT DX, AL             ; 或者: OUT 70H, AL
MOV DX, 71H
IN AL, DX              ; 获取单元内容，或者用: IN AL, 71H
```

CMOS 存储器中 10H ~ 2DH 间存储单元内容的 2B 累加和存放在 2EH、2FH 两个单元中。在计算机启动时，只要 10H ~ 2DH 存储单元内容的累加和与 2EH、2FH 中的内容不相同，则 CMOS 校验失败，系统自动恢复默认设置。

2. BIOS ROM

BIOS 即基本输入/输出系统（Basic Input/Output System）。BIOS ROM 是指固化到只读存储器中的软件程序模块（或者称为基本输入/输出系统程序模块），也称为固件。

BIOS 的主要功能就是对系统硬件进行测试和 CMOS RAM 所有参数进行设置，包括基本参数设置（包括系统时钟、显示器类型、启动时对自检错误处理的方式等）、磁盘驱动器设置、键盘参数设置、存储器测试设置、Cache 存储器设置、ROM Shadow 设置、安全设置、总线周期参数设置、电源管理设置、PCI 局部总线参数设置、板上集成接口设置以及其他参数设置等。BIOS ROM 中的程序主要分为 3 部分，如图 5-25 所示。

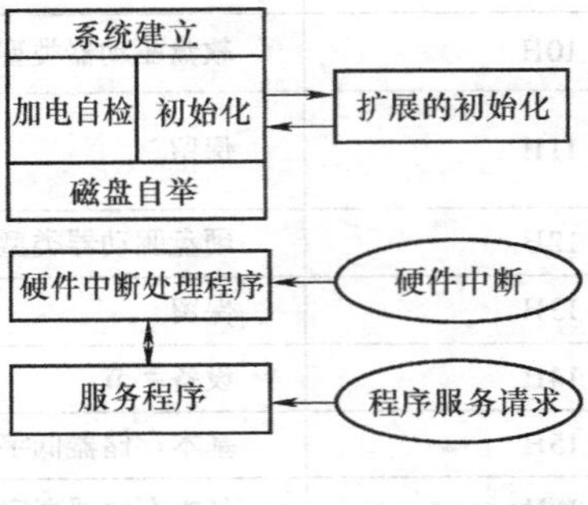

图 5-25 BIOS ROM 中的软件模块

(1) 自检及初始化程序。这部分包括系统建立、加电自检、初始化以及磁盘自举等。计算机上电后或复位后，首先进行加电自检，检查各组成模块工作状态是否良好，

然后对各组成模块进行初始化，最后进入磁盘自举阶段，将磁盘上的操作系统核心代码装入到主存，开始启动系统。

（2）系统参数设置程序。这部分用来设置系统的参数并存入 CMOS 存储器中。在计算机启动时，通过按下键盘上的特定按键（如 Del、F2 等）即可启动参数设置程序，进入参数设置界面。

（3）ROM BIOS 例程。这部分是系统启动后的主体。系统程序或者用户程序通过它们可以访问计算机的硬件资源或者完成特定的操作，如访问磁盘，获取按键信息等。

3. SHADOW RAM

SHADOW RAM 又称为影子内存。由于系统引导程序 BIOS 和各种接口的专用引导程序用 ROM 存储器存放，而 ROM 存储器的工作速度要慢于 RAM 存储器，因此可以在 RAM 区域中划分专用的区域，用来保存各类引导程序的备份。当微处理器需要访问引导程序时就可以直接访问 RAM 而不需要访问 ROM，从而提高工作效率。

5.8 存储体系

一般来说，在合理的价格下，高速度、大容量的存储器无法只用一种存储器件来实现。所以计算机系统中的存储系统往往是由很多不同类型的存储器共同构成的，例如高速缓冲存储器（Cache）、主存储器（MM）及辅助存储器（AM）等。基于程序访问的局部性原理，采用这 3 种存储器可以构建计算机系统的三级存储体系（Cache-MM-AM）。对 CPU 而言，三级存储体系既具有最高层 Cache 的高速度，又具有最低层辅存的大容量。

图 5-26 为三级存储体系的层次结构。高速缓冲存储器（Cache）和主存储器（MM）组成了高速缓冲存储系统，可以将主存储器中最活跃的部分调入 Cache 中，提高 CPU 访问存储系统的速度。MM 和辅助存储器（AM）组成了虚拟存储系统，可以将 AM 中最活跃的部分调入 MM，扩大 CPU 访问存储系统的空间。

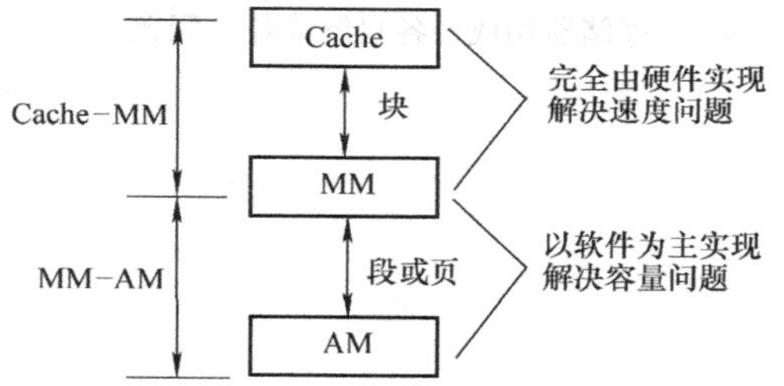

图 5-26 三级存储体系的层次结构

Cache-MM 高速缓冲存储系统主要解决存储速度的问题，Cache、MM 间的地址变换和替换算法等功能完全由硬件完成，以满足地址高速变换的要求；MM-AM 虚拟存储系统主要解决存储容量的问题，MM、AM 间地址变换和替换算法等功能以软件（操作系统）为主，联合硬件完成。因为 AM 不能被 CPU 直接访问，地址变换速度不像 Cache-MM 层次那么重要，使用软件可大幅度降低成本。

此外，在层次间进行信息交换的时候，Cache-MM 以块为单位（通常只有几十到几千字节），而 MM-AM 则是以段或页为单位（通常在几千字节到几兆字节之间）。

习　题

5-1 名词解释：存储位元、存储单元、存储矩阵、存储周期、存取时间。

5-2 SRAM 一般具有哪几类引脚？它们的作用分别是什么？如果某种 SRAM 的容量为 8K×4，则它分别具有多少根地址引脚和数据引脚？

5-3 DRAM 一般具有哪几类引脚？它们的作用分别是什么？如果某种 DRAM 的容量为16K×8，则它分别具有多少根地址引脚和数据引脚？外部器件提供的地址信息应如何输入到该存储器内部？

5-4 为什么需要进行存储器扩展？存储器扩展的方式有哪几种？扩展时，存储芯片的片选信号如何生成？

5-5 在 8088 最小模式系统中，使用两片容量为 32K×8 的 62256（主要引脚包括地址引脚 $A_{14} \sim A_0$、数据引脚 $D_7 \sim D_0$、片选引脚 $\overline{CS}$、读引脚 $\overline{OE}$ 和写引脚 $\overline{WE}$）SRAM 存储芯片构造起始地址为 60000H，且地址连续的 64KB 存储区域。片选信号的生成方式采用全译码，通过 3－8 译码器 74LS138 和必要的门电路实现。请回答以下问题：

（1）需要使用几片 62256 SRAM 芯片？采用何种扩展方式？

（2）画出存储器扩展后的逻辑框图。

（3）确定两片 62256 SRAM 存储芯片在 8088 最小模式系统中的地址范围。

5-6 在 8086 最小模式系统中，使用 4 片容量为“8K×8”的 6264 SRAM 存储芯片构造起始地址为 C8000H，且地址连续的 32KB 存储区域。片选信号的生成方式采用全译码，通过 3－8 译码器 74LS138 和必要的门电路实现。请回答以下问题：

（1）画出存储器扩展后的逻辑框图。

（2）在所画的存储器扩展逻辑框图中，存储器的奇区和偶区分别由哪些 6264 构成？

（3）确定 4 片 6264 SRAM 存储芯片在 8086 最小模式系统中的地址范围。

5-7 现代微型计算机的主存储器通常划分成哪几个区域？分别存放什么信息？高端内存区的地址范围是什么？

5-8 CMOS RAM 内包含哪两个功能模块？系统如何访问 CMOS RAM 中的存储单元？写出在 CMOS RAM 中设置报警时间为“18：59：55”的汇编语言程序片断。

5-9 BIOS 软件主要分为哪几个功能模块？分别完成什么功能？

5-10 什么是 SHADOW RAM？在计算机系统中设置 SHADOW RAM 有什么好处？

5-11 现代微型计算机的三级存储体系指的是什么？高速缓冲存储系统和虚拟存储系统分别由哪两级存储器构成？各自解决什么问题？

第6章　微型计算机输入和输出技术

【本章提要】

本章主要讲了I/O接口的功能及内部结构、端口的编址方式和I/O接口的分类，I/O接口的读写技术及实例，8位及16位I/O组织，主机与外设间通过I/O接口交换数据的几种控制方式，开关量的输入和输出。

【学习目标】

- 掌握I/O接口的功能、内部结构及端口编址方式，了解I/O接口的分类。
- 掌握IN、OUT指令用法、端口的分类与简单端口的组成，了解I/O接口的读写原理和8/16位I/O组织。
- 了解几种主机与外设间数据交换控制方式的过程和特点，掌握程序控制方式的程序设计方法。
- 掌握开关量输入输出原理和相关程序的设计方法。

6.1　I/O接口概述

前面章节主要讲解了由CPU和主存储器构成的主机，计算机系统中还需要大量的各种外部设备。计算机操作人员或者与计算机相连的部件可以通过它们向计算机发出命令或提供数据，此外，计算机的执行结果也要通过它们提供给操作员或外部部件。除主机以外的硬件设备称为输入/输出设备（I/O Device）或外部设备、外围设备，简称外设。

微处理器和主存储器通过总线连接在一块，它们之间传输的是二进制数字量。但外部设备的种类繁多，工作原理不尽相同，工作速度的差别也很大，那么如何将这些功能各异的外设与主机连接在一起，形成一个完整的系统呢？

外部设备不能直接通过系统总线连接主机，而是在主机和外部设备之间添加I/O接口（Input/Output Interface）电路，外部设备通过I/O接口连接系统总线，与主机一起构成完整的硬件体系。不同的外部设备需要配对使用不同的接口电路，所有的I/O接口与外设统称为输入/输出子系统。主机与外设的连接情况如图6-1所示。

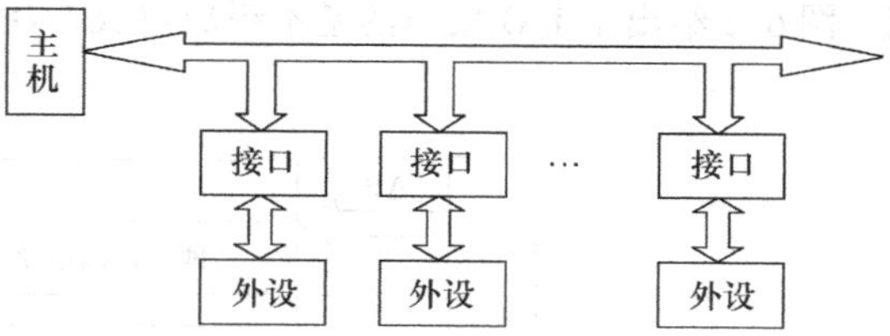

图6-1　主机与外设的连接

6.1.1　I/O接口的功能

外设与主机之间交换信息时，要解决以下几个问题：

1）主机如何从繁多的外设中找到与其交换信息的那一个外设。

2）当外设与主机的工作速度差异比较大时，如何来进行协调。

3）主机如何了解外设的状态以及如何向外设发出控制命令。

这些问题的解决正是通过主机与外设间的I/O接口，所以说I/O接口起到了连接主机和外设的桥梁作用。CPU 不需要直接与外设进行交互，而是与 I/O 接口交互，向 CPU 屏蔽了各种外设的区别。I/O 接口的功能可以概括为以下几个方面：

（1）地址译码和设备选择功能。一台主机可以连接多种外设，主机在不同时刻要与不同的外设进行信息交换。与访问存储器一样，CPU 访问外设也必须通过系统地址总线送出地址。I/O 接口接收地址信息后进行地址译码，产生设备选择信号选中特定的设备。

（2）数据缓冲功能。由于主机和外设的工作速度差异很大，需要解决两者之间的速度匹配问题。I/O 接口中设立了一个或多个数据缓冲寄存器用于数据的暂存，以避免因速度不一致而造成的数据丢失。进行数据传送时，数据先送入数据缓冲器中，然后再传送给外设或主机。

（3）传递主机控制命令，存放外设状态信息。主机与外设交换信息时，需要了解外设的工作状态信息，如是否空闲、是否准备好、是否有故障等。主机根据外设的状态发出相应的控制命令，如启动/停止外设等。I/O 接口中设置了相应的寄存器来保存这些状态信息和控制命令，这就是命令/状态寄存器。

（4）数据格式转换功能。在输入、输出的过程中，为了满足主机和外设各自对信号的要求，I/O 接口中应具有实现信息转换的功能，如串/并转换、并/串转换、数-模（D-A）转换、模-数（A-D）转换等。

（5）增大驱动能力和提供工作电平。I/O 接口的一侧与系统总线相连，但系统总线上连接的电路很多，而且有一定传输距离，因此要求 I/O 接口必须能够提供足够的驱动能力。I/O 接口的另一侧与外设相连，一些外设的信号电平与主机不同，因此 I/O 接口还需要进行电平转换。

（6）其他功能。例如提供主机和外设的时间匹配的控制、中断功能和错误检测功能等。

综上所述，外设与主机之间通过 I/O 接口传送的信息主要包括数据信息、控制信息和状态信息。

6.1.2 I/O 接口的组成

主机与 I/O 接口间传递的数据信息、状态信息和控制信息全部通过系统数据总线进行传送，那么 I/O 接口中怎么区分这些信息呢？为解决这个问题，I/O 接口中设置了不同的寄存器来识别它们。图 6-2 给出了 I/O 接口的基本组成以及 I/O 接口与主机、外设间的连接情况。

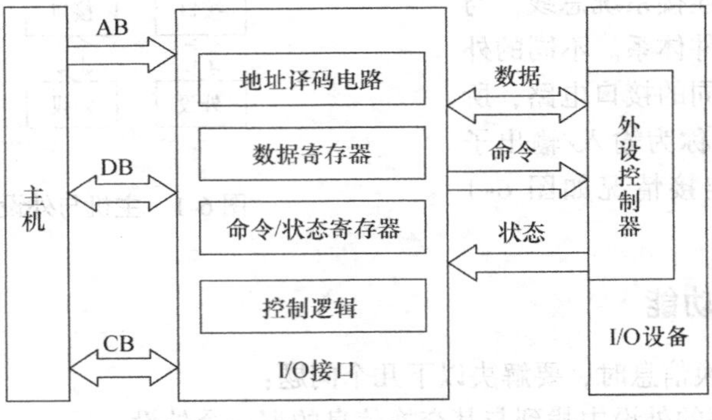

图 6-2 I/O 接口的基本组成

一个接口中通常包含多个寄存器，能够被 CPU 直接访问的那些寄存器也叫做端口。注意，接口（Interface）和端口（Port）是两个不同的概念。若干个端口加上相应的控制逻辑电路组成接口，端口仅是接口中用于存放信息的寄存器。存放数据信息的寄存器称为数据端口，存放状态信息的寄存器称为状态端口，存放控制命令的寄存器称为命令端口或控制端口。

每个端口都有确定的地址。前面提到，CPU 访问外设需要提供地址信息，指的就是接口中某个端口的地址。I/O 接口中的地址译码电路接收到 CPU 送出的端口地址后，通过译码产生端口控制信号，选中相应的端口。被选中的端口通过系统数据总线与主机进行信息传输。通常情况下，主机只能对控制端口进行写操作输出控制命令，对状态端口进行读操作读出状态。而数据端口又分为数据输入端口和数据输出端口，主机对它们分别进行读操作和写操作。

6.1.3 端口的编址方式

无论是访问存储器还是接口，CPU 都必须给出地址信息。那么对于 CPU 送出的地址信息，如何区分是存储器中某个存储单元的地址，还是接口中某个端口的地址呢？这就是端口的编址方式要解决的问题。常见的端口编址方式有以下两种：

1. 统一编址

将接口中的端口看作是存储器单元，与主存储器单元统一编址，这样对端口的访问如同对主存单元的访问一样。采用这种编址方法，不需要在指令系统中设专门的 I/O 指令，可通过与内存操作一样的指令来操作端口，但代价是减小了可访问的内存空间。图 6-3 为统一编址的情形。

CPU 送出的地址信息、读写控制信息同时到达存储器和外设。当地址信息为存储单元的地址时，存储器中的地址译码电路工作，通过译码输出信号选择对应的存储单元；当地址信息为端口的地址时，接口中的地址译码电路工作，通过译码输出信号选择对应的端口。

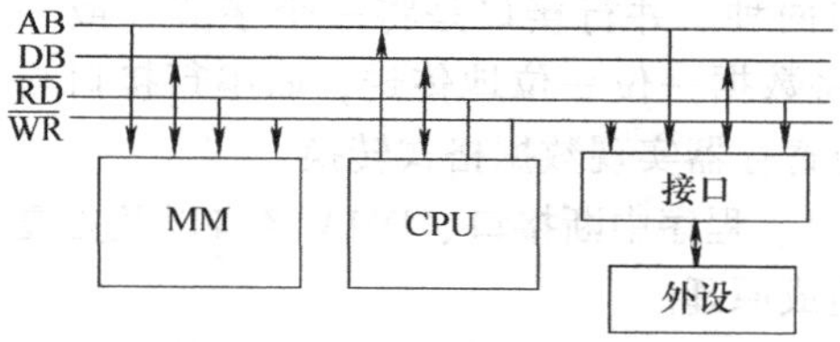

图 6-3　统一编址

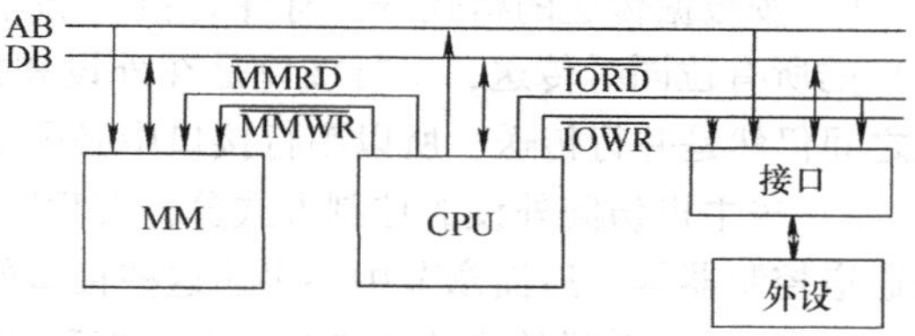

图 6-4　I/O 端口独立编址

2. 独立编址

在这种编址方式中，I/O 端口地址空间和主存地址空间是相互独立的，分别单独编址，即使用专门的 I/O 指令访问 I/O 端口，并且有专门的信号线区分当前是存储器操作还是 I/O 端口操作，如图 6-4 所示。Intel 系列计算机采用的就是这种编址方式。

CPU 送出的地址信息也可以同时到达存储器和接口。如果地址为存储器地址，CPU 会通过专门的信号线送出存储器读写控制信号，从而选中存储器中的相应存储单元；如果地址为端口地址，CPU 会通过专门的信号线送出接口读写控制信号，从而选中接口中的相应端口。

Intel 80×86 系列计算机在访问接口时，通过系统地址总线的低 16 位送出端口地址，而其他地址总线无效，因此 I/O 地址空间由 $2^{16}=64K$ 个独立编址的 8 位端口组成。访问端口时必须使用专门的 I/O 指令，通过 IN 指令对端口进行读操作，而使用 OUT 指令对端口进行写操作。表 6-1为 8088/8086 计算机系统板中端口地址的分配情况，地址以十六进制形式表示。

表 6-1　端口地址的分配

I/O 地址	I/O 设备端口	I/O 地址	I/O 设备端口
0000-000F	DMA 控制器 1	200-207	游戏口
0020-0021	中断控制器（主中断控制器）	0274-0277	ISA 即插即用计数器
0040-0043	系统时钟	278-27F	并行打印机口
0060	键盘控制器控制状态口	2F8-2FF	串行通信口 2（COM2）
0061	系统扬声器	0376	第二个 IDE 硬盘控制器
0064	键盘控制器数据口	378-37F	并行打印口 1
0070-0071	系统 CMOS/实时钟	3B0-03BB	VGA 显示适配器
0081-0083	DMA 控制器 1	03C0-03DF	VGA 显示适配器
0087	DMA 控制器 1	03D0-03DF	彩色显示器适配器
0089-008B	DMA 控制器 1	03F2-03F5	软磁盘控制器
00A0-00A1	中断控制器（从中断控制器）	03F6	第一个硬盘控制器
00C0-00DF	DMA 控制器 2	03F8-03FF	串行通信口 1（COM1）
00F0-00FF	数值协处理器	没有指明的端口，用户可以使用	
0170-0177	标准 IDE/ESDI 硬盘控制器		
01F0-01FF	标准 IDE/ESDI 硬盘控制器		

6.1.4　接口的分类

从不同的角度考虑，接口可以有不同的分类。

1）按数据传送的格式分，有并行接口和串行接口两种。并行接口是将一个字节（或一个字）的所有位同时传送，串行接口是在外设和接口间将数据一位一位地传送，而串行接口与主机之间仍然是并行传送，所以串行接口中必须要有移位寄存器实现数据格式转换。

2）按主机访问外设的控制方式分，有程序查询接口、程序中断接口、DMA 接口以及更复杂的通道控制器等。后面章节中会讲述这些接口的基本组成原理。

3）按功能选择的灵活性来分，有可编程接口和不可编程接口。可编程接口的功能以及工作方式可以通过程序来改变，用一块接口芯片实现多种功能，而不可编程接口则不能由程序来改变其功能，只能用硬连线逻辑来实现不同的功能。

4）按通用性分，有通用接口和专用接口两种。通用接口是可供多种外设使用的标准接口，而专用接口是为某类外设或某种用途专门设计的。

6.2　I/O 接口的读写技术

这一部分主要介绍微处理器如何访问 I/O 接口中端口的信息，包括读取和写入。基于 Intel 系列微处理器的计算机通过 IN/OUT 指令对接口进行读/写。下面以 8088 为例介绍 I/O 接口读写技术中所涉及的问题。

6.2.1　IN、OUT 指令

通过执行 IN 指令可以对接口中的端口进行读操作，通过执行 OUT 指令可以对接口中的端口进行写操作。

1. 指令功能及格式

（1）IN 指令的格式如下：

```
IN AL/AX,imm8/DX
```

第一个操作数只能为 AL 或者 AX，表示读取到端口中的内容后保存到微处理内部的寄存器 AL 或者 AX。第二个操作数为 8 位无符号立即数或者寄存器 DX，用于指明要读取的端口地址。例如：

```
IN  AL, 60H   ；读取地址为60H的字节端口内容，结果存入AL
MOV DX, 200H
IN  AX, DX    ；读取地址为200H的字端口内容，结果存入AX
```

（2）OUT 指令格式如下：

```
OUT imm8/DX, AL/AX
```

第一个操作数只能为 8 位无符号立即数或者寄存器 DX，用于指明要写入的端口地址。第二个操作数为 AL 或者 AX，指明要写入到端口中的内容。例如：

```
MOV AX, 1234H
OUT 40H, AX   ；将地址为40H的字端口的内容更改为1234H
MOV AL, 100
MOV DX, 300H
OUT DX, AL    ；将地址为300H的字节端口的内容更改为100
```

注意：当端口地址大于 255 时，必须用 DX 间接给出端口的地址。

2. 指令时序

当微处理器执行 IN、OUT 指令时，就开始了一个输入/输出总线周期，系统总线中的不同信号线在不同的 T 状态传送不同的信息。IN 指令的时序如图 6-5a 所示，OUT 指令的时序如图 6-5b 所示。

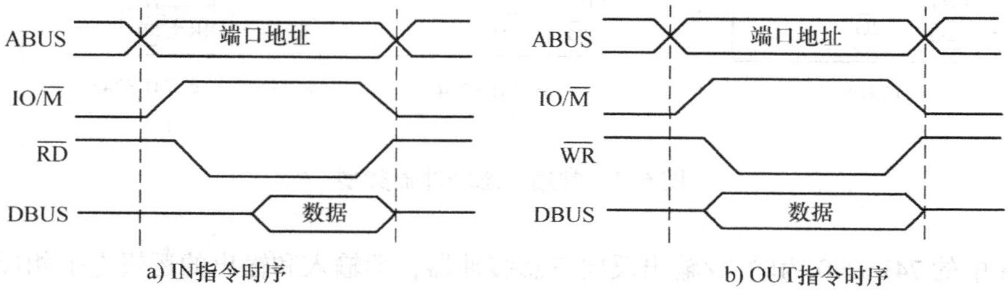

图 6-5　输入/输出指令时序

在输入/输出总线周期开始，系统地址总线上输出要访问的端口地址，同时 IO/$\overline{M}$ 信号为高电平，代表访问接口而不是存储器。

在执行 IN 指令时，I/O 接口根据地址信息、IO/$\overline{M}$ 及$\overline{RD}$信号选中端口，将端口中的内容送往数据总线，微处理器采集数据总线就可以读取到端口中的内容。在执行 OUT 指令时，I/O 接口根据地址信息、IO/$\overline{M}$ 及$\overline{WR}$信号选中端口，将数据总线上传来的数据存入端口。

6.2.2　端口的组成

端口的主要作用就是存放信息，按照端口和主机间传送信息的方向，端口可以分为输入端口和输出端口。输入端口的信息只能被主机读出，而输出端口的信息只能被主机写入。不同类型的端口，其内部构成也不相同。

1. 输入端口的组成

输入端口的内部结构如图6-6所示。通过输入端口，可以将端口所连接输入设备的数据送往系统数据总线，从而被主机读取。三态缓冲器是输入端口中必不可少的器件，它用于完成端口与系统数据总线之间的隔离。

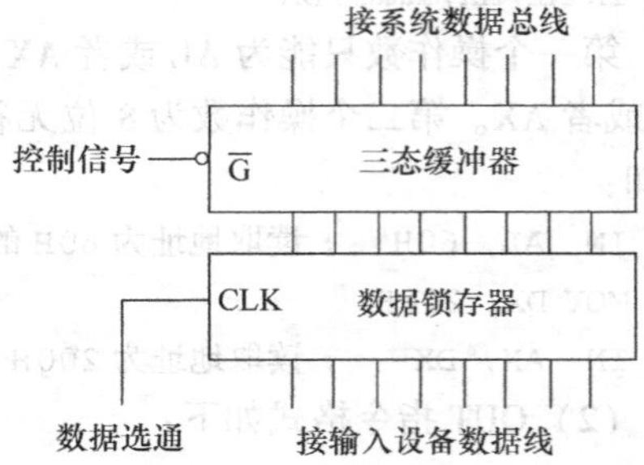

图6-6　输入端口的组成

输入端口中的数据锁存器用于锁存输入设备传过来的数据信息。只有当主机对输入端口进行读操作时，三态缓冲器的控制信号有效，它的输入端和输出端导通，锁存器中的内容才会被送往系统数据总线。当不对输入端口进行读操作时，三态缓冲器的控制信息无效，输入端和输出端不导通，输入端口和系统数据总线隔离，不影响其他部件通过数据总线进行信息传输。这被称为“输入缓冲”。

当输入设备内部具有数据锁存功能时，输入端口中的数据锁存器可以省略，但三态缓冲器必须保留。在输入端口中常用的三态缓冲器主要有图6-7所示的几种。

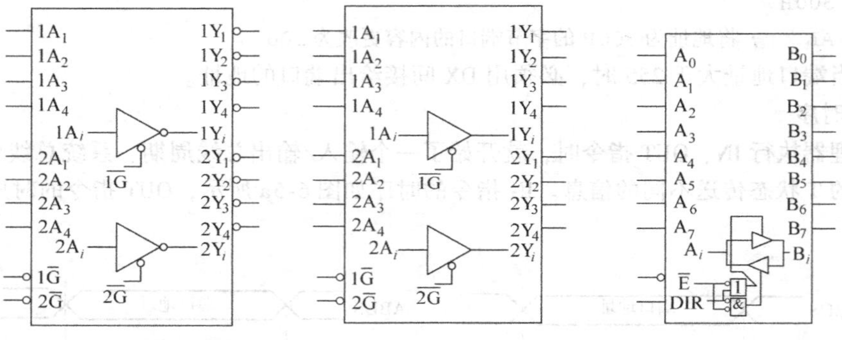

图6-7　常用三态缓冲器类型

图6-7a中的74LS240为输入/输出反向三态缓冲器，即输入和输出的逻辑电平相反；图6-7b中的74LS244为输入/输出同向三态缓冲器，输入和输出的逻辑电平相同；图6-7c中的74LS245为双向三态缓冲器，在一对控制信号的控制下可以进行两种方向的信息传输。

2. 输出端口的组成

输出端口的组成如图6-8所示，组成它的主要器件就是锁存器。当主机对输出端口进行写操作时，锁存信号有效，系统数据总线上传来的数据被锁存到锁存器的输出端，最终被送往输出端口所连接的输出设备。在不对输出端口进行写操作时，锁存信号无效，锁存器的输出保持不变。这被称为“输出锁存”。

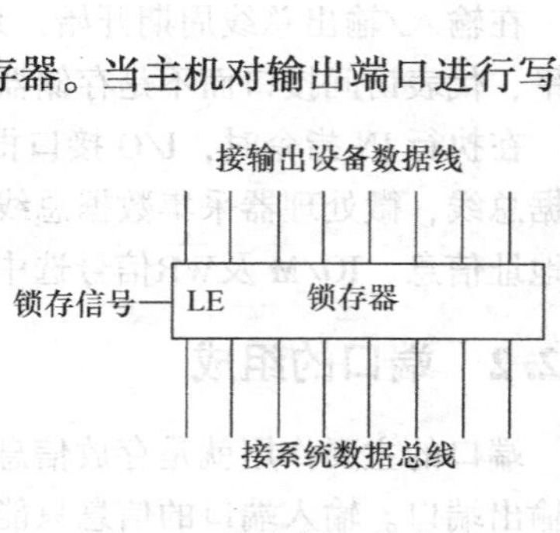

图6-8　输出端口的组成

常用的锁存器主要有图6-9所示的几种形式。74LS273和74LS374是上升沿锁存器，在锁存信号CLK出现由低到高的上升沿时，输入引脚的信息被锁存。74LS373是下降沿锁存器，在锁存信号LE出现由高到低的下降沿时，输入引脚的信息被锁存。74LS373 和 74LS374 还具有三态输出功能，只有当控制信号$\overline{OE}$为低电平时，内部锁存的信息才能通过输出引脚输出。

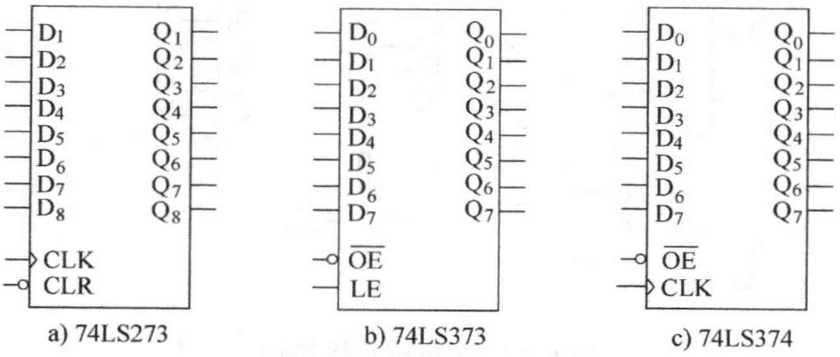

图 6-9 常用锁存器

6.2.3 接口中的地址译码

接口中的地址译码电路的作用就是根据主机送出的地址信息和端口读写控制信号产生各端口的控制信号。如果是输入端口，则生成内部三态缓冲器的输出使能信号；如果是输出端口，则生成内部锁存器的锁存信号。地址译码电路的结构决定了各端口的确切地址和输入/输出方向。

假设端口的控制信号低电平有效，分析图 6-10 给出的地址译码电路示例，可以知道该地址译码电路所控制的 4 个端口的地址分别是 330H、331H、332H 和 333H，而且端口 1 和端口 3 只能进行读操作，而端口 2 和端口 4 只能进行写操作。

为尽可能减少接口中各端口所占用的地址数量，有时为输入/输出方向截然相反的两个端口分配相同的端口地址，通过读控制信号和写控制信号区分到底是哪一个端口。

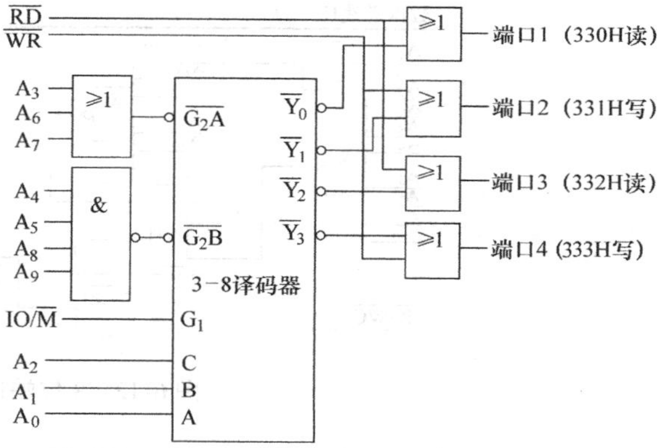

图 6-10 地址译码电路示例

6.2.4 端口的读写控制

这一部分通过几个实例介绍 8 位端口、16 位端口的读写过程。

1. 8 位端口的读写控制

（1）8 位端口的读控制。图 6-11 中的接口电路中，由双向三态缓冲器 74LS245 作为数据输入端口，用基本门电路构成地址译码电路。

当 74LS245 的$\overline{E}$信号为低电平时，输入设备的数据通过 74LS245 的 B 组引脚再经 A 组引脚出现在系统数据总线上。因此，要获得输入设备的数据，地址译码电路必须输出低电平，即系统地址总线上的地址信息必须为 377H，并且$\overline{IORC}$有效，表示对 377H 端口进行读操作。读取输入设备数据的程序片段如下：

```
MOV DX, 377H
IN  AL, DX
```

在执行 IN 指令时，$\overline{IORC}$有效，地址总线上输出的信息是 377H，地址译码电路接收后使得$\overline{E}$

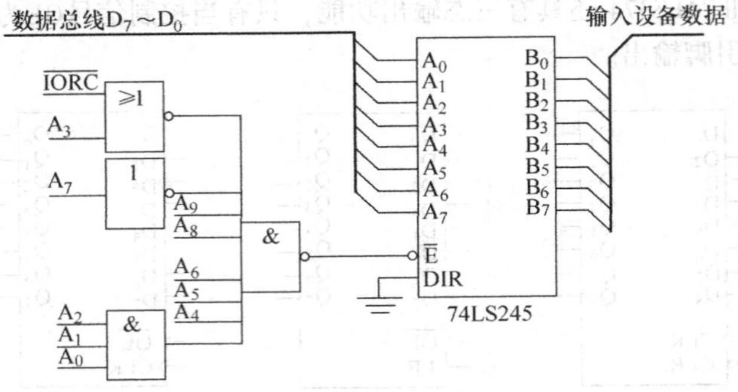

图 6-11　8 位端口读操作

有效，输入设备数据出现在数据总线上。微处理器保存数据总线上的信息后撤消相关信号，读取结束。由于信号被撤消，$\overline{E}$ 为无效状态，74LS245 的输入/输出引脚不导通，实现系统总线隔离，其他部件可以继续通过数据总线传输数据。

（2）8 位端口写控制。图 6-12 中给出的接口电路中，由上升沿锁存器 74HC273 作为数据输出端口，用基本门电路构成地址译码电路。

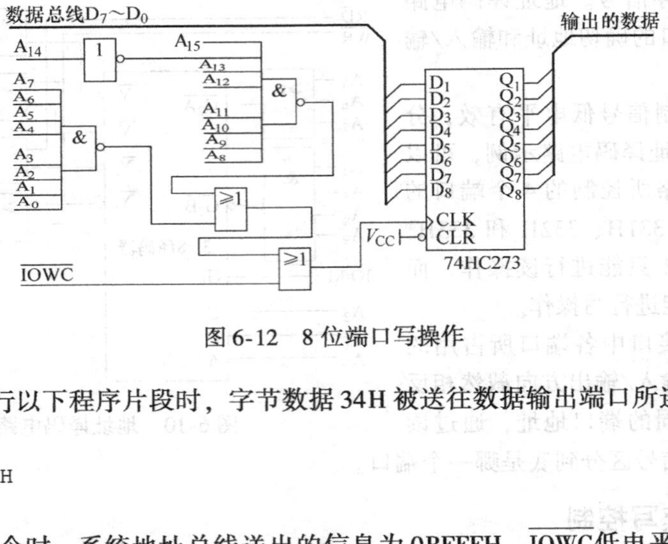

图 6-12　8 位端口写操作

当微处理器执行以下程序片段时，字节数据 34H 被送往数据输出端口所连接的输出设备。

```
MOV AL, 34H
MOV DX, 0BFFFH
OUT DX, AL
```

在执行 OUT 指令时，系统地址总线送出的信息为 0BFFFH，$\overline{IOWC}$低电平有效，系统数据总线上的信息为 34H，此时地址译码电路输出低电平。在 OUT 指令周期的后期，$\overline{IOWC}$首先变为高电平无效，地址译码电路输出高电平。即此时地址译码电路的输出端产生一个由低变高的上升沿，控制 74LS273 完成数据锁存，开始将数据总线上的数据传送给输出设备。最后，地址和数据撤消，向端口写入数据完成。

2. 16 位端口读写控制

以 8086 为例简要介绍 16 位端口的访问操作。图 6-13 中用两个 8 位缓冲器 74F244 作为数据输入端口，各自的 8 根输出引脚分别连接 16 位数据总线的 $D_{15}\sim D_8$ 和 $D_7\sim D_0$。用基本门电路实现地址译码。

当 CPU 执行以下程序片段时，可一次性读入输入设备的 16 位数据：

```
MOV DX, 2F6H
IN  AX, DX
```

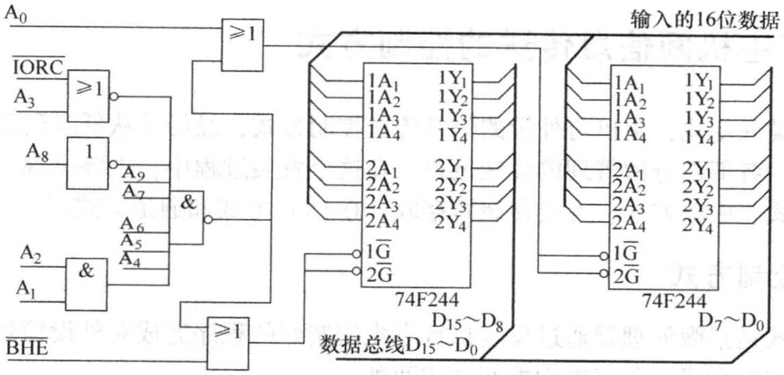

图 6-13　16 位端口的访问

在执行 IN 指令时，由于地址是偶数（即 $A_0=0$）且为 16 位访问（使用寄存器 AX），因此 $\overline{BHE}$也输出有效低电平，两片 74F244 的控制信号都有效，输入设备的 16 位数据同时出现在数据总线 $D_{15}\sim D_0$ 上。

6.3　I/O 组织

Intel 80×86 计算机系统中共有 64K 个字节端口，每一个端口都有一个唯一的端口地址。两个地址相邻的字节端口可以构成一个 16 位端口，4 个地址相邻的字节端口可以构成一个 32 位端口，8 个地址相邻的字节端口可以构成一个 64 位端口。由于不同的微处理器具有不同长度的地址总线和数据总线，因此 I/O 的组织形式也各不相同。

6.3.1　8 位 I/O 组织

8088 计算机系统中采用 8 位 I/O 组织形式，通过 $A_{15}\sim A_0$ 指明端口地址。组织结构形式如图 6-14所示。

6.3.2　16 位 I/O 组织

8086、80286 计算机系统中采用 16 位 I/O 组织形式，访问端口主要用到的信息是 $A_{15}\sim A_0$ 及 $\overline{BHE}$。整个 64K I/O 空间被分成两个 32K 的区域，由 $A_0=0$ 选择偶区，用$\overline{BHE}=0$ 选择奇区。组织结构形式如图 6-15 所示。

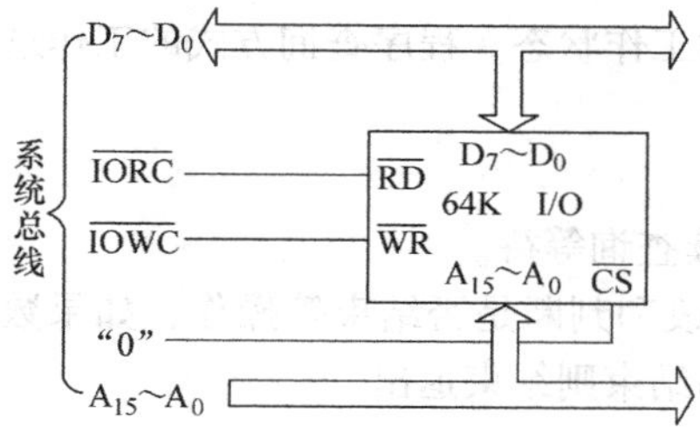

图 6-14　8 位 I/O 组织形式

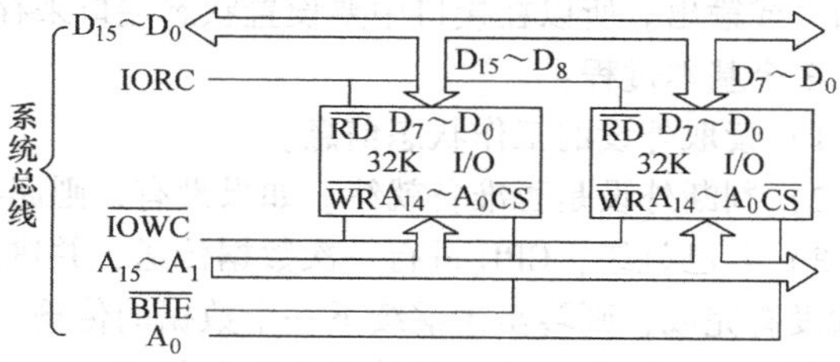

图 6-15　16 位 I/O 组织形式

6.4 接口与主机间信息传送的控制方式

随着外设种类的变化，主机与外设的信息传送控制方式，经历了从低级到高级，从简单到复杂，从集中管理到各部件分散管理的发展过程。在这个发展过程中，主要出现了以下 4 种控制方式：程序控制方式、中断方式、直接存储器存取（DMA）方式和通道方式。

6.4.1 程序控制方式

程序控制方式是指微处理器通过反复执行事先编制好的程序完成对外设信息的访问。程序控制方式分为直接控制方式和程序查询控制方式两种。

1. 直接控制方式

直接控制方式又称为无条件传送方式。某些外设的 I/O 操作时间已知，并且固定，I/O 接口可以随时从主机接收要输出的数据，或者随时向主机输入数据。例如，CPU 输出数据直接控制指示灯、直接读取开关的状态等。无条件传送方式仅用于简单的外部设备，接口简单，相应的接口电路中通常不需要设置命令端口、状态端口及相关逻辑，只需要设置数据端口和地址译码器，如图 6-16 所示。

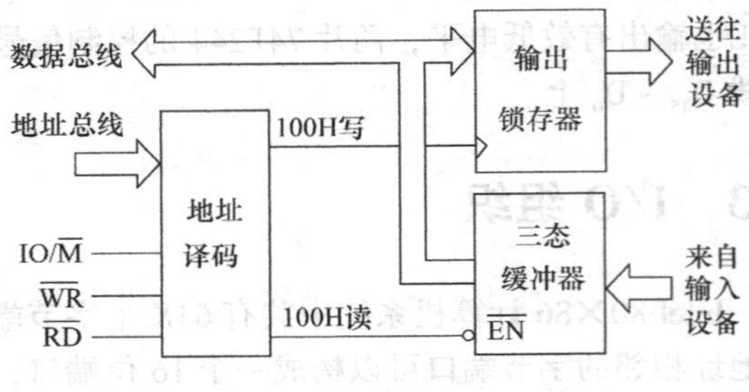

图 6-16 直接控制方式下的 I/O 接口示例

有了前面的学习基础，图 6-16 中没有画出地址译码电路的内部结构，而是采用了示意画法，表示接口中与输入设备相连的数据输入端口（三态缓冲器）和与输出设备相连的数据输出端口（输出锁存器）的端口地址都为 100H，通过读、写信号区分。以下程序片段以直接控制方式将输入设备的数据送给输出设备。

```
MOV DX, 100H   ；指定端口地址
IN  AL, DX     ；通过数据输入端口读取输入设备的数据
OUT DX, AL     ；将读取到的结果通过数据输出端口送给输出设备
```

2. 程序查询控制方式

程序查询控制方式就是由 CPU 通过程序不断查询外设是否已做好准备，从而控制主机和外设交换信息。启动外设以后，CPU 便不断查询外设的准备情况，终止了原程序的执行。这种方式使 CPU 和外设处于串行工作状态，CPU 的工作效率不高。只适用于外设数量较少，对 I/O 处理的实时性要求不高，CPU 任务简单不很忙的情况。

（1）程序查询控制方式的流程。在程序查询控制方式中，CPU 需要对外设的状态进行查询，如果外设尚未准备好，CPU 必须等待，并继续查询；只有外设已经准备好，CPU 才能进行数据的输入或输出。所以在接口中要设置状态端口来存放外设的工作状态。程序查询方式的工作过程包括 3 个基本过程：

1）读取外设的工作状态信息。

2）判断外设是否准备就绪。如果没有，则回到 1，继续查询等待。

3）若已就绪，CPU 进行一次数据传送，并进行指针修改和判断是否结束等操作，如果数据传输没有完成，则转至①继续下一个数据的传输，如果传输结束则结束退出。

程序查询控制方式的具体程序流程如图 6-17 所示。

若有多台外设需要采用查询方式工作时，CPU 可以对多台外设轮流查询。如图 6-18 所示，

共有 A、B、C 3 台设备，CPU 轮流逐个查询，当发现某外设已经准备就绪，则为该外设服务，进行数据的输入/输出。当外设未就绪，或者完成输入/输出后，查询下一外设，直到最后一台查询完毕再返回查询第一台，周而复始地循环，直到所有设备的 I/O 操作全部完成。在整个查询过程中，CPU 不能做其他的事。如果某一外设刚好在查询过自己之后才处于准备就绪状态，那么它就必须等 CPU 查询完其他外设再次循环查询到自己时，才能得到 CPU 的服务，对于实时性要求比较高的设备这种方式就不太合适了。

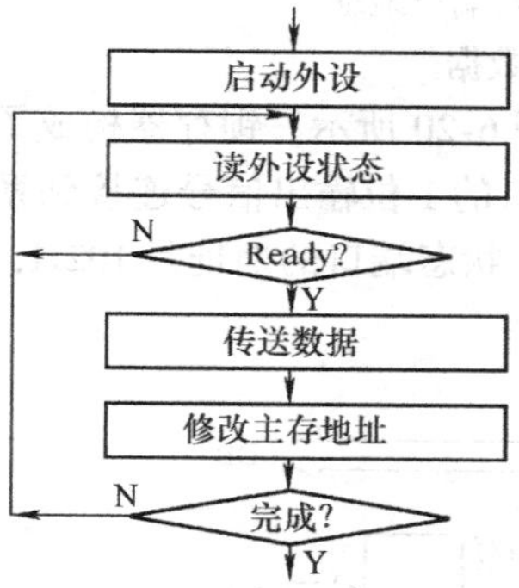

图 6-17 程序查询控制方式的流程

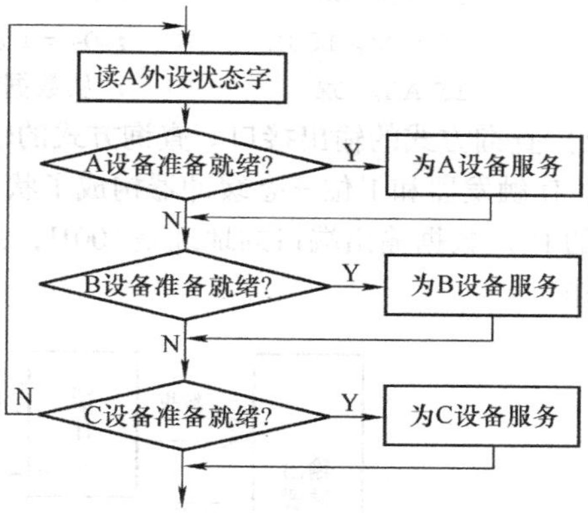

图 6-18 多台外设轮流查询的流程

（2）程序查询方式的接口组成。程序查询方式接口设计方案很多，主要与系统总线的类型、机器的指令系统以及外部设备等因素有关。一般来讲，内部必须设置状态端口、数据端口和地址译码电路。

1）查询方式的输入接口。查询方式的输入接口电路如图 6-19 所示。锁存器和 8 位三态缓冲器共同构成了数据输入端口，D 触发器和 1 位三态缓冲器共同构成了状态端口，状态端口的 1 位输出信号连接到系统数据总线中的 D_7。数据输入端口和状态端口的地址分别是 100H、102H，只能进行读操作。

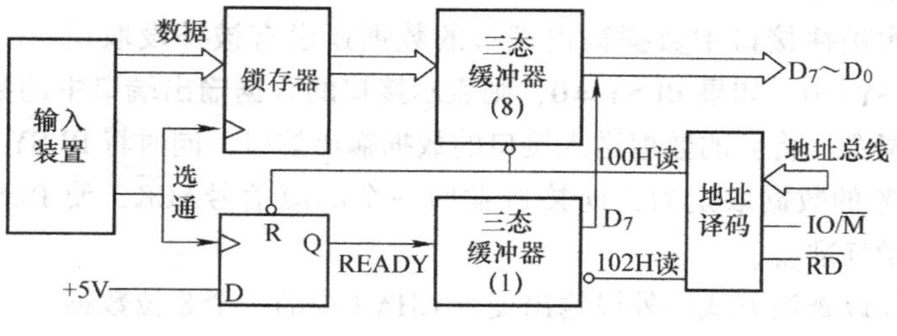

图 6-19 查询方式的输入接口电路

通过查询方式输入接口读取数据的过程如下：

输入设备数据准备好后，产生一个选通脉冲信号。这个脉冲信号有两个作用：一方面将数据锁存到接口中的数据输入端口中，另一方面使接口中状态端口的 D 触发器置“1”，表示输入数据已准备就绪。CPU 要读取输入设备的数据分两步完成：

第一步，检测状态位。先通过状态端口读取状态字，并检测相应的 READY 位（图 6-19 中是 D_7 位）是否等于 1，如果 READY = 1，说明外设数据已经在数据输入端口中，则执行第二步；如果 READY = 0，表示未准备就绪，则继续检测，此时 CPU 处于等待状态。

第二步，执行输入指令，从数据输入端口中读取数据，同时把 D 触发器清“0”，为下一个数据的传送做好准备。

下面的程序片段以查询方式读取外设的一个数据。

```
STATUS: MOV DX, 102H       ; 指定状态端口地址
        IN AL, DX          ; 读状态端口
        TEST AL, 80H       ; 测试标志位 D7
        JZ STATUS          ; D7 =0 未就绪，转移后继续查询
        MOV DX, 100H       ; D7 =1 就绪，指定数据输入端口地址
        IN AL, DX          ; 从数据输入端口获取外设数据
```

2）查询方式的输出接口。查询方式的输出接口电路如图 6-20 所示。锁存器构成了数据输出端口，D 触发器和 1 位三态缓冲器构成了状态端口，状态端口的 1 位输出信号连接到系统数据总线中的 D_7。数据输出端口的地址是 100H，只能进行写操作，状态端口的地址是 102H，只能进行读操作。

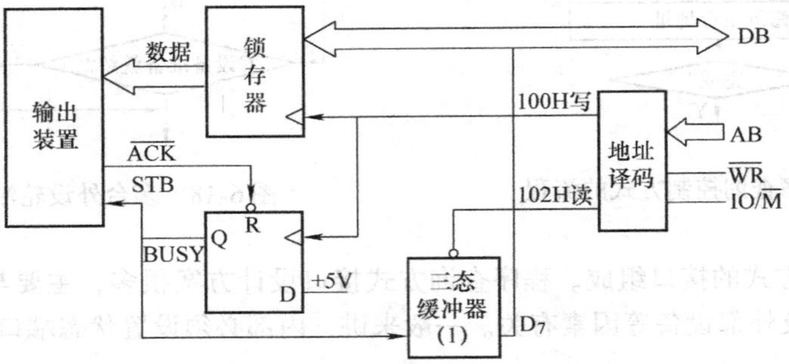

图 6-20　查询方式的输出接口电路

输出数据时，只有在外设处于空闲/不忙状态（BUSY =0）时，CPU 才能将新的数据送往接口中的数据输出端口。因此，CPU 要向外设输出数据也要首先检测外设状态。通过状态端口读取状态字，并检测相应的 BUSY 位（图 6-20 中是 D_7 位）是否等于 0，如果 BUSY =1，表示外设还处于忙状态，上次送往接口中数据输出端口的数据还没有被外设取走，CPU 只能继续查询，踏步等待，直到 BUSY =0。如果 BUSY =0，则表示接口的数据输出端口中的数据已被外设取走，CPU 通过执行输出指令，将新的数据送入接口的数据输出端口，同时将 BUSY 触发器置“1”。当输出设备把 CPU 送来的数据取走后，向接口发回一个响应信号 $\overline{ACK}$，使 BUSY 触发器清“0”，为下一次数据传送做好准备。

下面的程序片段以查询方式向外设输出变量 CHAR 中的一个 8 位数据。

```
STATUS: MOV DX, 102H       ; 指定状态端口地址
        IN AL, DX          ; 读状态端口
        TEST AL, 80H       ; 测试标志位 D7
        JNZ STATUS         ; D7 =1，忙，继续查询
        MOV DX, 100H       ; D7 =0，不忙，指定数据输出端口
        MOV AL, CHAR
        OUT DX, AL         ; 向数据输出端口写入新数据
```

从上面的介绍中可以看出，在程序查询方式中，CPU 完全为外设占有，不能做任何其他事情。

6.4.2 程序中断方式

主机启动外设后，不再查询外设是否准备就绪，而是继续执行自身程序。当外设准备就绪后向主机发出中断请求，CPU 响应中断请求后执行事先编制好的输入/输出程序，通过程序中的输入/输出指令完成数据传输，然后返回继续执行自身程序。显然，采用中断方式将会大大提高 CPU 的工作效率。

程序中断方式在几种控制方式中是最重要的一种方式，它不仅允许主机和外设并行工作，并且允许一台主机管理多台外设，使它们同时工作。但是完成一次程序中断还需要很多辅助操作，若外设数量过多，中断请求过分频繁，也可能使 CPU 来不及响应。另外一些高速外设，由于信息交换是成批的，如果处理不及时，可能会造成信息丢失。因此，程序中断方式主要适用于低、中速外设。有关于中断的详细介绍见本书第 7 章。

6.4.3 直接存储器存取（DMA）方式

与程序查询方式相比，程序中断方式大大提高了 CPU 的利用效率，并且使 CPU 有了处理突发事件的能力。但是，当外设的速度进一步提高，甚至接近一条指令的执行速度时，CPU 的利用率又会降低。原因在于每实现一次中断，都要切换一次程序，都必须执行由若干条指令组成的与中断相关的操作。但如果过度频繁地中断势必降低 CPU 的利用率，甚至有可能造成数据丢失。因此对于高速 I/O 设备，必须寻求一种更快捷的输入/输出方式，这种方式就是 DMA。

直接存储器存取（Direct Memory Access，DMA）方式是一种直接依靠硬件在主存和 I/O 设备之间进行数据传送的 I/O 数据传送控制方式。对数据传送过程进行控制的硬件称为 DMA 控制器（DMAC）。DMA 方式在数据传送的过程中不需要 CPU 干预也不需要软件介入，通常用于高速外设按照连续地址方式访问主存的场合。

与程序中断方式相比，DMA 方式只需要占用系统总线，不需要切换程序，因此节省了 CPU 的大量时间，使得 CPU 的效率得以提高。

DMA 方式下数据传送的实现直接由硬件控制，提高了数据传输的效率，但是也增加了 DMA 接口的复杂程度。DMA 方式只能实现数据传送，功能单一，不能像中断方式那样靠软件实现各种各样复杂的功能。

DMA 方式一般应用于高速外设和主存之间的简单数据传输，以及其他与高速数据传送有关的场合。例如，用于动态存储器刷新；用于磁盘、磁带、光盘等外存储器设备接口；用于网络通信接口；用于大批量、高速数据采集接口等。

由于 DMA 方式本身不能处理较复杂的事情，因此在某些应用场合常常将 DMA 方式与程序中断方式综合应用，二者互为补充。有关于 DMA 的详细介绍见第 9 章。

6.4.4 通道方式

通道方式是 DMA 方式的进一步发展。在计算机系统中设置能够代替 CPU 管理控制外设的独立部件，即 I/O 通道，是一种能执行有限的通道指令的控制器，它使主机与外设之间达到更高的并行性。主机在执行 I/O 操作时，只需要启动有关通道，通道将执行通道程序，完成输入/输出操作。一个通道可以控制多台不同类型的外设。

小型、微型计算机大多采用前 3 种方式，大、中型机多采用通道方式。近年来，在中、小型及微型计算机中也发展了这种技术，产生了各种 I/O 处理器。而在承担高端计算的大、巨型机中，则广泛使用外围处理机。

6.5 开关量输入/输出

开关量的输入/输出不受状态的制约，因此通常采用无条件程序直接控制的输入/输出方式，通过简单的接口电路就可以完成。

6.5.1 开关量输出

常见的开关量输出应用有两种：发光二极管（LED）控制和执行元件驱动线圈。下面以 LED 为例介绍开关量输出。

LED 通常用于指示仪器仪表的状态，可以由逻辑电路直接驱动。常见的数码管就是由多个 LED 构成的，每一个信息段对应一个 LED，如图 6-21 所示。

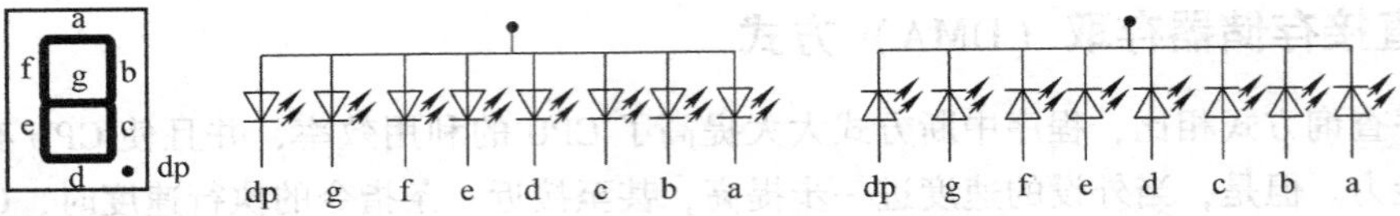

a）数码管外形与LED编码　b）共阳极数码管　c）共阴极数码管

图 6-21　数码管

对于共阳极数码管，所有段的阳极连接在一起，接高电平（逻辑 1）。当某一位输入为 0 时，对应的 LED 点亮，输入为 1 时熄灭。共阴极数码管则刚好相反。若要在数码管上显示特定的信息，必须从输入端输入特定的信息编码，称为字形码，也称为段码。

要驱动 LED，只需在 LED 和主机间设置仅包含数据输出端口和地址译码电路的简单接口即可，如图 6-22 所示。锁存器的控制信号由地址译码电路产生。

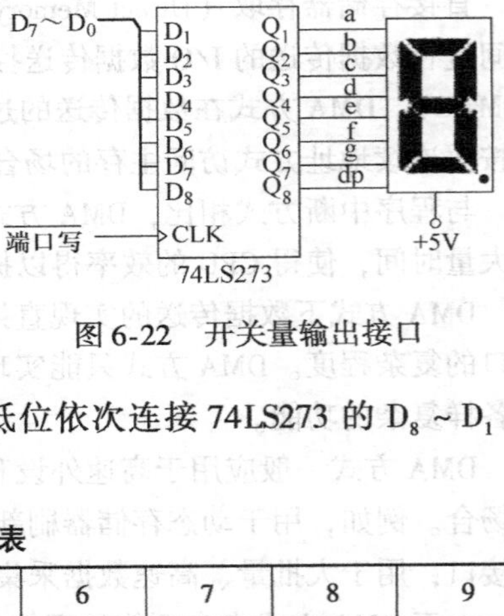

图 6-22　开关量输出接口

如果数码管为共阳极，且系统数据线 $D_7 \sim D_0$ 由高位到低位依次连接 74LS273 的 $D_8 \sim D_1$ 引脚，则 0～9 共10个字形信息的字形码见表6-2。

表 6-2　0～9 的共阳极字形码表

字形信息	0	1	2	3	4	5	6	7	8	9
字形码	C0H	F9H	A4H	B0H	99H	92H	82H	F8H	80H	90H

如果当地址信息为 200H 时，接口中的地址译码电路产生有效的端口写信号，则以下程序将会在数码管上显示信息“3”：

```
MOV DX, 200H
MOV AL, 0B0H
OUT DX, AL
```

下面以共阳极数码管为例，说明在多个数码管上显示信息的方法。如果要利用 8 个共阳极数码管显示信息，一种比较简便的方法是：将 8 个数码管的段码输入信号并联，由接口电路中的一个输出端口驱动（即通过该端口送出的字形码可以被多个数码管同时接收，称为段码端口），而用另一个输出端口中的每一位控制每一个数码管的共阳极信号（该端口中的某一位为 1 时，所连接的数码管显示收到的段码信息，称为位码端口)。多位数码管显示的接口如图 6-23 所示。

多位数码管显示程序的一般流程为：

1）设置位码都无效，熄灭所有数码管。

2）将一个数码管的字形码送入段码端口。

3）设置位码，点亮一个数码管。

4）适当延时后，重复以上过程。

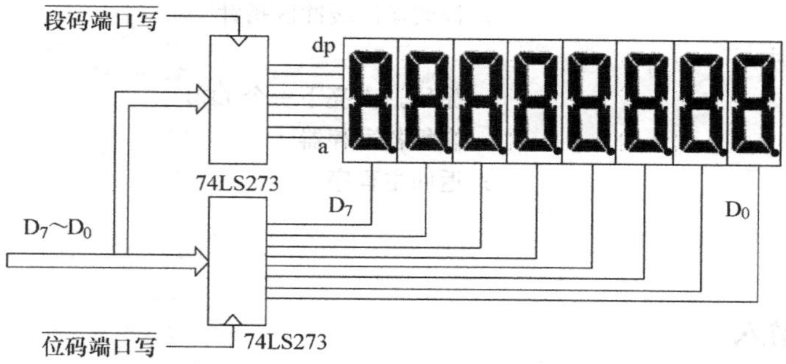

图 6-23　多位数码管显示接口

如果图 6-23 中，数据总线 $D_7 \sim D_0$ 由高位到低位通过段码端口依次连接数码管的字形码输入引脚 dp、g、f、e、d、c、b、a，并通过位码端口依次连接从左到右 8 个数码管的共阳极引脚，则以下程序的功能是在 8 个数码管上从左到右依次显示 1 ~ 8：

```
.DATA
        SEGTAB  DB 0C0H, 0F9H, 0A4H, 0B0H, 99H, 92H, 82H, F8H, 80H, 90H
                                             ；0 ~ 9 的段码表
        BUFFER  DB    1, 2, 3, 4, 5, 6, 7, 8    ；数码管上显示的内容
        SEGPORT DW  ?                   ；段码端口地址，由接口中的地址译码电路决定
        BITPORT DW  ?                   ；位码端口地址，由接口中的地址译码电路决定
        BITCODE DB  ?                   ；存放位码值
.CODE
START: CALL LED_DISP
        MOV     AX, 4C00H
        INT  21H
LED_ DISP   PROC   FAR
        ……                              ；保护各寄存器内容
        MOV   AX, @ DATA                ；装载 DS
        MOV   DS, AX
        LEA   BX, SEGTAB                ；BX 置为段码表首址
        MOV   BITCODE, 80H              ；位码初始值为 80H，从左边开始
        MOV   SI, 0                     ；SI 用作输出缓冲区指针，初值 0
        MOV   CX, 8                     ；CX 用作循环计数器，初值 8
ONE:    MOV   AL, 0
        MOV   DX, BITPORT
        OUT   DX, AL                    ；送位码 0，熄灭各 LED
        MOV   AL, BUFFER [SI]           ；取出一个待输出数字
```

```
        XLAT                          ; 转换成七段码
        MOV    DX, SEGPORT
        OUT    DX, AL                 ; 向段码端口输出
        MOV    AL, BITCODE
        MOV    DX, BITPORT
        OUT    DX, AL                 ; 输出位码，点亮一个 LED
        ROR    BITCODE, 1             ; 修改位码，得到下一个位码
        INC    SI                     ; 修改输出缓冲区指针
        ; 应进行适当延时
        LOOP ONE                      ; 循环，点亮下一个 LED
        ……                            ; 恢复各寄存器
        RET                           ; 返回主程序
LED_DISP   ENDP
        END    START
```

6.5.2 开关量输入

常见的输入开关量主要有 3 种形式：单刀单掷开关、单刀双掷开关和按钮，分别如图 6-24 中 a、b、c 所示。

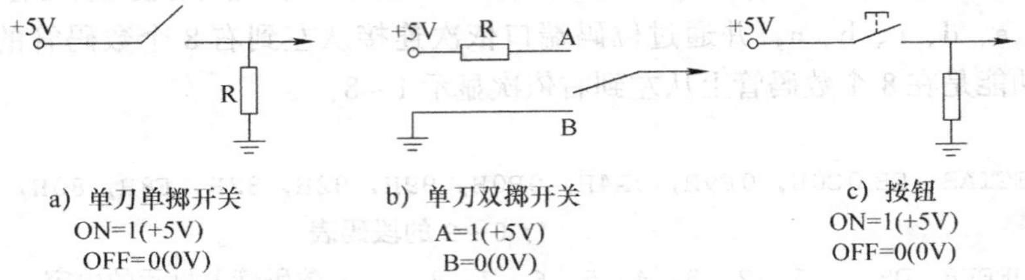

图 6-24 开关量的 3 种形态

当开关切换位置（断开或闭合）、按钮状态发生变化（按下或释放）时，开关电路的输出端的电平发生变化，读取到的开关量就不同。

要读取开关量，只需在开关量电路和主机间设置仅包含数据输入端口和地址译码电路的简单接口即可，而且数据输入端口中只需要三态缓冲器而不需要锁存器，如图 6-25 所示。三态缓冲器的控制信号由地址译码电路产生。从数据输入端口读取到的信息中，每一个二进制位直接反映了开关的位置，为“0”时断开，为“1”时闭合。

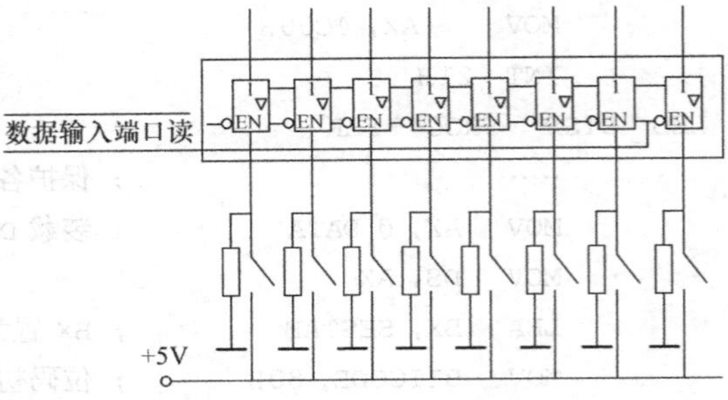

图 6-25 开关量输入接口

如果开关量的数量很多，超过系统数据总线的位数，则通常把开关量排列成矩阵的形式以简化 I/O 接口电路，计算机中的键盘就是一个典型的例子。图 6-26 为矩阵式键盘的接口电路，数据总线 $D_7 \sim D_0$ 通过接口中的数据输出锁存器驱动键盘矩阵的 8 根行线 $R_7 \sim R_0$，键盘矩阵的 8 根列线 $C_7 \sim C_0$ 上的信息可以通过数据输入缓冲器送往数据总线 $D_7 \sim D_0$。两个端口的控制信号由地址译码电路产生。

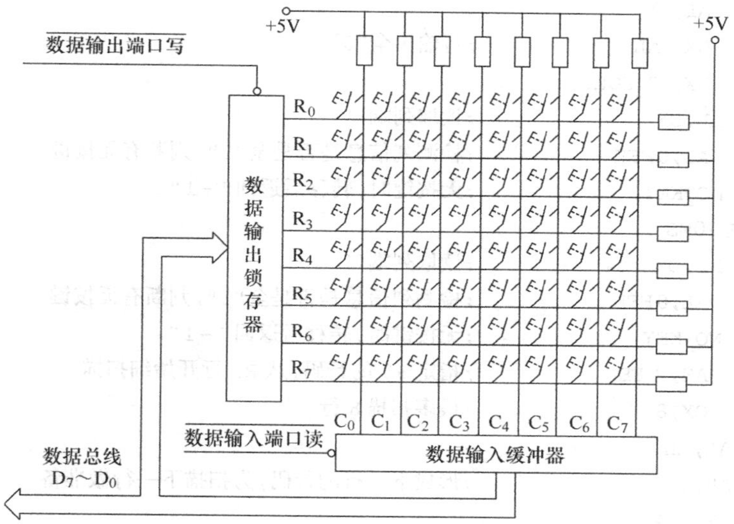

图6-26 矩阵键盘接口

当键盘矩阵中的某个按键被按下时，它所连接的行线和列线导通。显然：

1）如果没有键被按下，读取列端口得到的是全“1”。

2）从行端口中输出全“1”时，不管有没有键按下，读取列端口得到的是全“1”。

3）某一位行线的输出为“0”时，如果该行上有键被按下，则该键所在列的列线为“0”，而其余列的列线为“1”。

矩阵中的每一个按键都有一个唯一的2B“行列码”。例如，行线 R_3 和列线 C_2 交叉处按键的行列码为“F7FBH”，高字节为行信息，F7H＝11110111B，“0”出现在 D_3 位，而数据线的 D_3 通过行端口连接行线 R_3，说明该键位于 R_3 行；低字节为列信息，FBH＝11111011B，“0”出现在 D_2 位，而数据线的 D_2 通过列端口连接列线 C_2，说明该键位于 C_2 列。

要通过执行程序识别键盘矩阵中被按下的单个按键，则程序执行的步骤为：

1）向行端口输出全“0”并读取列端口。如果列端口信息为全“1”则退出，否则执行第2）步（该操作被称为“粗扫描”）。

2）延时消抖，通常延时20ms。

3）再次读取列端口，如果读出的信息为全“1”，说明无键按下，退出，否则执行下一步。

4）逐根行线输出“0”并读取列端口。直到某次读到的列信息非全“1”（有1位为0），识别出按键，执行第5）步，否则退出（该操作被称为“细扫描”）。

5）形成按键的2B行列码，当前的行线输出的数值为按键所在行信息，读到的列值为按键所在列信息。

以上识别键盘矩阵中被按下的单个按键的方法称为行扫描法。

下面的子程序基于行扫描法扫描键盘矩阵，当有键按下时通过AX返回按键的2B行列码，AH为行码，AL为列码，没有按键返回“－1”。R_PORT、C_PORT分别为行列端口的地址，由地址译码电路决定具体数值。

```
SCANKEY   PROC
          PUSH   CX
          PUSH   DX
          MOV   DX, R_PORT
```

```
            MOV   AL, 0
            OUT   DX, AL              ;行输出全“0”
            MOV   DX, C_PORT
            IN    AL,DX               ;读取列端口
            CMP   AL,0FFH             ;检测列信息是否是全"1",判断有无按键
            JZ    NO_KEY              ;无按键时,转移后返回"-1"
            ;延时 20MS
            IN    AL,DX               ;读取列端口
            CMP   AL,0FFH             ;检测列信息是否是全"1",判断有无按键
            JZ    NO_KEY              ;无按键时,转移后返回"-1"
            MOV   AH, 0FEH            ;指定 R0 的行码,从 R0 行开始细扫描
            MOV   CX,8                ;最多扫描 8 行
NEXT:       MOV AL,AH
            ROL AH,1                  ;形成下一行的行码,为扫描下一行做准备
            MOV DX,R_PORT
            OUT DX,AL
            MOV DX,C_PORT
            IN AL,DX                  ;读取列码
            CMP AL,0FFH
            LOOPZ  NEXT
            JZ NO_KEY                 ;没有按键,转移后返回"-1"
            ROR AH,1                  ;AX 存放形成的行列码
            JMP EXIT
NO_KEY:     MOV AX, -1
EXIT:       POP DX
            POP CX
            RET
            SCANKEY   ENDP
```

得到按键的行列码后，可以用它进行查表，进一步得到它的实际代码（如键面信息的 ASCII 码）。

例如，如果将图 6-26 中的 64 个按键从上到下、从左到右依次定义为 0 ~ 9、A ~ Z、a ~ z、回车和换行，则下面的程序通过调用键盘扫描子程序识别按键，并将按键的实际信息显示在屏幕上。

```
    .MODEL SMALL
    .DATA
        KEYVALUE DB '01…9A…Za…z', 0DH, 0AH      ; 64 个按键的 ASCII 码
        KEYCODE  DW 0FEFEH, 0FEFDH, …, 7F7FH    ; 64 个按键的行列码
        R_PORT      DW ?                        ; 行端口地址
        C_PORT      DW ?                        ; 列端口地址
    .STACK     100H
    .CODE
START:  MOV AX,@ DATA                           ; 装载 DS
        MOV DS, AX
        CALL SCANKEY
```

```
          CMP AX, -1
          JZ  QUIT
          MOV CX, 64
          LEA SI,KEYVALUE -1         ; 初始化 ASCII 码表地址
          LEA DI,KEYCODE -2          ; 初始化行列码表地址
SCANTAB:  INC SI                     ; 用子程序返回的行列码查表
          INC DI
          INC DI
          CMP AX, [DI]
          LOOPNZ SCANTAB
          JNZ QUIT
          MOV DL,[SI]                ; 得到按键的 ASCII 码
          MOV AH,2
          INT 21H                    ; 通过 DOS 调用，显示按键信息
QUIT:     MOV AX, 4C00H
          INT 21H
          END START
```

综上所述，将输入开关量组织成阵列的形式，能够以较小的硬件代价访问超过系统数据总线位数的开关量，但需要编制较为复杂的程序才能识别每一个开关量的状态。

习　题

6-1　在计算机系统中，外设为什么需要通过 I/O 接口连接主机？I/O 接口通常有哪几类功能？

6-2　I/O 接口内部一般应包含哪几个功能模块？按照存储的信息不同，端口分为哪几种？

6-3　端口的地址编排方式有哪几种？基于 Intel 系列微处理器的计算机系统中，端口的地址编排方式属于哪一种？能够访问的端口数量是多少？通过什么指令访问端口？

6-4　什么是端口的“输入缓冲”和“输出锁存”？简单的输入端口和输出端口内部通常由什么器件构成？

6-5　8088 最小模式的计算机系统中，指令“IN AL, DX”的功能是什么？如果（DX）=120H，则在该指令的执行期间需要什么类型的总线操作？在该总线周期的各个 T 状态，8088 相关引脚上输出的信息分别是什么？

6-6　主机与外设间传递信息的控制方式有哪几种？各有什么特点？简述程序查询方式的工作流程。

6-7　识读图 6-19 中，编写完成以下功能的汇编语言程序：以查询方式从输入设备读入 100 个字节数据，存储到数据段内存缓冲区 INBUFF 中。

6-8　识读图 6-20，编写完成以下功能的汇编语言程序：以查询方式将数据段内存缓冲区 OUTBUFF 中定义的若干个字节数据传送给输出设备，当从输出缓冲区取到的数据为“0DH”时，输出该数据后程序结束。

6-9　识读图 6-22，如果数码管为共阴极，且系统数据线 $D_7 \sim D_0$ 由高位到低位依次连接 74LS273 的 $D_8 \sim D_1$ 引脚，则 0~9 这 10 个字形信息的字形码分别是什么？如果端口地址为 310H，写出在数码管显示“2”的汇编语言程序片断。

6-10　简述使用行扫描法识别键盘矩阵中被按下的按键的完整过程。识读图 6-26 矩阵键盘接口，分别确定（R_0，C_5）、（R_2，C_7）、（R_6，C_6）处按键的 2B 行列码。

第 7 章　微型计算机的中断系统

【本章提要】

中断是现代计算机必须具备的重要功能，也是微机发展史上的一个重要里程碑。本章首先介绍了中断的基本概念，然后讲述了 8086 中断系统的功能，进而详细介绍了 8259 中断控制器的基本原理和编程，最后介绍中断程序设计的方法。

【学习目标】

- 掌握中断、中断分类等基本概念。
- 熟练掌握实地址方式下的中断服务程序入口地址的求法。
- 掌握中断过程和可屏蔽中断的中断响应过程。
- 理解可编程序控制器 8259A 的工作原理。
- 理解 8259A 的工作方式，并熟练掌握 8259A 的编程方法及应用。
- 掌握中断编程及应用。

7.1　中断系统的基本概念

7.1.1　中断的基本概念

中断是计算机中一项十分重要的技术，是现代计算机中处理器与外部设备进行信息交换的一种主要方式。现代微机系统中的键盘、鼠标等 I/O 接口都是以中断方式与处理器进行信息交换的。那什么是中断呢？可以举一个生活中的例子来说明：小李正在看书，突然他的手机响了。这时，小李放下书，去接听电话，通话完毕，接着看书。这个例子就表明了中断及其处理过程，手机铃声使小李暂时中止当前的工作，而去处理突然发生或者急需处理的事情（接电话），把实时需要处理的事情处理完毕，再继续做原来的事情。

在计算机系统中，所谓中断，是指 CPU 执行程序时，突然有某个外部或内部事件发生，请求 CPU 处理，CPU 暂停当前正在执行的程序，转去执行处理该事件的服务程序，服务完毕后，CPU 返回原来程序被中断的地方继续执行。这个过程称为中断，如图 7-1 所示。

图 7-1　中断过程

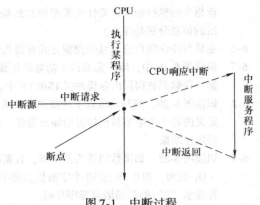

在这个过程中，引起中断发生的这个内部或外部事件称为中断源。为了区分不同的中断源，CPU 为每个中断源分配一个唯一的编号，称为中断类型号（又称为中断向量号）。中断源向 CPU 发出的请求称为中断请求。由于中断的发生，被暂停执行的程序中即将执行，但还没有被执行的那条指令的地址称为断点，即中断发生时的 CS 和 IP 值。处理该中断事件的服务程序称为中断服务程序。不同的中断源对应不同的中断服务程序。当发生中断并得到响应时，中断源向 CPU 提交它的中断类型号（不管它以什么方式提交），CPU 根据该类型号找到对应的中断服务程序入口地址。微机系统中有的中断服务程序已编制好，

并固化在 ROM 中，有的可由用户根据需求自行编制开发使用。

中断的过程类似于子程序的调用过程，都存在程序的切换，但两者又有本质的区别。子程序由主程序调用执行，因此是确定的。中断服务子程序由某个事件引发，它的发生是随机的、不确定的。当然，中断也可以通过中断调用指令 INT 调用来实现某一特定功能，但是跟子程序的调用处理机制是不同的。

CPU 接收到中断请求，由当前程序转去中断服务程序的过程称为中断响应。中断服务结束后返回被中断的程序继续执行的过程称为中断返回。

7.1.2 中断系统的功能

中断系统是指实现中断功能的软、硬件的集合。为了满足各种情况下的中断请求，中断系统应该具有以下功能：

1）能实现中断响应、中断服务及中断返回。当某一中断源发出中断请求时，CPU 能决定是否响应这一中断请求。若允许响应这个中断请求，CPU 能在保护断点后，将控制转移到相应的中断服务程序去，中断处理完，CPU 能返回到断点处继续执行原程序。

2）能实现中断优先权排队。当有两个或者多个中断源同时提出中断请求时，中断系统要能根据中断源的性质分清轻重缓急，给出处理的优先顺序，保证首先处理优先级别高的中断请求。

3）能实现中断嵌套。若在中断处理过程中又有新的优先级较高的中断请求，中断系统要能使 CPU 暂停对当前中断服务程序的执行，而去响应和处理优先级较高的中断请求，处理结束后再返回原优先级较低的中断服务程序。这种情况称为中断嵌套或多重中断。

计算机系统具备了完善的中断功能后，系统的整体性能可以得到很大的提高。主要体现在如下几个方面：

1）并行处理能力。有了中断系统，CPU 可以与多个外设同时工作。CPU 对外设初始化后，可以执行其他的程序。当 CPU 和外设相互需要交换信息时，才“中断”CPU 当前的工作。这样 CPU 可以同时控制多个外设并行工作，大大提高了系统的吞吐率和工作效率。

2）实时处理能力。在应用于实时控制时，现场的许多信息需要 CPU 能迅速响应，及时处理，而提出请求的时间往往又是随机的。只有中断系统，才能实现实时处理。

3）故障处理能力。在 CPU 运行过程中，往往会出现一些故障，如电源掉电（指电压下降幅度过大，220V 降至 160V 还在继续下降）、存储器读写错误、运算出错等，可以利用中断系统功能，自动转去执行故障处理程序，而不会影响其他程序的执行。

4）多任务运行。通过定时中断，在操作系统的调度下，可将 CPU 的时间分配给多个任务，任务间交替运行。从宏观上看，多个任务同时在运行。

7.1.3 中断处理过程

对于不同的微型计算机系统，CPU 进行中断处理的具体过程不完全相同，即使同一台微型计算机，由于中断类型不同，中断处理的过程也会有差异，但一个完整的中断处理的基本过程应该包括：中断请求、中断判优、中断响应、中断处理以及中断返回这 5 个基本阶段。

1. 中断请求

中断请求是中断过程的第一步。中断源产生中断请求的条件因中断源而异：内部中断是通过 CPU 的特定的标志或指令引起的；外部中断是通过中断接口电路产生的中断请求信号。以输入方式为例，中断接口电路如图 7-2 所示。外部设备准备好数据后，发出 $\overline{STB}$ 信号将数据打入锁存器的同时使中断请求触发器置 1，若该请求没有被屏蔽，则产生中断请求信号。以 8086 处理器为例，中断请求信号送往 CPU 的 INTR 引脚。CPU 响应该请求发送 $\overline{INTA}$ 应答信号，获取中断类型号。

2. 中断判优

由于中断源的种类繁多，而外部中断的产生具有随机性，可能出现两个或者两个以上中断源同时提出中断请求的情况。这就必须根据中断源的轻重缓急，给每个中断源确定一个中断级别——优先权。当多个中断源同时发出中断请求，中断系统要识别出优先级最高的请求，并首先响应该请求，然后再响应级别较低的请求。中断优先级的设定方法有软件查询优先权排队法和硬件优先权判别法两种。硬件优先权判别法又有菊花链法和向量优先权排队法。

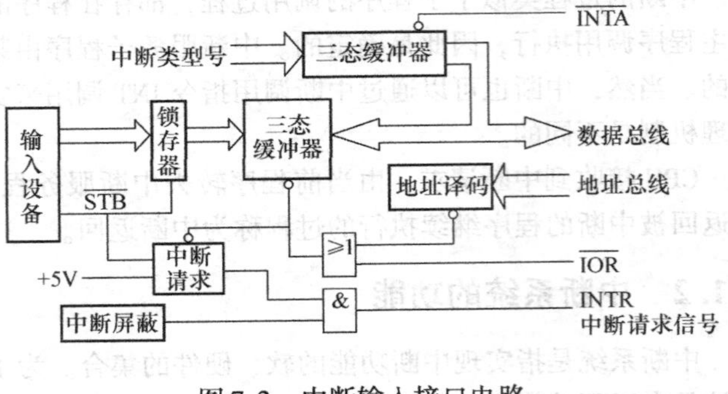

图 7-2　中断输入接口电路

（1）软件查询优先权排队。CPU 在收到中断请求后，执行查询程序，读出中断请求寄存器的状态，按照次序逐位查询，当某个中断请求状态位有效时，便转入相应的中断服务子程序。先被查询的中断源优先级高，后被查到的优先级低。

软件查询优先权排队的优点是接口电路简单，而且优先权次序可随查询的先后顺序而改变，修改起来方便；缺点是中断源较多时，由响应中断到进入中断服务程序的时间较长，即中断响应慢，这种方法只用在中断源不多、实时性要求不高的场合。

（2）链式优先权排队法——菊花链法。在每个外设对应的接口电路上连接一个优先权逻辑电路，这些逻辑电路构成一个链，称为菊花链。如图 7-3 所示，由菊花链控制中断响应信号 $\overline{\text{INTA}}$ 的通路，从而控制各设备的优先级。任何设备发出中断请求时，都能向 CPU 申请中断。CPU 响应中断，发出 $\overline{\text{INTA}}$ 信号。该信号在菊花链上传递，如果某接口无中断请求，则 $\overline{\text{INTA}}$ 信号继续向后传递；如果某接口有中断请求，$\overline{\text{INTA}}$ 信号将被封锁，不再向后传递。通过该逻辑电路，CPU 发出的 $\overline{\text{INTA}}$ 信号可以从最靠近 CPU 的接口沿着菊花链逐级向后传递，直至被一个有中断请求的接口封锁为止。在有多个中断源同时发出请求时，最靠近 CPU 的接口最先得到 CPU 的响应，优先级最高，离处理器越远的接口，其优先级越低。

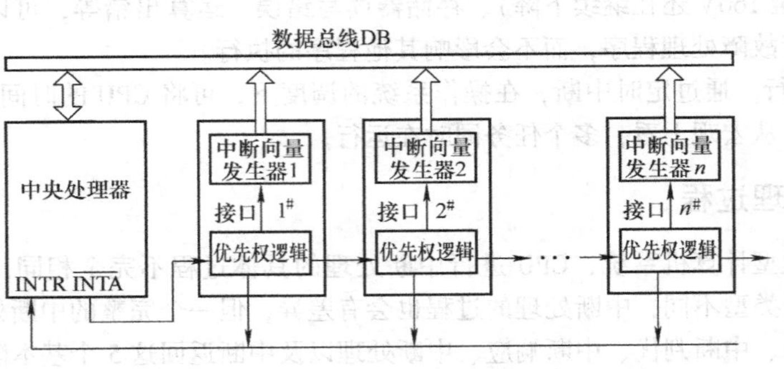

图 7-3　链式优先权排队电路

（3）中断控制器——“向量”优先权排队专用电路。目前，在大多数微型计算机系统中普遍使用可编程的中断控制器，负责对中断请求进行接收、屏蔽、判优。一个中断控制器可以接收多个 I/O 接口送来的中断请求信号，它们通过一个优先权裁决器进行优先级的管理。优先权裁决器尽管在硬件上已经对各个请求的优先顺序做了安排，但还可以通过程序设定不同的优先级方式，达到动态修改优先级的目的。中断控制器对中断请求判优后向CPU发出中断请求信号INTR，CPU回送$\overline{INTA}$信号响应，然后中断控制器送出中断类型号（也称向量号）给CPU，CPU根据类型号找到对应的中断服务子程序并予以执行。

3. 中断响应

从CPU接收到中断请求，到转去执行中断服务程序之间的过程就是中断响应。CPU在每条指令执行结束后去采样中断请求信号，若检测到有中断请求，并且在允许响应中断的情况下，则系统自动进入响应周期，由硬件完成关中断、保存断点、取中断服务程序入口地址等一系列中断响应操作。

4. 中断处理

中断处理就是执行中断服务程序，完成中断源所要求的操作。中断处理程序通常由以下几部分组成。

（1）保护现场。一般是通过入栈指令把中断服务程序中用到的寄存器内容压入堆栈，称为保护现场，以便中断服务程序返回后能正确执行原程序。

（2）执行中断服务程序。这是中断处理的核心，完成中断源要求的任务。

（3）恢复现场。用出栈指令把保护现场时有关的寄存器内容恢复，并保证堆栈指针恢复到进入中断处理时的指向。

5. 中断返回

通过中断返回指令，将堆栈中保存的断点和标志等信息弹出，返回到原来的程序被中断的地方继续执行。

7.2 8086CPU中断系统

7.2.1 8086中断的分类

8086采用向量中断机制，采用8位二进制编码来区分不同的中断源，因此可支持256个不同的中断。根据中断发生的原因及位置的不同，分为内部中断和外部中断，其中外部中断又分为可屏蔽中断和不可屏蔽中断，如图7-4所示。

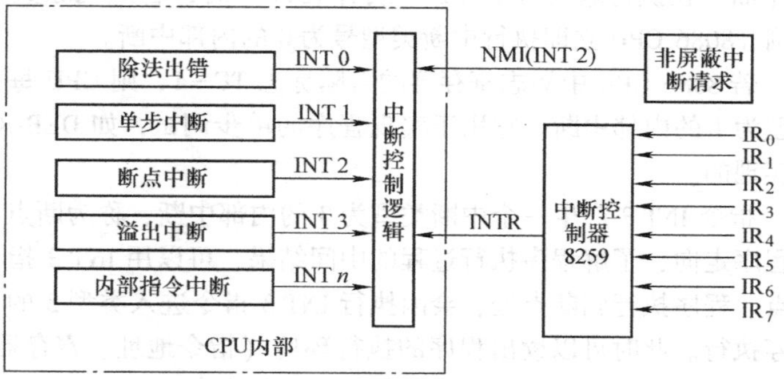

图7-4 8086CPU的中断分类

1. 外部中断

外部中断是由于CPU外部提出中断请求引起的程序中断，也称为硬件中断。由CPU外部引脚触发，分为可屏蔽中断和非屏蔽中断。什么是可屏蔽和非屏蔽呢？下面通过生活中的一个例子来说明：当同学们正在上课时，需专心听课，处于关中断状态，此时若有同学手机有来电，也不能接听电话（因为正在上课，为关中断状态，接听电话为可屏蔽，因此不能响应该中断）。但如果来电是在课后，学生就可以接听电话（开中断）。但同样是上课，如果此时发生了地震或者火灾等严重的紧急事件，那同学们必须立即处理该事件（因为地震、火灾这类紧急事件为不可屏蔽，只要有非屏蔽的事件发生就必须要处理）。

（1）非屏蔽中断NMI。8086的非屏蔽中断由NMI引脚引入，上升沿触发。当CPU采样到NMI引脚由低到高的上升沿信号后就自动进入NMI服务程序，它不受中断允许标志IF的限制，不论CPU当前IF=1还是IF=0都会响应该请求。NMI中断主要用于处理外部紧急事件，如电源掉电、存储器检验出错等。中断类型号为2号。

（2）可屏蔽中断INTR。8086的可屏蔽中断由INTR引脚引入，高电平有效。CPU在当前指令周期的最后一个时钟周期采样INTR引脚，因此，INTR请求信号必须至少保持到当前的指令执行结束才有可能被响应。若发现有可屏蔽中断请求，CPU根据中断允许标志IF的状态决定是否响应。当IF=1时，CPU响应INTR请求；IF=0时禁止响应。在允许可屏蔽中断的情况下，CPU会在当前指令执行结束后输出可屏蔽中断响应信号$\overline{INTA}$予以响应。

CPU只有一个INTR引脚，如何管理多个外部中断请求，如何获取各中断源的中断类型号呢？8086/8088可屏蔽中断通常借助专用中断控制器Intel 8259A实现统一管理。可屏蔽中断的中断类型号由中断控制器提供。8259A的详细介绍在7.3节中展开。

可屏蔽中断具有以下特点：

1）中断由外部事件引起，需要硬件电路产生中断请求信号。

2）中断请求能否被响应受中断允许标志IF的影响。

3）响应请求时，通过$\overline{INTA}$信号向8259A发出应答，由8259提供中断类型号。

4）允许中断嵌套。

5）可屏蔽的请求具有随机性，发生的时间无法预知。

2. 内部中断

内部中断也称为软件中断，是由CPU检测到异常情况或执行软件中断指令引起的一种中断，属于非屏蔽中断。内部中断一般是在执行某条指令时或根据标志寄存器某个标志位状态而产生的，一般有除法出错中断、单步中断、断点中断、溢出中断和指令中断。

（1）除法出错中断。在执行除法指令（DIV或者IDIV）时，若发现除数为0或者商超出寄存器所能表达的范围，8086 CPU立即执行中断类型号为0的内部中断。

（2）单步中断。若8086 CPU中标志寄存器的自陷标志TF=1，则CPU每次执行完一条指令就引起一个中断类型为1的内部中断。它用于实现程序的单步调试，如DEBUG下T命令的执行就是通过单步中断实现的。

（3）断点中断。指令INT 3产生一个中断类型为3的内部中断，称为断点中断。在程序调试过程中，需要跟踪程序走向，了解程序执行过程的中间结果，可以用INT 3指令临时替换原来的指令，称为设置断点。程序执行到断点处，会因执行INT 3指令进入类型3的中断服务程序。于是，原来的程序暂停执行。此时可以读出程序的执行环境（指令地址、寄存器值、变量值），供程序员调试使用。最后恢复原来的指令，继续执行被调试的程序。

（4）溢出中断。8086标志寄存器中溢出标志OF=1，则执行INTO指令产生类型为4的内部中断；否则此指令不起作用，程序顺序执行下一条指令。

（5）指令中断。执行中断指令INT n（n为中断类型号，其范围为0~255）所产生的类型号为n的中断。在程序中，用户可以使用INT n指令方便地调用不同中断类型号的中断服务程序。

概括起来，软件中断具有以下特点：

1）中断由 CPU 内部原因引起，与外电路无关。中断类型号由 CPU 自动提供。

2）除单步中断外，内部中断无法用软件禁止，不受 IF 状态的影响。

3）内部中断无随机性，与调用子程序类似。

3. 中断优先级

8086 CPU 的中断优先级由高至低顺序依次为：内部中断（除单步中断）> NMI 中断 > INTR 中断 > 单步中断。除单步中断外，任何内部中断的优先级都高于外部中断。

7.2.2 中断向量表

1. 中断向量

中断向量是指中断服务程序的入口地址，包括段基地址和偏移地址。每个中断向量占 4B，其中低地址两个字节存放偏移地址，高地址两个字节存放段基地址。

2. 中断向量表

8086 系统中在内存 00000H ~ 0003FFH 共 1024B 按中断类型号从低到高的顺序依次存放了 256 个中断源的中断向量，称为中断向量表，如图 7-5 所示。

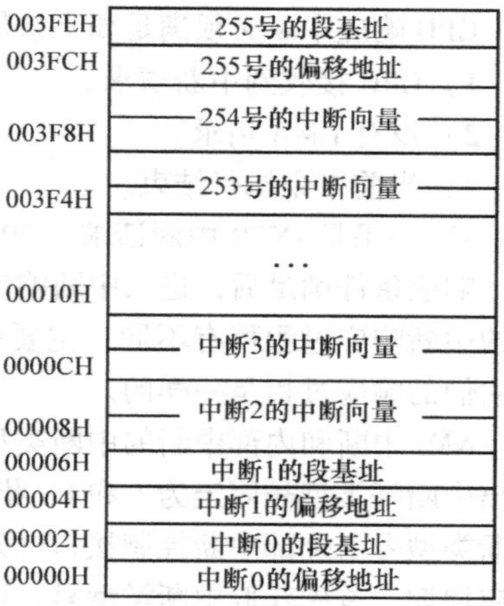

图 7-5 8086 的中断向量表

中断向量在表中的位置称为中断向量地址，中断向量地址与中断类型号之间的关系为

$$中断向量地址 = 中断类型号 \times 4$$

得到中断类型号后，根据中断向量地址在中断向量表中找到对应的中断向量，才能去执行中断服务程序。例如，中断类型号为 18H 的中断向量为 1234H：5600H，则该向量的中断向量地址为 18H × 4 = 60H。所以从内存 60H ~ 63H 这 4 个单元的内容依次为：00H、56H、34H、12H。

8086 可以管理 256 个中断，见表 7-1，00H ~ 04H 为 CPU 专用中断，05H ~ 3FH 为系统保留中断，40H ~ FFH 为用户定义的中断。系统保留中断主要包括：08H ~ 0FH 的硬件中断，10H ~ 1FH 的 BIOS 调用和 20H ~ 3FH DOS 系统调用，这些中断用户一般不能改变它们的定义。

表 7-1 8086 中断向量表的分类

中断向量地址	用途	中断向量地址	用途	中断向量地址	用途
00H ~ 04H	系统专用	10H ~ 1FH	BIOS 用	40H ~ FFH	用户用
08H ~ 0FH	硬件中断	20H ~ 3FH	DOS 用		

中断向量表中 DOS、BIOS 软中断及系统专用的中断向量，在系统初始化时装入。用户开发的中断服务程序在使用之前，必须在中断向量表中设置好对应的中断向量。

3. 中断向量的设置方法

假设中断类型号为 *N*，中断服务程序名为 INTRPROC，以下两种方法均可完成中断向量的设置。

（1）利用 25H 号 DOS 功能调用设置中断向量。程序段如下：

```
MOV AX, SEG INTRPROC
MOV DS, AX              ; DS：DX 中预置中断服务程序的入口地址
MOV DX, OFFSET INTRPROC
```

```
MOV AH, 25H               ; AH 中为 DOS 调用功能号
MOV AL, N                 ; AL 中预置中断类型号
INT 21H                   ; DOS 调用
```

（2）利用 MOV 指令设置中断向量。程序段如下：

```
MOV AX, 0
MOV ES, AX                ; 中断向量表段基地址为 0000H
MOV BX, N* 4              ; BX 中预置中断向量地址
MOV AX, OFFSET INTRPROC
MOV ES: [BX], AX          ; 向量表中低地址存放偏移地址
MOV AX, SEG INTRPROC
MOV ES: [BX +2], AX       ; 向量表中高地址存放段基地址
```

7.2.3 8086 对中断的响应

CPU 响应中断必须满足如下条件：

1）CPU 接收到中断请求。

2）没有 DMA 请求。

3）当前指令执行结束。

4）如果是 INTR 中断请求，CPU 还必须开中断，即中断标志 IF =1。

响应条件满足后，进入中断响应周期，中断响应操作由硬件自动完成。8086 CPU 对不同类型的中断响应过程稍有不同，主要是获取中断类型号的过程不同，获取中断类型号之后，CPU 对它们的响应过程是一样的。

NMI 中断和内部中断的中断类型号是已知的。比如，NMI 中断类型号规定为 2，单步中断、溢出中断等类型号固定为 1 和 4，指令中断 INT *n* 的类型号由指令直接给出。可屏蔽中断 INTR 的中断类型号由外部中断控制接口（通常为中断控制器 8259A）提供。对于 INTR 中断，进入中断响应周期，首先获取中断类型号，过程如下：

1）CPU 从 $\overline{\text{INTA}}$ 引脚发出一个负脉冲的中断响应信号，通知外部中断控制接口，中断已被响应。中断控制接口将准备中断类型号送上系统数据总线。

2）发出第二个 $\overline{\text{INTA}}$ 响应信号，获取中断类型号。

获取中断类型号之后，8086 对不同中断的响应处理相同，具体过程如下：

1）将标志寄存器 FLAGS 的值压入堆栈。同时将 FLAGS 中的中断允许标志 IF 和单步标志 TF 清 0，以屏蔽外部其他中断请求，及避免 CPU 以单步方式执行中断服务程序。

2）保护断点，先将当前代码段寄存器 CS 的值压入堆栈，再将指令指针 IP 的值入栈，使中断处理完毕后，能正确返回到主程序继续执行。

3）将中断类型号左移两位（即乘以 4），形成中断向量地址，根据中断向量地址到中断向量表中找到中断向量，将中断服务程序的偏移地址写入 IP；段基址写入 CS。控制转移至中断服务程序执行。

7.3 中断控制器 8259A

8259A 是由 Intel 公司生产的可编程中断控制芯片。它具有强大的中断管理功能，主要功能如下：

1）具有 8 级优先级控制，通过级联可以扩展到 64 级优先级控制。

2）每一级中断可由程序单独屏蔽或允许。

3）可提供中断类型号传送给 CPU。

4）可以通过编程选择多种不同工作方式，以便能适应各种系统要求。

7.3.1　8259A 的引脚信号

8259A 为 CMOS 工艺接口芯片，封装形式为 DIP，共 28 个引脚，如图 7-6 所示。

1. 与 CPU 相连的引脚信号

$\overline{CS}$：片选信号，输入，低电平有效。有效时，CPU 可以对 8259A 进行读写操作。

$\overline{RD}$：读信号，输入，低电平有效。$\overline{CS}$和$\overline{RD}$都有效，允许 CPU 读 8259A 的状态信号 。

$\overline{WR}$：写信号，输入，低电平有效。$\overline{CS}$和$\overline{WR}$都有效，允许 8259A 接收 CPU 发来的命令字。

A_0：地址线，输入。选择 8259A 内部的两个可编程端口。

$D_0 \sim D_7$：8 位双向数据总线。用来传送控制命令字、状态和中断类型号。

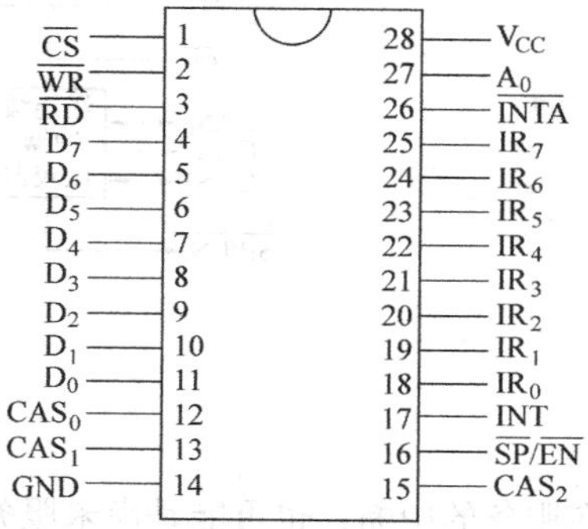

图 7-6　8259A 的引脚排列

INT：中断请求信号，输出。8259A 通过该信号向 CPU 发送中断请求。

$\overline{INTA}$：中断响应信号，输入，低电平有效。接收 CPU 发来的可屏蔽中断响应信号$\overline{INTA}$。

2. 与中断源相连的引脚信号

$IR_0 \sim IR_7$：外部中断请求信号（输入），高电平或者上升沿有效。接收外部的中断请求信号。

3. 级联扩展时的引脚信号

$CAS_0 \sim CAS_2$：级联信号，双向。8259A 工作于级联方式主片，$CAS_0 \sim CAS_2$ 为输出；8259A 工作于从片，$CAS_0 \sim CAS_2$ 为输入。

$\overline{SP}/\overline{EN}$：从片/缓冲允许控制信号。当 8259A 处于非缓冲方式，该引脚为输入，$\overline{SP}=0$ 表明该 8259A 为从片，$\overline{SP}=1$ 表明该 8259A 为主片。当 8259A 处于缓冲方式时，8259A 通过总线缓冲器与数据总线相连，该引脚输出$\overline{EN}$信号，控制总线缓冲器的使能。

7.3.2　8259A 的内部结构

8259A 的内部结构如图 7-7 所示，它由以下几个部件组成。

1. 中断请求寄存器 IRR

中断请求寄存器是一个具有锁存功能的 8 位寄存器，存放外部输入的中断请求信号 $IR_0 \sim IR_7$ 的状态。当 IR_i（$i=0 \sim 7$）端有中断请求时，IRR 相应的位 IRR_i 置“1”。在中断响应信号$\overline{INTA}$有效时 IRR_i 位被清除。IRR 的置位与清除由硬件完成。

2. 中断屏蔽寄存器 IMR

中断屏蔽寄存器是一个 8 位寄存器，用来存放外部请求 $IR_0 \sim IR_7$ 对应的屏蔽信息。当 IMR_i 为“0”时，允许 IRR 寄存器中 IRR_i 位的中断请求进入中断优先级判别器。当 IMR_i 为“1”，IRR_i 位的中断请求被屏蔽，禁止进入中断优先级判别器。IMR 中的置位与清除由软件编程完成。

3. 中断服务寄存器 ISR

中断服务寄存器是 8 位寄存器，用于存放正在被 8259A 服务着的中断状态，当 ISR_i 为“1”表示 IRR_i 位的中断正在服务中；为“0”表示没有被服务。ISR_i 为“1”的中断可能是 CPU 当前

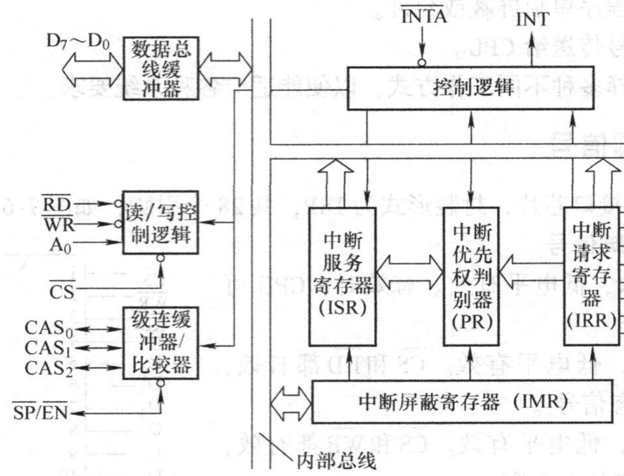

图 7-7　8259A 的内部结构

正在服务的中断，也可能是尚未服务完成被中断嵌套挂起的中断。ISR_i 位在中断服务结束后可由软件编程清除。

4. 中断优先权判别器 PR

中断优先权判别器，即优先权判优逻辑，它可以对外部中断请求进行优先排队，将通过 IMR 的中断请求与 ISR 中处于服务状态的中断进行优先级比较，如果新的中断请求比 ISR 中服务状态的优先级高，就向 CPU 申请中断。PR 的操作过程全部由硬件完成，故该寄存器是不可访问的。

5. 数据总线缓冲器

数据总线缓冲器是 8 位的双向三态缓冲器，是 8259A 与系统数据总线的接口。8259A 通过它接收 CPU 发来的控制字，也通过它向 CPU 发送中断类型号以及 8259A 的状态信息。

6. 控制逻辑

该模块控制 8259A 内部工作，使芯片内部各部分按照程序的规定进行有条不紊的工作。控制逻辑具有 7 个 8 位可编程寄存器，包括 4 个初始化命令寄存器（Initialization Command Word，ICW）和 3 个操作命令字（Operation Command Word，OCW）。初始化命令字是计算机系统启动时由初始化程序设定的，初始化命令字一旦设定 ，一般在系统工作过程中就不再改变。操作命令字是由应用程序设定的，用来对中断处理过程进行动态控制。在系统运行过程中，操作命令字可以被多次设置。

7. 读/写控制逻辑

CPU 通过读写控制逻辑电路中的片选信号$\overline{CS}$、地址信号 A_0、读信号$\overline{RD}$和写信号$\overline{WR}$实现对 8259A 的初始化编程以及状态字的读取。CPU 对 8259A 进行写操作时，OUT 指令使$\overline{WR}$有效，把写入 8259A 的命令字通过数据总线送到相应的 ICW 或 OCW 寄存器内；CPU 进行读操作时，IN 指令使$\overline{RD}$有效，把相应的 IRR、ISR 或者 IMR 寄存器的内容通过数据总线读入 CPU。

8. 级联缓冲器/比较器

实现 8259A 芯片间的级联，确定主片和从片。与此部件相关的有 3 个级联线 CAS_0 ~ CAS_2 和一个主从设定/缓冲器读写控制信号线$\overline{SP}/\overline{EN}$。

如果系统中使用了多片 8259A 构成级联系统，为了减轻系统数据总线的负担，可以把各个 8259A 的数据总线汇总后通过一个双向缓冲器与系统数据总线相连。这种方式称为缓冲方式。此时$\overline{SP}/\overline{EN}$引脚用作$\overline{EN}$信号控制总线缓冲器的开启。当系统中只有少数几个 8259A 时，不工作在缓冲方式，$\overline{SP}/\overline{EN}$引脚用作$\overline{SP}$信号，输入高电平表明8259A为主片，输入低电平表明8259A为从片。

7.3.3 8259A的工作过程

8259A一次完整的工作过程如下。

（1）中断源在中断请求输入端$IR_0 \sim IR_7$提出中断请求。

（2）中断请求被锁存在IRR寄存器中，并经IMR屏蔽，其结果送给优先权判决电路与ISR寄存器进行判优。中断请求的优先级高于正在服务的优先级，则控制器接收中断请求，向CPU发送INT信号。

（3）CPU从INTR引脚接收到8259A的请求信号，若CPU的IF为1，允许中断，则发出两个连续的$\overline{INTA}$信号响应中断。

（4）8259A收到第一个$\overline{INTA}$信号，该中断源对应的IRR位清0，ISR对应位置1，从而禁止同级和低级的中断。

（5）若8259A作为主控中断控制器，则在第一个$\overline{INTA}$周期将级联地址从$CAS_0 \sim CAS_2$送出。若8259A是单独使用或者是由$CAS_0 \sim CAS_2$选择的从属控制器，就在收到第二个$\overline{INTA}$后，从$D_0 \sim D_7$送出中断类型号。

（6）若8259A设置为中断自动结束，则在第二个$\overline{INTA}$后，ISR相应位自动清0。

（7）CPU读取该类型号，转到相应的中断处理程序。

（8）中断处理结束前，若8259A设置为非自动中断结束，由中断处理程序发送一条EOI（中断结束）命令，使ISR相应位清0。本次中断到此为止。

7.3.4 8259A的工作方式

1. 中断请求触发的方式

中断请求触发方式，是指中断请求引脚$IR_0 \sim IR_7$的有效信号类型，有两种方式：

（1）边沿触发方式。在边沿触发方式下，8259A将中断请求输入端出现的上升沿作为中断请求信号。中断请求输入端出现上升沿触发信号后，可以一直保持高电平。

（2）电平触发方式。在电平触发方式下，8259A将中断请求输入端出现的高电平作为中断请求信号。但当中断得到响应后，中断输入端必须及时撤消高电平，否则在CPU进入中断处理过程，并且开中断的情况下，原输入端的高电平会引起第二次中断的错误。

初始化命令字ICW_1中的LTIM位用来设置这两种触发方式。LTIM = 1；设置为电平触发方式，LTIM = 0设置为边沿触发方式。

2. 优先权管理方式

8259A有两种确定优先权的方法：固定优先级和循环优先级。每一类型又有不同的实现方法。

（1）固定优先级。这种方式中，各个中断源的优先级由它所连接的引脚编号决定，优先级的次序固定为：$IR_0 > IR_1 > \cdots > IR_7$。中断源一旦连接，优先级就已经确定。根据嵌套的方式不同具体又分为全嵌套方式和特殊全嵌套方式。

全嵌套方式是8259A最常用的一种方式。系统初始化后默认按全嵌套方式工作。在这种方式下，只有优先级比正在服务的优先级高的中断请求才能实现嵌套。

特殊全嵌套方式可以实现同级和高级中断请求的嵌套，它是为8259A级联设置的。当系统中有多片8259A，一片为主片，其他为从片时，假设从片设置为全嵌套方式，当从片有中断请求进入并正在处理时，同一从片上又有更高优先级的中断请求，从片能响应该请求，并向主片申请中断，但对主片来说是同级中断请求；如果主片采用全嵌套方式，则它不会响应来自同一个引脚的同级请求；当主片处于特殊全嵌套工作方式时，主片允许相同级别的中断请求嵌套。

因此，系统只有一片8259A时，通常采用全嵌套方式；系统中有多片8259A时，主片必须工作在特殊全嵌套方式，从片采用全嵌套方式。

（2）循环优先级。各个中断源的优先级可以动态改变，有优先级自动循环方式和优先权特殊循环方式两种。

在优先级自动循环方式下，优先级的初始顺序和固定优先级一样，都是IR_0最高，IR_7最低。但当某级中断被响应后，该中断级的优先级自动降为最低。例如，8259A工作于优先级自动循环方式，IR_4请求被响应后，中断优先级由高到低的顺序变为：IR_5、IR_6、IR_7、IR_0、IR_1、IR_2、IR_3、IR_4。

在优先级特殊循环方式下，优先级的初始顺序不是$IR_0>IR_1>\cdots>IR_7$，由编程确定初始最低优先级，其余与自动循环方式类似。最低优先级由操作命令字OCW_2指定。

3. 屏蔽中断源的方式

CPU由CLI指令禁止所有可屏蔽中断的响应，而8259A的中断屏蔽是指对外设中断申请的屏蔽，即允许还是不允许外设向CPU申请中断，而不是对已经提出的中断申请响不响应的问题。8259A有两种中断屏蔽方式，介绍如下。

（1）普通屏蔽方式。将中断屏蔽寄存器IMR中某一位或某几位置“1”，即可将对应位的中断请求屏蔽掉，对应的IR引脚即使有中断请求也不能送优先权判决器判决。若为“0”，则开放相应的中断。

对IMR的设置一般放在主程序中，但也可放在中断服务程序中，具体根据中断处理要求而定。

（2）特殊屏蔽方式。特殊屏蔽方式中，将IMR的某位IMR_i置“1”时，同时也会清除ISR的对应位，即ISR_i清“0”。某些场合，希望一个中断服务程序能动态地改变系统的优先级结构。例如当CPU正在处理中断程序的某一部分时，希望开放较低级中断请求，此时可采用特殊屏蔽方式，即对本级中断进行屏蔽，而允许优先级比它高或低的中断进入。特殊屏蔽方式总是在中断处理程序中使用。例如当前正在执行IR_3的中断服务程序，设置了特殊屏蔽方式后，再用OCW_1对中断屏蔽寄存器的IMR_3位置“1”时，就会同时使中断服务寄存器中ISR_3位自动清“0”，这样既屏蔽了与当前正在处理的中断相同级别的中断，又开放了较低级别的中断。这种方式很少使用。

4. 中断结束方式

中断结束的实质是使ISR中被置“1”的位清“0”，即撤消该位相应的中断级，以便让低优先级中断源能够申请中断。如果服务完毕，不把置“1”的位清“0”，则一直占用这个中断级，那么低于该级的中断申请就无法通过。8259A提供自动结束和非自动结束两种方式。

（1）自动结束方式（AEOI）。自动结束中断方式是指在中断响应周期，自动清除ISR寄存器中被置“1”的位。因此，在中断服务程序中，不需要向8259A发中断结束命令EOI，故称自动结束方式。此方式只能用在系统中只有一个8259A，且多个中断不会嵌套的情况。

（2）非自动结束方式（EOI）。在这种方式下，中断服务完毕后，ISR相应位不能自动清“0”，必须在中断服务程序结束前，向8259A发中断结束命令（EOI），把对应位清“0”，故称为非自动结束。

非自动结束方式是常用的方式，其中又有两种命令格式。

1）一般中断结束方式。在EOI命令中不指定ISR中要清除的位，而是由8259A自动清除优先权最高那位。一般来说，首先结束的中断服务就是当前优先权最高的，这种方法实现比较简单，只用于完全嵌套方式。

2）特殊中断结束方式。在 EOI 命令中指明 ISR 中要清除的位，用于特殊全嵌套方式和循环优先级方式。

特别注意，在级联方式下，一般不用自动中断结束方式，而需要用非自动结束中断方式，级联从片的每一个中断处理程序结束时，都必须发两个中断结束 EOI 命令，一个发往从片，一个发往主片。

5. 连接系统总线方式

8259A 连接系统总线方式有缓冲方式和非缓冲方式两种。

1）缓冲方式指 8259A 通过总线缓冲器和系统总线相连。在这种方式下，将 8259A 的 $\overline{SP}/\overline{EN}$ 引脚和总线缓冲器的使能端相连。$\overline{SP}/\overline{EN}$ 信号输出低电平则启动总线缓冲器。

2）非缓冲方式是相对于缓冲方式而言，此时 $\overline{SP}/\overline{EN}$ 用作输入。若为单片系统，$\overline{SP}/\overline{EN}$ 接高电平；若为采用多片 8259A 的系统，主片的 $\overline{SP}/\overline{EN}$ 接高电平，从片的 $\overline{SP}/\overline{EN}$ 接低电平。

6. 中断查询方式

在中断查询方式下，外部设备向 8259A 发中断请求信号，中断请求可以是边沿触发，也可以是电平触发。但 8259A 不通过 INT 信号向 CPU 发中断请求信号，因为 CPU 内部的中断允许标志 IF 为“0”，所以禁止了 8259A 对 CPU 的中断请求。CPU 要使用软件查询来确定中断源，才能实现对外设的中断服务。因此，中断查询方式既有中断的特点，又有查询的特点。

7.3.5 8259A 的初始化命令字和初始化编程

8259A 是可编程的中断控制器，使用前要根据使用要求和硬件连接方式对其进行编程。在 8259A 内部有两组命令寄存器，一组是在 8259A 初始化时设定的，叫初始化命令字 ICW，另一组在 8259A 初始化后使用时写入，叫操作命令字 OCW。

1. 初始化命令字 ICW

8259A 有 4 个初始化命令寄存器 ICW_1 ~ ICW_4。8259A 开始工作前必须写入初始化命令字，使它按预定的工作方式工作。

各初始化命令字格式介绍如下。

(1) 初始化命令字 ICW_1。ICW_1 叫芯片控制初始化命令字，写入 8259A 的偶地址端口（即 8259A 的 A_0 必须为 0）。命令字格式如图 7-8 所示，其中各位具体定义如下。

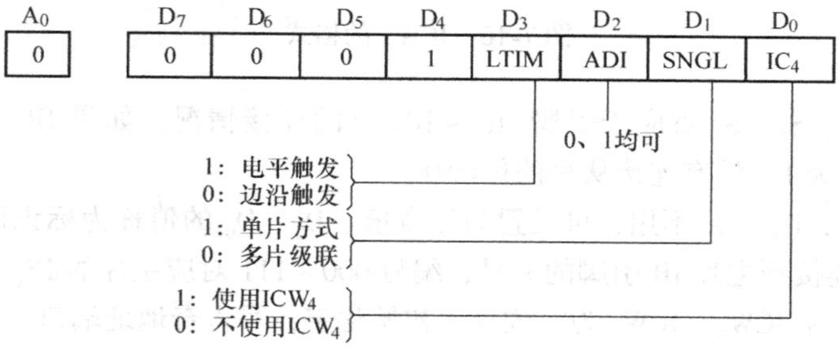

图 7-8 ICW_1 的格式

D_0 位（IC_4）：用来指出后面是否将设置 ICW_4。$IC_4=1$，使用 ICW_4；$IC_4=0$，不使用 ICW_4。在 8086 系统中，必须使用 ICW_4，因此该位应设置为 1。

D_1 位（SNGL）：指出系统中有 1 片还是多片 8259A。SNGL = 1，系统中只有 1 片 8259A；SNGL = 0，系统中有多片 8259A 级联。主片和从片 8259A 的 ICW_1 的 D_1 位必定为 0。

D_2 位（ADI）：在 16 位和 32 位系统中不起作用，可为 0，也可为 1。

D_3 位（LTIM）：设定中断请求信号的形式。LTIM = 1，中断请求为电平触发，高电平有效；LTIM = 0，中断请求为边沿触发，上升沿有效。在电平触发方式中，如果在 $\overline{INTA}$ 脉冲到来之前，IR 输入线上高电平没有保持，则 IRR 寄存器中已置位的 IR 位被复位，ISR 中相应位也不会置位。

D_4：此位作为标识位，以区分操作命令字 OCW_2 和 OCW_3。

$D_5 \sim D_7$：在 16 位和 32 位系统中不起作用，可为 0，也可为 1。一般设置为 0。

（2）初始化命令字 ICW_2。ICW_2 是设置中断类型号的初始化命令字，必须写入 8259A 的奇地址端口，格式如图 7-9 所示。

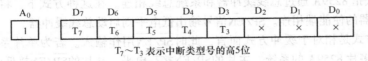

A_0	D_7	D_6	D_5	D_4	D_3	D_2	D_1	D_0
1	T_7	T_6	T_5	T_4	T_3	×	×	×

$T_7 \sim T_3$ 表示中断类型号的高5位

图 7-9　ICW_2 的格式

初始化时只需对 ICW_2 的高 5 位（$T_7 \sim T_3$）进行设置，低 3 位可以写入任意值。某个 IR 引脚有中断请求信号，该中断的类型号的高 5 位就是 ICW_2 的高 5 位，而中断类型号的低 3 位由引入中断请求的引脚标号确定。例如：ICW_2 初始化时设置为 20H，则 8259A 的 $IR_0 \sim IR_7$ 对应的中断类型号为 20H ~ 27H，如果 IR_3 引脚有中断请求信号，该中断类型号为 23H；假设 ICW_2 初始化时设置为 25H，8 个中断类型号依然是 20H ~ 27H，IR_3 引脚对应的中断类型号还是 23H。

（3）初始化命令字 ICW_3。ICW_3 是标识主片/从片的初始化命令字，须写入奇地址端口。当系统中有多片 8259A 构成级联系统时，ICW_3 才有意义。也就是当 ICW_1 的 SNGL 位为 0 时，才设置 ICW_3。在级联系统中，一般由一片 8259A 作主片，若干 8259A 作从片。在响应从片的中断请求过程中，主片的 $CAS_0 \sim CAS_2$ 为输出，从片 $CAS_0 \sim CAS_2$ 为输入。主片通过这 3 根信号线向从片发出识别码，以便对从片单独寻址。因此，主片和从片的 ICW_3 设置不同。ICW_3 的格式如图 7-10 所示。

A_0	D_7	D_6	D_5	D_4	D_3	D_2	D_1	D_0
1	S_7	S_6	S_5	S_4	S_3	S_2	S_1	S_0

S_i=1，对应IR_i 引脚连接从片

a）主片

D_7	D_6	D_5	D_4	D_3	D_2	D_1	D_0
×	×	×	×	×	ID_2	ID_1	ID_0

$ID_2 \sim ID_0$表示从片连接主片的引脚编号

b）从片

图 7-10　ICW_3 的格式

主片的 ICW_3 中，$S_7 \sim S_0$ 对应于引脚 $IR_7 \sim IR_0$ 上的连接情况。如果 IR_i 引脚上有从片，则 ICW_3 中对应的 S_i 位为 1；没有连接从片的位清 0。

从片的 ICW_3 中，$D_7 \sim D_3$ 不用，可设置为任意值。$D_2 \sim D_0$ 的值称为标识码（$ID_2 \sim ID_0$），表示从片的 INT 信号连接到主片 IR 引脚的编号，编号 000 ~ 111 对应主片的 $IR_0 \sim IR_7$ 引脚。

（4）初始化命令字 ICW_4。ICW_4 为方式控制初始化字，写入奇地址端口。只有 ICW_1 的 $D_0 = 1$ 时，才需要在 ICW_3 之后（多片级联系统）或 ICW_2（单片 8259A 方式）之后写入 ICW_4。否则不设置该字。

ICW_4 的格式如图 7-11 所示。

D_0 位（μPM）：μPM = 0，8259A 用于 8 位微机；μPM = 1，8259A 用于 16 位微机。8086 系统中，该位必须为 1。

D_1 位（AEOI）：设置中断自动结束方式。AEOI = 1，8259A 工作于中断自动结束方式。在这

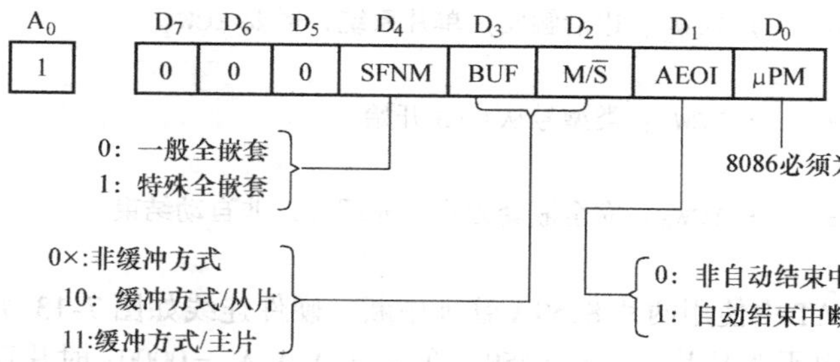

图7-11 ICW$_4$的格式

种方式下，第二个$\overline{INTA}$脉冲结束时，当前服务寄存器ISR中的相应位会自动清0。所以，一旦进入中断，在8259A看来，该中断就已经结束，允许其他任何级别的中断请求嵌套。AEOI=0，8259A工作于非自动结束中断方式，中断服务程序必须发出中断结束命令。

D_2位（M/$\overline{S}$）：主从片标识位。当D_3=1（8259A工作于缓冲方式）时该位才有意义。M/$\overline{S}$=1，8259A为主片；M/$\overline{S}$=0，8259A为从片。

D_3（BUF）：缓冲方式使能位。BUF=1，8259A工作于缓冲方式。多片级联系统中常采用此方式，8259A通过总线缓冲器与数据总线相连，由$\overline{SP}/\overline{EN}$引脚输出总线缓冲器的输出使能信号。这时，由ICW$_4$的$D_2$位进行主/从片的设定。BUF=0，8259A工作于非缓冲方式，8259A直接与数据总线相连。$\overline{SP}/\overline{EN}$为输入线，用作主从控制。此时，ICW$_4$的$D_2$位无意义。

D_4位（SFNM）：特殊全嵌套方式位。SFNM=1，8259A工作于特殊全嵌套方式，用于主从系统的主片；SFNM=0，8259A工作于完全嵌套方式，用于单片或级联系统从片。

D_5~D_7：这3位总是为0，作为ICW$_4$的标识位。

2. 8259A的初始化流程

8259A是一个可编程芯片，在它工作之前，必须通过初始化命令字对系统中所有的8259A进行初始化。初始化要按照一定的顺序进行，初始化流程如图7-12所示。

从图7-12可以看出，8259A的初始化必须按照从ICW$_1$~ICW$_4$的顺序进行。其中ICW$_1$必须写入偶地址端口，ICW$_2$~ICW$_4$写入奇地址端口。对于8086系统，如果只有1片8259A，初始化时不设置ICW$_3$，只按顺序设置ICW$_1$、ICW$_2$和ICW$_4$。对于级联系统，主片和从片都要设置ICW$_3$，主/从片的格式不同。

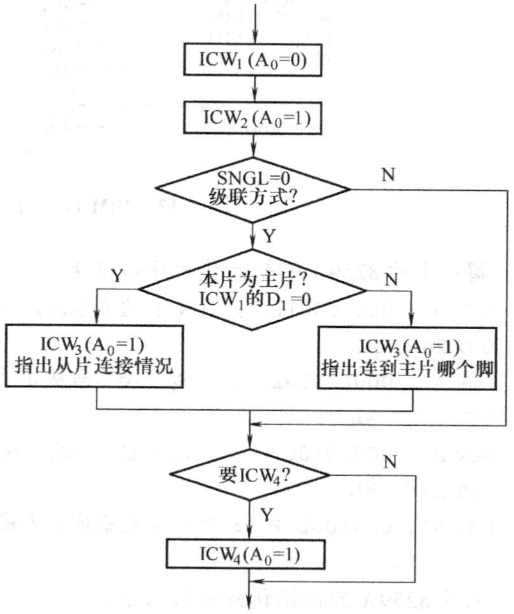

图7-12 8259A的初始化流程

3. 8259A的初始化举例

【例7-1】IBM-PC中，8259A的端口地址分别为20H和21H，工作方式如下：单片方式，请求信号采用边沿触发方式，优先级采用完全嵌套方式，非自动结束中断，与系统采用非缓冲方式连接。中断类型号为08H~0FH。写出它的初始化程序。

解：该8259A的初始化程序段如下：

```
MOV AL, 00010011B    ; ICW1：边沿触发，单片系统，需要 ICW4
OUT 20H, AL
MOV AL, 00001000B    ; ICW2：类型号从 08H 开始
OUT 21H, AL
MOV AL, 00000001B    ; ICW4：完全嵌套方式，非缓冲，非自动结束
OUT 21H, AL
```

【例 7-2】IBM PC/AT 中使用两片 8259A 管理中断，硬件连线如图 7-13 所示。$\overline{SP}/\overline{EN}$接高电平为主片，$\overline{SP}/\overline{EN}$接低电平为从片。主片 8259A 在 $A_9A_8A_7A_6A_5=00001$ 时片选信号有效，I/O 地址在 20H～3FH 之间都选中这片 8259A，ROM BIOS 中使用地址 20H 和 21H。从片 8259A 的片选地址为 0A0H～0BFH，常用 0A0H 和 0A1H。主片 8259A 的 IR_0 用于微机系统的日时钟中断，IR_1 接键盘的中断请求信号，IR_2 连接从片。从片 8259A 的 IR_0 连实时钟，IR_6 连接硬盘中断。分别写出主/从片的初始化程序。

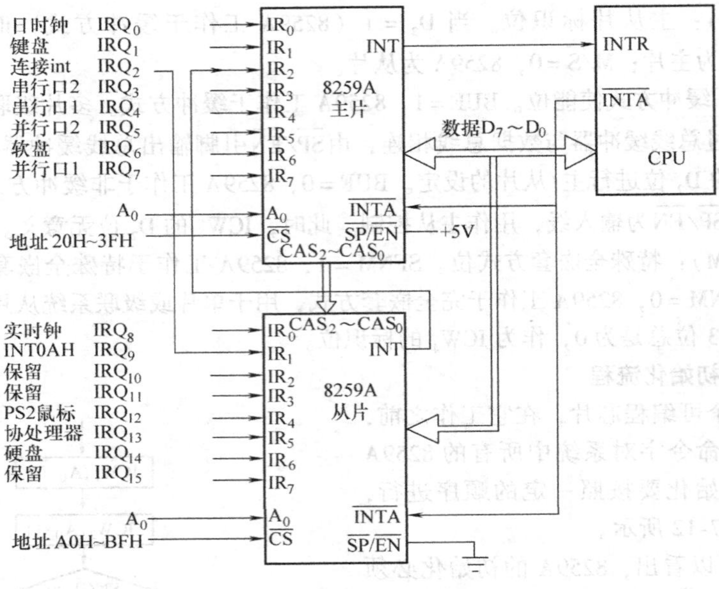

图 7-13　IBM PC/AT 中两片 8259A 级联示意图

解：主片 8259A 的初始化程序段如下：

```
MOV AL, 00010001B  ; ICW1：边沿触发，多片级联，需要 ICW4
OUT 20H, AL
MOV AL, 00001000B  ; ICW2：类型号从 08H 开始
OUT 21H, AL
MOV AL, 00000100B  ; ICW3：IR2 引脚连接从片
OUT 21H, AL
MOV AL, 00010001B  ; ICW4：特殊嵌套方式，非缓冲，非自动结束
OUT 21H, AL
```

从片 8259A 的初始化程序段如下：

```
MOV AL, 00010001B  ; ICW1：边沿触发，多片级联，需要 ICW4
OUT 0A0H, AL
MOV AL, 01110000B  ; ICW2：类型号从 70H 开始
```

```
OUT 0A1H, AL
MOV AL, 00000010B  ; ICW3：从片连接到主片的 IR2 引脚，ID 码为 02H
OUT 0A1H, AL
MOV AL, 00000001B  ; ICW4：完全嵌套方式，非缓冲，非自动结束
OUT 0A1H, AL
```

7.3.6 8259A 的操作命令字及应用

8259A 有 3 个操作命令字 $OCW_1 \sim OCW_3$。操作命令字是在 8259A 初始化完成后在应用程序中设置的，设置的次序没有要求，但对端口地址有严格的规定：OCW_1 必须写入奇地址端口，OCW_2 和 OCW_3 必须写入偶地址端口。

1. 操作命令字 OCW_1

（1）OCW_1 的格式和含义。OCW_1 叫中断屏蔽操作命令字，对 8259A 的中断请求信号进行屏蔽操作，写入奇地址端口。具体格式如图 7-14 所示。

A_0	D_7	D_6	D_5	D_4	D_3	D_2	D_1	D_0
1	M_7	M_6	M_5	M_4	M_3	M_2	M_1	M_0

M_i=1，对应 IR_i 引脚的中断被屏蔽
M_i=0，开放对应 IR_i 引脚的中断请求

图 7-14 OCW_1 的格式

如果 8259A 的某个 IR 引脚作为外部中断请求信号，则在应用程序中须对 OCW_1 的相应位清 0。

（2）OCW_1 的应用。某系统中有 3 个中断源，分别连接到 8259A 的 IR_0、IR_2 和 IR_3 上。为使 3 个中断请求都能通过 8259A 向 CPU 申请中断，在初始化完成后，必须开放 8259A 对应的中断屏蔽位。若系统中 8259A 的偶地址为 80H，奇地址为 81H。中断屏蔽字是通过奇地址写入的，程序段如下：

```
MOV AL, 11110010B  ；为“0”的位允许中断，为“1”的位中断被屏蔽
OUT 81H, AL
```

若系统中再增加一个 IR_1 中断请求，为了不影响其他中断源，应先读出原来的中断屏蔽字，利用 AND 指令将 IR_1 对应的屏蔽位清“0”后再写入 OCW_1 中。代码如下：

```
IN  AL, 81H
AND AL, 11111101B  ；只将 OCW1 中的 D1 位清“0”
OUT 81H, AL
```

当 IR_1 的所有中断全部完成后，应将 OCW_1 的 D_1 位置“1”，屏蔽外部的请求。代码如下：

```
IN  AL, 81H
OR  AL, 00000010B  ；只将 OCW1 中的 D1 位置“1”，不影响其他的中断源
OUT 81H, AL
```

2. 操作命令字 OCW_2

（1）OCW_2 的格式和含义。OCW_2 是用来设置优先级循环方式和中断结束方式的操作命令字，写入偶地址端口。具体格式如图 7-15 所示。

D_7 位（R）：优先级循环控制器。R = 1 为循环优先级，R = 0 为固定优先级。

D_6 位（SL）：$L_2 \sim L_0$ 的使能位。SL = 1，$L_2 \sim L_0$ 有效；SL = 0，$L_2 \sim L_0$ 无效。

D_5 位（EOI）：中断结束命令位。EOI = 1，在非自动中断结束方式，当中断服务程序执行完时，通过使 EOI 置 1 通知 8259A 将此次中断在 ISR 寄存器中相应的位置清 0；EOI = 0，在中断自

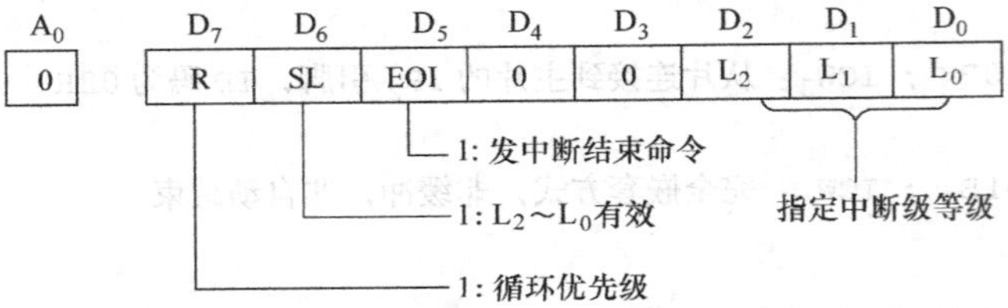

图 7-15　OCW_2 的格式

动结束方式，不需要发送中断结束命令。

$D_4D_3=00$，特征位。

$D_2\sim D_0$ 位（$L_2\sim L_0$）：指定中断级等级，000～111 对应 0 级～7 级中断。

OCW_2 方式字的功能包括两个方面：一方面，通过 R 位可以决定 8259A 是否采用优先级循环方式，通过 R、SL 和 $L_2\sim L_0$ 的组合决定当前的最低优先级；另一方面通过 EOI 位实现一般中断结束命令，通过 EOI 、SL 和 $L_2\sim L_0$ 的组合实现特殊中断结束命令。表 7-2 是对 OCW_2 的功能的归纳。其中用得最多的是发一般中断结束命令，将中断服务寄存器中优先级最高的 ISR 位清 0。

表 7-2　OCW_2 的功能

R	SL	EOI	00	L_2	L_1	L_0	功　能
1	0	0	00	0	0	0	优先级自动循环方式
1	1	0	00	L_2	L_1	L_0	优先级特殊循环方式，$L_2L_1L_0$ 为最低优先级
1	0	1	00	0	0	0	发中断结束命令，并仍用优先级循环方式
1	1	1	00	L_2	L_1	L_0	发中断结束命令，并仍用优先级特殊循环方式
0	1	1	00	L_2	L_1	L_0	发特殊中断结束命令，清除 $L_2L_1L_0$ 对应位
0	0	1	00	0	0	0	发一般中断结束命令

（2）OCW_2 的应用。中断结束命令（EOI）是 OCW_2 用得最多的一个命令。当中断被设置为非自动结束方式时，必须在中断服务程序结束之前，发中断结束命令。若系统中 8259A 的偶地址为 80H，奇地址为 81H。发 EOI 命令的程序段如下：

```
MOV AL, 00100000B    ; 20H, OCW2 的 EOI 位置 1，即为一般的 EOI 命令
OUT 80H, AL          ; 从偶地址输出
```

如果为 8259A 级联系统，从片的中断服务程序结束之前必须发两个 EOI 命令，一个发给从片，另一个发给主片。假设主片的地址为 20H、21H，从片地址为 0A0H、0A1H。程序段如下：

```
MOV AL, 00100000B
OUT 0A0H, AL         ; 先发从片 EOI 命令
MOV AL, 00100000B
OUT 20H, AL          ; 后发主片 EOI 命令
```

3. 操作命令字 OCW_3

（1）OCW_3 的格式和含义。操作命令字 OCW_3 的功能有 3 个：①是设置和撤消特殊屏蔽方式；②是设置中断查询方式；③是设置对 8259A 内部寄存器的读出命令。OCW_3 必须写入偶地址端口，具体格式如图 7-16 所示。

D_7 位恒为 0。

D_6 位（ESMM）：特殊屏蔽模式使能位。ESMM = 1，SMM 位有效；ESMM = 0，SMM 位无效。

D_5 位（SMM）：特殊屏蔽模式位。SMM = 1，设置 8259A 工作在特殊屏蔽方式；SMM = 0，

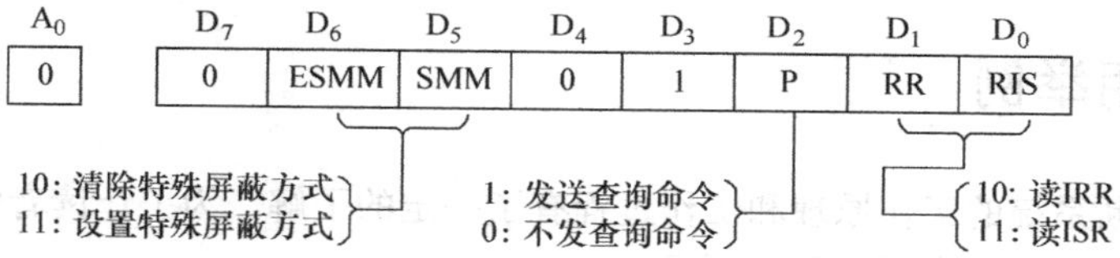

图 7-16　OCW_3 的格式

系统恢复原来的工作方式。在中断服务过程中，可能要求开放比当前正在服务的优先级低的中断请求，但在完全嵌套方式下，低优先级中断会被禁止。设置特殊屏蔽方式可以解决该问题。设置方法是：先设置 OCW_3 使 ESMM = SMM = 1，然后设置 OCW_1 将正在服务的中断屏蔽起来，只要 CPU 内部 IF = 1，就可以开放那些除了正在服务的中断之外的中断请求（包括优先级低的请求）。

D_4D_3 位 = 01，OCW_3 的标识位。

D_2 位（P）：查询方式位。P = 1 表示 8259A 工作于优先级查询方式。在该方式下，CPU 不是靠接收中断请求信号进入中断处理过程，而是靠发查询命令字读取查询字来获得外设的中断请求信息。CPU 在每次读查询字之前，都要先向 8259A 偶地址端口输出 OCW_3（P = 1）的查询命令，然后从偶地址端口读出的内容就是查询字。查询字的格式如图 7-17 所示。

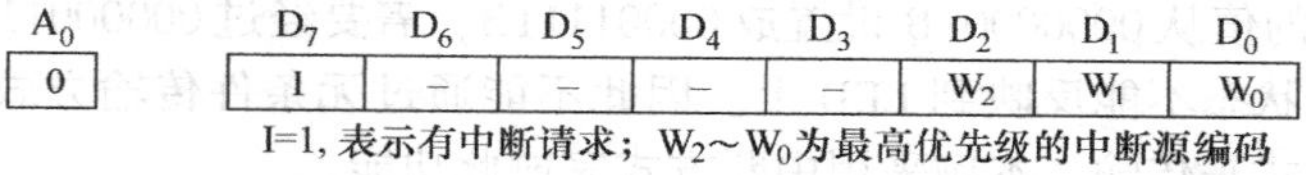

图 7-17　中断查询字的格式

I = 1，表示有中断请求，此时 $W_2W_1W_0$ 表示的是正在申请中断的若干中断源中优先级最高的中断源的编码。例如，读到的查询字是 10000010B，则表明当前级别最高的请求是 IR_2，就可以转到 IR_2 的服务程序去执行。I = 0，表示当前没有中断请求。

D_1 位（RR）：读内部寄存器使能位。RR = 1，可以读出 8259A 内部 ISR 或 IRR 的内容。RR = 0，不能读内部寄存器。

D_0 位（RIS）：内部寄存器选择位。RIS = 1，读出 ISR 寄存器的内容。RIS = 0，读出 IRR 寄存器的内容。

（2）OCW_3 的应用。OCW_3 主要功能是设置特殊屏蔽方式和查询字。若某系统中 8259A 的偶地址为 80H，奇地址为 81H。OCW_3 的主要应用如下。

1）中断查询方式：

```
MOV AL, 00001100B  ; OCW3 的 P 位为 1，设置查询方式
OUT 20H, AL
IN AL, 20H
; 读出的内容即为中断查询字，如果最高位为 1，表明有中断请求，最高优先级的编号由低 3 位表示。
```

2）查询 ISR 寄存器的状态：

```
MOV AL, 00001011B  ; OCW3 的 RR 位和 RIS 位为 1，查询 ISR
OUT 20H, AL
IN AL, 20H         ; 读出的内容即为 ISR 的状态
```

3）查询 IRR 寄存器的状态：

```
MOV AL, 00001010B  ; OCW3 的 RR 位为 1，RIS 位为 0，查询 IRR
OUT 20H, AL
IN AL, 20H         ; 读出的内容即为 IRR 的状态
```

7.4 中断应用举例

我们已经对中断系统的工作原理和工作过程有了一定的了解。为了让读者知道中断传输方式的设计过程，现在给出一个中断应用的例子。

【例 7-3】假设某应用系统通过一组 8 位开关的状态控制 8 个 LED，某开关闭合则对应的 LED 点亮。要求 8 个开关的状态全部设置完成后，才能点亮对应的 LED，当开关的数据为 0FFH 时，程序结束。完成软、硬件设计。

解：先进行硬件设计，再进行软件设计。

1. 硬件电路设计

硬件电路设计要根据需求确定数据传输方式，确定接口的主要功能及所使用的元器件。在这个例子中，开关和 LED 是最基本的输入、输出设备，开关可直接通过三态缓冲器 74LS244 与 CPU 的数据总线相连，LED 通过锁存器 74LS273 与总线相连。那能否按照第 6 章所讲的无条件传输方式实现该功能呢？根据无条件传输原理，开关的状态可以随时被读取并根据该值点亮 LED，任何一个开关状态发生变化都会马上反映到 LED 上，而系统要求 8 个开关的状态全部设置完成后，才能点亮对应的 LED，开关从某一状态变换到另一状态的中间状态不能使发光二极管发生改变。例如，要将开关的值从 00000001B 设置成 00001111B，需要经过 00000011B、00000111B 等两个中间状态，这两个状态不能反映到 LED 上。因此不能通过无条件传输方式实现该功能，可以以查询方式或中断方式来传输。本例采用中断方式完成此功能。

根据要求，当用户设置好开关数据后，可通过单脉冲发生器产生一个正脉冲信号向 8259A 发出中断请求；8259A 收到请求信号后向 CPU 的 INTR 引脚发出中断请求信号；在 CPU 允许响应中断的情况下，CPU 发出 $\overline{INTA}$ 应答信号，从 8259A 取得中断类型号后，转入相应的中断服务程序去执行。如图 7-18 所示，该接口电路包括数据输入端口 74LS244、数据输出端口 74LS273、8259A 控制电路和地址译码电路。8259A 的数据线与 8086 CPU 的 $D_0 \sim D_7$ 相连，CPU 的 A_0 必须为 0，8259A 才能与 8086 CPU 交换数据，所以地址译码器的 80H 输出信号必须与 8086 CPU 的 A_0 相或后才可与 8259A 的 $\overline{CS}$ 相连，8259A 的 A_0 信号与 8086 CPU 的 A_1 相连。可知，8259A 的两个端口地址分别为 80H 和 82H。数据输入端口地址为 0A0H，数据输出端口地址为 0C0H。

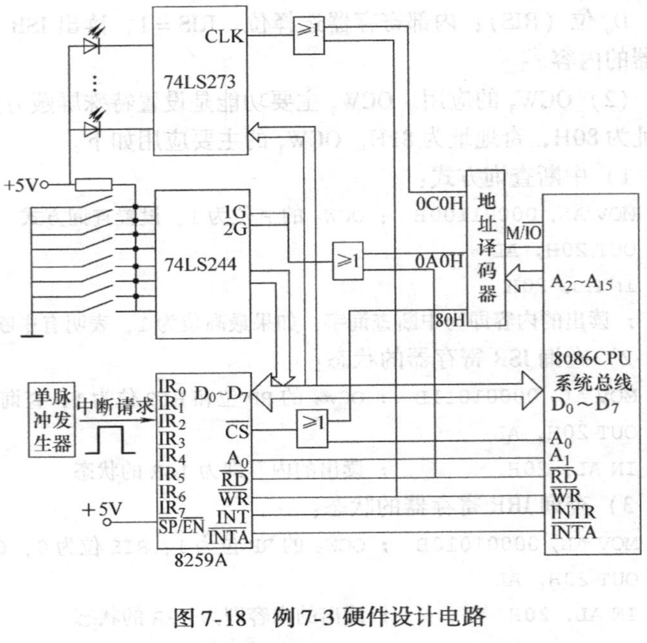

图 7-18 例 7-3 硬件设计电路

2. 软件编程

软件编程包括两个模块：主程序模块主要完成各种初始化工作，中断服务子程序模块完成数据的输入和输出。

（1）主程序。为了能让中断服务子程序正确执行，主程序应做好中断系统的初始化。主程序的初始化一般包括如下 5 个部分。

1）CPU 初始化。包括对系统段寄存器的初始化、堆栈的初始化、中断向量表的初始化。

2）中断控制器8259A的初始化。设置8259A的工作方式、中断类型号、优先级管理方式、中断结束方式，清除8259A的屏蔽位等。

3）外部设备接口的初始化。将接口恢复到初始状态，对于可编程接口，要进行初始化工作、设置工作方式字、开放中断屏蔽字等。

4）中断服务程序的初始化。设置中断服务程序使用的缓冲区指针、计数器、状态位等。

5）开放CPU中断。通过STI指令，将IF标志设置为1。

注意：由于外部中断的随机性，中断服务程序的指针、计数器、标志位等只能放在内存单元中。进入中断服务程序，保护相关寄存器后，可以将指针、计数器、标志等装入寄存器使用。如果它们的值在中断服务程序期间发生了改变，在中断服务程序结束之前要存入相应的内存单元。

对于输出过程，应在主程序中启动第一次输出，否则不会产生中断输出请求信号。

主程序在完成有关中断初始化后，可执行系统其他任务的程序。在中断方式输入完成后，主程序要根据需要做好结束工作。如分析处理输入的数据，将数据保存到硬盘，以及将8259A相应屏蔽位置位从而关闭中断等。

（2）中断服务子程序。中断服务子程序一般由以下步骤组成。

1）保护现场。把所有中断服务程序中用到的或可能会改变值的寄存器压入堆栈保护。

注意：中断服务程序使用的指针、缓冲区等都存放在内存单元中。为了装载指针，存取数据，需要重新装载段寄存器。因此保护现场应包括段寄存器。

2）开放中断。通过STI指令，使IF标志再次设置为1，允许响应优先级更高或者更紧急的中断。

3）装载数据缓冲区指针、计数器。在中断方式下，它们的值平时应存放在内存中，使用前装入对应的寄存器，以方便数据的存取。

4）输入、输出处理。对于输入过程，从输入端口读取数据，检查数据的正确性（如奇偶校验），将数据存入缓冲区；修改指针和计数器的值并写入内存，检查输入是否结束，如果结束，设置相应的标志。对于输出过程，则是向输出端口输出下一个要输出的数据，并修改相应的指针和计数器。

5）关中断。通过CLI指令使IF标志设置为0，关闭中断以避免不必要的中断嵌套。

6）向8259A发送EOI命令。清除8259A中ISR寄存器的相应位，以便响应同级或低级的中断请求。

7）恢复现场。按照“先进后出”的原则，恢复各寄存器的内容。

8）中断返回。用IRET指令返回到被中断的程序。

（3）完整源程序代码。根据硬件电路设计可知8259A的端口地址为80H和82H，三态缓冲器74LS244的地址为0A0H，锁存器74LS273的端口地址为0C0H。8259A初始化为单片、边沿触发、完全嵌套、非自动结束中断方式，中断类型号为40H～47H，其中IR_2引脚作为输入中断请求引脚，因此该中断源的类型号为42H。程序主要代码如下：

```
;数据段定义
        DONE        DW 0            ;中断完成标志
;代码段
;中断向量表初始化
        MOV AX,0
        MOV ES,AX                   ;中断向量表段基地址为0000H
        MOV BX,42H* 4               ;BX中预置中断向量地址,中断类型号为42H
```

```
        MOV AX,OFFSET  INTRPROC
        MOV ES:[BX],AX              ;向量表中低地址存放偏移地址
        MOV AX,SEG INTRPROC
        MOV ES:[BX+2],AX            ;向量表中高地址存放段基地址
        ;8259A 初始化
        MOV AL,00010011B            ;ICW1:边沿触发，单片系统，需要 ICW4
        OUT 80H,AL
        MOV AL,01000000B            ;ICW2:类型号从 40H 开始
        OUT 82H,AL
        MOV AL,00000001B            ;ICW4:完全嵌套方式,非缓冲,非自动结束
        OUT 82H,AL
        MOV AL,11111011B            ;开放 IR2 请求的中断屏蔽位
        OUT 82H,AL
        ;中断服务程序初始化
        MOV DONE,0                  ;完成标志清“0”
        STI
WAIT:   CMP DONE,1                  ;DONE=1 表示所有中断完成
        JNZ WAIT
        MOV AX,4C00H                ;返回 DOS
        INT 21H
;中断服务子程序
INTPROC PROC FAR
        PUSH AX                     ;保护现场
        PUSH DS
        STI                         ;开中断,允许中断嵌套
        MOV AX,SEG DONE
        MOV DS,AX
        IN AL,0A0H                  ;从输入端口读入一个数据
        OUT 0C0H,AL                 ;从输出端口输出该数据,点亮 LED
        CMP AL,0FFH                 ; 判断读入的开关量是否为 0FFH
        JNZ EXIT
        MOV DONE,1                  ;输入数据为 0FFH, 置结束标志
        IN AL,82H                   ;设置 IR2 的中断屏蔽位
        OR AL,00000100B
        OUT 82H,AL
EXIT:   CLI                         ;关中断,准备返回
        MOV AL,20H                  ;发送 EOI 命令
        OUT 80H,AL
        POP DS                      ;恢复现场
        POP AX
        IRET                        ;中断返回
INTPROC ENDP
```

习　题

7-1　什么是中断？中断源可分为哪两大类？

7-2 简要叙述一个完整的中断过程。

7-3 当同时有多个中断源向 8086 发出中断时，它是按照什么顺序来响应中断的？

7-4 什么是中断向量？什么是中断向量表？假设中断类型号为 43H 的中断向量为 3210H：4567H，请画图说明中断向量的存放方法。

7-5 假设中断类型 9 的中断服务程序首地址为 INTR_9，编写设置中断向量表的程序段。

7-6 8259A 的中断请求寄存器 IRR、中断屏蔽寄存器 IMR 和中断服务寄存器 ISR 各有什么作用？

7-7 假设 8259A 的 IR_1、IR_4 和 IR_7 连接有 3 个中断源，IR_4 和 IR_7 同时发出了中断请求信号，在中断服务期间，IR_1 又发出了中断请求。假设 8259A 工作在全嵌套方式，端口地址为 20H 和 21H。

（1）编写代码开放 3 个中断源的屏蔽位。

（2）CPU 按照什么顺序响应 3 个中断源的中断请求？

7-8 假设 8259A 初始化时，中断类型号设置为 20H ~ 27H，则 IR_3 对应的中断类型号是多少？

第 8 章　可编程接口芯片

【本章提要】

本章主要介绍可编程并行接口芯片 8255A、可编程串行接口芯片 8251A 和定时/计数器芯片 8254 的内部结构、工作原理以及编程应用。

【学习目标】

- 掌握并行接口芯片 8255A 的内部结构、工作原理、接口设计方法和编程应用。
- 掌握串行通信的分类、同步通信和异步通信的概念。
- 熟悉 RS-232C 串行通信协议。
- 掌握 8251A 接口的设计方法和控制程序的编写。
- 掌握可编程定时/计数器芯片 8254 的结构、6 种工作方式及相关编程应用。

8.1　可编程并行接口芯片 8255A

CPU 与外设间的数据传输都是通过接口来实现的。CPU 与接口的数据传输总是并行的，即通常以字长为单位，一次传输多位，通常是 8 位、16 位或者 32 位；而接口与外设间的数据传输则可分为两种情况：串行传输与并行传输。串行传输是数据在一根传输线上一位一位地传输，而并行传输是数据在多根传输线上通常以字长为单位多位同时进行传输。与串行传输相比，并行传输需要较多的传输线，成本较高，但传输速度快，尤其适用于高速近距离的场合。

能实现并行传输的接口称为并行接口，并行接口分为不可编程并行接口与可编程并行接口。不可编程并行接口通常由三态缓冲器及数据锁存器等搭建而成，这种接口的控制比较简单，但要改变其功能必须改变硬件电路，这种接口在第 6 章已介绍。可编程接口的最大特点是其功能可通过编程设置和改变，因而具有极大的灵活性。

8255A 是 Intel 公司生产的可编程并行接口芯片，有 40 根引脚，3 个 8 位端口，3 种工作方式。各个端口的功能可由软件选择，使用灵活、通用性强。8255A 可作为主机与多种外设连接时的中间接口电路。

8.1.1　8255A 的内部结构

8255A 作为主机与外设相连的桥梁，一方面要与主机相连，另一方面要提供外设需要的各种信号。因此从功能上看，它必须具有与 CPU 的接口和外设相连的接口。同时它具有可编程特性，其功能结构可由软件编程实现，内部必须具有逻辑控制部分。因而 8255A 内部结构分为 3 个部分：CPU 接口、外设接口和内部逻辑，如图 8-1 所示。

1. CPU 接口

8255A 与 CPU 相连接的部分包括两个模块：①是数据总线缓冲器；②是读/写控制逻辑。

（1）数据总线缓冲器。8 位双向三态数据总线缓冲器是 CPU 与 8255A 交换信息的必经之路，也是所有与 CPU 相接的接口芯片都必须具备的功能。在 8255A 开始数据传输之前，CPU 先通过数据总线缓冲器将 8255A 的初始化控制字发送给 8255A，然后再通过数据总线缓冲器进行数据的输入、输出。

（2）读写控制逻辑。CPU 对 8255A 的所有操作都是在读/写控制逻辑电路的控制下实现的。

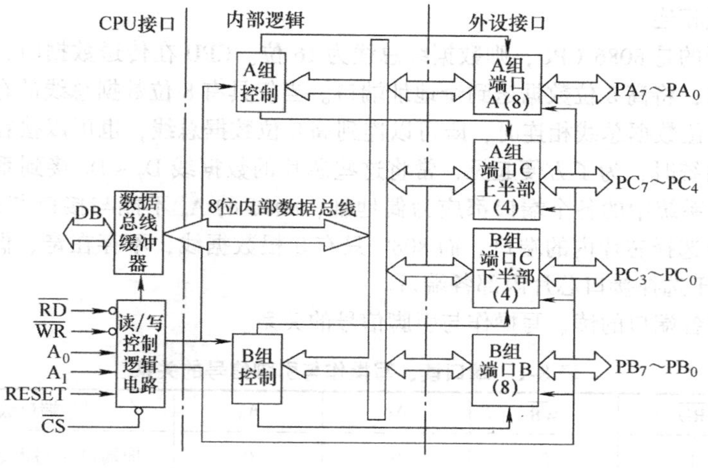

图 8-1 8255A 的内部结构

该电路接收来自 CPU 的控制命令，并根据命令向芯片内部各功能部件发出操作命令。

2. 外设接口

8255A 有 3 个与外设相连的 8 位端口，分别是端口 A、端口 B 和端口 C（简称 A 口、B 口和 C 口）。它们都可以作为输入缓冲器与输入设备相连，或作为输出锁存器与输出设备相连。其中端口 A 和端口 B 主要作为数据的输入/输出端口。端口 C 除了作为 8 位数据输入/输出端口外，还可以分为两个 4 位端口，用于与端口 A 和端口 B 配合，充当状态端口或控制端口。

3. 内部控制逻辑

8255A 的内部控制逻辑分成两组：A 组控制和 B 组控制，控制 3 个端口（A 口、B 口和 C 口）的工作方式。A 组控制控制端口 C 的高 4 位与端口 A；B 组控制控制端口 C 的低 4 位与端口 B。

8.1.2 8255A 的引脚功能

8255A 为双列直插式封装，40 根引脚，引脚排列如图 8-2 所示，可分为与 CPU 相连接的引脚和与外设相连引脚。

1. 与 CPU 相连的引脚

$\overline{CS}$：片选引脚，输入，低电平有效。$\overline{CS}=0$ 时，表示芯片被选中，允许 8255A 与 CPU 进行通信；$\overline{CS}=1$ 时，8255A 无法与 CPU 进行数据传输。

$\overline{RD}$：读控制引脚，输入，低电平有效。$\overline{RD}=0$ 且 $\overline{CS}=0$ 时，CPU 从 8255A 读取状态或数据。

$\overline{WR}$：写控制引脚，输入，低电平有效。$\overline{WR}=0$ 且 $\overline{CS}=0$ 时，CPU 将数据或控制字写入 8255A。

$D_0\sim D_7$：8 位三态双向数据引脚。与系统数据总线相连，实现数据、控制字和状态信息的传输。

A_0、A_1：地址输入引脚，用来选择 8255A 内部的 4 个端口。

RESET：复位输入引脚，高电平有效时，所有内部寄存器（包括控制寄存器）均被清除，所有 I/O 端口均被置成输入方式。

通常，8255A 的 $D_0\sim D_7$ 和 $\overline{RD}$、$\overline{WR}$ 直接与系统数据总线及读写控制信号相连，$\overline{CS}$ 通常由系统高位地址信号译码产生。A_0、A_1

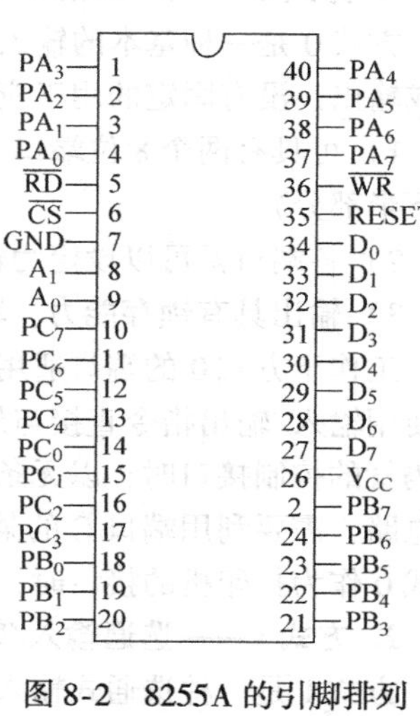

图 8-2 8255A 的引脚排列

与系统低位地址线相连。

如果系统采用的是8086 CPU，则数据线总线为16位。CPU在传送数据时，总是将低8位数据送往偶地址端口，将高8位数据送到奇地址端口。当仅具有8位数据总线的存储器或I/O接口芯片与8086的16位数据总线相连时，既可以连到高8位数据总线，也可以接在低8位数据总线上。在实际设计系统时，为了方便起见，常将这些芯片的数据线 $D_7 \sim D_0$ 接到系统数据总线的低8位，这样，8086系统中的各个端口都应为偶地址，8086的 A_0 不能与接口芯片的地址线相连，用其他低位地址线选择芯片内的端口。而8088只有8根数据线，不存在奇、偶地址问题，8088的 A_0、A_1 都能用于选择接口芯片内部各端口。

表8-1列出了各端口的读、写操作与引脚信号的关系。

表8-1 端口读、写操作与引脚信号的关系

$\overline{CS}$	$\overline{RD}$	$\overline{WR}$	A_1	A_0	端口选择和操作
0	1	0	0	0	向端口A写入数据
0	1	0	0	1	向端口B写入数据
0	1	0	1	0	向端口C写入数据
0	1	0	1	1	向控制端口写入控制字
0	0	1	0	0	从端口A读出数据
0	0	1	0	1	从端口B读出数据
0	0	1	1	0	从端口C读出数据
0	0	1	1	1	无操作
1	×	×	×	×	禁止使用
0	1	1	×	×	无操作

2. 与外设相连的引脚

$PA_0 \sim PA_7$：端口A的8根引脚信号。

$PB_0 \sim PB_7$：端口B的8根引脚信号。

$PC_0 \sim PC_7$：端口C的8根引脚信号。

3. 电源和地线

V_{CC}、GND：电源和地线。V_{CC} 一般取+5V。

8.1.3 8255A的工作方式

1. 方式0——基本输入/输出方式

方式0是一种基本的输入/输出工作方式，在这种方式下，3个端口都可以由程序设置为输入或输出，没有固定的用于应答的联络信号。其基本的功能可概括如下：

1）可具有两个8位端口（端口A和端口B）和两个4位端口（端口C的上半部分和端口C的下半部分）。

2）各端口都可以设定为输入或者输出，共有16种输入/输出组合。

3）输出具有锁存能力，输入只有缓冲能力，而无锁存功能。

工作于方式0的端口适用于无条件传送方式和查询方式。作为无条件传送方式接口时，CPU可使用输入/输出指令直接与外设进行数据交换。比如，8255A某端口工作在方式0作为键盘或数码管的控制接口时，以无条件方式进行数据输入、输出，不需要联络信号。作为查询方式的接口电路，需要利用端口C的某些位作为控制/状态信号。例如，8255A的端口A或端口B工作于方式0作为打印机的接口时，需要利用端口C的某些位作为控制/状态信号。

2. 方式1——选通输入/输出方式

方式1是一种选通式输入/输出工作方式。仅端口A、端口B可工作在这种方式下，不论输入还是输出，都要固定征用端口C的某些引脚作为联络信号用，端口C未被占用的信号仍可用于输入或输出。方式1下的数据输入、输出均具有锁存能力。8255A对工作于方式1的端口还提供有中断请求逻辑和中断允许触发器。工作于方式1的端口适用于查询传送方式和中断方式。

（1）方式1输入。端口A和端口B工作在方式1输入时分别征用端口C的3个固定引脚作为联络信号，如图8-3所示，3个信号定义如下。

1）$\overline{STB}$：选通输入，低电平有效。由外设送来的输入信号，当其有效时，将输入设备送来的数据锁存至8255A的输入锁存器。

2）IBF：输入缓冲器满信号，高电平有效，8255A输出的联络信号。当其有效时，表示数据已锁存在输入锁存器。它由$\overline{STB}$信号的低电平置位，由$\overline{RD}$信号的上升沿复位。

3）INTR：中断请求信号，高电平有效，8255A输出的信号，用于向CPU发中断请求，要求CPU读取外设提供的数据。8255A发中断请求的条件是：INTE（中断允许）=1，$\overline{STB}$输入一个完整的负脉冲变为高电平并且IBF=1。中断请求信号由$\overline{RD}$的下降沿复位。

INTE是中断允许位。当INTE=1，允许中断，8255A可向CPU发出中断请求信号；INTE=0，禁止中断。该控制位没有专用的对外引脚与之对应，A组和B组分别由PC_4和PC_2的置位/复位来控制。

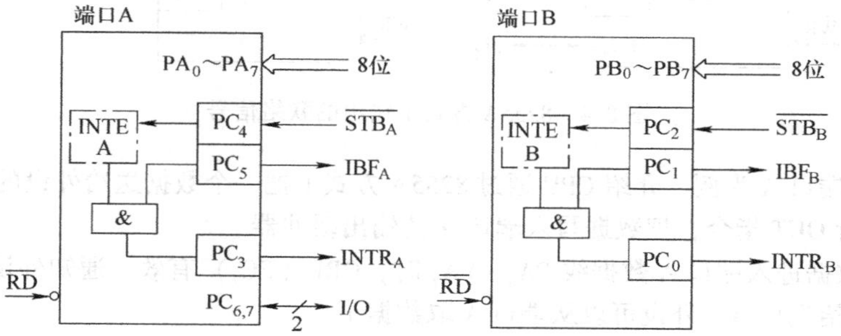

图8-3　8255A方式1输入的联络信号

为了更好地理解方式1的输入工作过程，举一个通俗的例子来加以说明。假设在战争时期卧底人员和联络员进行情报传递，他们之间经常是在约定地点以暗号传递信息，不见面。现在假定联络员是CPU（接收情报），卧底人员是用于输入的外围设备（收集情报，传给联络员），约定房间就是连接CPU和外设的8255A芯片。由于双方不能见面，事先约好在见面地点做个约定，如屋里是否亮灯。规定：一旦卧底人员在约定房间有情报，就打开开关，屋里的灯亮；一旦联络员取到情报，就关闭开关，灯灭，一次情报传递结束，以后可以依此类推的进行。那么房间里的开关就好像8255A芯片的$\overline{STB}$，由外设选通，而IBF就是屋里的灯，由开关控制，是CPU要查看的信号，一旦满足就读取信息，读取后再将IBF信号复位，一次数据读取结束。

下面以端口A为例，介绍外设通过8255A方式1把一个数据送给CPU的过程。

1）外设把数据送到端口A的数据线PA_0 ~ PA_7后，使选通信号$\overline{STB_A}$（PC_4）有效，数据进入端口A的输入缓冲器。

2）端口A的IBF_A（PC_5）有效，通知外设和CPU，表示端口A接收了一个有效数据。

3）端口A的$INTR_A$（PC_3）有效，以中断方式通知CPU取走端口A中的数据。

4）CPU读端口A，数据进入CPU。

5）IBF_A和$INTR_A$变成无效，通知外设可送下一个数据。

（2）方式1输出。端口A和端口B工作在方式1输出时也分别征用端口C的3个固定引脚作为联络信号，如图8-4所示，3个信号定义如下：

1）$\overline{OBF}$：输出缓冲器满信号，低电平有效，是8255A输出给外设的联络信号。表示CPU已把输出数据送到指定端口，外设可以把数据取走。它由$\overline{WR}$信号的上升沿置“0”（有效），由$\overline{ACK}$信号的下降沿置“1”（无效）。

2）$\overline{ACK}$：外设响应信号，低电平有效。表示CPU输出给8255A的数据已由外设取走。

3）INTR：中断请求信号，高电平有效。表示数据已被外设取走，请求CPU继续输出数据。中断请求的条件是：INTE（中断允许）=1，$\overline{ACK}$输入一个完整的负脉冲变为高电平并且$\overline{OBF}$也由低变为高电平。中断请求信号由$\overline{WR}$的下降沿复位。

INTE为中断允许位，含义同方式1输入。A组和B组分别由PC_6和PC_2的置位/复位来控制。

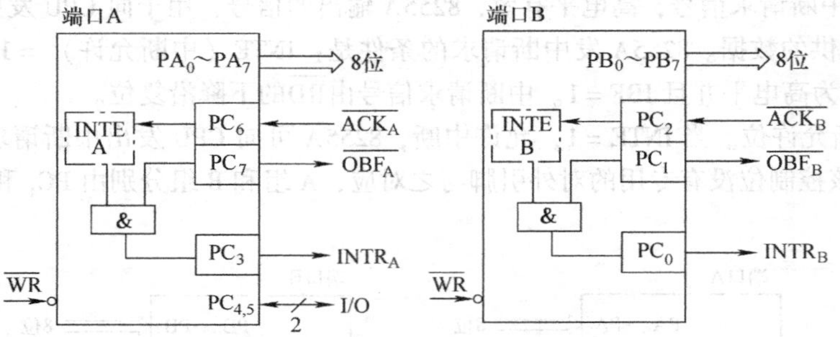

图8-4　8255A方式1输出的联络信号

下面同样以端口A为例，介绍CPU通过8255A方式1把一个数据送给外设的过程。

1）CPU执行OUT指令，把数据写入端口A的输出缓冲器。

2）当有效数据进入端口A数据线PA_0 ~ PA_7时，$\overline{OBF}$（PC_7）有效，通知外设CPU已经把一个有效数据输入给端口A，外设可以从端口A取数据了。

3）外设取走数据后，发$\overline{ACK}$（PC_6）信号给8255A，告诉端口A外设已取走数据。

4）端口A的$\overline{OBF}$（PC_7）无效，表示端口A数据已被外设取走。

5）INTR（PC_3）有效，以中断方式通知CPU再输出数据给端口A。

3. 方式2——双向传输方式

方式2将方式1的选通输入、输出功能组合成一个双向数据端口，可以发送数据和接收数据。例如，用于在两台处理器之间实现双向并行通信。

8255A只有端口A可以工作于方式2，如图8-5所示，需要固定征用端口C的5个引脚信号，其含义与方式1相同，实际上就是端口A工作在方式1输入和输出的组合。因此，同样适用于查询传送方式和中断方式。

端口A工作在方式2时，输入和输出共用一个中断请求信号。输入和输出中断屏蔽触发器$INTE_1$和$INTE_2$分别由PC_6和PC_4的置位/复位来控制。所以，当使用中断方式传输数据时，如果同时允许输入中断和输出中断，则在中断服务程序中首先读取端口C的状态，对IBF_A和$\overline{OBF_A}$的状态进行检测，进一步确定是输入中断还是输出中断。

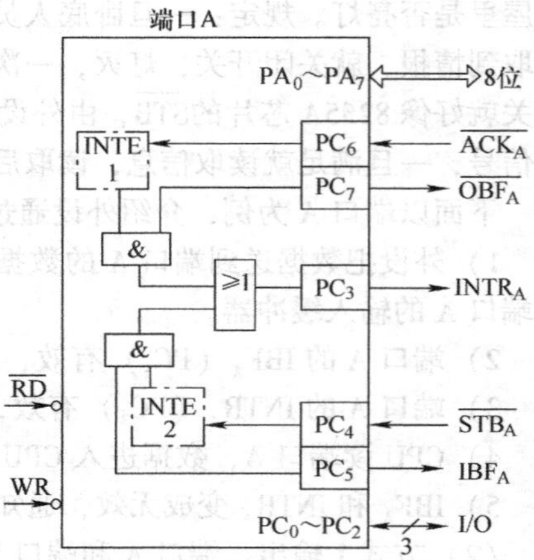

图8-5　8255A方式2的联络信号

当端口A工作于方式2时（端口C的高5位被征

用)，端口 B 可工作于方式0（端口 C 低3 位可工作于方式0）或方式1（端口 C 低3 位被征用），既可以作为输入端口，又可以作为输出端口。

8.1.4 8255A 的控制字

8255A 的控制字有两个：方式控制字和端口 C 的按位置位/复位控制字（又叫位控字）。这两个控制字均写入控制端口，8255A 通过 D_7 位来识别写入控制端口的到底是哪一个控制字。方式控制字的 D_7 位总是 1，而端口 C 的按位置位/复位控制字的 D_7 位总是 0，所以，D_7 位称为标识位。

8255A 是通用并行接口芯片，在具体应用时，需根据实际情况选择工作方式。因此使用时首先要进行初始化，即写入方式控制字来指定其工作方式。如果需要中断，还要用端口 C 按位置位/ 复位控制字将中断允许触发器 INTE 置“1”或清“0”。初始化完成后，就可对 3 个数据端口进行读/ 写。

1. 方式控制字

方式控制字用于设置 8255A 的 3 个数据端口的工作方式和输入输出方向。3 个端口分为两组：端口 C 的高 4 位和端口 A 作为 A 组，端口 C 的低 4 位和端口 B 作为 B 组。D_7 为特征位，始终为 1；$D_6 \sim D_3$ 位为 A 组方式设置；$D_2 \sim D_0$ 为 B 组方式设置。方式控制字如图 8-6 所示。

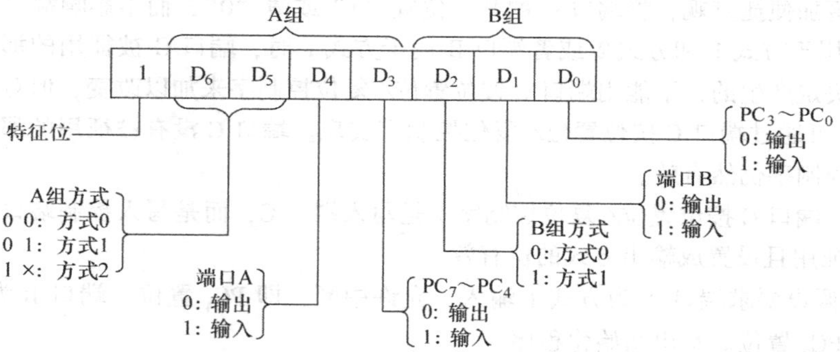

图 8-6 8255A 方式控制字

在方式 1 和方式 2 下，端口 C 的某些位被固定征用为联络信号，配合端口 A 或者端口 B 工作。方式字并未规定端口 C 的工作方式，因为端口 C 没有被征用的位只能工作在方式 0。

对 8255A 的初始化首先就是设置 8255A 的工作方式和输入/输出方式。也就是通过输出指令向控制端口写入方式控制字。

【例 8-1】若要使 8255A 的端口 A 方式 0 输出，端口 B 方式 0 输入，端口 C 的高 4 位输入，端口 C 的低 4 位输出。假设 8255A 的 4 个端口地址为 60H、61H、62H、63H（以下例子端口地址相同），写出控制字及初始化程序。若对 8255A 的控制端口写入 10100111B，8255A 的 3 个端口的工作方式分别是什么？

解：控制字为 10001010B，即 8AH。

初始化程序为

```
MOV      AL, 8AH
OUT      63H, AL
```

若对 8255A 的控制端口写入 10100111B，则 8255A 的 3 个端口的工作方式为：端口 A 为方式 1 输出，端口 C 的上半部分输出，端口 B 为方式 1 输入，端口 C 的下半部分输入。

2. 端口 C 按位置位/复位控制字

当端口 C 设置为输出方式时，常常用于控制目的，用来发送控制信号。例如，通过 PC_3 来控制一盏灯，当 $PC_3=1$ 时点亮灯，$PC_3=0$ 时熄灭灯。这可以通过如下方案实现：

```
IN AL, 62H             ; 读取端口 C 的状态
OR AL, 00001000B       ; D3 位设置为“1”，点亮灯
OUT 62H, AL            ; 重设端口 C 状态
```

上面的 3 条指令的功能是使 PC_3 设置为“1”，但不影响端口 C 其他位的状态。如果要熄灭灯，则可将“OR　AL，00001000B”指令换成“AND　AL，11110111B”，即 D_3 位清“0”。对于上述操作通过端口 C 按位置位/复位控制字来实现更为直观。

端口 C 按位置位/复位控制字的格式如图 8-7 所示。

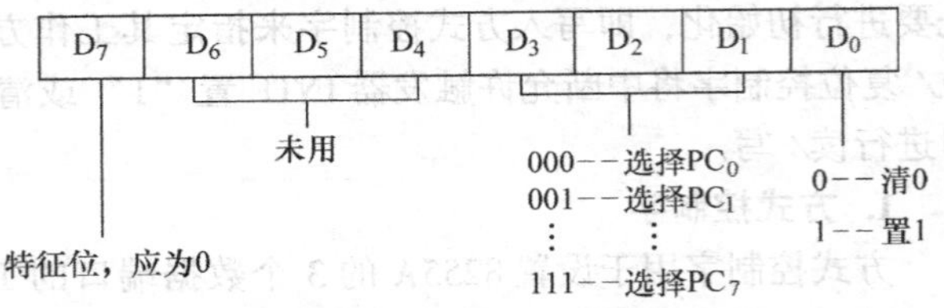

图 8-7　端口 C 按位置位/复位控制字的格式

$D_3 \sim D_1$ 的 8 种编码对应 $PC_0 \sim PC_7$ 引脚，由 D_0 位确定该位的输出值。通过 8255A 按位置位/复位控制字实现 PC_3 置“1”的程序段如下：

```
MOV AL, 00000111B  ; PC3 置 1
OUT 63H, AL        ; 从控制口输出
```

这种方法更加便捷直观，将端口 C 的某一位置“1”或清“0”，而不影响端口 C 的其他位。

当端口 A 用于方式 1 和方式 2 或者端口 B 用于方式 1 时，端口 C 被征用的那些位，其信号是由硬件自行决定产生的，不能用端口 C 按位置位/ 复位控制字来加以改变，但对中断允许触发器 INTE 的设置可通过端口 C 按位置位/ 复位控制字实现。端口 C 没有被征用的那些位设置成输出方式时，该控制字仍然有效。

特别注意，端口 C 按位置位/ 复位控制字不是写入端口 C，而是写入控制端口，并且只对端口 C 中没有被征用且设置成输出方式的位有效。

【例 8-2】 假设要求端口 A 为方式 1 输入，允许中断，即 PC_4 置位；端口 B 为方式 1 输出，允许中断，即 PC_2 置位。写出初始化程序。

解：初始化程序如下：

```
MOV     AL, 0B4H     ; 根据已知条件求出方式字为 10110100B = 0B4H
OUT     63H, AL      ; 设置工作方式
MOV     AL, 09H
OUT     63H, AL      ; PC4 置位，端口 A 输入允许中断
MOV     AL, 05H
OUT     63H, AL      ; PC2 置位，端口 B 输出允许中断
```

8.1.5　8255A 的应用

1. 8255A 方式 0 应用举例

【例 8-3】 利用 8255A 的端口 A 方式 0 输出与并行接口打印机相连，将内存缓冲区 BUFF 中的字符打印输出。

并行接口打印机和主机之间的数据传输采用并行通信方式，其工作流程是主机将要打印的数据送入数据线，然后发出选通信号 $\overline{STB}$，打印机将数据读入，同时使 BUSY 为高电平，通知主机停止送数。这时，打印机内部对读入的数据进行处理。处理完以后使 $\overline{ACK}$ 有效，同时使 BUSY 失效，通知主机可以发送下一个数据。打印机的工作时序如图 8-8 所示。

设计分析：根据打印机的工作特点，打印机需要一个选通信号$\overline{STB}$锁存待打印数据启动打印，同时通过 BUSY 信号表示打印机状态。8255A 作为 CPU 与打印机的接口，既可以工作在方式 0 又可以工作在方式 1。本例采用 8255A 方式 0 查询方式，需自行定义端口 C 的某些位作为联络信号与$\overline{STB}$、BUSY 信号相连。这两个联络信号一个输出、一个输入，因此需分别在端口 C 的高 4 位和低 4 位各定义其中的一位（请读者自行思考原因）。本例定义 PC_0 与$\overline{STB}$相连，输出选通信号；定义 PC_7 与 BUSY 信号相连，输入打印机状态以供查询。硬件连线如图 8-9 所示，8255A 的$\overline{CS}$由地址译码器得到，基地址为 300H，8255A 的 A_1 和 A_0 连接到地址总线的 A_1 和 A_0 上，因此 4 个端口地址分别为：300H、301H、302H、303H。

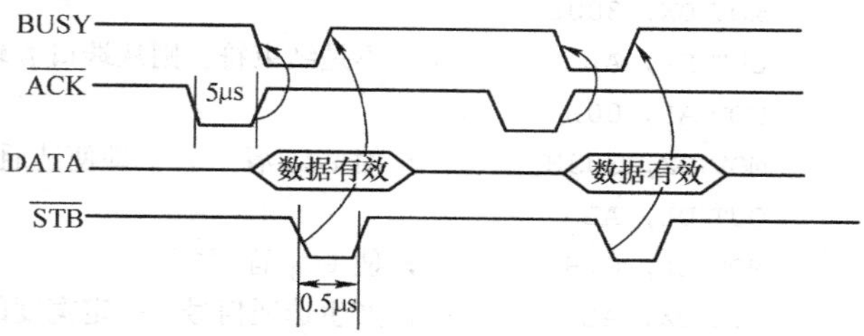

图 8-8 打印机的工作时序

注意：本例 PC_0 为自行定义的一个输出控制信号，其时序必须通过软件编程自行构造。

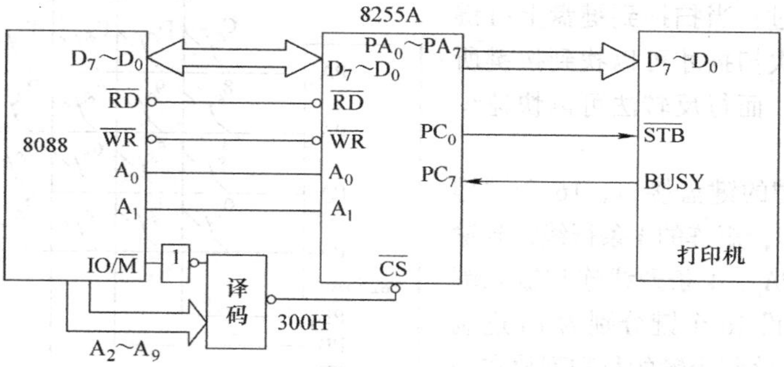

图 8-9 8255A 与 CPU 和打印机连接示意图

解：(1) 方式字设定：端口 A 方式 0，输出；端口 C 高 4 位方式 0 输入，低 4 位方式 0 输出；端口 B 未用。所以 8255A 的控制字为 10001××0B，即 88H。

PC_0 置位字为 00000001B，即 01H；PC_0 复位字为 00000000B，即 00H。

(2) 编制程序如下：

```
；数据段定义
    BUFF DB 'This is a print program! ', '$'
；代码段核心部分
    MOV SI, OFFSET BUFF
    MOV AL, 88H          ；8255A 初始化，端口 A 方式 0，输出
    MOV DX, 303H
    OUT DX, AL           ；端口 C 高位方式 0 输入，低位方式 0 输出
    MOV AL, 01H
    OUT DX, AL           ；使 PC0 置位，即使选通无效
WAIT:  MOV DX, 302H
    IN AL, DX
    TEST AL, 80H         ；检测 PC7 是否为“1”，即是否忙
    JNZ WAIT             ；为忙则等待
    MOV AL, [SI]         ；取一个字符打印
```

```
        CMP AL, '$'         ; 是否结束符
        JZ DONE             ; 是结束符，则程序结束
        MOV DX, 300H
        OUT DX, AL          ; 不是结束符，则从端口 A 输出
        MOV AL, 00H
        MOV DX, 303H        ; 使 PC0 清“0”，即使选通有效
        OUT DX, AL
        MOV AL, 01H         ; 使 PC0 置“1”
        OUT DX, AL          ; 产生选通信号，一定宽度的负脉冲
        INC SI              ; 修改指针，指向下一个字符
        JMP WAIT
DONE:                       ; 程序结束
```

【例 8-4】 8255A 作为键盘与处理器的接口时，写出行反转法键盘扫描子程序。

为了识别键盘上的闭合键，通常可以采用两种方式：行扫描法和行反转法。行扫描法在第 6 章已经讲过，当扫描到键盘上有键被按下，须经过多次扫描才可以找到按键所在的行，效率较低；而行反转法可以快速识别按键。

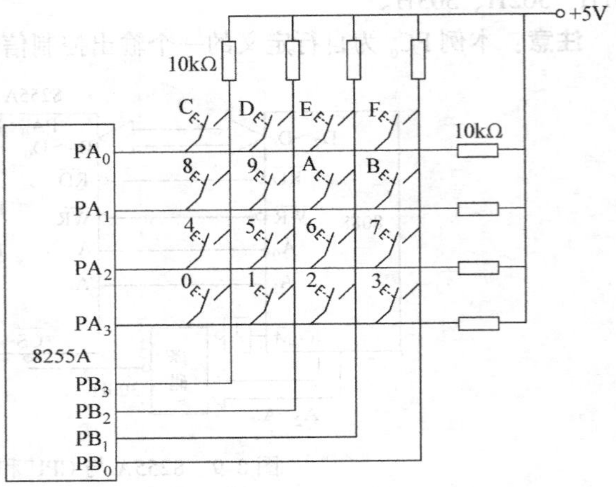

图 8-10　键盘排列、连线及接口电路

图 8-10 是 16 键的键盘接口，16 个键排成 4 行 ×4 列的矩阵，矩阵的 4 条行线接到输出端口 A 的 $PA_3 \sim PA_0$，4 条列线连到输入端口 B 的 $PB_3 \sim PB_0$。设 16 个键分别为 16 进制数字 0 ~9 和 A ~ F。将每个键的行和列放在一个字节中，高 4 位为行值，低 4 位为列值，组成一张 TABLE 表，通过行列值查表就可以得到按键的键面值。TABLE 的定义如下：

```
TABLE    DB 77H, 7BH, 7DH, 7EH, 0B7H, 0BBH, 0BDH, 0BEH; 0 ~7 的扫描码
         DB 0D7H, 0DBH, 0DDH, 0DEH, 0E7H, 0EBH, 0EDH, 0EEH; 8 ~F 的扫描码
```

利用行反转法识别按键的程序流程如下：

1）设定行为输出，列为输入。

2）行输出为“0”，读列值。

3）列值若为全“1”，则说明无键按下，执行步骤 1)；如果列值非全“1”，说明有键按下，执行步骤 4)。

4）延时，消除抖动。

5）再读列值，列值若为全“1”，则说明无键按下，执行步骤 2)；如果列值非全“1”，说明确实有键按下，执行步骤 6)。

6）设定列为输出，行为输入。

7）从列输出刚才读到的非全“1”的数值，读行值。

8）得到行列扫描码，查表转换成按键键面值。

9）按键释放后，程序结束。

假设 8255A 的端口 A、端口 B、端口 C 及控制端口地址分别是 300H、301H、302H、303H。行反转法扫描子程序将按键的键面值存放到 AH 中，主要代码如下：

```
KEYSCAN PROC
SCAN: MOV DX, 303H          ; 指向控制口
      MOV AL, 10000010B     ; 端口A方式0输出，端口B方式0输入
      OUT DX, AL            ; 写入控制字
      MOV DX, 300H          ; 端口A地址
      MOV AL, 00H
      OUT DX, AL            ; 向端口A各位输出“0”
      MOV DX, 301H
WAIT: IN AL, DX             ; 键盘状态读入端口B
      AND AL, 0FH           ; 只查低4位（列值）
      CMP AL, 0FH           ; 是否都为“1”
      JE WAIT               ; 无键按下，继续检查键盘
      ; 有键压下，延时20ms，消抖动，代码略
      IN AL, DX             ; 键盘状态读入端口B
      AND AL, 0FH           ; 只查低4位（列值）
      CMP AL, 0FH           ; 是否都为“1”
      JE WAIT               ; 列值为全“1”，无键按下，继续检查键盘
      MOV KEY, AL           ; 有键按下，列值保存在KEY单元
      MOV DX, 303H          ; 置8255A控制端口地址，改变8255A的工作方式
      MOV AL, 90H           ; 8255A方式控制字，端口B方式0输出，端口A方式0输入
      OUT DX, AL            ; 输出8255A方式控制字
      MOV DX, 301H          ; 端口B地址送入DX
      MOV AL, KEY           ; 从KEY单元取出列值
      OUT DX, AL            ; 向端口B输出列值，反向扫描
      MOV DX, 300H          ; 端口A地址送入DX
      IN AL, DX             ; 从端口A读入行值
      AND AL, 0FH           ; 保留低4位
      CMP AL, 0FH
      JE SCAN               ; 行值全“1”，无键按下，重新扫描
      MOV CL, 4             ; 有键按下，组成行列扫描码
      SHL AL, CL            ; 行值左移4位
      ADD AL, KEY           ; 组成行列扫描码存放到AL单元
                            ; 高4位为行值，低4位为列值
      CALL KEYVALUE         ; 通过AL中的行列扫描码查TABLE表
                            ; 得到的键面值存入AH，子程序略
      MOV DX, 301H          ; 端口B地址送入DX，判断键释放
      MOV AL, 0
      OUT DX, AL            ; 向端口B输出“0”，反向扫描
      MOV DX, 300H          ; 端口A地址送入DX
WAIT2:IN AL, DX             ; 从端口A读入行值
      AND AL, 0FH           ; 保留低4位
      CMP AL, 0FH
      JNE WAIT2             ; 行值为非全“1”，键未释放，继续等待按键释放
      RET
KEYSCAN ENDP
```

2. 8255A 方式 1 应用举例

【例 8-5】 8255A 工作在方式 1，将 BUFF 开始的缓冲区中以“ $ ”为结束符的字符串从打印机输出。

如图 8-11 所示，处理器采用 8086，8255A 和 8259A 的 $\overline{CS}$ 由地址译码器产生，根据译码图可知 8255A 的基地址为 10H，8259A 的基地址为 20H。8255A 的 A_1 和 A_0 连接到 8086 的地址总线的 A_2 和 A_1 上，因此 8255A 的 4 个端口地址为：10H、12H、14H、16H。8259A 的端口地址为 20H 和 22H。当 8255A 向打印机发送数据时，PC_7（$\overline{OBF}$）从高电平变为低电平，产生下降沿，通过单稳触发器可产生打印机的选通信号 $\overline{STB}$，打印机打印完数据后发出的 $\overline{ACK}$ 信号作为 8255A 端口 A 的 $\overline{ACK}$（PC_6），该信号既能将 PC_7（$\overline{OBF}$）置为无效，变成高电平，也可使 INTR（PC_3）信号有效，发出中断请求信号接至系统中断控制器 8259A 的 IR_3。8259A 与系统总线的连线略。

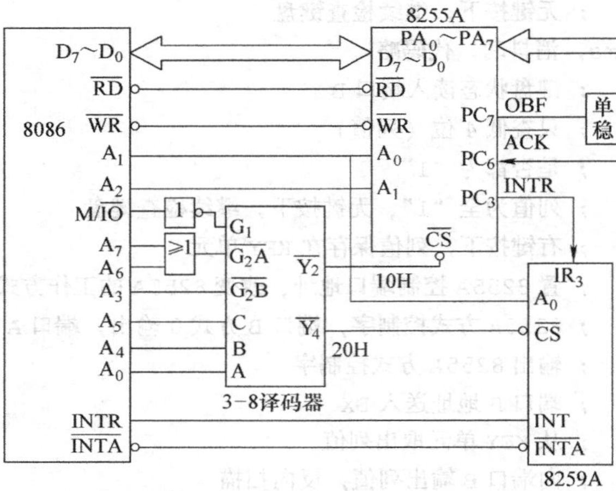

图 8-11　8255A 方式 1 硬件连线

解：（1）查询方式传输。查询方式下，8255A 的 PC_7（$\overline{OBF}$）作为状态信号。当 $PC_7 = 1$，输出缓冲器空时，CPU 才能输出一个数据给 8255A 送打印机打印，输出数据的同时通过单稳电路能自动产生打印机 $\overline{STB}$ 信号，不需要像例 8-3 那样通过端口 C 按位置位/复位控制字产生 $\overline{STB}$ 时序。

核心程序如下：

```
        MOV SI, OFFSET BUFF
        MOV AL, 0A0H            ; 8255A方式字：1010××××B。端口A方式1，输出
        OUT 16H, AL
WAIT:   IN AL, 14H              ; 读端口C状态
        TEST AL, 80H            ; 检测PC7（OBF）是否为“1”，即是否忙
        JZ WAIT                 ; PC7 =0，输出缓冲区满，则等待
        MOV AL, [SI]            ; PC7 =1，取一个字符输出
        CMP AL, '$'             ; 是否结束符
        JZ DONE                 ; 是结束符，程序结束
        OUT 10H, AL             ; 不是结束符，从端口A输出，自动产生STB
        INC SI
        JMP WAIT                ; 打印下一个字符
DONE: ……
```

（2）中断方式传输。8255A 工作在中断方式下，初始化包括设置 8255A 的控制字和设置中

断允许位 $INTE_A$。

8255A 的控制字为：1010××××B，即 0A0H。

$INTE_A$ 的设置通过 PC_6 置位实现，端口 C 置位字为 00001101B，即 0DH。

假设 8259A 初始化时 ICW_2 为 08H，则 8255A 端口 A 的中断类型码是 0BH，此中断类型码对应的中断向量应放到中断向量表从 2CH 开始的 4 个单元中。

为了能在中断服务程序中准确找到要打印的字符，数据段中定义了缓冲区指针 POINT 用来访问要打印的字符，同时设置一个 DONE 标志与主程序同步。另外要注意，在编程时必须在主程序中启动第一个字符的打印，后续字符才能以中断方式进行传送。假设 8259A 已经初始化完毕，有关 8255A 与中断的主要代码如下：

```
; 主程序核心代码
MAIN: MOV AL, 0A0H             ; 8255A 方式字
      OUT 16H, AL              ; 设置 8255A 的控制字
      MOV AL, 0DH              ; PC6 设置为 1
      OUT 16H, AL              ; 使 8255A 端口 A 输出允许中断
      ; 设置中断向量部分参考 7.4 节
      MOV AX, SEG BUFF
      MOV DS, AX
      MOV POINT, OFFSET BUFF   ; 设置地址指针
      MOV DONE, 0              ; 中断结束标志位，DONE =1，所有字符打印完毕
      IN AL, 22H               ; 开放 8259A 的中断屏蔽位，IMR3 =0
      AND AL, 11110111B
      OUT 22H, AL
      STI                      ; 开中断
      INT 0BH                  ; 通过中断指令调用中断服务程序打印第一个字符
NEXT: CMP DONE, 0              ; DONE =0，打印还没有结束，继续等待打印结束
      JZ NEXT
INTEND: ……                     ; 所有的中断完成，做中断结束处理
; 中断服务子程序核心代码
ROUTINTR  PROC                 ; 保护现场略
      MOV DI, POINT            ; 取出将要打印的字符的地址，通过 DI 间接访问
      INC POINT                ; 地址指针加 1
      MOV AL, [DI]             ; 取出将要打印的字符
      CMP AL, '$'
      JZ FINISH
      OUT 10H, AL              ; 从端口 A 输出一个字符，同时产生打印机选通信号
      JMP EXIT
FINISH: MOV DONE, 1            ; 所有字符都打印完毕，做中断结束处理
        MOV AL, 0CH            ; DONE =1，与主程序同步
        OUT 16H, AL            ; 禁止 8255A 端口 A 输出中断
        IN AL, 22H             ; 设置 8259A 的中断屏蔽位，IMR3 =1
        OR AL, 00001000B
        OUT 22H, AL
EXIT:   MOV AL, 20H            ; 发出 8259A 的 EOI 命令
        OUT 20H, AL            ; 从 8259A 的偶地址输出
```

```
        IRET                    ；恢复现场略
ROUTINTR  ENDP
```

注意：当所有的中断都结束后，禁止8255A中断和设置8259A的屏蔽字的操作可以放在中断服务程序的中断结束处理部分，也可以放在主程序的中断结束处理部分。

8.2 串行通信与串行接口

串行通信是指使用一条数据线，将数据一位一位地依次传输，每一位数据占据一个固定的时间长度。串行通信只需要少数几条线就可以在系统间交换信息，特别适用于计算机与计算机、计算机与外设之间的远距离通信。

8.2.1 串行通信的方式

串行通信的双方根据数据传送方向的不同可分为3种方式，如图8-12所示。

1. 单工方式

只允许数据按照一个固定的方向传送，即一方只能作为发送站，另一方只能作为接收站。

2. 半双工方式

数据能从A站传送到B站，也能从B站传送到A站，但是不能同时在两个方向上传送，每次只能有一个站发送，另一个站接收。通信双方可以轮流地进行发送和接收。

3. 全双工方式

允许通信双方同时进行发送和接收。这时，A站在发送的同时也可以接收，B站亦同。全双工方式相当于把两个方向相反的单工方式组合在一起，因此它需要两条传输线。

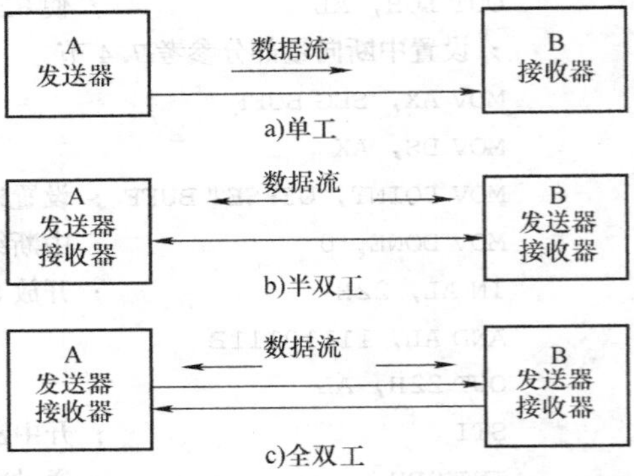

图8-12 数据传送方式

计算机串行通信中主要使用单工和全双工方式。

8.2.2 串行通信分类

串行通信时，数据、控制和状态信息都要使用同一条线路传输，为了使通信过程正确和顺利，收、发双方必须遵守共同的通信协议，以解决传输速率、信息格式、同步方式、数据校验等问题。根据同步方式的不同，可将串行通信分为两类：同步通信和异步通信。

1. 同步通信

同步通信是收、发双方在共同的时钟信号控制下进行数据通信的一种方式。在同步时钟信号的一个周期时间里，发送方的数据线上同步地发送一位数据。同步通信要求发送时钟和接收时钟保持严格的同步。

同步通信中数据以帧为单位进行传输，一帧通常含有若干个数据字符。

信息帧由同步字符、数据块和校验字符组成。其中同步字符位于帧开头，用于确认数据字符的开始。数据块在同步字符之后，个数没有限制，由所需传输的数据块长度来决定；校验字符有1到2个，用于接收端对接收到的字符序列进行正确性的校验。同步通信的数据格式如图8-13所示。

同步通信根据传输的数据类型可以分为以下两种：

（1）面向比特（bit）型同步方式：以二进制位作为信息单位。在同步传输中，每个数据块

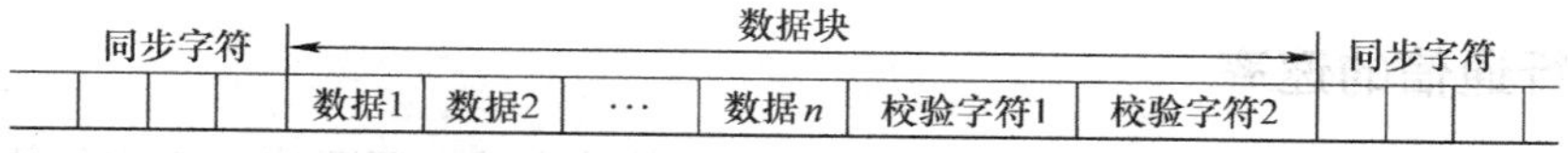

图 8-13 同步通信的数据格式

的头部和尾部用一个特殊的比特序列（如 01111110）来标记数据块的开始和结束。数据块将作为位流来处理，而不是作为字符流来处理。为了避免在数据流中出现标记块开始和结束的特殊位模式，通常采用位插入的方法，即发送端在发送数据流时，每当出现连续的 5 个 1 后便插入 1 个 0。接收端在接收数据流时，如果检测到连续 5 个 1 的序列，就要检查其后的一位数据，若该位是 0，则删除它；若该位为 1，则表示数据块的结束，转入结束处理。典型的面向位流的同步通信方式主要应用于计算机网络通信协议中，如高级数据链路控制协议（High-Level Data Link Control，HDLC）。

（2）面向字符型同步方式：以字符作为信息单位。字符是 EBCD 码或 ASCII 码。在同步传输中，每个数据块的头部用一个或多个同步字符 SYN 来标记数据块的开始；尾部用另一个唯一的字符 ETX 来标记数据块的结束。这些特殊字符的位模式与传输的任何普通字符都有显著的差别。

2. 异步通信

异步通信下的收、发双方不需要在同一个时钟信号的控制下进行数据传输，双方各自通过自己的时钟信号进行数据的收、发。数据以字符为单位进行传输，字符与字符之间传输是异步的，可以有任意时间的间隔，字符内部各位的传输是同步的。

数据通常以字符或者字节为单位组成字符帧传送。在串行异步通信方式中传送一个字符的信息格式规定有起始位、数据位、奇偶校验位、停止位等，其中各位的意义如图 8-14 所示。

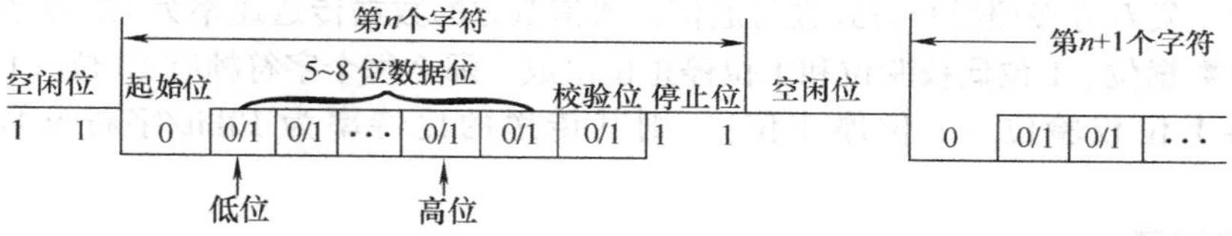

图 8-14 异步通信的数据格式

（1）起始位：先发出一个逻辑“0”信号，表示传输字符的开始。

（2）数据位：紧接着起始位之后。数据位的个数可以是 5、6、7、8 等，构成一个字符。通常采用 ASCII 码。从最低位开始传送，靠时钟定位。

（3）奇偶校验位：数据位加上这一位后，使得“1”的位数应为偶数（偶校验）或奇数（奇校验），以此来校验数据传送的正确性。

（4）停止位：它是一个字符数据的结束标志，可以是 1 位、1.5 位、2 位的高电平。

（5）空闲位：处于逻辑“1”状态，表示当前线路上没有数据传送。

字符帧由发送端逐帧发送，通过传输线被接收设备逐帧接收。接收端检测到传输线上发送过来的低电平逻辑“0”（即字符帧起始位）时，确定发送端已开始发送数据，每当接收端收到字符帧中的停止位时，就知道一帧字符已经发送完毕。字符与字符间可以有任意时间的间隔。接收设备在收到起始信号之后只要在一个字符的传输时间内能和发送设备保持同步就能正确接收，下一个字符起始位的到来又使同步重新校准。

假设发送方向接收方发送字符“9”，即 ASCII 为 39H，异步通信的数据由 1 个起始位、7 位数据位、1 位偶校验位和 1 位停止位组成。字符按照从低到高的顺序发送，那么从信号线上传送的数据流为 0100111001。

8.2.3 串行通信的速率

收、发双方在数据传输前除了要统一双方的数据传输方式，还要统一双方的数据收、发的速度。

1. 数据传输率

数据传输率是指单位时间内传输的信息量，可用比特率和波特率来表示。

1）比特率是指每秒传输的二进制位数，用 bit/s 表示。

2）波特率是指每秒传输的符号数。

波特率有时候会同比特率混淆，实际上后者是对信息传输速率（传信率）的度量。波特率可以被理解为单位时间内传输码元符号的个数（传符号率），通过不同的调制方法可以在一个码元上负载多个比特信息。它用单位时间内载波调制状态改变次数来表示，其单位为波特（Baud）。显然，两相调制（单个调制状态对应 1 个二进制位）的比特率等于波特率；四相调制（单个调制状态对应 2 个二进制位）的比特率为波特率的两倍；八相调制（单个调制状态对应 3 个二进制位）的比特率为波特率的 3 倍；依次类推。波特率与比特率的关系为：比特率 = 波特率 × 单个调制状态对应的二进制位数。

在计算机中，一个符号的含义为高、低电平，它们分别代表逻辑“1”和逻辑“0”，所以每个符号所含的信息量刚好为 1bit，因此在计算机通信中，常将比特率称为波特率，即

1Baud（波特）= 1bit/s。

例如：电传打字机最快传输率为每秒 10 个字符，每个字符包含 11 个二进制位，则数据传输率为：11bit/字符 × 10 字符/s = 110bit/s = 110Baud。计算机中常用的波特率有 110，300，600，1200，2400，4800，9600，19200，28800，33600，115200，56×10^3 等（单位均为 bit/s）。

例如，收、发双方按照异步方式进行通信，通信双方的数据传送速率为 120 字符/s，而每一个字符由 7 位数据位、1 位偶校验位和 1 位停止位组成。那么每个字符帧有 10 位（1 位起始位 + 7 位数据位 + 1 位校验位 + 1 位停止位），则其传送的比特率为 10bit/字符 × 120 字符/s = 1200bit/s。

2. 波特率因子

串行通信过程中，为了保证通信的双方能可靠的收、发数据，通常收、发双方以 n 个发送时钟和接收时钟的周期发送和接收一位信息。此时，接收时钟和发送时钟与波特率的关系如下：

$$F = n \times B$$

式中，F 是发送时钟或接收时钟的频率；B 是数据传输的波特率；n 称为波特率因子。在实际串行通信中，波特率因子可以设定。

例如，收、发双方按照 9600bit/s 的速度传输数据，波特率因子为 16，则每 16 个发送时钟和接收时钟的时间传输一位信息，那么发送时钟和接收时钟的频率为 $F = 16 \times 9600\text{Hz} = 153600\text{Hz}$。

8.2.4 串行接口标准 RS-232C

为了实现不同厂商生产的计算机和各种外部设备之间进行串行通信，国际上制定了一些串行接口标准，常见的有 RS-232C 接口标准、RS-422A 接口标准、RS-485 接口标准。目前最普遍使用的是美国电子工业协会颁布的 RS-232C 接口标准。RS-232C 接口标准规定了机械、电气、功能等方面的参数。它作为一种标准，目前在微机通信接口中广泛采用。

RS-232C 标准最初是为远程通信连接数据终端设备（Data Terminal Equipment，DTE）与数据通信设备（Data Communication Equipment，DCE）而制定的。但目前它又广泛地被借来用于计算机（更准确地说，是计算机接口）与终端或外设之间的近端连接标准。RS-232C 标准中所提到

的“发送”和“接收”，都是站在DTE立场上，而不是站在DCE的立场来定义的。由于在计算机系统中，往往是CPU和I/O设备之间传送信息，两者都是DTE，因此双方都能发送和接收。

1. 信号电平

RS-232C中采用负逻辑表示数据信息，逻辑“1”电平规定为-3～-15V，逻辑“0”电平规定为3～15V。在实际使用中，常采用±12V或±15V。由此可见，RS-232C标准中的信号电平标准与计算机中广泛采用的TTL电平标准不相容，在使用时，必须有电平转换电路。

2. 信号定义

串行接口标准指的是计算机或终端（即DTE）的串行接口电路与调制解调器（MODEM）等（即DCE）之间的连接标准。由于RS-232C并未定义连接器的物理特性，因此，出现了如图8-15所示的DB-25和DB-9类型的连接器，其引脚的定义也各不相同，但绝大多数设备都是用DB-9类型的连接器，其引脚定义如下。

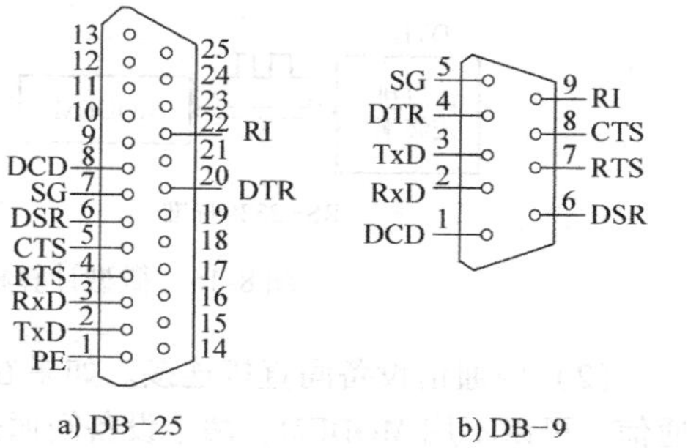

图8-15 DB-25和DB-9型连接器接口

（1）TxD：发送数据线，输出。发送数据到MODEM。

（2）RxD：接收数据线，输入。接收数据到计算机或终端。

（3）RTS：请求发送，输出。计算机通过此引脚通知MODEM，要求发送数据。

（4）CTS：允许发送，输入。CTS是RTS的应答信号，CTS有效，计算机才可以发送数据。

（5）DSR：数据装置就绪（即MODEM准备好），输入。表示调制解调器可以使用，该信号有时直接接到电源上，这样当设备连通时即有效。

（6）CD：载波检测（接收线信号测定器），输入。表示MODEM已与电话线路连接好。

（7）GND：地线。

如果通信线路是交换电话的一部分，则至少还需如下两个信号：

1）RI：振铃指示，输入。MODEM若接到交换台送来的振铃呼叫信号，就发出该信号来通知计算机或终端。

2）DTR：数据终端就绪，输出。计算机收到RI信号以后，就发出DTR信号到MODEM作为回答，以控制它的转换设备，建立通信链路。

3. RS-232C的连接

（1）使用MODEM进行连接。微型计算机之间如果使用一根电话线进行通信，那么计算机必须通过RS-232C接口与MODEM相连，MODEM之间通过电话线相连接。微型计算机之间通过MODEM连接及通信原理如图8-16所示。

计算机的RS-232C接口与MODEM的RS-232C接口通过9针串口到25针MODEM连接线连接。与计算机连接的是9针母插头，与MODEM连接的是25针公插头。信号之间的对应关系见表8-2。

表8-2 连线对应关系表

信号	9针	25针
TxD	3	2
RxD	2	3
RTS	7	4

（续）

信号	9 针	25 针
CTS	8	5
DSR	6	6
GND	5	7
CD	1	8
DTR	4	20
RI	9	22

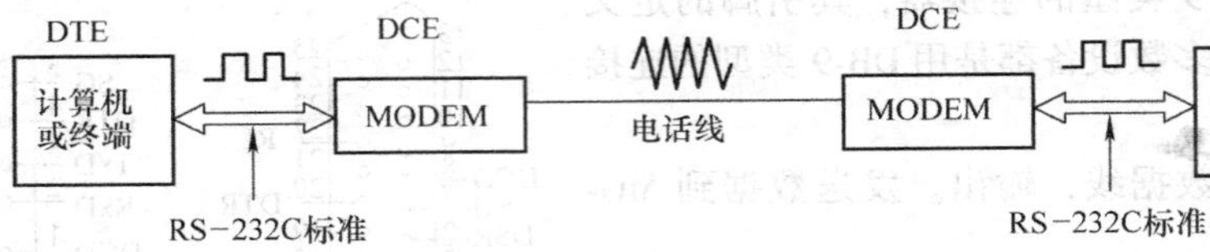

图 8-16　微型计算机之间通过 MODEM 连接及通信原理

（2）两通信设备间直接连接。如果在两个近距离计算机间或者是计算机与外设间进行串行通信，可以不用 MODEM，两个设备间通过串行接口直接相连，具体有 3 种方式。

1）采用最简单的三线式连接方式，如图 8-17a 所示，只使用 RxD、TxD 和 GND 这 3 个信号相连。在程序中不需要使 RTS 和 DTR 有效，也不用判断 CTS 和 DSR 是否有效。这种连接方法简单、经济，但不可靠。

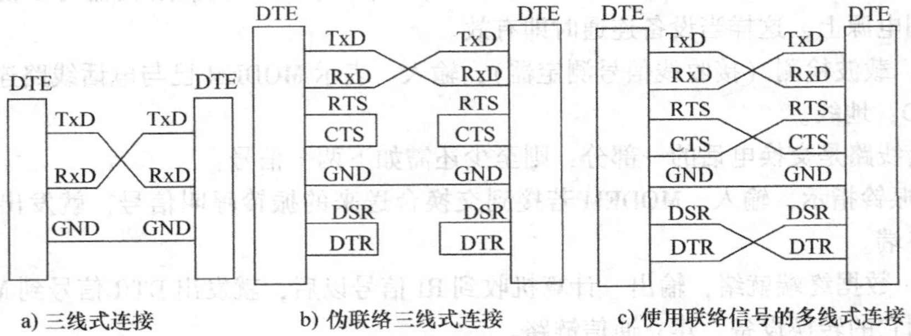

图 8-17　两个设备间直接连接示意图

2）两个设备间依然用三线相连，但各接口的 RTS 和 CTS 各自互接，DTR 和 DSR 各自互接，如图 8-17b 所示。在程序中使各自的 RTS 和 DTR 有效，表明请求传送总是允许，数据装置总是准备好，双方可以随时进行串行收、发，这种方式称为伪联络的三线式连接。采用这种方式连接的通信双方也可能不可靠。

3）收发双方最可靠的连接方式是如图 8-17c 所示的使用联络信号的多线式连接方式。在这种方式下，只有双方的 CTS 和 DSR 都能收到对方有效的 RTS 和 DTR 信号才能进行数据传输。当接收方来不及处理接收到的数据时，可通过程序使自己的 RTS 信号无效，使发送方的 CTS 无效，发送方暂停发送数据；接收方处理完接收到的数据后，将 RTS 设置成有效信号，发送方才可继续发送数据。这就是硬件流控制的工作原理。

注意，前两种连接方式不可靠，无法通过硬件确认双方是否能正常通信。通信双方最好在数据传输前以软件握手的方式来确认通信是否可靠。例如，发送方先发送一个特定字符，接收方收到该字符后向发送方返回确认信息，只有发送方接收到正确的确认信息，才表明连接是可靠的。这之后双方就可以进行可靠的数据通信了。

8.3 可编程串行接口 8251A

8251A 是可编程的串行通信接口芯片，可以工作在同步方式和异步方式下。同步方式下波特率为 64kbit/s，异步方式下波特率为 0~19.2kbit/s。

同步方式下每个字符可以用 5、6、7 或 8 位来表示，并且内部能自动检测同步字符，从而实现同步。除此之外，8251A 也允许同步方式下增加奇/偶校验位进行校验。

异步方式下每个字符也可以用 5、6、7 或 8 位来表示，时钟频率为传输波特率的 1、16 或 64 倍，用 1 位作为奇/偶校验；采用 1 个起始位，并能根据编程为每个数据增加 1 个、1.5 个或 2 个停止位。异步方式下，8251A 可以检查起始位，自动检测和处理终止字符。

8.3.1 8251A 的内部结构

8251A 内部由数据总线缓冲器、读/写控制电路、发送器、接收器和调制解调控制电路 5 部分构成，内部结构如图 8-18 所示，具体功能如下：

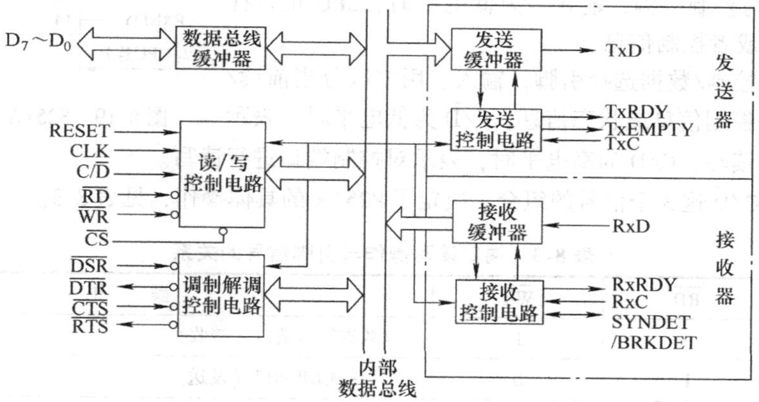

图 8-18 8251A 的内部结构

1. 数据总线缓冲器

数据总线缓冲器是 CPU 与 8251A 之间的数据接口。CPU 发给 8251A 的初始化命令字，8251A 的状态信息以及输入/输出的数据都是通过数据总线缓冲器与 CPU 进行交换的。

2. 读/写控制电路

读/写控制电路配合数据总线缓冲器，完成 CPU 对 8251A 的初始化、状态信息的读取、数据的输入和输出。

3. 发送器

发送器由发送缓冲器和发送控制电路两部分组成。

发送器接收来自 CPU 的并行数据，把它保存在发送缓冲器中，然后根据 8251A 不同的工作方式，在发送控制电路的控制下，按照规定的数据格式把并行数据转换成串行数据从串行数据线 TxD 上输出。

4. 接收器

接收器由接收缓冲器和接收控制电路两部分组成。

接收缓冲器从 RxD 引脚上接收串行数据，在接收控制电路的控制下，按照不同的工作方式，把串行数据转换成并行数据后存入接收缓冲器。

5. 调制解调控制电路

调制解调控制电路用来控制 8251A 和调制解调器的连接。

8.3.2 8251A 的引脚功能

8251A 是一个 28 引脚的双列直插式芯片，引脚排列如图 8-19 所示。

8251A 的引脚信号分为 3 类，现介绍如下。

1. 8251A 和 CPU 之间的连接信号

（1）$\overline{CS}$：片选引脚，输入，低电平有效。它由 CPU 的地址信号通过译码后得到。

（2）$D_0 \sim D_7$：8 位三态双向数据引脚，与系统的数据总线相连。传输 CPU 对 8251A 的编程命令字和 8251A 送往 CPU 的状态信息及数据。

（3）$\overline{RD}$：读控制引脚，输入。为低电平时，CPU 正在从 8251A 读取数据或者状态信息。

（4）$\overline{WR}$：写控制引脚，输入。为低电平时，CPU 正在往 8251A 写入数据或者控制信息。

（5）$C/\overline{D}$：控制/数据选择引脚，输入。用来区分当前读/写的是数据还是控制信息或状态信息。$C/\overline{D}$ 为低电平时，表示对数据端口进行读写；$C/\overline{D}$ 为高电平时，表示对控制端口进行读写。

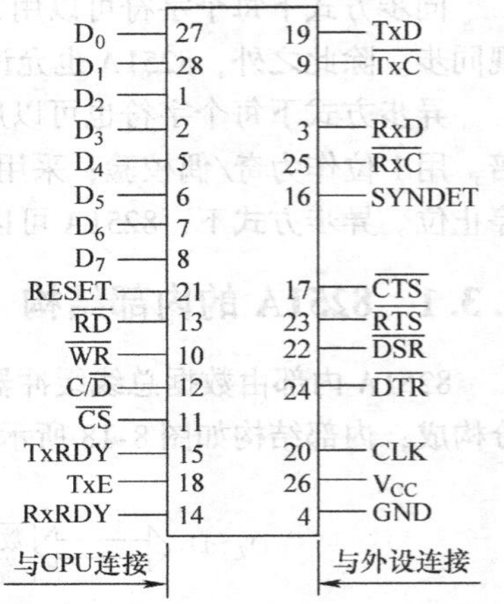

图 8-19 8251A 的引脚排列

$\overline{RD}$、$\overline{WR}$、$C/\overline{D}$ 这 3 个信号的组合，决定了 8251A 的具体操作，见表 8-3。

表 8-3 端口读写操作与引脚信号的关系

$C/\overline{D}$	$\overline{RD}$	$\overline{WR}$	操　作
0	0	1	读数据输入端口（接收）
0	1	0	写数据输出端口（发送）
1	0	1	读状态信息
1	1	0	写初始化命令字

（6）RESET：复位引脚，高电平有效。RESET 信号有效时，8251A 的收、发线路均处于空闲状态，等待 CPU 对其的初始化编程。

（7）TxRDY：发送器准备好引脚，输出。用来通知 CPU，8251A 已准备好发送一个字符。在中断方式时，TxRDY 可用来作为中断请求信号；在查询方式时，TxRDY 用来作为查询信号。

（8）TxE：发送器空引脚，输出。TxE 为高电平时有效，用来表示此时 8251A 发送器中并行到串行转换器空，说明一个发送动作已完成。

（9）RxRDY：接收器准备好引脚，输出。用来表示当前 8251A 已经从外部设备或调制解调器接收到一个字符，等待 CPU 来取走。因此，在中断方式时，RxRDY 可用来作为中断请求信号；在查询方式时，RxRDY 用来作为查询信号。

2. 8251A 与外部设备之间的连接信号

8251A 与外部设备之间的连接信号分为两类：数据信号和收发联络信号，如图 8-19 所示。

（1）TxD：发送器数据输出信号。当 CPU 送往 8251A 的并行数据被转变为串行数据后，通过 TxD 送往外设。

（2）RxD：接收器数据输入信号。用来接收外设送来的串行数据，数据进入 8251A 后被转变为并行方式。

（3）SYNDET：同步检测信号，双向。该信号只用于同步方式。内同步时，当 8251A 检测到同步信号后，输出 SYNDET 信号向 MODEM 表示已经同步；外同步时，用来接收 MODEM 的同步信号，同步后，接收数据信息。

（4）$\overline{\mathrm{DTR}}$：数据终端准备好信号，输出，低电平有效。用来通知外部设备 CPU 当前已经准备就绪。

（5）$\overline{\mathrm{DSR}}$：数据设备准备好信号，输入，低电平有效。表示当前外设已经准备好。

（6）$\overline{\mathrm{RTS}}$：请求发送信号，输出，低电平有效。表示 CPU 已经准备好发送数据。

（7）$\overline{\mathrm{CTS}}$：允许发送信号，输入，低电平有效。是对$\overline{\mathrm{RTS}}$的响应，由外设送往 8251A。

注意：$\overline{\mathrm{DTR}}$和$\overline{\mathrm{DSR}}$是一对联络信号，$\overline{\mathrm{RTS}}$和$\overline{\mathrm{CTS}}$是一对联络信号，如果 8251A 不使用 MODEM 直接和外界通信，可以不用这两对联络信号，但是必须将 8251A 的$\overline{\mathrm{CTS}}$接地。

3. 时钟、电源和地

8251A 除了与 CPU 及外设的连接信号外，还有 3 个时钟信号和电源及地信号。

（1）$\overline{\mathrm{TxC}}$：发送器时钟，输入，用来控制发送字符的速度。在$\overline{\mathrm{TxC}}$的下降沿数据由 8251A 移位输出。同步方式下，$\overline{\mathrm{TxC}}$的频率等于字符传输的波特率；异步方式下，TxC的频率可以为字符传输波特率的 1 倍、16 倍或者 64 倍。

（2）$\overline{\mathrm{RxC}}$：接收器时钟，输入，用来控制接收字符的速度，在$\overline{\mathrm{RxC}}$的上升沿采集串行数据输入线。对频率要求和$\overline{\mathrm{TxC}}$一样。

（3）CLK：时钟输入，用于产生8251A 的内部时序。CLK 的频率至少应是接收时钟、发送时钟（$\overline{\mathrm{RxC}}$和$\overline{\mathrm{TxC}}$）频率的 30 倍（同步方式下）或 4.5 倍（异步方式下）。

在实际使用时，$\overline{\mathrm{RxC}}$和$\overline{\mathrm{TxC}}$往往连在一起，由同一个外部时钟来提供，CLK 则由另一个频率较高的外部时钟来提供。

（4）V_{CC}、GND：电源和地输入信号。V_{CC}一般接 +5V。

8.3.3 8251A 的工作方式

1. 数据的发送

发送器准备好后，TxRDY 引脚变为高电平，表示 CPU 可以向发送器发送数据。

（1）异步发送。由发送控制电路在欲发送信息的首尾加上起始位、校验位和停止位，然后从起始位开始，经移位寄存器从数据输出线 TxD 逐位串行输出。

（2）同步发送。在发送数据之前，发送器将自动串行送出 1 个或 2 个同步字符，然后才逐位串行输出数据。在整块数据传输完后，串行输出校验字符。

2. 数据的接收

（1）异步接收。接收器首先检测起始位，过程如图 8-20 所示。当接收器检测到 RxD 信号线上出现低电平后，启动一个计数器，每一个接收时钟计数器加 1，当计数器计数到 $n/2$（n 为波特率因子，$n/2$ 表示一位的中间点，图中的波特率因子为 16）时，再次采样 RxD 信号线，如果此时 RxD 信号线上仍然是低电平，则确认收到了一个信息帧的起始位。如果采样到的信号为高电

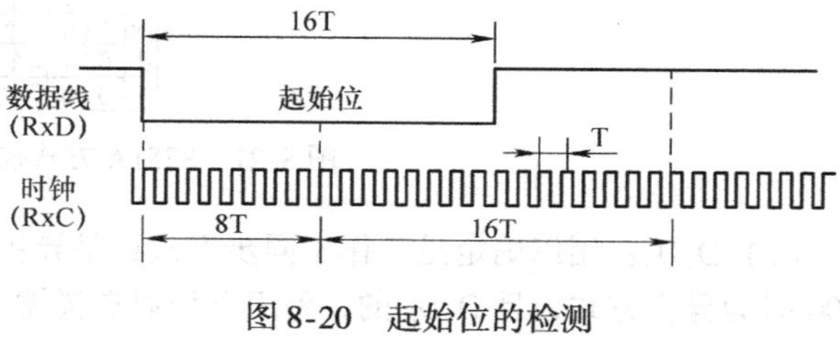

图 8-20 起始位的检测

平，表示刚才的低电平是干扰信号，重新检测 RxD 信号线。

检测到起始位后，8251A 每隔 n 个接收时钟对 RxD 采样一次，得到的信号就是数据位、校验位或停止位，按照规定的格式进行奇偶校验并去掉停止位，组成并行数据后，送到数据输入寄存器，同时发出 RxRDY 信号送入 CPU，表示已经收到一个可用的数据。

（2）同步接收。接收器先搜索同步字符。8251A 监测 RxD 信号线，每当 RxD 信号线上出现一个数据位时，接收下来并送入移位寄存器移位，与同步字符寄存器的内容进行比较，如果两者不相等，则接收下一位数据，并且重复上述比较过程。当两个寄存器的内容比较相等时，8251A 的 SYNDET 升为高电平，表示同步字符已经找到，同步已经实现。

如果采用双同步方式，在接收到第一个同步字符后，继续检测此后输入移位寄存器的内容是否与第二个同步字符寄存器的内容相同。如果相同，则认为同步已经实现。如不相同，再重新检测第一个同步字符。

在外同步情况下，同步字符由外部的 MODEM 检测，MODEM 检测到同步信息后，向 8251A 发送 SYNDET 信号，表示已经同步。

实现同步之后，接收器利用接收时钟信号对 RxD 线进行采样，并把收到的数据位送到移位寄存器中。收到一个字符后，在 RxRDY 引脚上发出高电平信号。

8.3.4 8251A 的内部寄存器及初始化编程

8251A 是一个可编程的多功能串行通信接口芯片，在实际使用前必须对它初始化，用来确定其工作方式、传输速率、字符格式以及停止位长度等。

8251A 内部有方式控制字寄存器、命令控制字寄存器、状态字寄存器以及同步字符寄存器，用奇地址（$C/\overline{D}=1$）访问；有两个数据寄存器：数据输入寄存器和数据输出寄存器，用偶地址（$C/\overline{D}=0$）访问。

1. 方式控制字（模式字）

方式控制字格式如图 8-21 所示，用来确定 8251A 的工作方式、传输速率、字符格式以及停止位长度等。

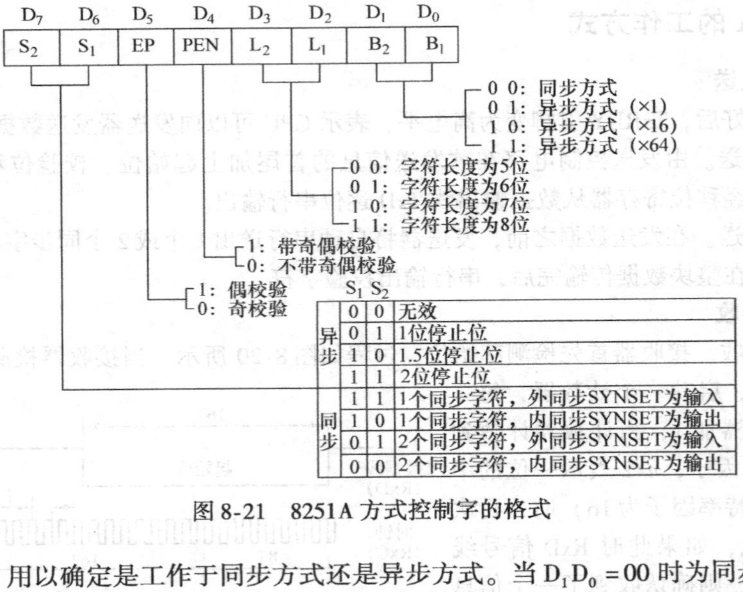

图 8-21 8251A 方式控制字的格式

（1）D_1D_0：用以确定是工作于同步方式还是异步方式。当 $D_1D_0=00$ 时为同步方式；当 $D_1D_0\neq00$ 时为异步方式，且 D_1D_0 的 3 种组合用以选择输入时时钟频率与波特率之间的比例系数。

（2）D_3D_2：用以确定1个数据包含的位数。

（3）D_5D_4：用以确定要不要检验以及奇偶校验的性质。

（4）D_7D_6：在同步和异步方式下的意义是不同的。异步时用以规定停止位的位数；同步时用以确定是内同步还是外同步，以及同步字符的个数。

【例8-6】某异步通信中，其数据端口地址为300H，控制端口地址为301H（以下类同），数据格式采用8位数据位，1位起始位，2位停止位，奇校验，波特率系数是16，其工作方式字为11011110B＝0DEH。

```
MOV DX, 301H          ; 8251A命令端口地址
MOV AL, 0DEH          ; 异步工作方式字
OUT DX, AL
```

【例8-7】同步通信中，若帧数据格式为：字符长度为8位，双同步字符，内同步方式，奇校验，其工作字是00011100B＝1CH。

```
MOV DX, 301H          ; 8251A命令端口地址
MOV AL, 1CH           ; 同步工作方式字
OUT DX, AL
```

2. 命令控制字（控制字）

命令控制字用来控制8251A的操作和状态，迫使8251A进行某种操作或处于某种工作状态，以便接收或发送数据。8251A操作命令控制字的格式如图8-22所示。

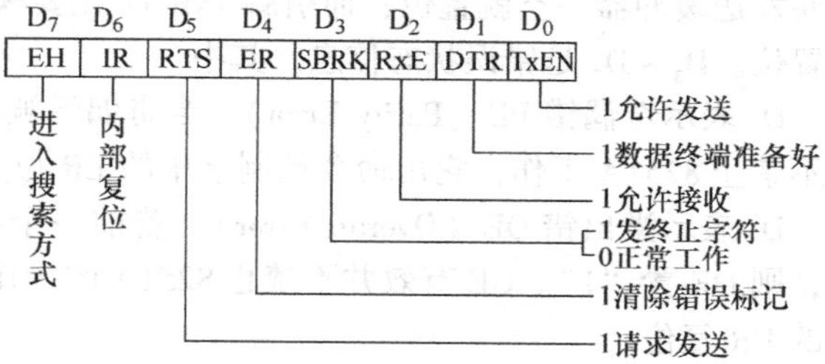

图8-22 8251A操作命令控制字的格式

（1）D_0：允许发送TxEN（Transmit Enable），发送数据的使能位。$D_0=1$，允许发送；$D_0=0$，禁止发送。

（2）D_1：数据终端准备就绪DTR。$D_1=1$，置$\overline{DTR}$引脚输出有效的低电平，表示终端设备已准备好；$D_1=0$，置$\overline{DTR}$无效。

（3）D_2：允许接收RxE（Receive Enable），接收使能位。$D_2=1$，允许接收；$D_2=0$，禁止接收。

（4）D_3：发终止字符SBRK（Send Break Character）。$D_3=1$，强迫TxD为低电平，输出连续的空号。

（5）D_4：清除错误标志，将状态寄存器中的所有错误标志清0。

（6）D_5：请求发送信号RTS。$D_5=1$，置$\overline{RTS}$引脚输出有效的低电平，表示终端设备已准备好；$D_5=0$，置$\overline{RTS}$无效。

（7）D_6：内部复位IR（Inter Reste）。$D_6=1$，使8251A回到方式选择命令状态；$D_6=0$，不回到方式命令。

（8）D_7：进入搜索方式EH（Enter Hunt Mode）。在同步方式下，$D_7=1$，启动搜索同步字符；$D_7=0$，不搜索同步字符。异步方式下，该位无效。

【例8-8】若要使8251A的$\overline{RTS}$输出有效电平，允许接收，允许发送，则设置操作命令字的程序段为

```
MOV DX, 301H          ; 8251A命令端口地址
MOV AL, 00100101B     ; 置D5、D2和D0置1，使RTS有效，允许接收和发送
OUT DX, AL
```

3. 状态字

8251A 执行命令进行数据传送后的状态字放在状态字寄存器中，CPU 可以通过读入 8251A 的状态字，进行分析和判断，以决定下一步该怎么办。8251A 的状态字格式如图 8-23 所示（所有状态位置“1”有效）。

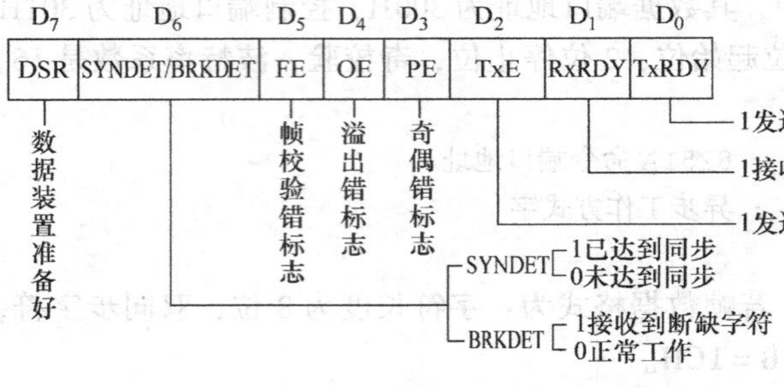

图 8-23　8251A 状态字的格式

状态寄存器的状态位 RxRDY、TxE、SYNEDET 以及 DSR 的定义与芯片引脚的定义相同，只有 TxRDY 的含义同 8251A 芯片引脚上的 TxRDY 的含义是不同的。状态寄存器的状态位 TxRDY，只要发送缓冲器一空就置位；而引脚 TxRDY 还要满足 $\overline{CTS}=0$ 和 TxEN = 1 时，即满足 3 个条件时才置位。$D_3 \sim D_5$ 是错误状态信息。其中：

D_3 表示奇偶错 PE（Parity Error）。当奇偶错被接收端检测出来的时候，PE 置“1”。PE 有效并不禁止 8251A 工作，它由命令控制字中的 ER 位复位。

D_4 表示溢出错 OE（Overun Error）。若前一个字符尚未被 CPU 取走，后一个字符已变为有效，则 OE 置“1”。OE 有效并不禁止 8251A 的操作，但是被溢出的字符丢掉了，OE 被命令控制字的 ER 复位。

D_5 表示帧出错 FE（Frame Error，只用于异步方式）。若接收端在任一字符的后面没有检测到规定的停止位，则 FE 置“1”。由命令控制字的 ER 复位，不影响 8251A 的操作。

【例 8-9】 若要查询 8251A 接收器是否准备好，则用下列程序段：

```
    MOV DX, 301H        ; 8251A 命令端口地址
L:  IN AL, DX           ; 读状态字
    AND AL, 02H         ; 查 D1 =1? (RxRDY =1?)
    JZ L                ; 未准备好，则等待
    MOV DX, 300H        ; 8251A 数据端口地址
    IN AL, DX           ; 已准备好，则读数
```

4. 同步字符寄存器

8251A 有两个 8 位同步字符寄存器，用于保存同步通信中的两个同步字符。同步字符的个数由方式控制字确定。在同步发送之前，8251A 首先发送第一个同步字符寄存器中的同步字符，如果有两个同步字符，则紧接着发送第二个同步字符寄存器中的同步字符，然后再发送数据。串行接收时，将接收到的同步字符与同步字符寄存器中保存的同步字符进行比较以判断是否同步。

5. 8251A 的初始化

8251A 的模式字和控制字本身无特征标志，都使用相同的控制端口地址，8251A 是根据写入的先后顺序来区分的，先写入的是模式字，后写入的是控制字，为了避免把方式控制字写入其他端口，可以在程序的初始化之前向控制端口先后写入 3 个 00H、1 个 40H，称为内部复位命令。8251A 的初始化流程如图 8-24 所示。

8251A 工作在异步方式下，初始化只需两步，先输出模式字（方式控制字），然后输出控制

字。在同步方式下，写完模式字（方式控制字）后，根据同步字符的个数输出一个或两个同步字符，最后输出控制字。

注意：8251A 的初始化是往同一个端口连续进行写操作，为了能让 8251A 可靠地进行初始化，在连续的 OUT 指令之间应加上适当的延时，可以用 NOP 指令，也可以用延时子程序实现。

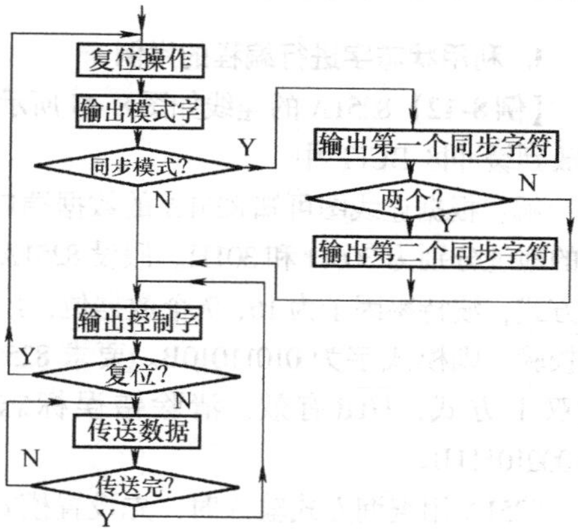

图 8-24 8251A 的初始化流程

（1）异步模式下的初始化程序举例。

【例 8-10】 设 8251A 工作方式是异步模式，波特率系数为 64，5 个数据位/字符，偶校验，2 个停止位，发送、接收允许，设数据端口地址为 300H，控制端口地址为 301H，写出其初始化程序。

解：根据题目要求，可以确定模式字为 11110011B，即 F3H；控制字为 00110111B，即 37H。

初始化程序如下：

```
MOV AL, 0F3H      ；送模式字
MOV DX, 301H
OUT DX, AL        ；异步方式，5 位/字符，偶校验，2 个停止位
NOP
NOP
MOV AL, 37H       ；设置控制字，使发送、接收允许，清出错标志，使RTS和DTR引脚输出低电平
OUT DX, AL        ；有效
```

（2）同步模式下初始化程序举例。

【例 8-11】 设 8251A 数据端口与控制端口的地址分别为 300H 和 301H，采用内同步方式，两个同步字符（设同步字符为 16H），偶校验，8 位数据位/字符，写出其初始化程序。

解：根据题目要求，可以确定模式字为 00111100B，即 3CH；控制字为 10010111B，即 97H。根据控制字可以知道 8251A 对同步字符进行检索；状态寄存器中的 3 个出错标志复位；8251A 的发送、接收允许；CPU 已经准备好进行数据传输。

初始化程序如下：

```
MOV AL, 3CH       ；设置模式字，同步模式，用两个同步字符
MOV DX, 301H
OUT DX, AL        ；7 个数据位，偶校验
NOP
NOP
MOV AL, 16H
OUT DX, AL        ；送同步字符 16H
NOP
NOP
OUT DX, AL
NOP
NOP
MOV AL, 97H       ；设置控制字，使发送器和接收器启动
OUT DX, AL
```

8.3.5 8251A 的应用

1. 利用状态字进行编程的举例

【例 8-12】 8251A 的连线如图 8-25 所示，用查询方式从外设串行输入 10 个字符，并把收到的字符存放到缓冲区 BUFF 中。

解： 根据连线图可知 8251A 的数据端口与控制端口的地址分别为 300H 和 301H。假设 8251A 工作在异步方式，波特率因子为 16，7 个数据位，1 个停止位，奇校验，则模式字为 01011010B。要求 8251A 工作在全双工方式，$\overline{DTR}$ 有效，清除错误标志，控制字为 00010111B。

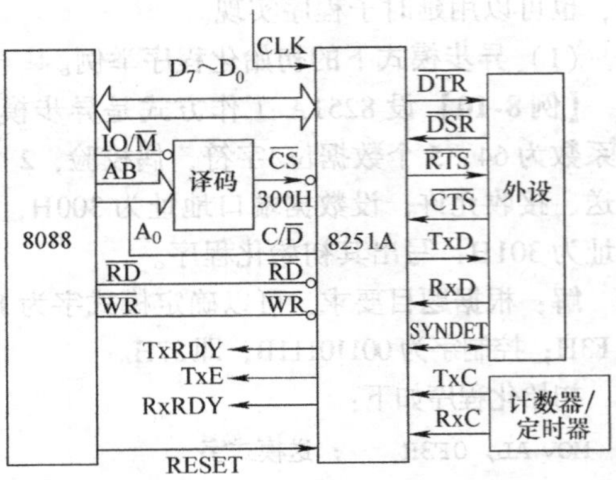

图 8-25 8251A 串行通信连线

8251A 用查询方式输入时，先设置模式字，然后设置控制字，初始化后读状态字，查询到 RxRDY 为 1 后，可以从数据端口读数据，如果输入出错则报错。

主要程序代码如下：

```
        MOV CX, 3
        XOR AL, AL
        MOV DX, 301H
AGA:    OUT DX, AL
        CALL DELAY
        LOOP AGA
        MOV AL, 40H         ；软复位命令
        OUT DX, AL
        CALL DELAY
        MOV AL, 5AH         ；设置模式字
        OUT DX, AL          ；7 位数据，1 位停止位，奇校验，波特率因子为 16
        CALL DELAY
        MOV AL, 17H
        OUT DX, AL          ；设置控制字，清除错误标志，全双工，DTR有效
        CALL DELAY
        MOV AX, DATA
        MOV DS, AX
        LEA BX, BUFF
        MOV CX, 10
        MOV DX, 301H        ；读状态，查询 RxRDY
STATUS:
        IN AL, DX
        TEST AL, 02H        ；RxRDY =1?
        JZ STATUS
        MOV DX, 300H        ；RxRDY =1，读入数据
        IN AL, DX
        MOV [BX], AL        ；输入并保存数据
        INC BX
        MOV DX, 301H
```

```
        IN AL, DX
        TEST AL, 38H        ；判断有没有错误
        JNZ ERR             ；出错，转出错的处理
        LOOP STATUS
        JMP EXIT
ERR: ……

EXIT:……
```

2. 两台微型计算机通过8251A相互通信的举例

【例8-13】 利用8251A实现相距较近的两台微型计算机通信。

解： 硬件连接如图8-26所示。由于是近距离通信，因此不用MODEM，两台微机直接通过RS-232C相连即可，且通信双方均作为数据终端设备（DTE）。由于采用RS-232C接口标准，所以需要加接电平转换电路。此外，通信时认为对方已准备好，所以可不使用4根联络信号，仅使8251A的$\overline{CTS}$接地即可。

图中8086的D_0～D_7与8251A的数据线相连，8086处理器的A_1与8251A的$C/\overline{D}$信号相连，所以要求8251A的端口地址都为偶地址。假设经地址译码器得到译码信号为200H，则8251A的控制端口地址为202H，数据端口地址为200H。

甲、乙两机可进行单工或全双工通信。CPU与接口之间可按查询方式或中断方式进行数据传送。本例采用单工通信，查询方式，异步传送，需给出发送端与接收端的初始化及控制程序。

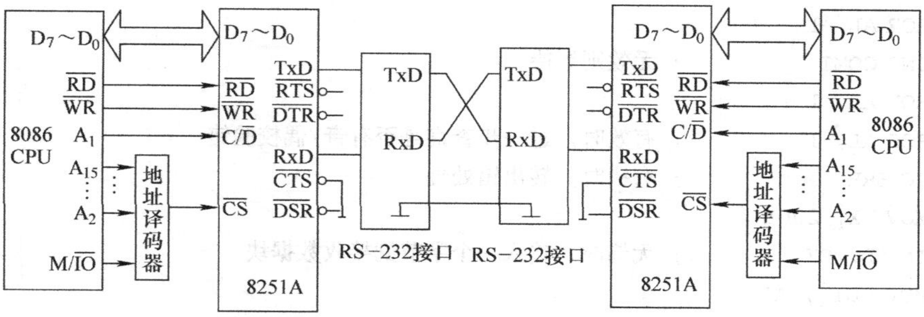

图8-26　两台微型计算机相互通信的系统连接简化框图

初始化程序由两部分组成：

（1）将一方定义为发送器。发送端CPU每查询到TxRDY有效，则向8251A并行输出一个字节数据。

（2）将对方定义为接收器。接收端CPU每查询到RxRDY有效，则从8251A输入一个字节数据，一直进行到全部数据传送完毕为止。

发送端初始化程序与发送控制程序如下：

```
SENT: MOV DX, 202H        ；设置控制端口地址
      MOV AL, 7FH         ；将8251A定义为异步方式，8位数据，1位停止位
      OUT DX, AL          ；偶校验，取波特率系数为64
      MOV AL, 11H         ；清除错误标志，允许发送
      OUT DX, AL
      MOV DI, 发送数据块首地址    ；设置地址指针
```

```
        MOV CX, 发送数据块字节数      ; 设置计数器初值
NEXT:   MOV DX, 202H
        IN AL, DX
        AND AL, 01H         ; 查询 TxRDY 有效否?
        JZ NEXT             ; TxRDY =0, 无效则等待
        MOV DX, 200H
        MOV AL, [DI]        ; 向 8251A 输出一个字节数据
        OUT DX, AL
        INC DI              ; 修改地址指针
        LOOP NEXT           ; 未传输完, 则继续下一个
        HLT
```

接收端初始化程序和接收控制程序如下:

```
RECV:   MOV DX, 202H
        MOV AL, 7FH         ; 初始化 8251A, 异步方式, 8 位数据
        OUT DX, AL          ; 1 位停止位, 偶校验, 波特率系数 64
        MOV AL, 14H         ; 清除错误标志, 允许接收。
        OUT DX, AL
        MOV DI, 接收数据块首地址      ; 设置地址指针
        MOV CX, 接收数据块字节数      ; 设置计数器初值
COMT:   MOV DX, 202H
        IN AL, DX
        ROR AL, 1           ; 查询 RxRDY 有效否?
        ROR AL, 1
        JNC COMT            ; 无效则等待
        ROR AL, 1
        ROR AL, 1           ; 有效时, 进一步查询是否有奇/偶校验错
        JC ERR              ; 有错时, 转出错处理
        MOV DX, 200H
        IN AL, DX           ; 无错时, 输入一个字节到接收数据块
        MOV [DI], AL
        INC DI              ; 修改地址指针
        LOOP COMT           ; 未传输完, 则继续下一个
        HLT
ERR:    ……                  ; 错误处理
```

8.4 可编程定时/计数接口芯片 8254

微机系统中经常用到定时信号，如系统日历时间的计时和动态存储器的定时刷新等；在自动控制领域过程中，经常需要系统在一定的时间间隔对待测环境的温度或湿度等信息进行采集，或者对外部过程进行计数；在日常生活中，智能电饭锅、洗衣机和电视机等要用到定时器；点钞机和速印机等要用到计数器。定时或计数的工作实质是相同的，都是对脉冲信号的计数。定时器的脉冲是标准的内部时钟信号，周期恒定不变，计数值的大小决定定时的长短；如果计数的对象是与外部的相关脉冲信号（周期可以不相等），则此时即为计数器。

一般来说定时与计数的实现可以分为软件和硬件两种方法。

软件方法是通过延时子程序完成的，当定时的时间较长时，需要通过双重循环来完成，例如第 6 章中进行键盘扫描时，可以用软件延时来消除抖动。软件定时方法无需太多的硬设备，控制比较简单方便，但在定时期间，CPU 不能从事其他工作，降低了计算机的利用率，并且定时精度低。

硬件方法是通过不可编程的硬件定时器或可编程的硬件定时器/计数器来实现的。其中不可编程的硬件定时是采用计数器等器件构成，在电路连接好后，定时时间和范围不能改变，使用不够灵活。可编程的硬件定时器/计数器可以通过指令设定定时器/计数器的时间常数，达到规定的时间会自动产生一个输出。在定时器/计数器工作过程中 CPU 可以做其他的工作，提高了 CPU 的工作效率，定时精度高。由于这种方法定时精确，使用方便灵活，得到了广泛的应用。

Intel 公司的 8254 就是一种在微机中广泛应用的可编程的定时/计数芯片。早期的 PC 使用 Intel8253 作为系统定时器/计数器。8254 是 8253 的增强型号，它的内部结构、工作方式和使用方法与 8253 一样，编程方法也基本上相同，主要区别在于 8254 的计数频率比 8253 高，内部增加了读出控制字和状态字。本节主要介绍 8254 芯片。

8.4.1 8254 的内部结构

8254 芯片是一款使用十分广泛的可编程定时/计数芯片，其主要功能是定时和计数的功能。微机内的动态存储器刷新电路、系统日时钟的计数以及发声系统的声源都是由 8254 芯片来完成的。

8254 的内部结构如图 8-27 所示，它主要包括以下几个主要部分。

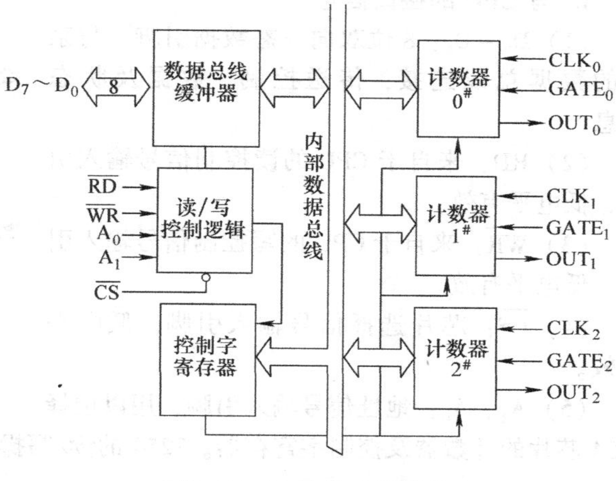

图 8-27 8254 的内部结构

1. 数据总线缓冲器

实现 8254 与 CPU 数据总线连接的 8 位双向三态缓冲器，用以传送 CPU 发送给 8254 的控制信息、数据信息以及 CPU 从 8254 读取的状态信息，包括某时刻的实时计数值。

2. 读/写控制逻辑

控制 8254 的片选及对内部相关寄存器的读/写操作，它接收 CPU 发来的地址信号以实现片选、内部计数器选择以及对读/写操作进行控制。

3. 控制字寄存器

在 8254 的初始化编程时，由 CPU 写入控制字，以决定计数器的工作方式，此寄存器只能写入，不能读出。

4. 计数器 0#、1#、2#

这是 3 个独立的、结构相同的计数器/定时器。每一个计数器内部结构如图 8-28 所示，包含一个 16 位的计数初值寄存器，用以存放计数初始值，一个 16 位的减 1 计数器和一个 16 位的输出锁存器。输出锁存器在计数器工作的过程中，跟随计数值的变化而变化，在接收到 CPU 发来的读计数值命令时，用以锁存计数值，供 CPU 读取，读取完毕之后，输出锁存器又跟随减 1 计数器变化。

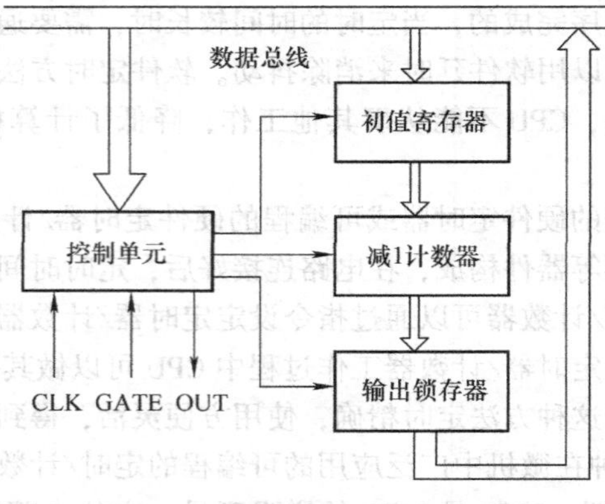

图 8-28 计数器的内部结构

8.4.2 8254 的外部引脚

8254 芯片是具有 24 个引脚的双列直插式集成电路芯片，其引脚分布如图 8-29 所示。8254 芯片的 24 个引脚分为两组，一组面向 CPU，另一组面向外部设备。

1. 与 CPU 的接口信号

（1）$D_7 \sim D_0$：8 位双向三态数据引脚，与系统的数据总线连接，传送控制、数据及状态信息。

（2）$\overline{RD}$：来自于 CPU 的读控制信号输入引脚，低电平有效。

（3）$\overline{WR}$：来自于 CPU 的写控制信号输入引脚，低电平有效。

（4）$\overline{CS}$：芯片选择信号输入引脚，低电平有效。

（5）A_1、A_0：地址信号输入引脚，用以选择 8254 芯片的计数器及控制字寄存器。8254 的读/写操作逻辑见表 8-4。

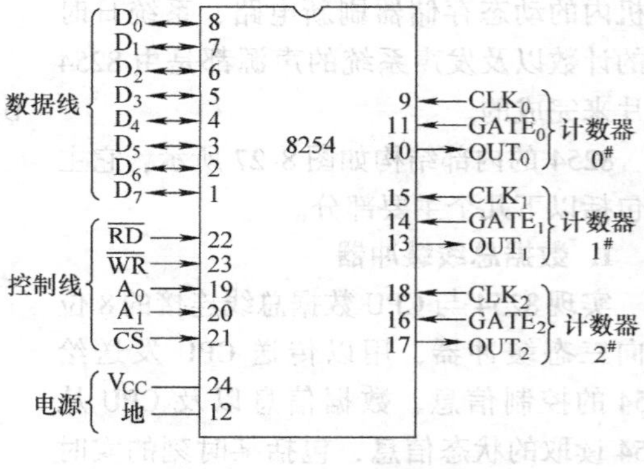

图 8-29 8254 的引脚

表 8-4 8254 读/写操作逻辑表

$\overline{CS}$	$\overline{RD}$	$\overline{WR}$	A_1	A_0	寄存器选择和操作
0	1	0	0	0	写入计数器 0#
0	1	0	0	1	写入计数器 1#
0	1	0	1	0	写入计数器 2#
0	1	0	1	1	写入控制字寄存器
0	0	1	0	0	读计数器 0#
0	0	1	0	1	读计数器 1#
0	0	1	1	0	读计数器 2#
0	0	1	1	1	无操作
1	×	×	×	×	禁止使用
0	1	1	×	×	无操作

如果 8254 与 8 位数据总线的微机相连，只要将 A_1A_0 分别与地址总线的最低两位 A_1A_0 相连即可。例如，在以 8088 为 CPU 的 PC/XT 中，地址总线高位部分（$A_9 \sim A_4$）用于 I/O 接口译码，形成选择各 I/O 接口芯片的片选信号，低位部分（$A_3 \sim A_0$）用于各芯片内部端口的寻址。若

8254 的端口基地址为 40H，则计数器 0#、1#、2#和控制字寄存器端口的地址分别为 40H、41H、42H 和 43H。

V_{CC}及 GND：+5V 电源及接地引脚。

2. 与外部设备的接口信号

（1）CLK_i（$i=0$，1，2）：第 i 个计数器的计数脉冲输入引脚，CLK 可以是系统时钟脉冲，也可以由其他脉冲源提供。如果输入是周期恒定的时钟，则 8254 一般工作在定时方式；如果输入是周期不定的脉冲，或关心的只是脉冲的数量而不是脉冲的时间间隔，则此时 8254 一般作为计数器使用。8254 的时钟信号频率为 0～12MHz。8253 的时钟信号频率为 0～2.6MHz。

（2）$GATE_i$（$i=0$，1，2）：第 i 个计数器的门控信号输入引脚，门控信号的作用与计数器的工作方式有关，用于控制计数器的启动或停止。当 GATE 为高电平时，允许计数器工作，当 GATE 为低电平时，禁止计数器工作。两个或两个以上计数器连用时，可用此信号来同步，也可用于与外部信号的同步。

（3）OUT_i（$i=0$，1，2）：第 i 个计数器的定时/计数信号输出引脚，输出信号的形式由计数器的工作方式确定，此输出信号可用于触发其他电路工作，或作为向 CPU 发出的中断请求信号。

8.4.3 8254 的工作方式

8254 共有 6 种工作方式，各方式下的工作状态是不同的，输出的波形也不同，对 GATE 信号的要求也不同，但每种工作方式的过程类似。

（1）设定计数器的工作方式。向计数器写入控制字，所有的控制逻辑电路立即复位，输出端 OUT 进入初始状态。初始状态对不同的模式来说不一定相同。

（2）设定计数初值。向计数器端口写入计数初值，如果初值为 8 位只要写一次，初值为 16 位，须写入两次。

（3）〔硬件启动。GATE 产生由低到高的上升沿启动计数器工作，只有方式 1 和方式 5 需要硬件启动。〕

（4）写入的计数初值在下一个 CLK 的下降沿进入减 1 计数器。

（5）每输入一个时钟，减 1 计数器进行减 1 计数。

（6）计数过程结束。

通常，8254 在每个时钟脉冲 CLK 的上升沿，采样门控信号 GATE。不同的工作方式下，门控信号 GATE 的作用不同。一般情况下，GATE＝1，计数器工作；GATE＝0，禁止计数器工作。请读者注意每种方式下，GATE 信号的作用。

下面逐一介绍每种方式的特点：

1. 方式 0——计数结束中断

方式 0 的波形如图 8-30 所示，当控制字写入控制字寄存器后，输出 OUT 就变低；当计数值写入计数器后下一个 CLK 下降沿开始计数。在整个计数过程中，OUT 保持为低，当计数到 0 后，OUT 变高，该信号正好符合中断请求信号的要求，因此该方式称为计数结束中断方式。GATE 的高、低电平控制计数过程是否进行。

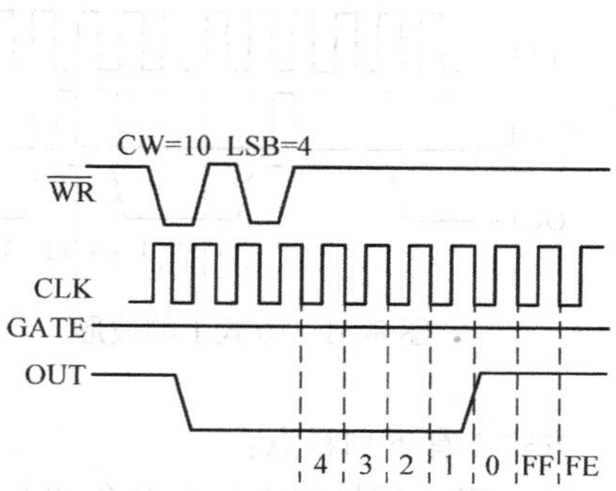

图 8-30 方式 0 的波形

从图 8-30 中可以看出，方式 0 有如下特点：

（1）计数器只计一遍，当计数到 0 时，不重新开始计数，OUT 保持为高，直到输入一个新的计数值，OUT 才变低，开始新的计数。

（2）计数器是在写计数值命令后下一个 CLK 开始计数，如果设置计数器初值为 N，则输出

OUT 在 $N+1$ 个脉冲后才能变高。

(3) 在计数过程中，可由 GATE 信号控制暂停。当 GATE =0 时，暂停计数；当 GATE =1 时，继续计数。

(4) 在计数过程中可以改变计数值，且这种改变是立即有效的，分成两种情况：若是 8 位计数，则写入新值后的下一个 CLK 下降沿按新值计数；若是 16 位计数，则在写入第一个字节后，停止计数，写入第二个字节后的下一个 CLK 下降沿按新值计数。

2. 方式 1——可编程的硬件触发单稳负脉冲发生器

方式 1 的波形如图 8-31 所示，CPU 向 8254 写入控制字后 OUT 变高，并保持，写入计数值后并不立即计数，只有当 GATE 信号输入上升沿后，下一个 CLK 下降沿才开始计数，OUT 变低，计数到 0 后，OUT 才变高，计数结束。此时再来一个 GATE 上升沿，计数器又开始重新计数，输出 OUT 再次变低。因此，每次计数期间 OUT 输出一个负脉冲。

方式 1 有下列特点：

(1) 写入初值后，即使 GATE 为 1，计数器也不马上工作，必须在 GATE 引脚出现上升沿计数器才能计数，这称为硬件启动。

(2) OUT 输出的负脉冲宽度为计数初值 × CLK 周期。

(3) 输出受门控信号 GATE 的控制，分 3 种情况。

1) 计数到 0 后，再来 GATE 脉冲，则重新开始计数，OUT 变低。

2) 在计数过程中来 GATE 脉冲，则从下一 CLK 下降沿开始重新计数，OUT 保持为低。

3) 改变计数值后，只有当 GATE 脉冲启动后，才按新值计数，否则原计数过程不受影响，仍继续进行，即新值的改变是从下一个 GATE 开始的。

(4) 计数值是多次有效的，每来一个 GATE 脉冲，就自动装入计数值开始从头计数，因此在初始化时，计数值写入一次即可。

3. 方式 2——速率发生器

方式 2 的波形如图 8-32 所示，在这种方式下，CPU 输出控制字后，输出 OUT 就变高，写入计数值后的下一个 CLK 下降沿开始计数，计数到 1 后，输出 OUT 变低，经过一个 CLK 以后，OUT 恢复为高，计数器重新开始计数。在这种方式下，GATE 保持为高时，只需写入一次计数值，就能连续周期性地输出负脉冲。

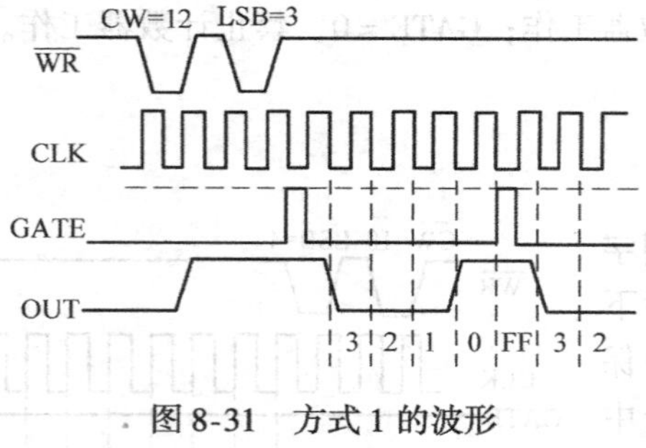

图 8-31 方式 1 的波形

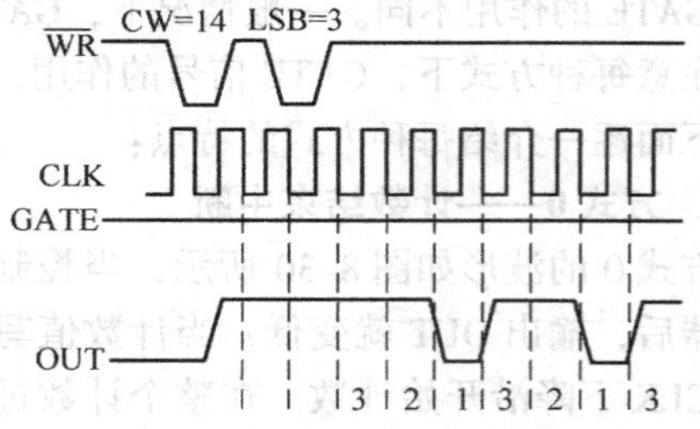

图 8-32 方式 2 的波形

方式 2 有下列特点：

(1) OUT 信号的周期为 N 个 CLK 周期，高电平和低电平的比为 N-1∶1。

(2) 计数过程中，当 GATE 为低时暂停计数，恢复为高后重新从初值开始计数（注意：该方式与方式 0 不同，方式 0 是继续计数）。

(3) 在计数过程中改变计数值，则新的计数值在下一个 CLK 下降沿按新值开始计数，同方式1。

4. 方式3——方波速率发生器

方式3的波形如图8-33所示，与方式2类似，都是以N个CLK为周期输出连续的波形，只是高低电平比不同。CPU写入控制字后，输出OUT变高，写入计数值后开始计数。

计数初值为偶数时，每一个CLK周期，计数器减2计数，计数到0时，OUT输出变低，重新装入计数值进行减2计数，当计数到0时，输出变高，然后再装入初值进行减2计数，如此循环不止。

计数初值为奇数时，以初值减1后（偶数）的数值装置计数器，每个CLK脉冲的下降沿计数值减2，减到0后的下一个CLK，OUT变为低电平，然后仍然以计数初值减1后的值重新装载计数，计数到0，OUT变为高电平，如此自动重复计数。

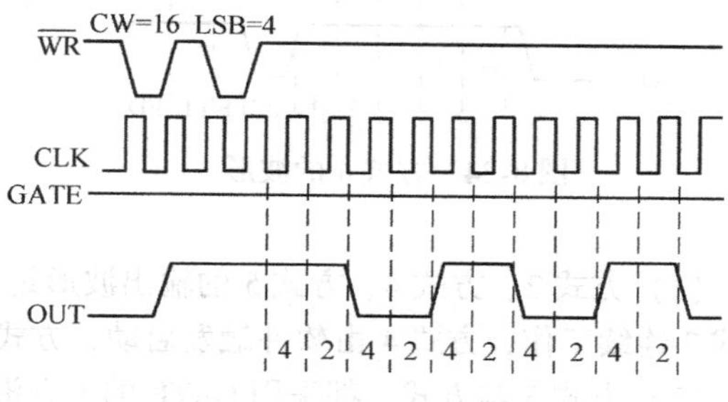

a) 计数值为偶数

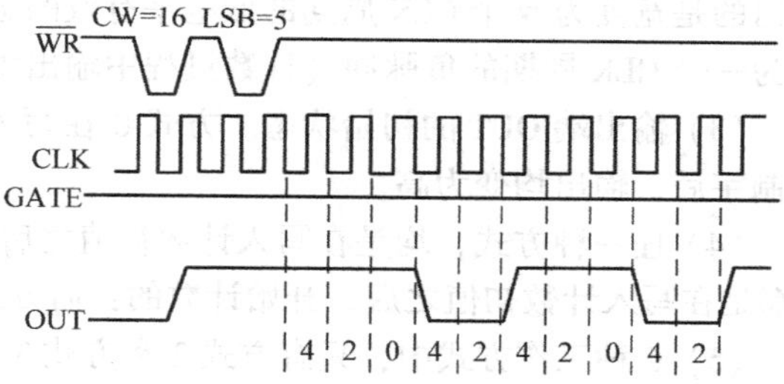

b) 计数值为奇数

图8-33 方式3的波形

与方式2相比，方式3有如下几点不同：

（1）若计数值为偶数，则输出标准方波，高、低电平各为$N/2$个CLK周期；若为奇数，输出$(N+1)/2$个CLK周期的高电平，$(N-1)/2$个CLK周期的低电平，近似于方波。

（2）在计数期间改变计数值不影响现行的计数过程，一般情况下，新的计数值是在现行半周结束后才装入计数器。但若前半周期有GATE触发信号，则在此脉冲后即装入新值开始计数。

5. 方式4——软件触发的选通信号发生器

方式4的波形如图8-34所示，在这种方式下，当CPU写入控制字后，OUT立即变高，写入计数值的下一个CLK开始计数，当计数到0后，OUT变低，经过一个CLK脉冲后，OUT变高。这种计数是一次性的（与方式0有相似之处），只有当写入新的计数值后才开始下一次计数。

方式4有下列特点：

（1）当计数值为N时，则间隔$N+1$个CLK脉冲输出一个负脉冲（计数一次有效）。

（2）GATE=0时，禁止计数；GATE=1时，恢复继续计数。

（3）若在计数过程中重新装入新的计数值，则该值是立即有效的（若为16位计数值，则装入第一个字节时停止计数，装入第二个字节后开始按新值计数）。

6. 方式5——硬件触发的选通信号发生器

方式5的波形如图8-35所示。输出波形与方式4相同，但写入初值后，不立即开始计数，必须在GATE上升沿触发信号到来后，才能计数。

与方式4相比，方式5有以下特点：

（1）一次计数结束后，若再有GATE触发信号，则重新装入计数值开始计数。

（2）若在计数过程中又来一个GATE脉冲，则重新装入初值开始计数，输出不变，即计数值多次有效。

（3）若在计数过程中修改计数值，则该计数值在下一个GATE脉冲后装入开始按此值计数。

7. 工作方式总结

尽管8254有6种工作模式，但它们有很多相同的地方。下面总结如下：

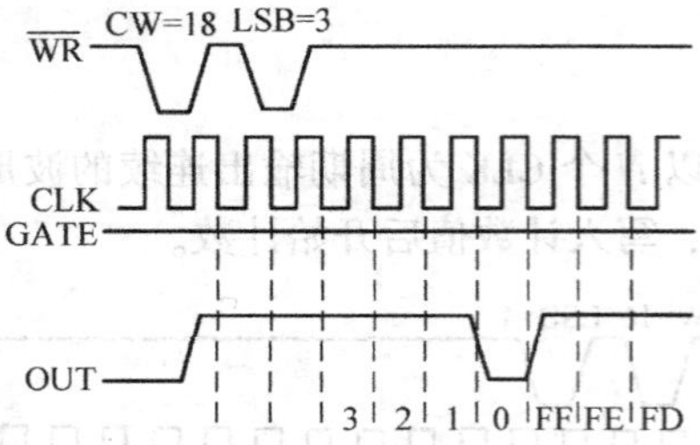

图 8-34　方式 4 的波形

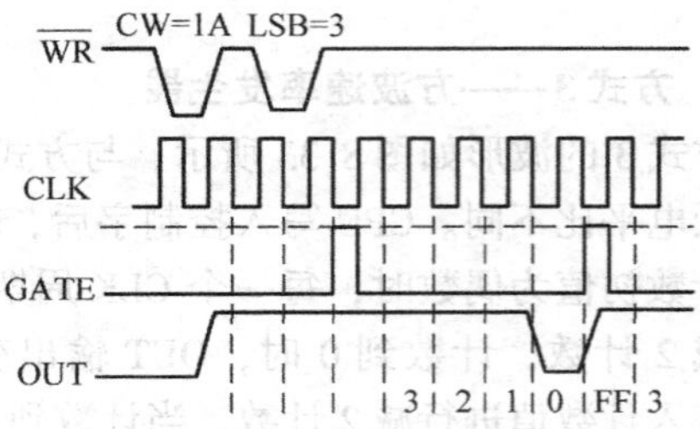

图 8-35　方式 5 的波形

(1) 方式 2、方式 4、方式 5 的输出波形是相同的，都是宽度为一个 CLK 周期的负脉冲，但方式 2 连续工作，方式 4 由软件触发启动，方式 5 由硬件触发启动。

(2) 方式 5 与方式 1 都采用 GATE 的上升沿触发，工作过程相同，但输出波形不同。方式 1 输出的是宽度为 *N* 个 CLK 周期的低电平有效的脉冲（计数过程中输出为低），而方式 5 输出的宽度为一个 CLK 周期的负脉冲（计数过程中输出为高）。

(3) 输出端 OUT 的初始状态。方式 0 在写入方式控制字后输出为低；其余方式，写入方式控制字后，输出均变为高。

(4) 任一种方式，均是在写入计数初值之后，才能开始计数。方式 0、方式 2、方式 3、方式 4 都是在写入计数初值之后，开始计数的；而方式 1 和方式 5 需要外部触发启动，才开始计数。

(5) 6 种工作方式中，只有方式 2 和方式 3 是连续计数，其他方式都是一次计数，要继续工作需要重新启动，方式 0、方式 4 由软件启动（需要重写计数初值），方式 1、方式 5 由硬件启动（GATE 上升沿）。

(6) 门控信号的作用。通过门控信号 GATE，可以干预 8254 某一计数器的计数过程。在不同的工作方式下，门控信号起作用的方式也不一样。方式 0、方式 2、方式 3、方式 4 是电平起作用，方式 1、方式 5 是上升沿起作用，方式 2、方式 3 是电平和上升沿都起作用（高电平计数，上升沿重新开始计数）。

8.4.4　8254 的控制字

1. 方式控制字

8254 有一个 8 位的方式控制字，其格式如图 8-36 所示。

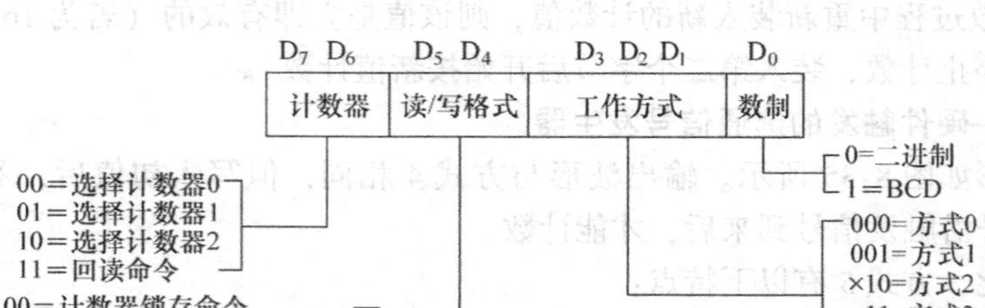

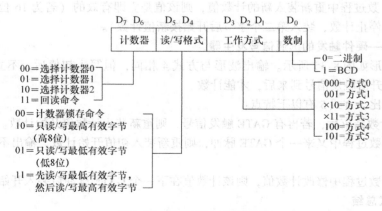

图 8-36　8254 的方式控制字

D_0：数制选择控制。D_0 为 1 时，表明采用 BCD 码进行定时/计数；否则，采用二进制进行定时/计数。

$D_3 \sim D_1$：工作方式选择控制。000 为方式 0，001 为方式 1，×10 为方式 2，×11 为方式 3，100 为方式 4，101 为方式 5。

D_5D_4：读写格式。00 为计数锁存命令，锁存对应计数器的当前计数值；01 为只读/写高 8 位命令；10 为只读/写低 8 位命令；11 为先读/写低 8 位，再读写高 8 位命令。

D_7D_6：计数器选择控制。00 为计数器 0；01 为计数器 1；10 为计数器 2；11 为回读命令，具体格式见读出控制字，8253 为非法操作。

另外在二进制计数时，写入的初值范围是 0000H ~ FFFFH，其中最大值是 0000H，代表的计数次数为 65536；在十进制时，写入的初值范围为 0000H ~ 9999H，其中 0000H 是最大值，代表的计数次数为 10000。为什么两种计数的最大值是 0000H 而不是 FFFFH 和 9999H？因为 8254 是减法计数器，默认 0000H 是 10000H，这样在二进制下是 10000H（65536），在十进制下是 10000。方式 2 和方式 3 的写入的最小初值为 2，其他方式写入的最小初值为 1。

【例 8-14】 设 8254 的端口地址为 40H ~ 43H，要使计数器 1 工作在方式 0，仅用 8 位二进制计数，计数值为 80，进行初始化编程。

解：方式控制字为 01010000B，即 50H。初始化程序如下：

```
MOV AL, 50H
OUT 43H, AL              ；从控制端口输出控制字
MOV AL, 80
OUT 41H, AL              ；从计数器端口输出计数初值
```

注意：如果采用 BCD 计数，则控制字为 51H，输出的计数值为 80H。

【例 8-15】 设 8254 的端口地址为 0E0H ~ 0E3H，若计数器 2 工作在方式 2，按 BCD 计数，计数值为 1050，进行初始化编程。

解：方式控制字为 10110101B，即 0B5H。初始化程序如下：

```
MOV AL, 0B5H
OUT 0E3H, AL             ；先设置工作方式
MOV AL, 50H
OUT 0E2H, AL
MOV AL, 10H              ；向 2#计数器写初值，先写低 8 位，后写高 8 位
OUT 0E2H, AL
```

2. 读出控制字

读出控制字格可以读出计数器内部计数值或状态，该读出控制字只适合于 8254 芯片，8253 没有该控制字。读出控制字格式如图 8-37 所示。

D_7D_6	D_5	D_4	D_3	D_2	D_1	D_0
11	0：锁存计数值	0：锁存状态	1：2#	1：1#	1：0#	0

图 8-37 8254 的读出控制字

读出控制字 D_7D_6 必须为 1，D_0 必须为 0，这 3 位合起来构成 8254 的读出控制字的标志。$D_5 = 0$ 锁存计数值，以便 CPU 读取；$D_4 = 0$ 将状态信息锁存进状态标志寄存器；$D_3 \sim D_1$ 用来选择 D_5 和 D_4 位锁存的计数器，分别对应于计数器 2、计数器 1 和计数器 0，无论是锁存状态还是锁存计数值，都不影响计数。

读出命令可以同时锁存 3 个计数器的计数值/状态信息，CPU 读取其中一个计数器的计数值/

状态值时，该计数器的输出寄存器自动解锁，其他计数器不受影响。

写入读出控制字后，计数值/状态值被锁存，可以从相应计数器的输出锁存器读出。如果同时锁存了计数值/状态值，第一次读这个计数器的输出锁存器，得到的是状态值，格式如图 8-38 所示，第二次读到的是被锁存的计数器的当前值。

【例 8-16】设 8254 的端口地址为 0E0H ~ 0E3H。编写程序，将计数器 2 的 16 位计数值读出并保存在 CX 寄存器中。

解：程序如下：

```
MOV AL, 0D8H         ; 读出控制字为 11011000B，锁存计数器 2 的计数值
OUT 0E3H, AL         ; 锁存计数值
IN AL, 0E2H          ; 先读低 8 位
MOV CL, AL           ; 存低 8 位
IN AL, 0E2H          ; 后读高 8 位
MOV CH, AL           ; 存高 8 位，CX 中为读取到的结果
```

3. 状态字

状态字格式如图 8-38 所示。

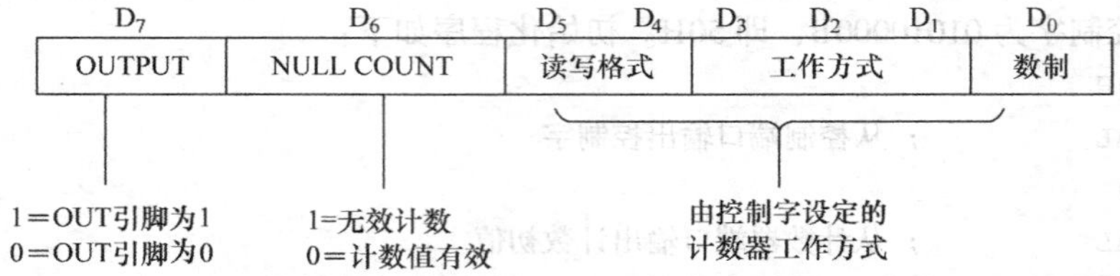

图 8-38　8254 的状态字

D_7 表示输出 OUT 引脚的输出状态，$D_7=1$ 表示 OUT 端当前输出高电平，$D_7=0$ 表示 OUT 端当前输出低电平。D_6 表示是否已经装入计数初值，$D_6=0$ 表示已装入初值，读取的计数值有效，$D_6=1$ 表示计数值无效。$D_5 \sim D_0$ 位各位是由方式控制字确定的，与方式控制字的对应位相同。

8.4.5　8254 的应用

1. 8254 在 PC 中的应用

【例 8-17】在 IBM PC/XT 中，8254 作为定时器/计数器的电路连线如图 8-39 所示，它的 3 个计数器的作用分别介绍如下。

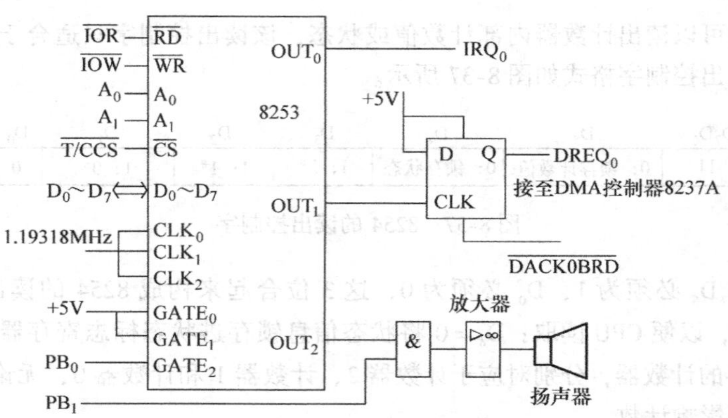

图 8-39　8254 在 PC 中的应用连线

计数器0工作在方式3，$GATE_0$ 固定为高电平，OUT_0 作为中断请求信号接至8259A中断控制器的第0级 IRQ_0。这个定时中断（约55ms）用于报时时钟的时间基准。

计数器1工作在方式2，$GATE_1$ 固定为高电平，OUT_1 的输出经过一个D触发器后作为DMA控制器8237A通道0的DMA请求 $DREQ_0$，用于定时（约15μs）启动刷新动态RAM，这样在2ms内可以有132次刷新，大于128次（128次是系统的最低要求）。

计数器2工作在方式3，$GATE_2$ 是8255A的 PB_0，OUT_2 输出1kHz的方波。OUT_2 输出和控制信号8255A的 PB_1 经一与门控制，放大后送扬声器，这样利用 PB_0、PB_1 同时为高的时间来控制发长音还是发短音。

假设计数器输入的时钟信号CLK的频率为 F_{clk}，周期为 T_{clk}，输出信号OUT的频率为 F_{out}，周期为 T_{out}，计数初值为 N，则有

$$T_{out}=T_{clk}N$$

则

$$N=T_{out}/T_{clk}=F_{clk}/F_{out}$$

可根据该公式计算出计数器0、计数器1、计数器2的定时时间。

8254的地址为040H～043H，ROM-BIOS对8254的编程如下。

（1）计数器0用于定时中断，初始化程序段如下：

```
MOV AL, 00110110B          ；计数器0，方式3，二进制计数
OUT 43H, AL
MOV AL, 0                  ；计数初值为0000，即为2^16
OUT 40H, AL
OUT 40H, AL                ；定时为：840ns×2^16 =55ms，即频率为18.2Hz
```

（2）计数器1用于定时DMA请求，初始化程序段如下：

```
MOV AL, 01010100B          ；计数器1，方式2，二进制计数
OUT 43H, AL
MOV AL, 12H                ；计数初值为18D，定时：840ns×18
OUT 41H, AL
```

（3）计数器2用于产生1kHz的方波送至扬声器发声，声响子程序为BEEP，如下所示：

```
；入口参数：BL BL的值控制长短声，BL=6发长声，BL=1发短声
BEEP PROC NEAR
    MOV AL, 10110110B      ；计数器2，方式3，二进制计数
    OUT 43H, AL
    MOV AX, 0533H          ；计数初值为1331
    OUT 42H, AL
    MOV AL, AH
    OUT 42H, AL
    IN AL, 61H             ；取8255A的端口B数据
    MOV AH, AL             ；存入AH
    OR AL, 03H             ；使PB0 PB1 =11
    OUT 61H, AL            ；输出至8255A的端口B，使扬声器发声
    SUB CX, CX             ；循环计数
G7: LOOP G7
    MOV BH, 0
    DEC BX                 ；根据BL的值控制延时时间
    JNZ G7
```

```
    MOV AL, AH          ; 恢复 8255A 的端口 B 值，停止发声
    OUT 61H, AL
    RET
BEEP ENDP
```

2. 波形输出

【例 8-18】 以 8086 为 CPU，通过 8254 的计数器 0 每 2ms 输出一个负脉冲。设 CLK 为 2MHz，8254 的端口地址为 0C0H、0C2H、0C4H 和 0C6H。编写程序实现该功能。

解：已知时钟频率 $F_{clk}=2\text{MHz}$，输出波形的周期 T_{out} 为 2ms，则计数初值 N 的计算方法如下：

$$N=T_{out}F_{clk}=2\times10^{-3}\times2\times10^{6}=4\times10^{3}$$

题目要求每 2ms 输出一个负脉冲，既可以采用方式 2 又可以采用方式 3；计数值为 4000，可采用二进制计数或 BCD 码计数，因此方式控制字可以为 00110100B、00110110B、00110101B 和 00110111B 这 4 个方式字中的任意一个。

一种初始化代码如下：

```
MOV AL, 34H             ; 00110100B，方式 2，二进制计数
OUT 0C6H, AL
MOV AX, 4000            ; 二进制计数初值为 4000，BCD 计数初值为 4000H
OUT 0C0H, AL            ; 先送低 8 位
MOV AL, AH
OUT 0C0H, AL            ; 再送高 8 位
```

思考：若输出信号的周期为 20ms（即输出 50Hz 的方波，设为方式 2），CLK 改为 4MHz，软、硬件设计又该如何？

分析：$N=4\text{MHz}\times20\text{ms}=80000$，超过最大计数初值 65536，必须考虑用两个计数器级联，即将第一级的 OUT 输出作为第二级的 CLK 输入，取第二级的 OUT 输出为最后结果。超过二级，依次类推。此时只需将计算出的 N 分解为 N_1、N_2、…、（$N_1\times N_2\cdots=N$）作为各级的计数初值即可。

本例可分解成 4×2000，任选两个计数器级联，程序从略。

习 题

8-1 试分析 8255A 方式 0、方式 1 和方式 2 的主要区别，并分别说明它们适合于什么应用场合。

8-2 当 8255A 的端口 A 工作在方式 2 时，其端口 B 适合于什么样的功能？写出此时各种不同组合情况的控制字。

8-3 若 8255A 的端口 A 定义为方式 0，输入；端口 B 定义为方式 1，输出；端口 C 的上半部分定义为方式 0，输出。试编写初始化程序。（端口地址为 80H～83H）

8-4 假设一片 8255A 的使用情况如下：端口 A 为方式 0 输入，端口 B 为方式 0 输出。此时连接的 CPU 为 8086，地址线的 A_1、A_2 分别接至 8255A 的 A_0、A_1，而芯片的 $\overline{CS}$ 来自 $A_3A_4A_5A_6A_7=00101$，试写出 8255A 的端口地址和初始化程序。

8-5 什么是异步串行通信？什么是同步串行通信？

8-6 假设串行异步通信的数据传输率为 56000bit/s，每一帧有 7 位数据位，1 位奇校验位和 1 位停止位，则每秒钟最多可以传输多少个字符？写出发送方向接收方发送“7”的二进制位流。

8-7 8251A 内部有哪些寄存器？分别举例说明它们的作用和使用方法。

8-8 8251A 内部有哪几个端口？它们的作用分别是什么？

8-9 8251A 的引脚分为哪几类？分别说明它们的功能。

8-10 已知 8251A 发送的数据格式为：数据位 7 位、偶校验、1 个停止位、波特率因子为 64。设 8251A

的控制端口地址是 3FAH，数据端口地址是 3F8H。试编写用查询法和中断法收发数据的通信程序。

8-11 若 8251A 的收、发时钟的频率为 38.4kHz，它的$\overline{RTS}$和$\overline{CTS}$引脚相连，试完成满足以下要求的初始化程序（8251A 的地址为 02C0H 和 02C1H）：

(1) 单工异步通信，每个字符的数据位是 7 位，停止位为 1 位，偶校验，波特率为 600bit/s，发送允许。

(2) 单工同步通信，每个字符的数据位数是 8，无校验，内同步方式，双同步字符，同步字符为 16H，接收允许。

8-12 试说明定时和计数在实际系统中的应用。这两者之间有何联系及差别？

8-13 定时和计数有哪几种实现方法？各有什么特点？

8-14 试说明定时器/计数器芯片 Intel 8254 的内部结构。

8-15 定时器/计数器芯片 Intel 8254 占用几个端口地址？各个端口分别对应什么？

8-16 8254 芯片共有几种工作方式？每种方式各有什么特点？

8-17 某系统中 8254 芯片的计数器 0～2 和控制端口地址分别为 0FFF0H～0FFF3H。定义计数器 0 工作在方式 2，CLK_0 = 2MHz，要求输出 OUT_0 为 1kHz 的速率波；定义计数器 1 工作在方式 0，CLK_1 输入外部计数事件，每计满 100 个向 CPU 发出中断请求。试写出 8254 计数器 0 和计数器 1 的初始化程序。

8-18 试编写一程序，使 IBM PC 系统板上的发声电路发出 200～900Hz 频率连续变化的报警声。

8-19 设 8254 的计数器 2 工作在计数方式，外部事件从 CLK_2 引入，计数器 2 每计 500 个脉冲向 CPU 发出中断请求，CPU 响应这一中断后重新写入计数值，开始计数，保持每 1s 向 CPU 发出一次中断请求。假设条件如下：

(1) 8254 的计数器 2 工作在方式 4；

(2) 外部计数事件频率为 1kHz；

(3) 中断类型号为 54H；

(4) 8254 各端口地址为 200H～203H；

(5) 由 8259A 进行中断管理。

试编写程序完成以上任务，并画出硬件连接图。

第 9 章 DMA 控制接口

【本章提要】

本章从 DMA 传输原理入手，重点介绍了 DMA 控制器 8237A 的内部结构、引脚信号、工作方式、时序以及寄存器的结构等，并结合两个实例详细介绍了 8237A 的编程方法。

【学习目标】

- 掌握 DMA 传送的过程。
- 了解 8237A 的内部结构，引脚信号和工作时序。
- 掌握 8237A 的工作方式。
- 熟悉 8237A 的寄存器，掌握初始化编程。

9.1 DMA 传输原理

直接存储器存取（Direct Memory Access，DMA）是一种直接依靠硬件在主存和 I/O 设备之间进行数据传送的 I/O 控制方式。对这种数据传送过程进行控制的硬件称为 DMA 控制器（DMAC）。这种方式下数据的输入、输出不需要 CPU 执行指令，也不经过 CPU 内部寄存器，可以达到极高的传送速率，因而广泛应用于磁盘、网络通信以及高速数据采集等高速 I/O 设备的接口中。

9.1.1 DMA 传送过程

DMA 传送直接由 DMA 控制器（DMAC）控制实现。传送过程分为 DMA 请求、DMA 响应、DMA 传送和 DMA 结束处理 4 个阶段。具体过程如图 9-1 所示。

1. DMA 请求

（1）I/O 接口向 DMAC 发出 DMA 请求。

（2）DMAC 接到 I/O 接口的 DMA 请求以后，DMAC 向 CPU 发出总线请求信号，请求使用总线即请求 CPU 放弃对总线的控制。

2. DMA 响应

（1）CPU 在当前总线周期结束后，向 DMAC 发出总线响应信号，同时释放总线控制权，处于等待周期，由 DMAC 接管系统总线。

（2）DMAC 向 I/O 接口发出 DMA 应答信号。

3. DMA 传送

（1）DMAC 把进行 DMA 传送涉及的存储器地址送地址总线，并发出存储器和 I/O 接口的读写信号。

（2）DMAC 控制数据经由数据总线直接在存储器和 I/O 接口间传送，完成一个字节的数据传送。

（3）DMAC 控制自动增减存储器地址和计数，判断传送是否完成（图 9-1 未表示）。

4. DMA 结束处理

（1）当设定的字节数传送结束，或 I/O 设备的外来终止信号迫使传送结束，DMAC 将总线请求信号变为无效，并放弃对系统总线的控制。CPU 检测到总线请求信号无效后，也将总线响应信号变为无效，重新接管系统总线，DMA 传输结束。

（2）DMA 传输结束，DMAC 发出 DMA 结束信号，用来通知 CPU 做 DMA 结束处理工作。例如，处理输入内存缓冲区的数据等。

DMA 结束处理未在图 9-1 中表示出来。

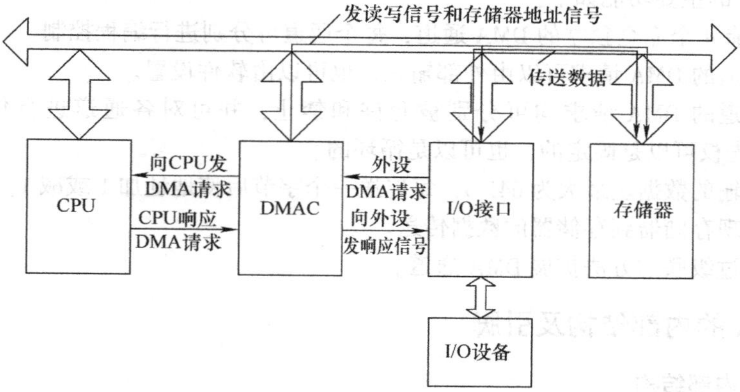

图 9-1　DMA 传送过程示意图

当然，在进行 DMA 传送之前，CPU 必须对 DMAC 进行初始化，主要完成对 DMAC 一系列参数的设置工作，如主存缓冲区或数据块的首地址、数据块长度、传输方向以及启动命令等。在这些工作完成后，CPU 继续执行原来的程序。当外设数据传输准备就绪时，如数据准备好（输入）或接收数据已处理完毕（输出），就向 DMAC 发出 DMA 请求，启动一次 DMA 传送。

注意，在典型的 DMA 传送中，DMAC 将同时访问两个对象：一个是存储器，另一个是高速 I/O 设备接口。对一个对象进行读访问时，对另一个对象必然进行写访问。通常，一个 DMA 控制只关联一个特定的 I/O 接口，因为系统地址线不可能同时传送存储器地址和 I/O 接口地址。也就是说，DMA 传送只对存储器中的存储单元进行寻址，对 I/O 接口不进行寻址。

9.1.2　DMA 控制器的功能

在微机系统中，DMAC 有以下双重身份，要比查询接口和中断接口复杂。

（1）在 CPU 掌管总线时，它是总线上的被控设备（从模块），CPU 可以对它进行初始化或其他的 I/O 读写操作。

（2）在 DMAC 接管总线时，它是总线的主控设备（主模块），通过系统总线来控制存储器和外设直接进行数据交换。

DMAC 作为总线主控模块，控制外设和主存之间直接进行数据传送，其主要功能有：

（1）接受外设发出的 DMA 请求，并向 CPU 提出总线申请。

（2）接受 CPU 发出的总线响应信号后，接管总线控制权，进入 DMA 响应周期，并向外设发出 DMA 应答信号。

（3）确定主存缓冲区或数据单元的首地址及传送长度，能寻址存储器。

（4）规定数据在主存和外设之间的传送方向，发出相应读/写或其他控制信号，控制数据传送。

（5）能自动修改主存地址值和传送长度计数值，并判断 DMA 传送是否结束。

（6）DMA 传送结束后，释放总线控制权，并发出 DMA 结束信号向 CPU 申请中断报告 DMA 传送结束。

9.2 DMA 控制器 8237A

Intel 公司的 8237A 是 8 位可编程 DMA 控制芯片，在 5MHz 时钟频率下，其传输速率可达 1.6MB/s。8237A 的主要功能如下：

(1) 8237A 有 4 个完全独立的 DMA 通道，每个通道可分别进行编程控制。

(2) 每个通道的 DMA 请求可以由外部输入，也可以由软件设置。

(3) 每个通道的 DMA 请求均可分别被允许和禁止，并可对各通道进行优先权排队。与 8259A 类似，优先权可以是固定的，也可以是循环的。

(4) 一次传输的数据块最大为 64KB，每传送一个字节后使地址加 1 或减 1。

(5) 可以实现存储器到存储器的数据传送。

(6) 可以通过级联的方法扩展 DMA 通道。

9.2.1 8237A 的内部结构及引脚

1. 8237A 的内部结构

8237A 内部分成两个部分：4 个 DMA 通道和一个公共部分。其中公共部分控制逻辑由定时与控制逻辑、命令控制逻辑、优先级控制逻辑组成。8237A 的内部结构及外部连接如图 9-2 所示。

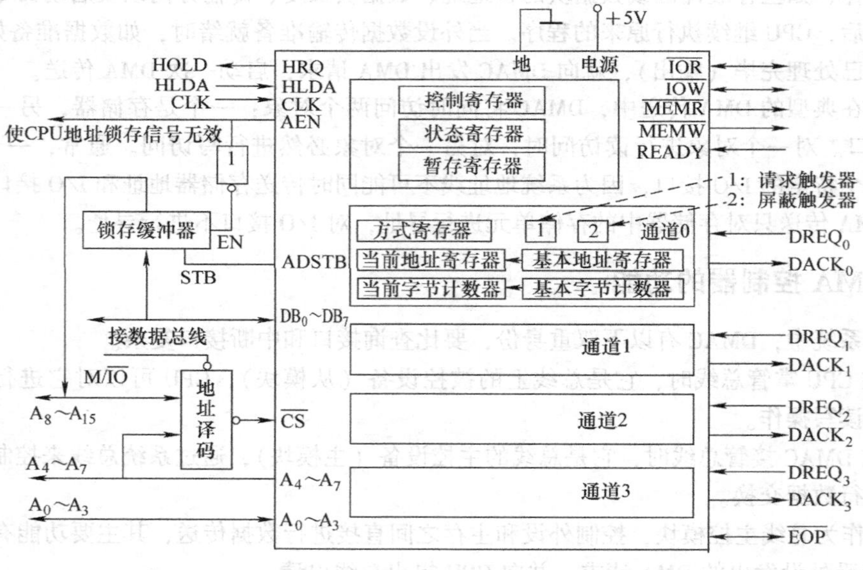

图 9-2 8237A 的内部结构及外部连接

(1) DMA 通道。8237A 内部有 4 个独立的 DMA 通道。每个通道包括两组 16 位寄存器：地址寄存器和字节寄存器，还包括一个 8 位的方式寄存器、一个 1 位的 DMA 请求触发器及一个 1 位的屏蔽触发器。4 个通道共用一个控制寄存器和一个状态寄存器。在 DMA 通道工作之前，必须对对应的寄存器进行初始化设置。

(2) 控制逻辑。控制逻辑包括定时与控制逻辑、命令控制逻辑、优先级控制逻辑。定时与控制逻辑是 DMA 的主控模块，主要用于接收外部时钟、读/写控制信号及片选信号，为 DMA 控制器提供定时时序以及在主、从方式下的控制信号。提供的控制信号包括在 DMAC 控制数据传送时对存储器和 I/O 设备的控制信号及存储器的地址相关信号等。命令控制逻辑主要对在编程时给定的命令字和模式控制字进行译码，以确定 DMA 传送的类型等。优先级控制逻辑对同时提出 DMA 请求的多个通道进行优先级排队判优，确定哪个通道的优先权最高。优先级控制逻辑负责接收外设发来的 DMA 请求并送出对外设的 DMA 应答信号，还负责向 CPU 发出总线请求信号并接收来自 CPU 的总线响应信号。

2. 8237A 的引脚

8237A 采用双列直插式封装（DIP），共 40 根引脚，如图 9-2 所示。

（1）处理器接口相关信号（8237A 为从模块）。

$\overline{CS}$：片选信号，低电平有效输入信号。在非 DMA 传送时，CPU 利用该信号对 8237A 寻址。在 DMA 控制总线时，自动禁止$\overline{CS}$输入，以防止 DMA 操作期间该器件选中自己。它通常与接口地址译码器连接。

$A_0 \sim A_3$：地址输入。8237A 初始化时，用来选择 8237A 的内部寄存器。

$DB_0 \sim DB_7$：8 位双向三态数据总线，与系统的数据总线相连。在 CPU 控制系统总线时，可以通过它们对 8237A 编程或读出 8237A 内部寄存器的内容。

$\overline{IOW}$：I/O 写输入。8237A 初始化时，$\overline{IOW}$低有效将控制字写入 8237A 的寄存器。

$\overline{IOR}$：I/O 读输入。CPU 通过$\overline{IOR}$读出 8237A 内部寄存器的内容。

CLK：时钟输入，用来控制 8237 内部操作定时和 DMA 传送时的数据传送速率。

RESET：复位输入信号，高电平有效。复位有效时，除屏蔽寄存器被置位外，其余寄存器全部被清除。复位之后，8237A 处于空闲周期，它的所有控制线都处于高阻状态，并且禁止所有通道的 DMA 操作。复位之后必须重新对 8237A 初始化，它才能进入 DMA 操作。

（2）DMA 操作控制信号（8237A 为主模块）。

$A_0 \sim A_7$：三态输出。在 DMA 传送过程中，送出 $A_0 \sim A_7$ 共 8 位地址信号。

$DB_0 \sim DB_7$：输出当前地址寄存器中的高 8 位地址 $A_8 \sim A_{15}$，并通过 ADSTB 信号打入外部锁存器，和 $A_0 \sim A_7$ 组成 16 位地址。

ADSTB（Address Strobe）：地址选通输出信号，高电平有效，用来将从 $DB_0 \sim DB_7$ 输出的高 8 位地址 $A_8 \sim A_{15}$锁存到地址锁存器。

AEN（Address Enable）：地址允许输出信号，高电平有效。在 DMA 传送期间，该信号有效时，禁止其他系统总线驱动器使用系统总线，同时允许地址锁存器中的高 8 位地址信息送上系统地址总线。

$\overline{MEMW}$：存储器写控制信号，三态输出，低电平有效。在 DMA 传送期间，控制存储器的写操作。

$\overline{MEMR}$：存储器读控制信号，三态输出，低电平有效。在 DMA 传送期间，控制存储器的读操作。

$\overline{IOW}$：I/O 写控制信号，三态输出，低电平有效。在 DMA 传送期间，控制 I/O 设备的写操作。

$\overline{IOR}$：I/O 读控制信号，三态输出，低电平有效。在 DMA 传送期间，控制 I/O 设备的读操作。

READY：准备好信号，输入。当主存或外设速度比较慢时，可用这个异步输入信号使 DMA 传送周期插入等待状态，以便适应慢速内存或外设。此信号与 CPU 的准备好信号 READY 类似。

（3）DMA 联络信号。

$DREQ_0 \sim DREQ_3$（DMA Request）：通道 0 ~ 通道 3 的 DMA 请求信号，输入。由申请 DMA 服务的设备向 DMAC 发出。

HRQ（Hold Request）：保持请求信号，输出，高电平有效。用来向 CPU 请求对系统总线的控制权。

HLDA（Hold Acknowledge）：保持响应信号，输入，高电平有效。来自 CPU 同意让出总线的响应信号，它有效表示 CPU 已经让出对总线的控制权，把总线的控制权交给 DMAC。

$DACK_0 \sim DACK_3$（DMA Acknowledge）：通道 0 ~ 通道 3 的 DMA 响应信号，输出。DMAC 向申请 DMA 服务的 I/O 设备发出的应答信号，该信号可作为 I/O 接口的选通信号。

$\overline{EOP}$：过程结束，低电平有效的双向信号。当 8237A 的任一通道传送结束，8237A 的$\overline{EOP}$输出低电平。$\overline{EOP}$输入低电平信号可以终止正在执行的 DMA 传送。

通过把外部输入的低电平信号加到 8237A 的$\overline{EOP}$端可以终止正在执行的 DMA 传送。当 8237A 的任一通道传送结束，到达计数终点时，8237A 会产生一个有效的$\overline{EOP}$输出信号。该信号可作为中断请求信号，通知 CPU 当前的 DMA 传送结束。只要该引脚上有$\overline{EOP}$信号，都会终止当前的 DMA 传送，复位请求位，并根据编程规定（是否是自动预置）而做相应的操作。在$\overline{EOP}$端不用时，应通过数千欧的电阻接到高电平上，以免由它输入干扰信号。

（4）其他引脚。

V_{CC}、GND：电源和接地引脚。

3. 页面寄存器

由 8237A 的引脚可以看出，8237A 只能提供 16 位存储器地址。要想访问 8086 系统的 1MB 存储空间，必须提供高 4 位地址。为此，系统中专门为每个通道增设了一个 4 位 I/O 端口，在数据块传输之前可单独对其编程，以提供高 4 位地址。这 4 位 I/O 端口也称为 DMA 页面寄存器。IBM PC/XT 的页面寄存器是由一个寄存器堆（74LS670）构成，内含 4 个 4 位寄存器，可用来存放 4 个 DMA 通道的高 4 位地址 $A_{19} \sim A_{16}$。它与 8237A 提供的低 16 位地址一起形成 20 位物理地址 $A_{19} \sim A_0$，可寻址全部 1MB 的存储空间。

IBM PC/XT 中分配的页面寄存器的端口地址为 83H（通道 1）、81H（通道 2）、82H（通道 3）。由于在该系统中 8237 的通道 0 是用于对动态 RAM 刷新操作，而动态 RAM 刷新时不需要使用页面寄存器，因而也就不需要分配通道 0 的页面寄存器端口地址。

9.2.2 8237A 的工作方式

8237A 有 3 种 DMA 传送类型，4 种 DMA 传送方式，并可以实现存储器与存储器之间的数据传送。

1. DMA 传送类型

8237A 的 3 种 DMA 传送类型分别是 DMA 读、DMA 写和 DMA 校验。

（1）DMA 读：把存储器的数据读出传送至外设，操作时$\overline{MEMR}$有效从存储器读出数据，$\overline{IOW}$有效把数据写入外设。

（2）DMA 写：把外设输入的数据写至存储器中，操作时$\overline{IOR}$有效从外设读出数据，$\overline{MEMW}$有效把数据写入存储器。

（3）DMA 校验：实际上不传送数据，主要用来对 DMA 读或 DMA 写功能进行校验。在 DMA 校验时 8237A 保留对系统总线的控制权，但不产生对 I/O 接口和存储器的读写信号，只产生地址信号，计数器进行减 1 计数，响应$\overline{EOP}$信号。

2. 8237A 的 DMA 传送方式

（1）单字节传送方式。8237A 每响应一次 DMA 申请，只传输一个字节的数据，传送一个字节之后，当前字节计数器的值减 1，当前地址寄存器的内容加 1（或减 1），8237A 释放系统总线，总线控制权交给 CPU。8237A 释放控制权后，马上对 DMA 请求 DREQ 进行测试，若 DREQ

有效，则再次发出总线请求信号，进入下一个字节的传送，如此循环，直至字节数从 0 减至 0FFFFH，终止计数，结束 DMA 传送。

单字节方式一次传送一个字节，效率低，但它会保证在两次 DMA 传送之间 CPU 有机会重新获得总线控制权，执行一个 CPU 总线周期。

（2）数据块传送方式。在这种传送方式下，DMAC 一旦获得总线控制权，便开始连续传送数据。每传送一个字节，自动修改地址，并使要传送的字节数减 1，直到将所有规定的字节全部传送完，或收到外部 $\overline{EOP}$ 信号，DMAC 才结束传送，将总线控制权交给 CPU。在此方式下，外设的请求信号 DREQ 只需要保持有效到 DACK 有效时即可。

数据块传送方式一次请求传送一个数据块，数据块最大长度可以达到 64KB，传输效率高；但在整个 DMA 传送期间 CPU 长时间无法控制总线（无法响应其他 DMA 请求，无法处理中断等）。例如，IBM PC 就不能用这种方式，因为在块传送时，8088 不能占用总线，无法实现对 DRAM 的刷新。

（3）请求传送方式。在这种方式下，DREQ 信号有效，8237A 处于连续传送数据状态；但当 DREQ 信号无效时，DMA 传送暂时停止，8237A 释放系统总线，CPU 取得控制权可对外操作。此时，DMA 通道的地址和字节数的中间值仍保持在相应寄存器中。当外设又准备好进行数据传送时，可使 DREQ 信号再次有效，DMA 传送就能继续进行。

如果字节数寄存器从 0 减到 0FFFFH，或者由外部送来一个有效的 $\overline{EOP}$ 信号，将终止计数，结束 DMA 传送。

请求传送方式可由外设利用 DREQ 信号将一批数据分成几次传送，在这种方式下，允许外设的数据没准备好时，暂时停止 DMA 传送。

（4）级联传送方式。当一片 8237A 通道不够用时，可通过多片级联的方式增加 DMA 通道。第二级的 HRQ 和 HLDA 信号连到第一级某个通道的 DREQ 和 DACK 上；第二级芯片的优先权等级与所连通道的优先权相对应；第一级只起优先权网络的作用，实际的操作由第二级芯片完成；还可由第二级扩展到第三级等。

3. 存储器到存储器的传送

8237A 可以设置为存储器到存储器的传输。在这种方式下固定使用通道 0 和通道 1。通道 0 的地址寄存器保存源区地址，通道 1 的地址寄存器保存目的区地址，通道 1 的字节数寄存器保存传送的字节数。传送由设置通道 0 的软件请求启动，8237A 按正常方式向 CPU 发出 HRQ 请求信号，待 HLDA 响应后传送开始。每传送一个字节需要 8 个时钟周期，前 4 个时钟周期用通道 0 地址寄存器的地址从源区读数据送入 8237A 的临时寄存器；后 4 个时钟周期用通道 1 地址寄存器的地址把临时寄存器中的数据写入目的区。每传送一个字节，源地址值和目的地址值会自动加减，字节数减 1。直到字节数寄存器从 0 减到 0FFFFH，终止计数并在 $\overline{EOP}$ 端输出一个脉冲，也可由外部输入 $\overline{EOP}$ 信号终止传送。

4. 优先权控制方式

8237A 的 4 个 DMA 通道有两种优先权管理方式，分别是固定优先级和循环优先级。

（1）固定优先级方式：4 个 DMA 通道的优先级固定，优先级最高至最低依次为：通道 0、通道 1、通道 2、通道 3。

（2）循环优先级方式：4 个 DMA 通道的优先级循环变化，最近一次服务的通道在下次循环中变成最低优先级，其他通道依次轮流相应的优先级。假如最初优先级次序从高到低为：通道 0、通道 1、通道 2、通道 3，当通道 2 执行 DMA 操作后，优先级次序变为通道 3、通道 0、通道 1、通道 2。采用了循环优先级方式，可避免了某一通道独占总线。

不要将 DMA 方式的优先级与中断优先级混淆。不论采用哪种优先权管理方式，某个通道获得DMA服务后，其他通道无论其优先级高低，都会被禁止，直到已服务的通道结束传送为止。DMA传送不能嵌套，即在一个DMA传送过程中不能嵌入另一个DMA传送。

9.2.3 8237A的工作时序

8237A的工作时序分成两种工作周期（工作状态），即空闲周期和有效周期，分别对应受CPU控制的从模块工作状态和作为DMAC控制DMA传送的主控模块工作状态。

1. 空闲周期

当8237A任一通道都没有DMA请求时就处于空闲周期。此时，8237A作为CPU控制的一个接口芯片。空闲周期用S_i表示。

在空闲周期，CPU可对8237A编程，或从8237A读取状态。8237A要对$\overline{CS}$信号采样，判定CPU是否要对8237A进行读写操作。8237A还采样通道的请求输入信号DREQ，该信号有效，就脱离空闲周期S_i，进入有效周期。

2. 有效周期

当8237A在空闲周期采样到外设有DMA请求时，就脱离空闲周期，进入有效周期。

在有效周期，8237A作为主控芯片控制DMA传送操作。DMA传送借用系统总线完成，其控制信号以及工作时序类似CPU总线周期。有效周期由S_0～S_4共5种状态组成。

S_0为等待状态。8237A采样到外设DREQ请求后，向CPU发出HRQ信号，同时进入S_0周期，并且重复S_0周期，直至收到CPU的响应信号HLDA后，才结束S_0周期，进入S_1周期，开始DMA传送周期。由此可见，S_0周期是8237送出HRQ信号到收到有效的HLDA信号之间的状态周期，即从模块工作状态转到主控模块工作状态的一个过渡周期。在S_0期间，8237A仍可以接受来自CPU的读写操作。

一个完整的DMA传送周期包括4个时钟周期（即4个状态：S_1～S_4）。对于速度稍慢的设备，可以用READY信号在S_3和S_4之间产生等待周期S_w。

S_1周期中8237A用DB_0～DB_7送出高8位地址A_8～A_{15}，同时使ADSTB有效，将高8位地址送入锁存器。8237A还使AEN有效，将地址从锁存器送出。在传输一段连续的数据时，存储器地址总是相邻的，高8位地址通常相同，在送下一个字节的地址时，高8位不必再重新锁存。S_1状态只是在需要更新高8位地址时才出现，因此，在256B以内的数据传送中可能只有一个DMA周期中有S_1状态。

S_2期间8237A向外设发出DACK信号，启动外设工作，同时开始送出读操作的信号。如果是DMA读，则送出$\overline{MEMR}$信号到存储器；如果是DMA写则送出$\overline{IOR}$到外设。

S_3期间送出写操作所需的信号。如为DMA读，将$\overline{IOW}$送外设；如为DMA写则将$\overline{MEMW}$送存储器。S_3结束时，在下降沿检测READY信号，若为低电平，就在S_3之后插入一个等待周期S_w，延续S_3的状态；在S_3或S_w结束处若检测到READY信号为高电平就进入S_4周期。

S_4周期结束本次一个字节的传送。如果整个DMA传送结束，后面紧接着的是S_i周期，如果还要继续进行下一个字节的传送，再次重复进行S_1～S_4的过程。

3. 扩展写与压缩时序

（1）扩展写：通常写控制信号在S_3才变得有效，如果采用扩展写方式，写信号在S_2就开始有效。这可以使一些需要较长时间写入的设备能够得到足够的写入时间。

（2）压缩时序：在正常时序中，S_1用于锁存高8位地址，在高8位地址不变时，S_1是可以省略的。S_3是一个延长周期，以保证可靠的读写操作。在追求高速传送，且器件的读写速度又可以跟得上时，S_3也是可以省略的。于是一个字节的传送只要S_2和S_4两个时钟周期就可以完成，这就是压缩时序工作方式。

9.2.4 8237A 的寄存器结构

8237A 内部寄存器分为两大类：一类是地址寄存器和字节计数器；另一类是控制寄存器或状态寄存器。$A_3=0$ 选择第一类寄存器，$A_3=1$ 选择第二类寄存器。对于第一类寄存器，A_2、A_1 用来区分选择哪一个通道，A_0 用来区别是选择地址寄存器还是字节计数器。对于第二类寄存器，$A_2\sim A_0$ 用来指明选择哪一个寄存器，若有两个寄存器共用一个端口，用读/写信号区分。8237A 内部寄存器寻址及软件命令见表 9-1。

表 9-1 8237A 内部寄存器寻址及软件命令

	$\overline{CS}$	$\overline{IOR}$	$\overline{IOW}$	A_3	A_2	A_1	A_0	操作	低 4 位地址	
通道寄存器的寻址	0 0	1 0	0 1	0 0	0 0	0 0	0 0	通道 0 基地址寄存器 通道 0 当前地址寄存器	只写 可读写	0H
	0 0	1 0	0 1	0 0	0 0	0 0	1 1	通道 0 基字节计数器 通道 0 当前字节计数器	只写 可读写	1H
	0 0	1 0	0 1	0 0	0 0	1 1	0 0	通道 1 基地址寄存器 通道 1 当前地址寄存器	只写 可读写	2H
	0 0	1 0	0 1	0 0	0 0	1 1	1 1	通道 1 基字节计数器 通道 1 当前字节计数器	只写 可读写	3H
	0 0	1 0	0 1	0 0	1 1	0 0	0 0	通道 2 基地址寄存器 通道 2 当前地址寄存器	只写 可读写	4H
	0 0	1 0	0 1	0 0	1 1	0 0	1 1	通道 2 基字节计数器 通道 2 当前字节计数器	只写 可读写	5H
	0 0	1 0	0 1	0 0	1 1	1 1	0 0	通道 3 基地址寄存器 通道 3 当前地址寄存器	只写 可读写	6H
	0 0	1 0	0 1	0 0	1 1	1 1	1 1	通道 3 基字节计数器 通道 3 当前字节计数器	只写 可读写	7H
控制和状态寄存器	0 0	1 0	0 1	1 1	0 0	0 0	0 0	命令寄存器 状态寄存器	只写 只读	8H
	0	1	0	1	0	0	1	写请求标志	只写	9H
	0	1	0	1	0	1	0	写单个通道屏幕标志位	只写	AH
	0	1	0	1	0	1	1	工作方式寄存器	只写	BH
	0	1	0	1	1	0	0	清高/低触发器（软命令）	只写	CH
	0 0	0 1	1 0	1 1	1 1	0 0	1 1	读暂存寄存器 主清除命令（软命令）	只读 只写	DH
	0	1	0	1	1	1	0	清除屏蔽标志位（软命令）	只写	EH
	0	1	0	1	1	1	1	写所有通道屏蔽位	只写	FH

1. 地址寄存器和字节计数器

地址寄存器和字节计数器均为 16 位，每个通道都有。

（1）基地址寄存器。存放 DMA 传送的内存起始地址值，在初始化时编程写入，并在整个 DMA 传送过程中保持不变。该寄存器的值只能由 CPU 写入，不能读出。

（2）当前地址寄存器。保存 DMA 传送的当前地址值。在初始化时，CPU 将内存起始地址值同时写入基地址寄存器和当前地址寄存器。每传送一个字节该寄存器的值自动加 1 或减 1。这个寄存器的值可由 CPU 读出。

（3）基字节数寄存器。存放 DMA 传送的字节数减 1，在初始化时编程写入，并在整个 DMA 传送过程中保持不变。该寄存器的值只能由 CPU 写入，不能读出。

（4）当前字节计数器。保存 DMA 传送的当前剩余字节数减 1。在初始化时，CPU 将 DMA 传送的字节数减 1 的值同时写入基字节数寄存器和当前字节计数器。每传送一个字节该寄存器的值自动减 1。该寄存器的值减至 0，再减 1（从 0 减到 0FFFFH）时，终止计数，产生计数结束信号 $\overline{EOP}$。这个寄存器的值可由 CPU 读出。

2. 控制寄存器和状态寄存器

（1）工作方式寄存器（0BH 端口）。8237A 各通道有各自独立的工作方式寄存器，但是使用同一个端口地址写入。工作方式寄存器存放相应通道的方式控制字。方式控制字的格式如图 9-3 所示，该控制字设置某个 DMA 通道的工作方式，由 CPU 初始化时写入。

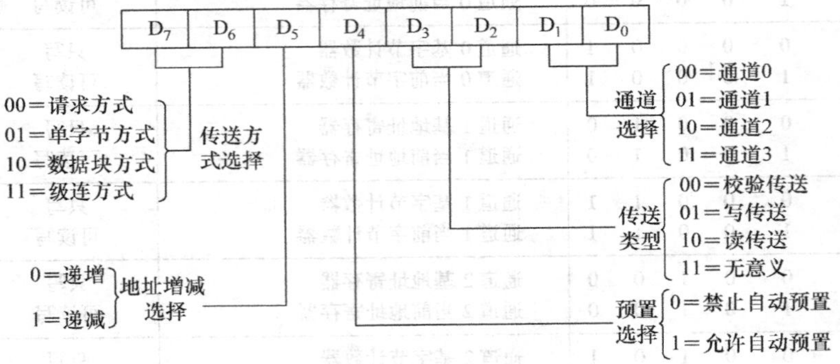

图 9-3　8237A 方式控制字的格式

图 9-3 中，D_4 位为自动预置（自动初始化）功能选择位。当 $D_4=1$ 时，允许自动预置，每当 DMA 传送结束，用基地址寄存器和基字节数寄存器的内容，使相应的当前寄存器恢复为初始值，包括恢复屏蔽位、允许 DMA 请求，这样就做好了下一次 DMA 传送的准备；当 $D_4=0$ 时，禁止自动预置。需要注意的是，如果一个通道被设置为自动预置方式，那么这个通道的对应屏蔽位应置 0。

D_5 为地址增减选择位。当 $D_5=1$ 时，每传送一个字节，当前地址寄存器的内容减 1；当 $D_5=0$ 时，每传送一个字节，当前地址寄存器的内容加 1。

【例 9-1】 使用 8237A 的通道 0，把内存中的数据输出到外设，禁止自动初始化，存储器地址自动加 1，单字节传送方式，写出设置工作方式控制字的指令。

解：指令如下：

```
MOV AL, 01001000B
OUT 0BH, AL                ；写入模式寄存器
```

（2）命令寄存器（08H 端口）。命令寄存器存放 8237A 的命令控制字，4 个通道共用。命令控制字格式如图 9-4 所示，在初始化时写入，用来设置 8237A 芯片的操作方式，影响每个 DMA 通道。8237A 复位时使命令寄存器清零。

注意：当设置 $D_2=0$ 时，8237A 才可以作为 DMA 控制器进行 DMA 传送，否则 8237A 将不能进行 DMA 传送。

当 $D_0=1$ 时，允许存储器到存储器的传送，此时，通道 0 的地址寄存器存放源地址。若 $D_1=1$，整个传送过程中，源地址保持不变，以便实现将一个目的存储区域设置为同一个值；若 $D_1=0$，传送过程中源地址是变化的。

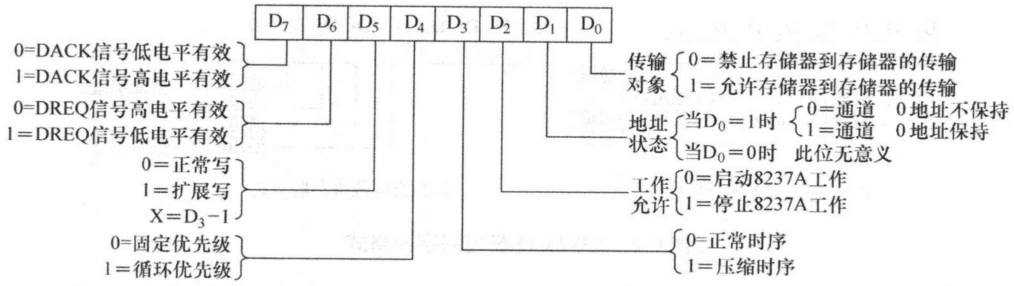

图 9-4 8237A 的命令控制字

【例 9-2】DREQ 和 DACK 都为低电平有效，正常写命令信号，固定优先权，正常时序，启动 8237A 工作，禁止通道 0 地址保持不变，禁止存储器到存储器传送，设置 8237A 命令寄存器。

解：指令如下：

```
MOV AL, 01000000B;
OUT 08H, AL              ; 写命令寄存器
```

（3）请求寄存器（09H 端口）。请求寄存器存放软件 DMA 请求状态。DMA 请求既可以由硬件发出，通过 DREQ 引脚引入，也可以由软件请求产生。若是存储器到存储器传送，则必须由软件请求启动通道 0。软件请求方法是 CPU 通过设置 DMA 请求控制字，来设置或撤消 DMA 请求。请求字格式如图 9-5所示。其中 D_1D_0 位指明通道号，D_2 位用来表示是否对相应通道设置 DMA 请求。当 $D_2=1$ 时，使相应通道的 DMA 请求触发器置 1，产生 DMA 请求；当 $D_2=0$ 时，清除该通道的 DMA 请求。

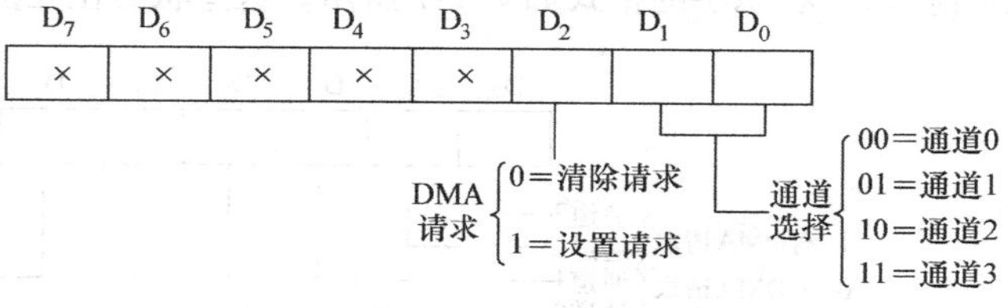

图 9-5 8237A 的 DMA 请求控制字

【例 9-3】设置 8237A 的通道 1，发软件请求 DREQ。

解：指令如下：

```
MOV AL, 00000101B
OUT 09H, AL              ; 写入请求寄存器
```

（4）屏蔽寄存器（0AH 和 0FH 端口）。屏蔽寄存器控制外设通过 DREQ 发出的硬件 DMA 请求是否被响应（为 0 时允许，为 1 时禁止），各个通道是相互独立的。对屏蔽寄存器的写入有 3 种方法。

1）单通道屏蔽字（$A_3A_2A_1A_0=1010$）。只对一个 DMA 通道屏蔽位进行设置，如图 9-6a 所示，端口地址为 0AH。

2）综合屏蔽字（$A_3A_2A_1A_0=1111$）。对 4 个 DMA 通道屏蔽位同时进行设置，如图 9-6b 所示，端口地址为 0FH。

3）清屏蔽寄存器命令（$A_3A_2A_1A_0=1110$）。对 4 个 DMA 通道屏蔽位同时进行清零，4 个通道均允许 DMA 请求，此方式为软件命令。

【例 9-4】禁止 8237A 通道 2 的 DMA 请求，设置单通道屏蔽位。

解：指令如下：

```
MOV AL, 00000110B
OUT 0AH, AL              ; 写单通道屏蔽位（查表 9 - 1 的地址）
```

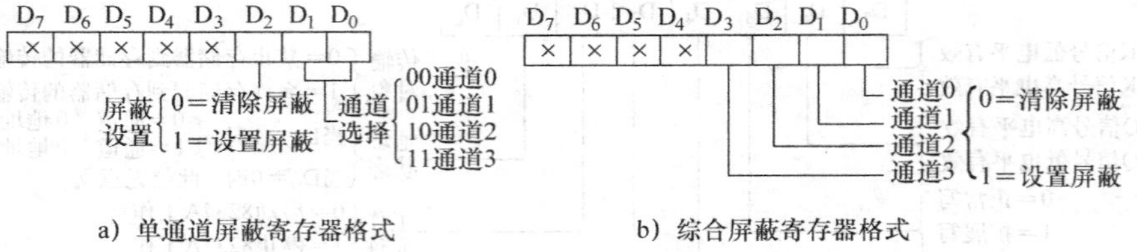

图 9-6　8237A 屏蔽控制字的格式

【例 9-5】 禁止 8237A 通道 0、通道 2 的 DMA 请求；允许通道 1、通道 3 的 DMA 请求，设置所有屏蔽位。

解：指令如下：

```
MOV AL, 00000101B
OUT 0FH, AL          ; 写综合屏蔽字
```

（5）状态寄存器（08H 端口）。状态寄存器可由 CPU 读取，反映 8237A 当前 4 个通道 DMA 操作是否结束，是否有 DMA 请求。其中低 4 位表示读命令这个瞬间每个通道是否计数结束（为 1 时表示该通道 DMA 传送结束），高 4 位表示每个通道有没有 DMA 请求（为 1 时表示该通道有 DMA 请求）。状态字的格式如图 9-7 所示。这些状态位在复位或被读出后，均被自动清零。

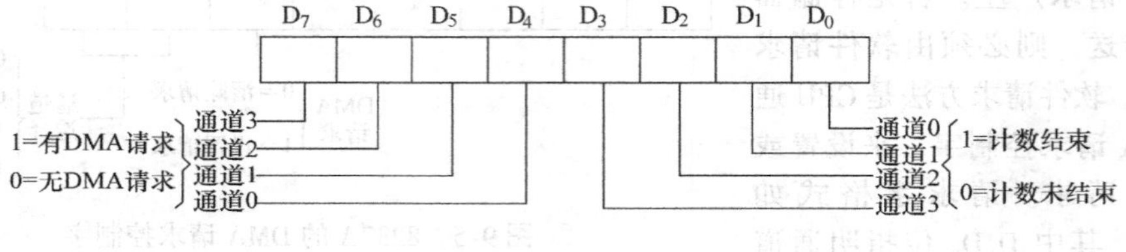

图 9-7　8237A 状态字的格式

【例 9-6】 读取 8237A 当前的 DMA 状态。

解：指令如下：

```
IN AL, 08H      ; 把状态寄存器中的状态读入 AL
```

读入的状态信息在 AL 中，可以根据 AL 中各二进制位的状态了解 8237A 各通道当前的 DMA 工作状态。

（6）临时寄存器。在存储器到存储器的传送方式下，临时寄存器保存从源存储单元读出的数据，该数据又被写入到目的存储单元。传送完成后，临时寄存器只会保留最后一个字节，可由 CPU 读出。复位使临时寄存器内容为零。

3. 8237A 的软件命令

8237A 的软件命令是指不需要通过数据总线写入控制字而直接由地址和控制信号译码实现的操作指令。也就是说，只需要向对应的端口做一次输出操作（即让端口地址、$\overline{CS}$和$\overline{IOW}$信号同时有效），而不要求写入的内容是何值，命令都生效。8237A 共有 3 个软件命令，分别为主清除命令（0DH）、清高/低触发器命令（0CH）和清屏蔽寄存器命令（0EH）。

（1）主清除命令（0DH）。主清除命令和硬件 RESET 信号具有相同的功能，该命令可以将命令、状态、请求、高/低触发器和临时寄存器清 0，使屏蔽寄存器置为全 1（即屏蔽状态），使 8237A 处于空闲周期。

（2）清高/低触发器命令（0CH）。CPU 与 8237A 之间通过 8 位数据总线交换信息，8237A 每个通道内均有 4 个 16 位内部寄存器，需要两次读写操作才能实现 CPU 与 8237A 内部 16 位寄存器

之间的一个完整数据交换。8237A 内含一个高/低触发器，用来控制读写 16 位寄存器的高字节和低字节。触发器为 0，则读写低字节；触发器为 1，读写高字节。软、硬件复位，或者用清高/低触发器命令可将该触发器清 0。对 DMA 通道的 16 位寄存器进行一次操作（读/写），触发器自动改变状态。因此，若对 16 位寄存器的读写分两次连续进行，就不必清除这个触发器。

（3）清屏蔽寄存器命令（0EH）。清屏蔽寄存器命令使 4 个通道的屏蔽位都清 0，允许 4 个通道的 DMA 请求。

9.2.5 8237A 的编程及应用

1. 初始化编程的步骤

8237A 的初始化编程包括对命令控制字、方式控制字、屏蔽寄存器和请求寄存器等进行功能设定以及对 DMA 通道的编程。8237A 的初始化不像 8259A 那样有固定顺序，只要将需要初始化的寄存器设置好，最后允许 8237A 工作即可。初始化的一般步骤如下：

1）输出主清除命令，使 8237A 复位，高/低触发器清 0。

2）写入基地址与当前地址寄存器。

3）写入基字节与当前字节计数寄存器。

4）写入工作方式寄存器。

5）写入屏蔽寄存器。

6）写入命令寄存器。

7）写入请求寄存器，若用软件方式发 DMA 请求，则应向指定通道写入命令字。

进行 1）~7）的编程后，就可以开始 DMA 传送的过程。若无软件请求，则在完成 1）~6）的编程后，由通道的 DREQ 启动 DMA 传送过程。

2. 8237A 编程举例

【例 9-7】 图 9-8 为一个用于 DMA 写传送的接口电路。每当外设准备好一个数据，就提出一次 DMA 请求，经 74LS74 产生高电平的请求信号，送往 8237A 的 DREQ，同时将数据锁存在 74LS374 中。当微机允许 DMA 请求，在 8237 的 DACK 信号和 I/O 读信号 $\overline{IOR}$ 的控制下，数据从锁存器送出，经数据总线直接送往存储器（存储器的 $\overline{MEMW}$ 信号由 8237A 提供）。DACK 响应信号还使 DMA 请求信号为低无效，保证 DMA 请求信号保持到 DACK 有效为止，一次 DMA 传输无效。

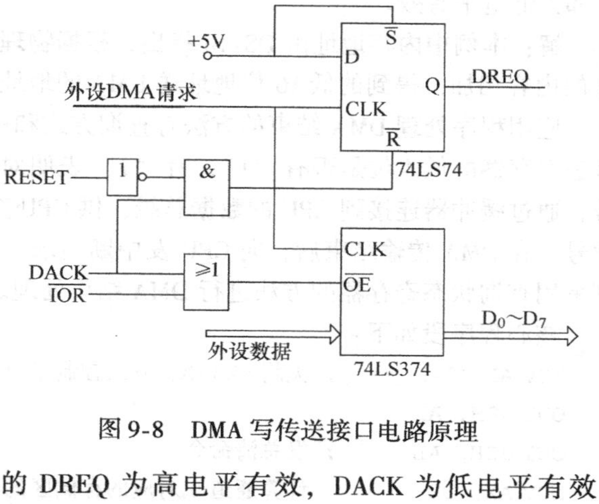

图 9-8 DMA 写传送接口电路原理

利用上述电路，采用 8237A 通道 2，由外设输入 4KB 的数据块，传送至内存 28000H 开始的区域。采用单字节传送方式，按增量传送，传送完后不自动初始化，外设的 DREQ 为高电平有效，DACK 为低电平有效。8237A 的地址为 00H ~ 0FH，页面地址寄存器的端口地址为 81H。

解：（1）确定各控制字。

1）方式控制字。根据题意，采用通道 2，则 D_1D_0 为 10；进行 DMA 写操作（I/O→M），则 D_3D_2 为 01；传送结束禁止自动初始化，则 D_4 位为 0；地址自动加 1，D_5 位为 0；采用单字节传送方式，D_7D_6 为 01。可得出方式控制字值为 01000110B，即 46H。

2）屏蔽控制字。通过单通道屏蔽字的低 3 位清除通道 2 的屏蔽位，低 3 位为 010B，高 5 位任意，则屏蔽字为02H。

3）命令控制字。根据题意，$DACK_0$低电平有效，D_7为0；$DREQ_0$高电平有效，D_6为0；正常写，D_5为0；选用固定优先权，D_4为0；正常时序，D_3为0；允许8237操作，D_2为0；非存储器到存储器传送，D_1D_0为00。得出操作命令控制字为00000000B，即00H。

（2）初始化程序如下：

```
OUT 0DH, AL         ; 输出主清除命令
MOV AL, 02H
OUT 81H, AL         ; 地址的高 4 位写入通道 2 的页面寄存器
MOV AL, 00H
OUT 04H, AL         ; 输出通道 2 的当前和基地址的低 8 位
MOV AL, 80
OUT 04H, AL         ; 输出通道 2 的当前和基地址的高 8 位
MOV AX, 4096 -1     ; 字节数是所需传输的字节数减 1
OUT 05H, AL         ; 输出通道 2 的当前和基字节计数初值低 8 位
MOV AL, AH
OUT 05H, AL         ; 输出通道 2 的当前和基字节计数初值高 8 位
MOV AL, 46H         ; 设置方式控制字
OUT 0BH, AL         ; 输出工作方式控制字
MOV AL, 02H         ; 开放通道 2 的屏蔽位
OUT 0AH, AL         ; 输出屏蔽字
MOV AL, 00H         ; 设置命令控制字
OUT 08H, AL         ; 输出命令控制字
```

【例9-8】 利用8237A的通道1实现从内存传送1KB数据到外设的操作。内存地址由DS：SI表示，8237A的基地址为0，通道1的页面寄存器端口地址为83H。外设的DREQ信号和DACK信号都为低电平有效。

解：本例中内存地址由DS：SI指出，根据物理地址的计算方法，将DS的内容左移4位后与SI的内容相加，得到的低16位地址送DMA的地址寄存器，高4位地址送页面地址寄存器。

应用程序处理DMA结束的方法有查询方式和中断方式两种方法。查询方式有两种：①查询状态寄存器的低4位是否有“1”，有“1”表明对应通道传输结束；②将EOP引脚作为状态信号，通过缓冲器连接到CPU的数据总线，供CPU查询。中断方式是指将EOP信号作为中断请求信号，在DMA传输结束后，向CPU发中断请求，然后在中断服务程序中作DMA结束处理。本例采用查询状态寄存器的方法进行DMA结束处理。

核心程序段如下：

```
MOV AL, 04H         ; 关闭 8237A，方式控制字 D2 =1
OUT 08H, AL
OUT 0DH, AL         ; 发总清命令
MOV AX, DS          ; 计算通道 0 对应的存储区的物理地址
MOV CL, 4           ; 移位次数送 CL
ROL AX, CL          ; 段基地址循环左移 4 次
MOV CH, AL          ; 将段基址的高 4 位存入 CH 寄存器中
AND CH, 0FH
AND AL, 0F0H        ; 屏蔽段基址的低 4 位
ADD AX, SI          ; 低 16 位物理地址保存在 AX 中
```

```
    ADC CH, 0          ; 有进位 CH 加 1, CH 中的内容送页面寄存器
    OUT 02H, AL        ; 设置通道 1 地址寄存器低字节
    MOV AL, AH         ; 将源数据块首地址高字节送 AL
    OUT 02H, AL        ; 设置通道 1 地址寄存器高字节
    MOV AL, CH
    MOV 83H, AL        ; 通道 1 的地址高 4 位送页面寄存器
    MOV AX, 1024 -1    ; 设置计数器值
    OUT 03H, AL        ; 传送字节数给通道 1 的字节数计数器
    MOV AL, AH
    OUT 03H, AL
    MOV AL, 49H        ; 定义通道 1 为 DMA 读传输, 单字节传送方式
    OUT 0BH, AL
    MOV AL, 40H        ; 控制字, DREQ 和 DACK 为低电平, 启动传送
    OUT 08H, AL
AA1: IN AL, 08H        ; 读 8237A 状态寄存器的内容
    TEST AL, 02H
    JZ AA1             ; 通道 1 计数未结束, 等待 DMA 传输完成
    MOV AL, 04H        ; DMA 传送完成, 关闭 8237A, 使工作方式寄存器 D2 置 1
    MOV DX, 08H        ; 输出方式控制字
    OUT DX, AL
    HLT
```

习 题

9-1 简述 DMA 传送方式的一般过程。

9-2 DMA 传送方式为什么能实现高速传送?

9-3 为什么要采用 DMA 技术? 什么情况下适于采用 DMA 技术?

9-4 8237A 有哪两种工作模式? 各有何特点?

9-5 8237A 的地址线和读/写信号线与其他 I/O 接口芯片有何不同?

9-6 8237A 有哪几种数据传送方式? 各有什么特点?

9-7 什么是 8237A 的空闲周期和有效周期?

9-8 假如要将 18000H ~ 18FFFH 存储单元的内容传送到外部设备, 采用 8237A 通道 2 进行块传送, 写出相关的初始化程序。

第 10 章　模-数和数-模转换技术

【本章提要】

本章主要介绍模-数和数-模转换的概念、工作原理及相关参数。重点介绍 DAC0832 和 ADC0809 的编程及应用。

【学习目标】

- 掌握模-数转换和数-模转换的基本概念。
- 了解计算机测控系统的结构，及各部件的功能。
- 掌握 D-A 转换的原理；重点掌握 DAC0832 产生各种波形的控制方法。
- 掌握 A-D 转换的原理，重点掌握 ADC0809 的用法。

10.1　模-数转换和数-模转换概述

随着计算机技术的飞速发展，计算机的应用范围越来越广泛。微型计算机被广泛应用于科学计算、办公自动化、智能仪器仪表、医疗设备、家用电器、智能玩具等各个领域。可以说当今的社会，微型计算机已无处不在。

计算机内部能直接识别处理的是数字信号，而实际事物大多是模拟量，如温度、压力、流量、速度、水位、距离以及声音等。要利用计算机加工处理这类信息，必须把它们转换成数字量。被处理后的数字量，往往也需要转换为模拟量才能实现输出控制。

将模拟信号转换成数字信号的过程称为模-数转换（Analog to Digital，简称 A-D 转换）；将数字信号转换成模拟信号的过程称为数-模转换（Digital to Analog，简称 D-A 转换）。实现模-数转换的电路，称为模-数转换器（Analog to Digital Converter，简称 A-D 转换器或 ADC）；实现数-模转换的电路称为数-模转换器（Digitalto Analog Converter，简称 D-A 转换器或 DAC）。

A-D 转换器和 D-A 转换器是计算机应用于检测、过程控制等领域的必要装置。典型测控系统如图 10-1 所示，包括测量系统和控制系统两大部分。测量系统从现场将被测的物理量转换成为数字量，也称为模拟量输入通道；控制系统将从测量系统得到的数字量和预先的设置值进行比较后，发出控制信息控制执行器件工作，也称为模拟量输出通道。广泛应用于生产生活中的空调就是一个典型的实时闭环测控系统。该系统首先采集室内的温度，然后与设定的温度进行比较，控制压缩机进行工作。工作中不断采集温度，调整压缩机的工作功率，以达到用户设置的室温的要求。

1. 传感器

传感器的作用是将各种现场的物理量测量出来并转换成电信号（模拟电压或电流）。常用的传感器有温度传感器、压力传感器、流量传感器、振动传感器和重量传感器等。

2. 信号处理

经过传感器得到的电信号通常比较微弱，并且由于现场环境比较恶劣，其输出常叠加有高频干扰信号，通过信号处理环节可将信号放大到与 A-D 转换器所要求的输入电压水平。另外，通过低通滤波电路可去掉高频干扰信号。

3. 多路开关

在实际应用中，需要监测的模拟量往往不止一个，而且不少模拟量是缓慢变化的。对这类信

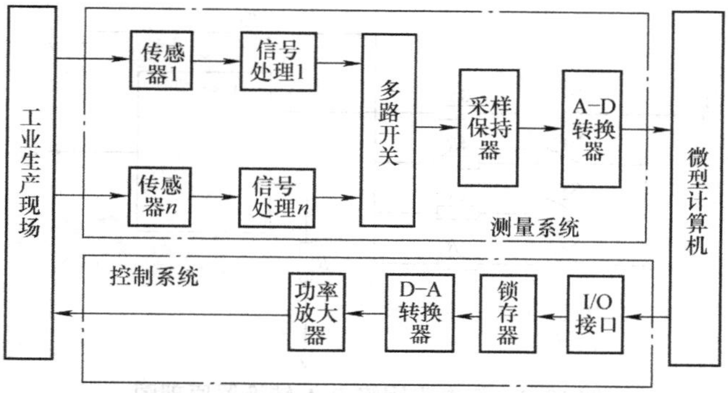

图 10-1　计算机测控系统示意图

号的采集，没有必要对每一路模拟信号单独配置一个 A-D 转换器，可采用多路开关，通过控制，把多个现场模拟信号分时的接通到 A-D 转换器上进行转换，共用一个 A-D 转换器，以节省硬件、降低成本。

4. 采样保持电路

A-D 转换器完成一次转换需要一定的时间，这段时间称为转换时间。由于输入模拟信号是连续变化的，对于变化较快的模拟输入信号，如果在转换期间输入的模拟信号发生了变化，就可能引起转换误差。所以，对于高频模拟信号，在 A-D 转换期间，通过采样保持电路使输入模拟信号保持不变，可提高转换精准度。

5. A-D 转换器

A-D 转换器是测量系统的中心环节，它将输入的模拟信号转换成计算机能够识别的数字量。

6. D-A 转换器

经计算机分析、处理后的数字量不能直接输出控制执行部件，必须通过 D- A 转换器将 CPU 发出的控制信息（即数字量）转换为模拟量。

7. 功率放大器

D-A 转换器输出的模拟信号通常不足以驱动执行部件，所以要在 D- A 转换器和执行部件之间加上功率放大器。

10.2　数–模（D-A）转换

10.2.1　数–模转换的原理

D-A 转换器接收数字量，输出一个与数字量相对应的电流或电压信号。

1. 权电阻网络 D-A 转换器的工作原理

数字量是由代码按数值组合起来表示的。欲将数字量转换成模拟量，必须先把每一位代码按其权的大小转换成相应的模拟分量，然后将各个模拟分量相加，其总和就是与数字量相对应的模拟量。例如，$1010B = 1\times2^3 + 0\times2^2 + 1\times2^1 + 0\times2^0 = 10$。

利用运算放大器各输入电流相加的原理，可以构成如图 10-2 所示由权电阻网络和运算放大器组成的、最简单的 4 位 D-A 转换器。

图 10-2 中，V_{REF}是一个有足够精度的标准电源。运算放大器输入端的各支路对应待转换二进制数各位的权值（2^3，2^2，2^1，2^0）。各输入支路中的开关 S_i 由对应的二进制位的数值控制，如果数值为 1，则对应的开关闭合，电流输入给运算放大器，被叠加；如果数值为 0，则对应的开

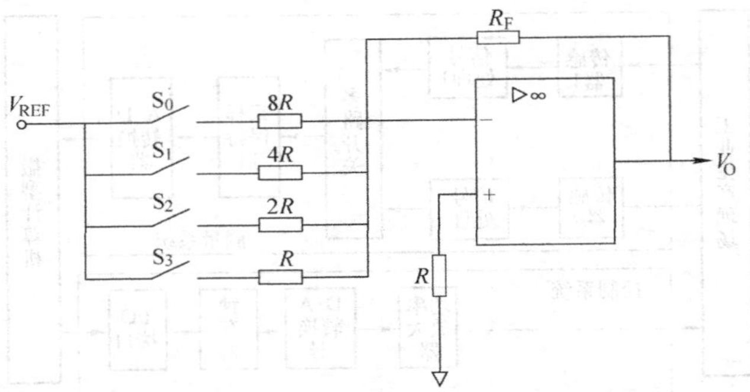

图 10-2　权电阻网络 D-A 转换器原理图

关断开，该支路电流无效。各输入支路中的电阻分别为 R、$2R$、$4R$ 和 $8R$，这些电阻称为权电阻。通过权电阻网络，可以把 0000B ~ 1111B 转换成大小不等的电流，从而可以在运算放大器的输出端得到相应大小不同的电压。如果数字由 0000B 开始每次增 1，一直变化到 1111B，那么，在输出端就可得到一个 0 ~ V_{REF} 电压幅度的阶梯波形。

该电路结构比较简单，所用的电阻元件数很少。但各个电阻阻值相差较大，尤其在输入信号的位数较多时，这个问题更加突出。这使得产品制造十分困难，精度也难以保证。所以权电阻网络 D-A 转换器实际使用不多。

2. T 形电阻网络 D-A 转换器的工作原理

在 D-A 转换器的电路结构中，最简单而实用的是采用 T 形电阻网络来代替单一的权电阻网络，整个电阻网络只需要 R 和 $2R$ 两种电阻。产品制造比较容易，也可以解决精度与误差等问题。

图 10-3 是采用 T 形电阻网络的 4 位 D-A 转换器。4 位二进制位的数值分别控制 4 条支路中开关的倒向。在每一条支路中，如果数值为 0 开关倒向左边，支路中的电阻就接到地；如果数值为 1 开关倒向右边，电阻就接到虚地。所以，不管开关倒向哪一边，都可以认为是接“地”。不过，只有开关倒向右边时，才能给运算放大器输入端提供电流。

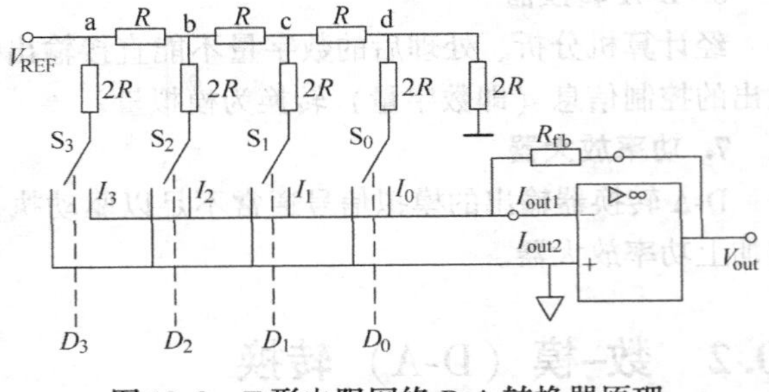

图 10-3　T 形电阻网络 D-A 转换器原理

T 形电阻网络中，结点 d 对地为两个 $2R$ 的电阻并联，它们的等效电阻为 R，结点 c 对地也是两个 $2R$ 的电阻并联，它们的等效电阻也是 R，……，依次类推，最后在 a 点等效于一个数值为 R 的电阻接在参考电压 V_{REF} 上。这样，就很容易算出，b 点、c 点、d 点的电位分别为 $V_{REF}/2$、$V_{REF}/4$、$V_{REF}/8$。

在清楚了 T 形电阻网络的特点和各结点的电压之后，再来分析一下各支路的电流值。开关 S_3、S_2、S_1、S_0 分别代表对应二进制位的数值。任意一位 $D_i=1$，表示开关 S_i 倒向右边；$D_i=0$，表示开关 S_i 倒向左边，接虚地，无电流。当左边第一条支路的开关 S_3 倒向右边时，运算放大器得到的输入电流 $I_3=V_{REF}/(2R)$，同理，开关 S_2、S_1、S_0 倒向右边时，输入电流 I_2、I_1 和 I_0 分别为 $V_{REF}/(4R)$，$V_{REF}/(8R)$，$V_{REF}/(16R)$。

如果一个二进制数据为 1111，运算放大器的输入电流 I_{out1} 为

$$I_{out1}=I_3+I_2+I_1+I_0$$

$$= V_{REF}/(2R) + V_{REF}/(4R) + V_{REF}/(8R) + V_{REF}/(16R)$$
$$= (V_{REF}/2R) \times (2^0 + 2^{-1} + 2^{-2} + 2^{-3})$$
$$= (V_{REF}/2^4 R) \times (2^3 + 2^2 + 2^1 + 2^0)$$

设 $R_{fb} = R$，则

$$V_{out} = -I_{out1} \times R_{fb}$$
$$= -(V_{REF}/2^4) \times (2^3 + 2^2 + 2^1 + 2^0)$$

将数据推广到 n 位，输出模拟量与输入数字量之间关系的一般表达式为

$$V_{out} = -(V_{REF}/2^n)(D_{n-1}2^{n-1} + D_{n-2}2^{n-2} + \cdots + D_1 2^1 + D_0 2^0)(D_i = 1 \text{ 或 } 0)$$
$$= -(D/2^n)V_{REF} \quad (D \text{ 为 } n \text{ 位的二进制数字量})$$

从上面的分析可知，输出电压 V_{out} 除了和待转换的二进制数成比例外，还和网络电阻 R、运算放大器反馈电阻 R_{fb}、标准参考电压 V_{REF} 有关。

由 T 形电阻网络组成的 D-A 转换电路，其转换结果是与输入数字量成正比的电流，这称为电流型 DAC。DAC0832 就属于这种类型。电流输出型 DAC 芯片外加运算放大器就可实现电压输出。有些 DAC 芯片里已集成有运算放大器，它们属于电压输出型 DAC。通常 D-A 转换器的输出电压范围有 0 ~ ±5V 或 0 ~ ±10V、-5 ~ +5V 或 -10 ~ +10V。

3. D-A 转换器性能指标

D-A 转换器的主要性能指标有分辨率、转换精度、非线性误差、转换速率等。

（1）分辨率。分辨率是指对数字输入量变化的敏感程度的度量。它表示输入每变化一个最低有效位使输出变化的程度，可用 D-A 转换器的位数 n 来表示分辨率，位数越多，分辨率越高，如 8 位、10 位等。分辨率也可以表示为输入数字量等于 1 时的电压值与输入数字量等于最大值时的满刻度电压值之比。例如，一个 n 位的 D-A 转换器的分辨率可以表示为 $1/(2^n - 1)$。

（2）转换精度。转换精度反映 D-A 转换器的精确程度，分为绝对转换精度和相对转换精度，一般用误差大小表示。转换误差包括零点误差、漂移误差、增益误差、噪声和线性误差、微分线性误差等综合误差。若误差过大，则 D-A 转换就会出现错误。

绝对转换精度是以理想状态为参照，即 D-A 转换器的实际输出值与理论的理想值之间的差值。它和标准电源的精度、权电阻的精度有关。

相对转换精度指在满量程已校准的前提下，任一模拟量输出与它的理论值之差。它反映了 D-A 转换器的非线性度。一般用绝对转换精度相对于满量程输出的百分数来表示，有时也用最低位（*LSB*）的几分之几表示。通常，相对转换精度比绝对转换精度更具实用性。例如，设 V_{FS} 为 5V 满量程输出电压，n 位 D-A 转换器的相对转换精度为 ±0.1%，则最大误差为 $\pm 0.1\% V_{FS} = \pm 5\text{mV}$；若相对转换精度为 ±1/2*LSB*（$LSB = 1/2^n$），则最大相对误差为 $\pm V_{FS}/2^{n+1}$。

（3）非线性误差。非线性误差是指实际转换特性曲线与理想特性曲线之间的最大偏差，并以该偏差相对于满量程的百分数度量。一般要求非线性误差不大于 ±1/2*LSB*。

（4）转换速率。转换速率实际是由建立时间来反映的。建立时间，也称转换时间，是指数字量为满刻度值（各位全为 1）时，D-A 转换器的模拟输出电压达到某个规定值（例如，90% 满量程或 ±1/2*LSB* 满量程）时所需要的时间。很显然，建立时间越大，转换速率越低。

在实际应用时，D-A 转换器的转换时间必须小于数字量的输入信号发生变化的周期。电流型的 D-A 转换较快，电压型的 D-A 转换器响应时间较慢。

10.2.2 DAC0832 芯片及其应用

D-A 转换器广泛用于计算机函数发生器、计算机图形显示、声卡以及与 A-D 转换器相配合的

控制系统等。D-A 转换器品种繁多，可有不同的分类方法。若按位数分类，可以分为 8 位、10 位、12 位、16 位等；若按输出方式分类，有电流型和电压型两类；若按转换方式分类，可分为串行和并行两种；若按工艺分类，可分为 TTL 型和 MOS 型等。常见 D-A 转换器有电流输出型的 DAC0832、DAC1210 和电压输出型的 AD558 等。

DAC0832 是典型的 8 位电流输出型通用 DAC 芯片，采用 T 形电阻网络，对参考电压进行分流完成 D-A 转换。转换结果以一组差动电流 I_{out1} 和 I_{out2} 输出，使用时必须外接运算放大器才可以实现电压输出。它以价格低廉、接口简单、转换控制容易等优点，在微机系统中得到广泛的应用。

1. DAC0832 的内部结构和引脚信号

DAC0832 内部结构和引脚如图 10-4 所示。DAC0832 由 8 位输入锁存器、8 位 DAC 寄存器、8 位 D-A 转换电路及转换控制电路构成。

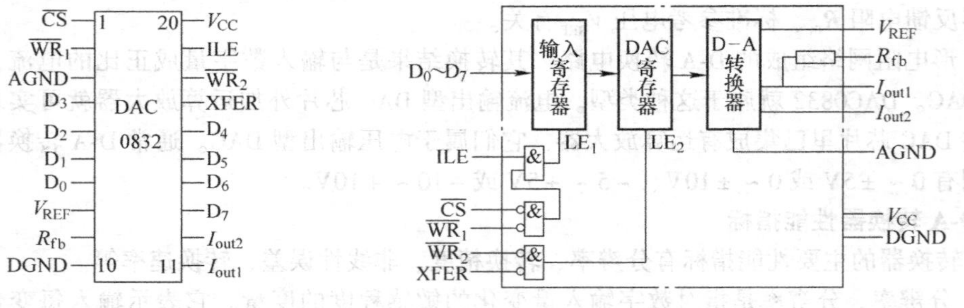

a) 引脚排列　　b) 内部结构

图 10-4　DAC0832 的引脚排列及内部结构

$D_0 \sim D_7$：8 位数据输入端，TTL 电平，有效时间应大于 90ns（否则锁存器的数据会出错）。

ILE：数据锁存允许控制信号，输入，高电平有效。

$\overline{CS}$：片选，输入寄存器选择信号，输入，低电平有效。

$\overline{WR_1}$：输入寄存器写控制信号，输入，负脉冲（脉宽应大于 500ns）有效。由 ILE、$\overline{CS}$、$\overline{WR_1}$的逻辑组合产生 LE_1。当 LE_1 为高电平时，输入寄存器的状态随输入数据线而变化；LE_1 负跳变时将输入数据锁存。

$\overline{XFER}$：数据转移控制信号，输入，负脉冲（脉宽应大于 500ns）有效。

$\overline{WR_2}$：DAC 寄存器写控制信号，输入，负脉冲（脉宽应大于 500ns）有效。$\overline{WR_2}$、$\overline{XFER}$的逻辑组合产生 LE_2。当 LE_2 为高电平时，DAC 寄存器的输出随寄存器的输入而变化；LE_2 负跳变时将数据锁存器的内容打入 DAC 寄存器并开始 D-A 转换。

I_{out1}：模拟电流输出端 1，其值随 DAC 寄存器的内容线性变化。

I_{out2}：模拟电流输出端 2，其值与 I_{out1} 值之和为一常数。

R_{fb}：反馈信号输入端，芯片内已接有反馈电阻。

V_{CC}：电源输入端，V_{CC}的范围为 5 ~ 15V。

V_{REF}：基准电压输入端，V_{REF}的范围为 -10 ~ 10V。

AGND：模拟信号地。

DGND：数字信号地。

2. DAC0832 的工作方式

DAC0832 中有两级锁存器，如图 10-4b 所示，第一级锁存器称为输入寄存器，当 ILE 为高、$\overline{CS}$和$\overline{WR_1}$为低时，LE_1 为高，输入寄存器处于直通状态，数字输出随数字输入变化；当 LE_1 由高变为低，输入数据被锁存在输入寄存器中。第二级锁存器称为 DAC 寄存器，当$\overline{WR_2}$和$\overline{XFER}$为低时，LE_2 为高，DAC 寄存器处于直通状态，输出随输入变化；当 LE_2 由高变为低，输入数据锁存在 DAC 寄存器中。

根据对输入寄存器和 DAC 寄存器控制的不同，DAC0832 有 3 种工作方式：

（1）直通方式。LE_1 和 LE_2 都为高，输入寄存器和 DAC 寄存器均为直通状态。此方式必须通过另加 I/O 接口与 CPU 连接，以匹配 CPU 与 D-A 转换。

（2）单缓冲方式。LE_1 或 LE_2 为高，使输入寄存器和 DAC 寄存器一个为直通状态，另一个为可控状态。此方式适用于只有一路模拟量输出或几路模拟量异步输出的情形。

（3）双缓冲方式。输入寄存器和 DAC 寄存器都为可控状态。先使输入寄存器接收数据，再控制输入寄存器的输出数据锁存到 DAC 寄存器，即分两次锁存输入数据。双缓冲方式可以在多个 D-A 转换器同时工作时，利用第二级锁存信号实现多个转换器同步输出。

3. DAC0832 模拟电压输出连接

DAC0832 为电流型 D-A 转换器件，使用时必须外接运算放大器才能实现电压输出。根据外接运算放大器的不同连接方法，DAC0832 可以实现单极性和双极性电压输出。

（1）单极性电压输出。如图 10-5 所示，DAC0832 外部只连接一个运算放大器 N_1，可构成单极性电压输出电路。V_{out}为单极性电压输出，有

$$V_{out} = -(D/2^8)V_{REF}$$

假设 V_{REF}为 $-5V$。数字量 $D = 00H$ 时，输出电压最小，$V_{min} = 0V$；数字量 $D = 01H$ 时，输出为最低有效位 *LSB* 对应的模拟电压 $V_{LSB} = (1/256) \times (-(-5V)) = 0.02V$；数字量 D 为最大值 0FFH 时，输出的模拟电压最大，$V_{max} = 255/256 \times 5V = 4.98V$。

若要得到 3V 的电压信号，则输入数字量 D 应为 154。

图 10-5 中 DAC0832 工作在单缓冲方式，当$\overline{CS}$和$\overline{WR_1}$有效时，通过数据总线输出的数字量先转换为电流再经运算放大器转换为电压输出。假设端口地址为 PORT，待转换的数据 D 已放在内存数据段 DATA 单元中。完成 D-A 转换的程序段如下：

```
MOV AL,DATA          ;取要转换的数据
MOV DX,PORT          ;假设 DAC0832 工作在单缓冲方式,PORT 为端口地址
OUT DX,AL
```

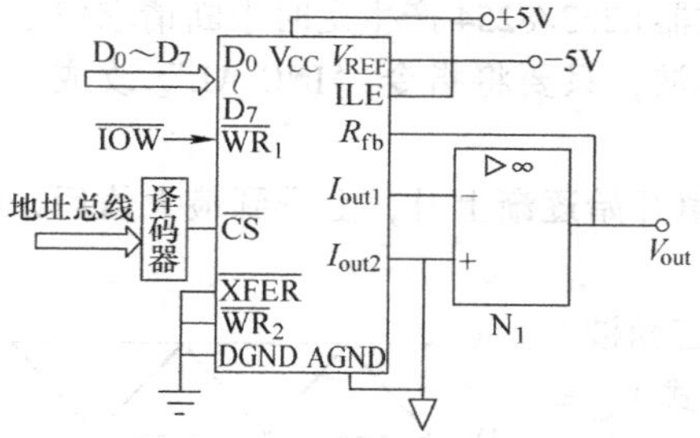

图 10-5 DAC0832 单极性电压输出电路

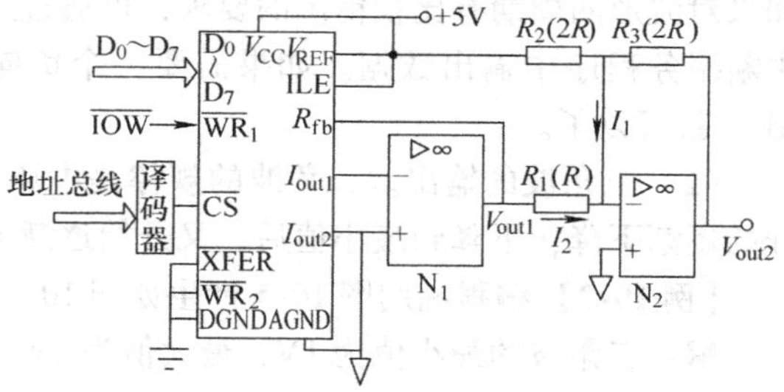

图 10-6 DAC0832 双极性输出电路

（2）双极性电压输出。在单极性电压输出电路的末端再加一个运算放大器，可构成双极性电压输出电路，如图 10-6 所示。根据电路可知：

$$I_1 = \frac{V_{REF}}{R_2} + \frac{V_{out2}}{R_3} \qquad I_2 = \frac{V_{out1}}{R_1}$$

由于 $I_1 + I_2 = 0$，$R_2 = R_3 = 2R_1$，可得 $V_{out2} = -(2V_{out1} + V_{REF})$，因为 $V_{out1} = -(D/2^8)V_{REF}$，故

$V_{out2}=[(D-2^7)/2^7]V_{REF}$。

假设 V_{REF} 为 5V。数字量 D = 0FFH = 255 时，输出电压最大，$V_{max}=[(255-128)/128]\times5V=4.96V$；数字量 D = 00H 时，输出电压最小，$V_{min}=[(0-128)/128]\times5V=-5V$；当数字量 D = 81H = 129 时，输出电压为最低有效位 LSB 对应的电压，$V_{LSB}=[(129-128)/128]\times5V=0.04V$。

4. DAC0832 的应用举例

DAC0832 在单缓冲方式下可直接与系统总线相连，可看成一个数据输出端口。向该端口每输出一个数据，就可以得到相应的输出电压。因此，可以通过编程输出不同的数字量控制 D-A 转换器输出各种波形，如锯齿波、三角波、方波、正弦波等。

(1) 正向锯齿波的输出。在实际应用中，经常需要用到一个线性增长的电压去控制某一个检测过程，或者作为扫描电压去控制一个电子束的移动。利用 D-A 转换器产生一个锯齿波电压可实现此类控制。

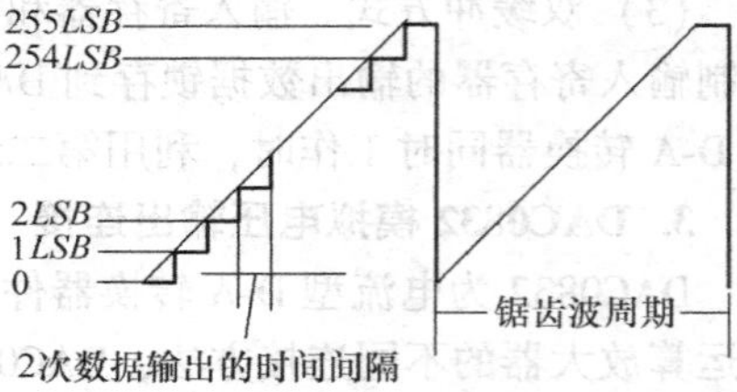

图 10-7　正向锯齿波波形

【例 10-1】 正向锯齿波的波形如图 10-7 所示，编写程序利用图 10-5 所示电路产生正向锯齿波。

解：由图 10-7 可知锯齿波的规律是电压从最小值开始逐渐上升，上升到最大值时，立刻跳变为最小值。产生锯齿波的程序段如下：

```
        MOV DX,PORT          ;PORT 为 D-A 转换器端口地址
        MOV AL,0FFH          ;置初值
ROTAT:INC AL
        OUT DX,AL            ;往 D-A 转换器输出资料
        CALL DELY            ;调用延迟子程序
        JMP ROTAT
DELY:MOV CX,COUNT            ;置延迟常数 COUNT
DELY1:LOOP DELY1
     RET
```

产生的锯齿波从微观上看有 256 个小台阶，这个小台阶的宽度是连续两次数据输出的时间间隔，它可以通过延时程序的 COUNT 值来调节，COUNT 值越小，周期越短，锯齿波的斜率越大。如果对波形的周期有比较精确的要求，可通过定时计数器 8253/8254 产生定时中断请求信号，在中断服务程序中输出数据。如果需要一个负向的锯齿波，只要将指令“INC AL”改成“DEC AL”就可以了。

(2) 三角波的输出。三角波的规律是电压从最小值开始逐渐上升，上升到最大值后，电压开始逐渐下降，下降到最小值后，又开始逐渐上升。

【例 10-2】 编程利用图 10-5 产生如图 10-8 所示的三角波。

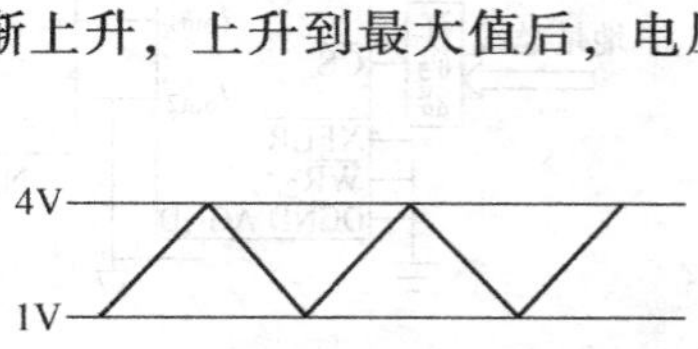

图 10-8　三角波的波形

解：三角波的最小值为 1V，最大值为 4V，根据公式 $V_{out}=-(D/2^8)V_{REF}$，可算出最小数字量 D_{MIN} 和最大数字量 D_{MAX}。

1V 对应的最小数字量 $D_{MIN}=1\times256/5=51=33H$。

4V 对应的最大数字量 $D_{MAX}=4\times256/5=205=0CDH$。

三角波的程序如下：

```
    MOV DX, PORT             ;DAC0832 的端口地址为 PORT
    MOV AL,DMIN              ;从最小值开始输出
    DEC AL
```

```
UP: INC AL                    ;产生上升波形
    OUT DX,AL
    CMP AL,DMAX               ;是否到最大值
    JB UP                     ;还没到最大值,继续上升
DOWN:DEC AL                   ;产生下降波形
    OUT DX,AL
    CMP AL,DMIN               ;判断是否到最小值
    JA DOWN                   ;未到最小值,继续下降
    JMP UP                    ;到最小值后,继续下一个周期
```

(3) 双缓冲控制。DAC0832工作在双缓冲方式，有两个输出端口，往第一个端口输出数据后，数据被锁存在输入寄存器中，往第二个端口输出时，第一次输出的数据进入DAC寄存器转换输出。注意，第二个输出指令只是用来产生$\overline{XFER}$和$\overline{WR_2}$信号，控制第二级锁存，与输出的数据无关。此方式适用于多个D-A转换同步输出的情节。

【例10-3】 如图10-9所示，某控制系统由两个电动机同时控制工作，电动机的工作电压由DAC0832经运算放大器输出来控制。运算放大器N_1的输出V_x控制电动机X的运动，运算放大器N_2的输出V_y控制电动机Y的运动。要求两个电动机同步工作。DAC0832工作在双缓冲方式，DAC0832-1的$\overline{CS}$连接译码器的输出$\overline{Y_0}$，DAC0832-2的$\overline{CS}$连接译码器的输出$\overline{Y_1}$，两个DAC0832的DAC控制端$\overline{XFER}$并联在一起，由译码器的$\overline{Y_2}$控制。3个端口地址分别定义为PORTX、PORTY和PORTCOM。编写两个电动机工作的驱动程序，向X、Y两个电动机输出XDATA、YDATA缓冲区中的数据。

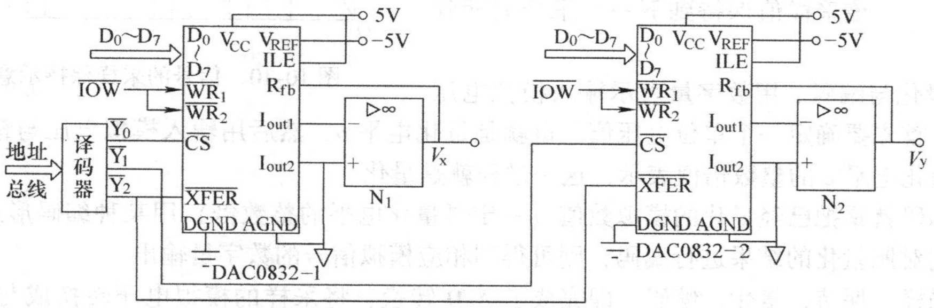

图10-9　双缓冲控制系统原理

控制程序如下：

```
LEA SI,XDATA          ;电动机 X 的控制数据指针→SI
LEA DI,YDATA          ;电动机 Y 的控制数据指针→DI
MOV AL,[SI]
MOV DX,PORTX
OUT DX,AL             ;输出电动机 X 的控制数据,DAC0832 -1 的一级锁存使能
MOV AL,[DI]
MOV DX,PORTY
OUT DX,AL             ;输出电动机 Y 的控制数据,DAC0832 -2 的一级锁存使能
MOV DX,PORTCOM
OUT DX,AL             ;两个 0832 同时开始转换,控制电动机工作,AL 值无关
CALL DELY             ;调延迟子程序,使电动机稳定工作
HLT
```

```
DELY:  ……
       RET
```

10.3 模-数（A-D）转换

10.3.1 模-数转换的原理

1. A-D 转换的一般步骤

A-D 转换将连续变化的模拟信号转换为数字信号，以便计算机进行分析、处理。A-D 转换整个过程通常分 4 步进行：采样→保持→量化→编码。前两步在采样保持电路中完成，后两步在 A-D 转换器中同时实现。

（1）采样和保持。采样是将一个时间上连续变化的模拟量转换为时间上断续变化的（离散的）模拟量。或者说，采样是把一个时间上连续变化的模拟量转换为一个串脉冲，脉冲的幅度取决于输入模拟量，脉冲的周期取决采样频率。根据香农定理可知，采样频率一般要高于或至少等于输入信号的频率的 2 倍。在实际应用中，采样频率可以达到信号最高频率的 4～8 倍。由于 A-D 转换需要一定的时间，对于变化较快的输入模拟信号，在每次采样结束后，应保持采样电压值在一段时间内不变，直到下一次采样开始。这就要在采样基础上加上保持电路，构成采样保持电路。信号的采样保持如图 10-10 所示，每个采样周期对原信号采样一次，该采样值保持到下一个采样周期到来为止。

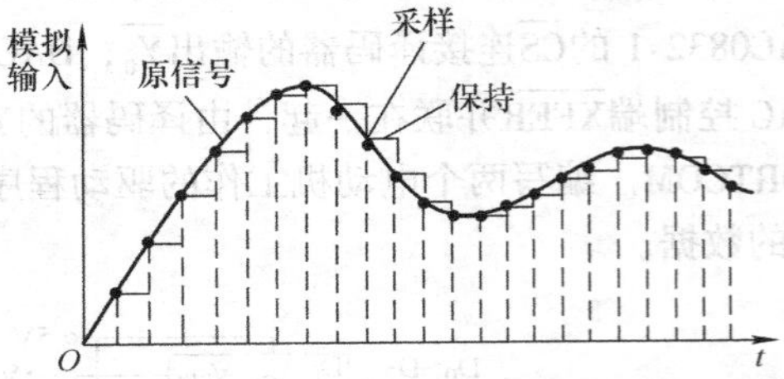

图 10-10　信号的采样保持示意图

（2）量化与编码。用数字量表示输入模拟电压的大小时，首先要确定一个单位电压值，也就是量化电平 q，然后用输入模拟电压与量化电平 q 比较，取量化电平 q 的整数倍值表示，这一过程就是量化。

所谓编码就是把已经量化的模拟数值（一定是量化电平的整数倍）用某种编码形式来表示，即用二进制对照量化的结果进行编码，则可得到相应模拟信号的数字量输出。

经过采样、保持、量化、编码，即完成了 A-D 转换，将采样的模拟电压转换成与之对应的二进制代码。

2. A-D 转换原理

根据 A-D 转换原理可将 A-D 转换器分成两大类：一类是直接型 A-D 转换器，另一类是间接型 A-D 转换器。直接型 A-D 转换器将输入的电压信号直接转换成数字代码，不经过中间任何变量。直接转换法常用的有计数法、逐次逼近法等。间接型 A-D 转换器将输入的电压转变成某种中间变量（时间、频率、脉冲宽度等），然后再将这个中间量变成数字代码输出。间接转换法有双积分法、电压频率转换法等。

（1）逐次逼近式 A-D 转换器

8 位逐次逼近式转换如图 10-11 所示，逐次逼近的转换过程在控制电路的控制下进行。初始化时将逐次逼近寄存器各位清零；转换开始时，先将逐次逼近寄存器最高位 D_7 位置 1，送入 D-A 转换器，经 D-A 转换后生成的模拟量 V_o 送入比较器，与送入比较器的待转换的模拟输入 V_i 进行比较，若 $V_o < V_i$，D_7 位的 1 被保留，否则被清除。然后再置逐次逼近寄存器次高位 D_6 为 1，将寄存器中新的数字量送 D-A 转换器，输出的 V_o 再与 V_i 比较，若 $V_o < V_i$，该位 1 被保留，否则被清除。重复此过程，直至逼近寄存器最低位。转换结束后，将逐次逼近寄存器中的数字量送入输

出锁存器，得到数字量的输出。

这种 A-D 转换器一般速度很快，但精度一般不高，常用的有 ADC0809、ADC0801、ADC0802、AD570 等。

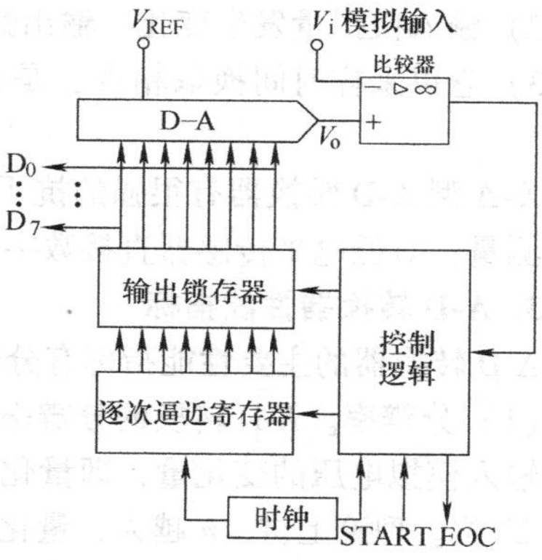

图 10-11 逐次逼近式 A-D 转换原理

（2）双积分式 A-D 转换器。双积分式也称为二重积分式，其结构如图 10-12 所示。这种方式的转换中有两个积分时间：一个是用模拟输入电压对电容积分的时间 T_0，这个时间是固定的；另一个是以电容 C 充电后的电压为初值，对参考电压做反向积分，也就是积分电容被放电至零所需的时间 T_1（或 T_2 等）。模拟输入 V_i 与参考电压 V_{REF} 之比，等于上述两个时间之比，即 $V_i/V_{REF}=T_1/T_0$。由于 V_{REF} 和 T_0 固定，通过测量放电时间 T_1，可求出模拟输入电压大小。在放电期间内由控制逻辑控制计数器对高频时钟进行计数，放电至零时停止计数。计数值就是转换后的数字量，大小与放电时间成正比。

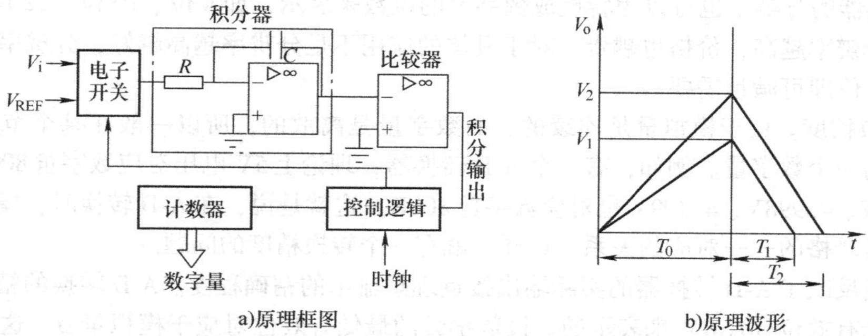

图 10-12 双积分式 A-D 转换原理图

由于双积分式 A-D 转换器是将电压转换成时间，测量输入电压 V_i 在 T_0 时间内的平均值，因此对常态干扰有很强的抑制作用，尤其对正、负波形对称的干扰信号（如交流电干扰信号），抑制效果更好。

双积分式 A-D 转换器不用 D-A 转换器，成本比较低、抗干扰能力强、精度高，但转换速度比较慢。

（3）Σ-Δ 型 A-D 转换器。Σ-Δ（Sigma-delta）型 A-D 转换器是一种高精度转换器，如图 10-13所示，由积分器、比较器和一位 D-A 转换器组成。输入信号 X 与反馈信号 W 反相求和，得到量化的误差信号 B，经积分器积分，输出的信号 C 输入至比较器进行量化，得到 0 和 1 组成的数字序列 D，数字序列 D 又经过一位的 D-A 转换器反馈求和结点，形成闭合的反馈电路。反馈环路将强迫输出数字序列 D 对应的模拟平均值等于输入信号的采样 X 的平均值。数字输出序列 D 就是它对应的数字转换结果。

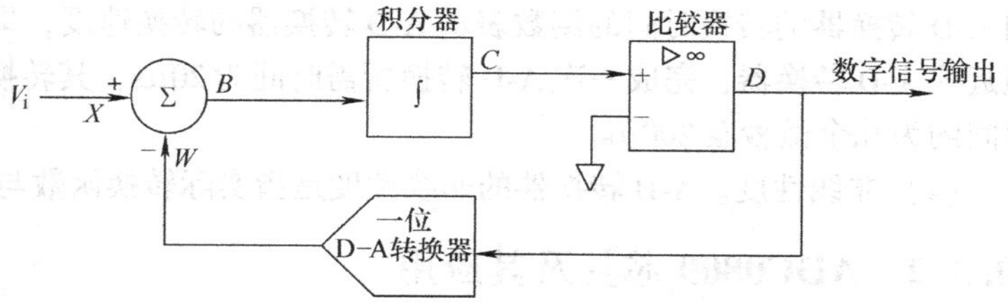

图 10-13 Σ-Δ 型 A-D 转换原理

Σ-Δ 型转换器的主要特点如下：

1）Σ-Δ 型转换器以串行数据流的方式输出结果。

2）输入模拟量发生变化，输出数字流随之发生变化。

3）它以采样时间换取精度，是目前精度最高的一种转换器，大多设计为16位或24位分辨率。

Σ-Δ 型 A-D 转换器有很强的抗干扰能力，转换精度高，常用于高精度仪器、直流和低频信号的测量，对低电平传感器直接数字化和在语音频带中的应用优势明显。

3. A-D 转换器性能指标

A-D 转换器的主要性能指标有分辨率、转换精度、转换时间、非线性度等。

（1）分辨率。A-D 转换的分辨率是能够分辨的最小量化信号的能力，即输出的数字量变化1所需输入模拟电压的变化量，即量化电平值。对于一个 n 位转换的 A-D 转换器来说，它的分辨率为 2^n 位。理论上讲，n 越大，量化电平值越小，分辨率越高。

分辨率是用来描述刻度大小的，相同的电压被分成的刻度数不同，每一个刻度大小也就不同。就像人们用来丈量距离的米尺一样，如果把1m分成100个刻度，则最小单位为厘米；如果分成1000个刻度，则最小单位为毫米。

A-D 转换器的分辨率也可以用转换成数字量的位数来表示，如8位、10位、12位、16位等。位数越多，分辨率越高，价格也越贵。对于具体的应用不是分辨率越高越好，分辨率只要比计算的理论值多1位即可满足需要。

（2）转换精度。由于模拟量是连续的，而数字量是离散的，所以一般在某个范围中的模拟量都对应于同一个数字量。例如，有一个 A-D 转换器，理论上5V电压对应数字量800H，但是实际上，4.997V、4.998V、4.999V 也对应数字量800H。这就是说，在 A-D 转换时，模拟量和数字量之间并不是严格的一一对应的关系。这样，就有一个转换精度的问题。

转换精度反映了 A-D 转换器的实际输出接近理想输出的精确程度。A-D 转换的精度通常是用数字量的最低有效位（*LSB*）来表示的。设数字量的最低有效位对应于模拟量 Δ，这时，称 Δ 为数字量的最低有效位当量。

如果模拟量在 $\pm 1/2\Delta$ 范围内都产生相对应的唯一数字量，那么，这个 A-D 转换器的精度为 $\pm 0LSB$。如果模拟量在 $\pm 3/4\Delta$ 范围内都产生相同的数字量，那么这个 A-D 转换器的精度为 $\pm 1/4LSB$。这是因为和精度为 $\pm 0LSB$（误差范围在 $\pm 1/2\Delta$）的 A-D 转换器相比，现在这个 A-D 转换器的误差范围扩大了 $\pm 1/4\Delta$。同样，如果模拟量在 $\pm\Delta$ 范围内都产生相同的数字量，那么这个 A-D 转换器的精度为 $\pm 1/2LSB$。

（3）转换时间和转换率。完成1次 A-D 转换所需要的时间，称为 A-D 转换器的转换时间。用 A-D 转换器的转换时间的倒数表示 A-D 转换器的转换速度，即转换率，例如，一个12位逐次逼近式 A-D 转换器，完成一次 A-D 转换所需时间为20μs，其转换率为50kHz。A-D 转换器的转换时间约为几个微秒至200μs。

（4）非线性度。A-D 转换器的非线性度是指实际转换函数与理想直线的最大偏移。

10.3.2 ADC0809 芯片及其应用

ADC0809 是美国国家半导体公司生产的 CMOS 工艺8通道、8位逐次逼近式 A-D 转换器，其内部有一个8通道多路开关，可以根据地址码锁存译码后的信号，选通8路模拟输入信号中的一个进行 A-D 转换。它的转换精度和转换时间都不是很高，但其性价比高，是目前国内应用最广泛的8位通用 A-D 转换器芯片之一。

1. 主要特性

1）8 路输入通道，8 位 A-D 转换器，即分辨率为 8 位。

2）具有启动转换控制端。

3）转换时间为 100μs（时钟为 640kHz 时），130μs（时钟为 500kHz 时）。

4）单个 5V 电源供电。

5）模拟输入电压范围 0～5V，不需零点和满刻度校准。

6）工作温度范围为 -40～85℃。

7）低功耗，约 15mW。

2. 内部结构及外部特性

ADC0809 是单片型逐次逼近式 A-D 转换器，内部结构如图 10-14a 所示，由 8 路通道选择开关、地址锁存与译码器、比较器、8 位开关树形 D-A 转换器、逐次逼近寄存器、定时和控制电路组成。

ADC0809 芯片有 28 条引脚，采用双列直插式封装，如图 10-14b 所示。

IN_0～IN_7：8 路模拟量输入端。

D_7～D_0：8 位数字量输出端。

ADDA、ADDB、ADDC：3 位地址输入端，用于选通 8 路模拟输入中的一路。

ALE：地址锁存允许信号，输入。该信号的上升沿把 3 个地址输入信号锁存到多路开关地址锁存器中。

START：A-D 转换启动脉冲信号，输入。输入一个正脉冲（至少 100ns 宽）使其启动，脉冲上升沿使 ADC0809 复位，下降沿启动 A-D 转换。

EOC：A-D 转换结束信号，输出。A-D 转换期间 EOC 信号一直为低电平。当转换结束时，输出高电平。

OE：数据输出允许信号，输入，高电平有效。当 A-D 转换结束时，OE 输入高电平有效控制三态锁存缓冲器，输出数字量。

CLK：时钟脉冲输入端。要求时钟频率不高于 640kHz。

$V_{REF(+)}$、$V_{REF(-)}$：基准电压输入端。$V_{REF(+)}$ 通常与 V_{CC} 相连，$V_{REF(-)}$ 与 GND 相连。

V_{CC}：电源输入，5V。

GND：地。

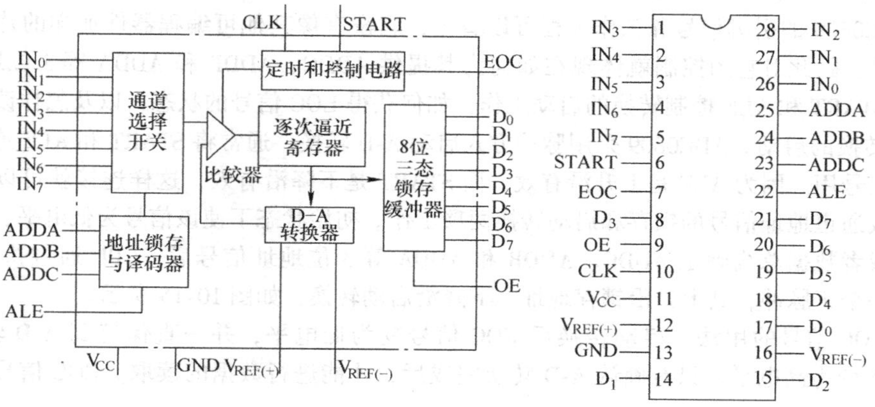

a) 内部结构　　b)引脚排列

图 10-14　ADC0809 内部结构及引脚排列

3. ADC0809 的工作过程

ADC0809 的工作时序如图 10-15 所示。

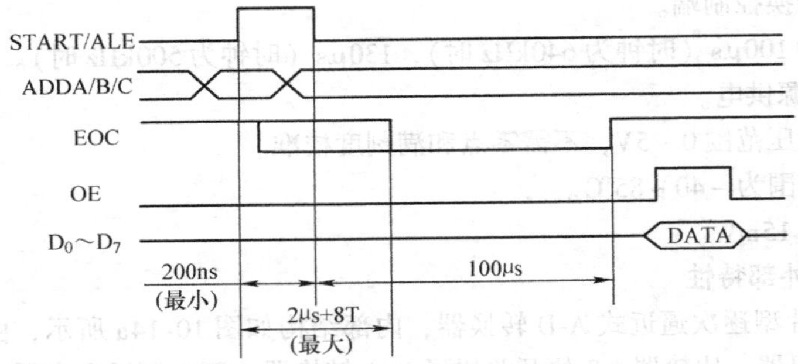

图 10-15　ADC0809 的工作时序

1）CPU 首先发出 3 位通道地址信号 ADDC、ADDB、ADDA。

2）并使 ALE＝1，将地址存入地址锁存器中。此地址经译码选通 8 路模拟输入之一到比较器。

3）START 上升沿将逐次逼近寄存器复位。下降沿启动 A-D 转换，之后 EOC 输出信号变低，指示转换正在进行。

4）转换开始后，EOC 信号一直保持为低电平；A-D 转换完成，EOC 变为高电平，指示 A-D 转换结束，转换得到的数字量被存入锁存器。

5）CPU 检测到 EOC 信号后，使 OE 为高电平，输出锁存器的三态门打开，转换得到的数字量输出到数据总线上。

4. ADC0809 的数字量转换公式

ADC0809 的转换公式如下：

$$N=\frac{V_i-V_{REF(-)}}{V_{REF(+)}-V_{REF(-)}}\times 2^8 \tag{10-1}$$

当基准电压 $V_{REF(+)}=5V$，$V_{REF(-)}=0V$，输入模拟电压 $V_i=2.0V$。根据式（10-1）得

$$N=[(2.0-0)/(5-0)]\times 256=102.4\approx 102=66H$$

5. ADC0809 与系统的连接方式

从 ADC0809 的引脚信号和工作过程可以看出，它没有像其他可编程器件那样的片选控制端和读写信号，因此对它的控制就体现在如何为其提供 ADDC、ADDB 和 ADDA 等 3 位地址信号，如何产生 START 和 ALE 控制转换的启动工作，如何获得 EOC 信号的状态，以及怎样读取数据。

（1）转换的启动。ADC0809 采用脉冲方式启动 A-D 转换。通常将 START 和 ALE 连接在一起当作一个信号用。因为 ALE 是上升沿有效，而 START 是下降沿有效，这样连接就可以用一个正脉冲来完成通道地址信号的锁存和启动转换两项工作。初始状态下使该信号为低电平，通过 CPU 地址总线或者数据总线确定 ADDC、ADDB 和 ADDA 等 3 位地址信号后，CPU 通过执行 OUT 指令，产生一个正脉冲，其上升沿锁存地址，下降沿启动转换，如图 10-15 所示。

（2）EOC 信号的用法。启动转换后 EOC 信号变为低电平，并一直保持到 A-D 转换完毕，EOC 信号才变为高电平。只有确认 A-D 转换完成后，才能进行数据的读取。EOC 信号有如下几种用法：

1）EOC 信号悬空，采用定时传送方式。对于一种 A-D 转换器来说，转换时间作为一项技术指标是已知和固定的。例如，当 ADC0809 的时钟为 640kHz 时，转换时间为 100μs；时钟为

500kHz 时转换时间为 130μs。可据此设计一个延时时间超过转换周期的子程序，A-D 转换启动后即调用此子程序，延迟时间一到，转换肯定已经完成，即可进行数据传送。这种方法硬件电路简单。

2）查询方式。可将 EOC 信号作为状态信号，通过三态缓冲器与 CPU 相连。CPU 用查询方式测试 EOC 的状态，EOC 信号的状态变成“1”之后，可进行数据传送。

3）中断方式。把 EOC 作为中断请求信号，连接到中断控制器 8259A 的中断请求输入端，当 EOC 信号从低电平变成高电平时，就产生了中断请求。CPU 收到请求信号后，在中断服务程序中读取转换结果。

4）DMA 方式。把 EOC 信号作为 DMA 请求信号，当 EOC 信号从低电平变成高电平时，就产生了 DMA 请求，DMA 控制器控制总线从 ADC0809 中读出转换结果，直接保存在存储器中。

（3）数据的读取。ADC0809 具有三态可控的输出端口，它既可以直接与微处理器的数据总线相连，也可以通过某一并行接口和微处理器相连。只要确定 ADC0809 转换完成，使 OE 信号有效，ADC0809 的转换结果就可输出到数据总线，供 CPU 读出。

6. ADC0809 接口技术

ADC0809 芯片可以通过简单 I/O 接口与 CPU 总线相连，也可以通过并行接口芯片与 CPU 相连。下面通过几个例子来详细介绍 ADC0809 的连接与编程方法。

（1）ADC0809 通过简单 I/O 接口与 CPU 相连，以查询方式进行传送。

ADC0809 内部有缓冲功能，它作为输入设备时，数据线可以直接与 8088 处理器的数据总线相连，如图 10-16 所示。图中 ADC0809 的转换结束信号 EOC 作为状态信号供 CPU 查询，该状态信号通过一个三态缓冲器与 D_5 位数据线相连。地址译码器有两组地址输出，一组为 300H ~ 307H，作为数据端口地址；另一组为 310H ~317H，作为状态端口。当启动 ADC0809 转换时，数据端口地址与 $\overline{WR}$ 信号组合产生 START 和 ALE 信号，地址的低 3 位确定需要转换的通道；读取转换结果时，数据端口地址与 $\overline{RD}$ 信号组合产生 OE 信号，此时地址的低 3 位值可以任意。CPU 在对某一通道启动转换后，通过读状态端口可得到 EOC 信号的状态。如果 EOC 信号为 1，表明数据转换完毕，数据端口读出数据。

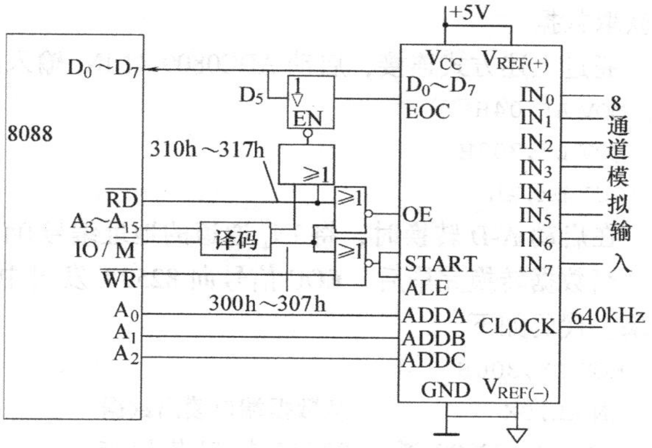

图 10-16 ADC0809 与 CPU 总线直接相连查询方式传送原理

【例 10-4】根据图 10-16 所示电路，编写程序将 IN_0 ~ IN_7 这 8 个模拟输入信号转换成数字信号存放到缓冲区 BUF 中。

解：汇编语言程序段如下：

```
BUF  DB  8  DUP  (0)        ;存放 8 个数字信号的缓冲区
;代码段核心程序
          LEA DI,BUF        ;取缓冲器首地址
          MOV CX,8
          MOV DX,300H       ;从 IN0 开始转换
CONVERT:  OUT DX,AL         ;启动转换
          PUSH DX
          MOV DX,310H
```

```
STATE:IN AL,DX          ;读 EOC 信号的状态
      TEST AL,20H       ;测试 EOC(D5)是否为 1
      JZ STATE          ;EOC 为 0,继续查询等待
      POP DX            ;EOC 为 1,读转换结果保存在缓冲器中
      IN AL,DX
      MOV[DI],AL
      INC DX            ;DX 指向下一个模拟通道
      INC DI
      LOOP CONVERT
```

（2）ADC0809 通过简单 I/O 接口与 CPU 相连，以中断方式进行传送。

ADC-0809 的 3 根地址信号除了可以和 CPU 的地址信号相连，也可以和 CPU 的数据总线相连，启动时把通道编号从数据线上输出即可。如图 10-17 所示，ADC-0809 的 $D_0 \sim D_7$ 与 8086 处理器的 $D_0 \sim D_7$ 相连，所以地址信号 A_0 必须为 0。8086-CPU 的 $D_2 \sim D_0$ 与 ADC-0809 的 ADDC、ADDB 和 ADDA 这 3 根地址信号相连。$A_0 \sim A_{15}$ 和 $M/\overline{IQ}$ 通过地址译码器进行译码后数据端口地址为 300H。EOC 信号连接到 8259A 的 IR_2 上，CPU 以中断方式获取数据。

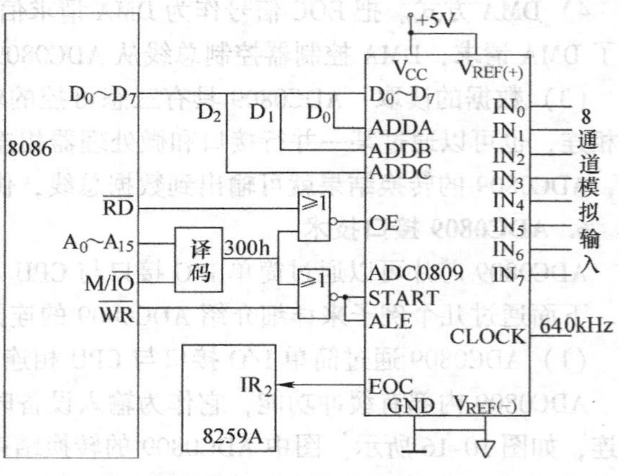

图 10-17　ADC0809 与 CPU 总线直接相连中断方式传送原理

通过上述方式连接，启动 ADC0809 对 IN_4 输入的模拟量转换的代码如下：

```
MOV AL,04H
MOV DX,300H
OUT DX,AL
```

在启动 A-D 转换时，将 IN_4 通道的地址编号 04H 作为数据从数据线上输出。

当数据转换完毕后，EOC 信号向 8259A 发出中断请求信号，在中断服务程序中，读取转换结果。代码如下：

```
MOV DX,300H
IN AL,DX                ;从数据端口读出数据
```

（3）ADC0809 通过 8255A 接口芯片与 CPU 相连。

如图 10-18 所示，ADC-0809 通过 8255A 与 8088CPU 相连。8555A 的端口 A 工作在方式 1，以中断方式输入数据。ADC-0809 的 3 个地址信号由 8255A 的 $PB_2 \sim PB_0$ 来提供；START 和 ALE 信号由 PC_0 来提供；OE 信号接 5V，输出允许。ADC-0809 启动转换后，EOC 信号为低电平，转换结束后变为高电平。利用 EOC 从低到高的跳变，通过一个单稳电路产生 8255A 的输入选通信号 $\overline{STB}$，在 8255A 的 $INTE_A = 1$ 中断允许的情

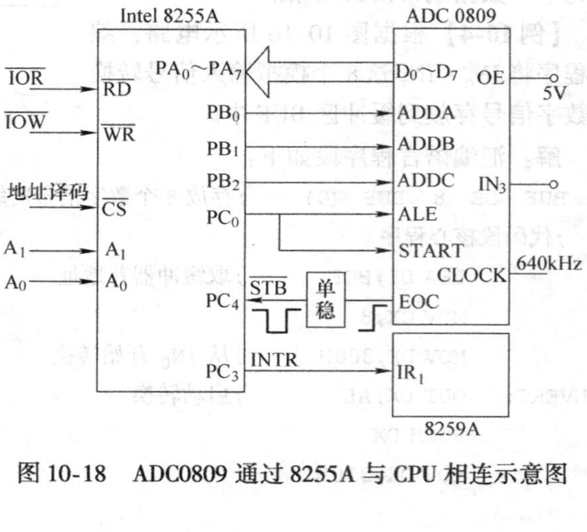

图 10-18　ADC0809 通过 8255A 与 CPU 相连示意图

况下，8255A 的 PC_3 会产生中断请求信号向 8259A 申请中断。假设 8255A 的端口地址为 200H ~ 203H，8259A 的端口地址为 80H 和 81H。8259A 工作在单片、边沿触发、普通全嵌套方式、一般中断结束方式，中断类型号为 50H ~ 57H。由图 10-18 可知，该中断的类型号为 51H。

【例 10-5】 根据图 10-18 所示电路，编写程序以中断方式对 IN_3 输入的模拟信号连续采样 50 次，并将结果保存在 BUF 中。

解：该程序分为主程序和中断服务程序两部分。主程序完成初始化工作后，启动第一次 A-D 转换，然后等待所有 50 次采样结束。中断服务程序从数据端口读出一次采样后的数据将其保存在存储器后，启动下一次转换，直到全部转换完毕。主程序中与中断相关的初始化代码见 7.4 节中断应用举例。这里主要给出 8255A 控制采样的相关程序段。主要程序代码如下：

```
;数据段定义
    DONE        DW  0           ;中断完成标志
    POINT       DW  0           ;缓冲区地址指针
    COUNT       DB  0           ;采样计数器,50 次采样结束
    BUF         DB  50 DUP (0)
;代码段
;中断向量表初始化和 8259A 初始化(省略,参见第 7 章中断实例)
;8255A 初始化
    MOV AL,10110000B        ;端口 A 方式 1 输入,端口 B 方式 0 输出,端口 C 输出
    MOV DX,203H
    OUT DX,AL
    MOV AL,00001001B        ;8255A 的 INTE_A =1,允许端口 A 中断方式输入
    OUT DX,AL
    MOV AL,00000000B        ;PC_0 =0,ADC0809 启动信号无效
    OUT DX,AL
    MOV DX,201H             ;输出 3 号通道的地址给 ADC0809
    MOV AL,03H
    OUT DX,AL
;中断服务程序初始化
    MOV DONE,0              ;完成标志清“0”
    MOV POINT,0             ;缓冲区指针设置为“0”
    MOV COUNT,0             ;采样次数设置为“0”
    IN AL,81H               ;设置 8259A 的 IR_1 的中断允许位
    AND AL,11111101B
    OUT 81H,AL
    STI
    ;启动对 IN_3 的转换
    MOV AL,01H              ;通过 PC_0 产生正脉冲信号,启动转换
    MOV DX,203H
    OUT DX,AL
    DEC AL
    OUT DX,AL
WAIT:CMP DONE,1             ;DONE =1 表示所有中断完成
    JNZ WAIT
    MOV DX,203H
```

```
    MOV AL,00001000B            ;INTEA=0,禁止 8255A 中断
    OUT DX,AL
    IN AL,81H                   ;设置 IR1 的中断屏蔽位
    OR AL,00000010B
    OUT 81H,AL
    MOV AX,4C00H                ;返回 DOS
    INT 21H
;中断服务子程序
  ADCPROC PROC  FAR
    ;保护现场(省略)
    STI;                        开中断,允许中断嵌套
    MOV AX,SEG DONE
    MOV DS,AX
    MOV BX,POINT
    MOV DX,200H                 ;从 8255A 的端口 A 读入一个数据
    IN AL,DX
    MOV BUF[BX],AL
    INC POINT
    INC COUNT
    CMP COUNT,50                ;判断是否已经采样 50 次
    JNZ NEXT
    MOV DONE,1                  ;已经采样 50 次,置结束标志
    JMP EXIT
NEXT:MOV AL,01H                 ;采样次数小于 50 次,启动下一次转换
    MOV DX,203H
    OUT DX,AL
    DEC AL
    OUT DX,AL
EXIT:CLI                        ;关中断,准备返回
    MOV AL,20H                  ;发送 EOI 命令
    OUT 80H,AL
    ;恢复现场(省略)
    IRET                        ;中断返回
ADCPROC  ENDP
```

习　　题

10-1　什么是 A-D 和 D-A?

10-2　一个典型的闭环控制系统由哪些部分组成?

10-3　一个 8 位的 D-A 转换器的满量程（对应数字量为 255）为 10V。分别确定模拟量 3V 和 7V 所对应的数字量。

10-4　根据图 10-5 所示的 DAC0832 单极性电压输出电路，编写输出负向锯齿波的程序，其中锯齿波的最大电压为 4.5V，最小电压为 1.5V。

10-5　简述逐次逼近式 A-D 转换器的工作原理。

10-6　同时使用 A-D 和 D-A 转换器的系统中，地线连接时应注意什么?

10-7 已知 A-D 转换器的满刻度输入电压为 10V，分别计算 8 位、12 位和 16 位时，最小有效位的量化单位各位多少？

10-8 A-D 转换器与 CPU 之间采用查询方式和采用中断方式时，各有什么特点？

10-9 图 10-18 所示的接口电路中，将 8255A 的端口 A 的工作方式改为方式 0 输入，EOC 信号作为状态信号来使用。修改电路，并编写程序将 $IN_0 \sim IN_7$ 这 8 路模拟信号转换为数字信号保存在缓冲区 BUF 中。

第 11 章　微型计算机总线技术

【本章提要】

本章主要介绍总线的概念、特点、性能指标、总线分类、总线仲裁和现代微型计算机的典型总线结构形式，重点介绍几种典型的总线标准，包括 ISA、PCI、PCI-Express、USB、SPI 和 I^2C。

【学习目标】

- 掌握总线的结构和特点，了解总线的性能指标和分类，了解现代微型计算机的总线结构形式。
- 了解并行总线标准 ISA、PCI 以及串行总线标准 PCI-Express、USB、SPI 和 I^2C。

11.1　总线概述

计算机的硬件系统由多个功能各不相同的硬件模块构成，那它们之间如何连接、进行信息交换呢？在计算机发展的早期阶段，每一对需要进行通信的硬件模块都通过专门的信号线连接起来，没有任何的标准，使得连接方式非常复杂，不利于硬件的扩充。例如，世界上诞生的第一台计算机 ENIAC 就采用这种专用连接方式。随着技术的发展，计算机的各组成模块之间开始采用总线连接形式，如图 11-1 所示，具有扩展灵活的优点。总线就是被多个部件分时共享的一组信号传输线及相关逻辑电路的总称。

最初的总线结构形式是单总线结构，即全部的硬件模块都连接在唯一的一组总线上，结构简单。由于总线所连接的各个模块的工作速度差别较大，因此采用单总线结构形式还是不能提高整机的数据吞吐量。总线结构形式也在不断地发展演变，先后出现了单总线结构、双总线结构和多总线结构形式，现代微型计算机中对总线技术的运用更是达到了炉火纯青的程度。图 11-2 是非常典型的现代微型计算机总线结构形式。

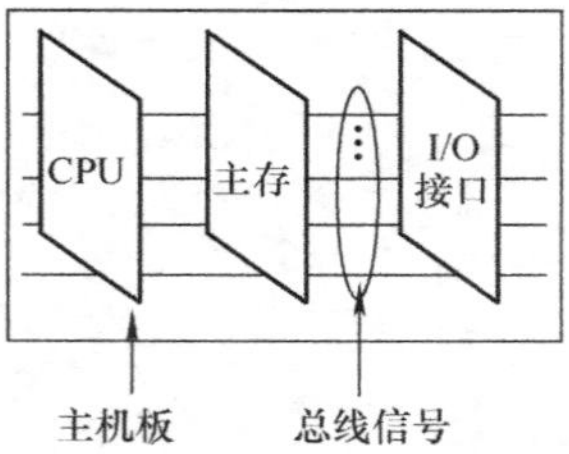

图 11-1　计算机总线结构示意图

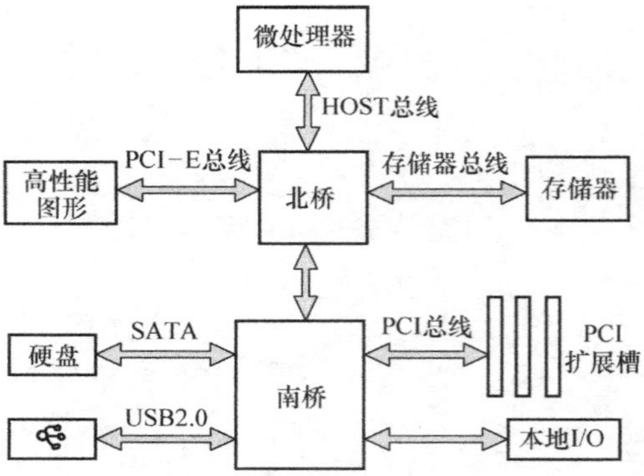

图 11-2　现代微型计算机的典型总线结构形式

在现代微型计算机的主机板上有两个非常重要的高度集成电路，它们被称为“北桥芯片组”和“南桥芯片组”，它们的一个重要作用就是形成、管理计算机中多种速度各异的总线信号。不同速度的硬件模块挂接在不同类型的总线上，而且多对硬件模块可以通过各自所连接的总线同时进行信息传输，能够极大地提高微型计算机整机的数据吞吐量。

采用总线结构形式，对于微型计算机的设计、生产、使用和维护都有很多优越性，概括起来包括以下几点：

1）便于采用模块化设计方法，简化了系统设计。

2）总线形成标准后可得到多厂商的广泛支持，便于生产与之兼容的硬件板卡和软件。

3）模块化结构方式便于系统的扩充和升级。

4）便于故障诊断和维修，同时也降低了成本。

11.1.1 总线的性能指标

通过总线的性能指标可以衡量不同总线标准的性能优劣。总线的性能指标体现在多个方面，下面有选择地介绍其中5个。

1. 总线宽度

总线宽度指的是总线中数据信号线的数量，用位（bit）表示，总线宽度有8bit、16bit、32bit和64bit等。显然，总线宽度越大，能够同时传送的二进制信息位数越多。

2. 总线频率

总线频率指总线时钟信号的工作频率，单位为赫兹（Hz）。时钟是总线中各种信号的定时标准。一般来说，总线时钟频率越高，其单位时间内数据传输量越大，但不完全成正比例关系。

3. 最大数据传输速率

最大数据传输速率是指通过总线每秒钟能够传输的最大信息量，单位为字节/秒（B/s）或者位/秒（bit/s），即每秒多少字节或每秒多少二进制位。最大数据传输速率有理论值和实际值之分，实际的最大数据传输速率通常也被称为吞吐量（Throughput）。

【例11-1】 在某总线系统中，总线宽度为32bit，总线频率为33MHz，在每个时钟信号的上升沿都可以完成一次数据传输，计算该总线的数据传输速率。

解：数据传输速率 $=32\times33\times10^6\div8\text{B/s}=132\times10^6\text{B/s}$

思考：如果总线宽度提高为64bit，总线频率不变，在每个时钟信号的上升沿和下降沿都可以完成一次数据传输，重新计算总线的数据传输速率。

4. 信号线数

信号线数是总线中信号线的总数，包括数据信号线、地址信号线和控制信号线等。信号线数与性能不成正比，但可以反映总线的复杂程度。

5. 负载能力

负载能力是总线带负载的能力，也称驱动能力，是指总线连接负载后总线输入、输出的逻辑电平能够保持在额定范围之内。总线的负载能力可直接由它所能连接的最大设备数反映。

除上述性能指标外，总线时序类型、仲裁方式等也是衡量总线性能的指标。表11-1中给出了几种典型总线的性能指标。

表11-1 几种典型总线的性能指标

总线名称	ISA	EISA	MCA	PCI	PCI Express	FutureBus +
适用机型	80286/386/486系列机	386/486/586系列机、IBM系列机	IBM个人机与工作站	Pentium系列机、PowerPC Alpha工作站	Pentium4系列机、AMD64系列机	多处理机系统
串/并类型	并	并	并	并	串	并

（续）

总线名称	ISA	EISA	MCA	PCI	PCI Express	FutureBus +
总线宽度	16 位	32 位	32 位	32 位	1 位/差分	64/128/256
地址宽度	24 位	32 位	32 位	32/64 位		64
信号线数	98	143	109	120	36	
总线频率/MHz	8	8.33	10	33		
最大传输速率	15Mb/s	33Mb/s	40Mb/s	133Mb/s	双向 500MB/s	3.2GB/s
时序控制方式	准同步	同步	同步	同步	同步	异步
64 位扩展能力	不可以	无规定	可以	可以		
负载能力	8	6	无限制	3	点对点	
并发工作				可以	全双工	
引脚复用	非	非	非	复用	非	

11.1.2 总线的分类

微型计算机系统中有各种各样的总线，可以从不同的层次和角度对它们进行分类。

1. 按照信息传送方式

总线可分为并行总线和串行总线。并行总线是指总线中的数据总线有多根，它们可以同时传送数据的各个二进制位；串行总线是指总线中的数据总线只有一根或一对（差分形式），要传送的数据的各个二进制位先后沿着唯一的数据线串行传输。

并行总线结构较复杂，需要的信号线较多。按照信号线传送的信号类型，可将并行总线的信号细分为三组子总线，分别是地址总线（Address Bus）、数据总线（Data Bus）和控制总线（Control Bus）。地址总线用于传送存储器中的存储单元或者接口电路中的端口的地址信息；数据总线用于传送数据信息；控制总线用于传送各类控制信号，如读信号（$\overline{RD}$）、写信号（$\overline{WR}$）、中断请求信号（INTR）、中断应答信号（$\overline{INTA}$）、总线使用请求信号（HOLD）、总线使用应答信号（HLDA）、就绪信号（READY）等。

串行总线结构简单，而且没有地址总线和数据总线之分，地址信息和数据信息都是通过数据信号线进行传输。

2. 按照总线的时序控制方式

总线可分为同步总线、异步总线和准同步总线。这种分类方法体现了总线上信号的定时方式。

3. 按照总线在系统中所处的层次、地位

总线可分为片内总线、系统总线和外总线。

（1）片内总线。集成电路芯片内部用来连接各个主要组成部分的总线被称为片内总线。如中央处理器（CPU）内部通过内部总线将寄存器、算术逻辑单元（ALU）等连接起来。

（2）系统总线。系统总线指的是连接计算机系统中 CPU、主存、I/O 设备（通过 I/O 接口电路）等各大部件的总线。因为这些部件一般安装在主板或者多个插件板上，所以系统总线通常又被称为板级总线或板间总线。

（3）局部总线。局部总线是指来自 CPU 的延伸线路，与处理器同步操作，但不受制于处理器。外部设备直接挂接到局部总线，就能以 CPU 的速度运行。PCI 总线就是一种非常先进的局部总线。

（4）外总线。外总线是用于在计算机系统与计算机系统之间或者计算机系统与其他系统

（如测控系统、移动通信系统等）之间进行通信的总线，外总线也通常被称为通信总线。例如，可以通过 Ethernet 总线将多个计算机系统连接成一个计算机网络；通过 RS-485 总线实现多个计算机系统间的串行数据通信等。

11.1.3 总线标准化

20 世纪 70 年代末，为了使系统设计简化，模块生产批量化，确保性能稳定、质量可靠、便于维护等，各大生产厂家开始研究如何使总线建立标准，在总线的统一标准下，完成系统设计、模块制作，从而解决系统、模块、设备与总线之间不适应、不通用、不匹配等问题。

所谓总线标准，可看作是系统与系统、模块与模块之间的一个互联的标准界面。这个界面对相应总线两端所连接的系统或者硬件模块都是透明的，任一方只需要根据总线标准设计自身的功能而无需考虑对方与总线的连接要求。

随着计算机技术的不断发展，对总线标准的需求日益剧增，许多厂家都采用了开放式策略，明确定义并公开各自的总线标准，使其他生产商也能按照此标准生产各种配套产品，或者由多个厂家联合起来推出他们的总线标准。如果某种总线标准能够得到社会较大程度的认同，并由 IEEE（美国电气电子工程师协会）等国际性组织进行标准化并予以推荐，将会在很大程度上促进该总线标准的发展和应用。

典型的总线标准有 ISA（Industrial Standard Architecture）总线标准、EISA（Extended Industrial Standard Architecture）总线标准、VESA（Video Electronics Standard Association，视频电子标准协会）总线标准、PCI（Peripheral Component Interconnect）总线标准、AGP（Accelerated Graphics Port，加速图形接口）总线标准、PCI Express 总线标准和 FutureBus + 总线标准等。

11.2 ISA 总线

ISA 总线最初是 IBM 公司为推出基于 Intel 80286 中央处理器的计算机系统而采用的总线标准。因为当时的硬件结构并不复杂，所以将 CPU、主存、各种 I/O 接口电路等通过一组 ISA 总线连接在一块，属于单总线结构形式。

ISA 总线的特点主要体现在以下几个方面：

1）具有 24 位地址线。

2）具有 16 位数据线。

3）总线频率为 8MHz，最大数据传输速率为 16MB/s。

4）具有 12 个外部中断请求信号和 7 个 DMA 通道。

ISA 总线信号分为 4 组，A、B 组各包含 31 个信号，C、D 组各包含 18 个信号，因此 ISA 总线中共有 98 个信号，见表 11-2。

各信号的含义介绍如下：

$A_{23} \sim A_0$：24 根地址线。

$D_{15} \sim D_0$：16 根数据线。

CLK：时钟信号线。

RESET RDY：复位信号，用来复位各逻辑单元。

$\overline{\text{I/O CH RDY}}$：I/O 通道就绪信号，慢速的外围设备可通过此信号来延长总线周期。

$\overline{\text{I/OCHCK}}$：I/O 通道检查信号，该信号有效时表示 I/O 通道上发生校验错误。

BALE：地址锁存使能信号，下降沿锁存微处理器送出的地址信息。

表 11-2 ISA 总线接口信号

引脚	信号名称	引脚	信号名称	引脚	信号名称	引脚	信号名称
B1	GND	B26	$\overline{\text{DACK2}}$	A1	$\overline{\text{I/OCHCK}}$	A26	A5
B2	RESET RDY	B27	T/C	A2	D7	A27	A4
B3	+5V	B28	BALE	A3	D6	A28	A3
B4	IRQ9	B29	+5V	A4	D5	A29	A2
B5	−5V	B30	OSW	A5	D4	A30	A1
B6	DRQ2	B31	GND	A6	D3	A31	A0
B7	−12V	D1	$\overline{\text{MEM16}}$	A7	D2	C1	SBHE
B8	OWS	D2	$\overline{\text{IO16}}$	A8	D1	C2	A23
B9	+12V	D3	IRQ10	A9	D0	C3	A22
B10	GND	D4	IRQ11	A10	I/O CH RDY	C4	A21
B11	$\overline{\text{MEMW}}$	D5	IRQ12	A11	AEN	C5	A20
B12	$\overline{\text{MEMR}}$	D6	IRQ15	A12	A19	C6	A19
B13	$\overline{\text{IOW}}$	D7	IRQ14	A13	A18	C7	A18
B14	$\overline{\text{IOR}}$	D8	$\overline{\text{DACK0}}$	A14	A17	C8	A17
B15	$\overline{\text{DACK3}}$	D9	DRQ0	A15	A16	C9	$\overline{\text{MEMW}}$
B16	DRQ3	D10	$\overline{\text{DACK5}}$	A16	A15	C10	$\overline{\text{MEMR}}$
B17	$\overline{\text{DACK1}}$	D11	DRQ5	A17	A14	C11	D8
B18	DRQ1	D12	$\overline{\text{DACK6}}$	A18	A13	C12	D9
B19	$\overline{\text{REFRESH}}$	D13	DRQ6	A19	A12	C13	D10
B20	CLK	D14	$\overline{\text{DACK7}}$	A20	A11	C14	D11
B21	IRQ7	D15	DRQ7	A21	A10	C15	D12
B22	IRQ6	D16	+5V	A22	A9	C16	D13
B23	IRQ5	D17	$\overline{\text{MASTER16}}$	A23	A8	C17	D14
B24	IRQ4	D18	GND	A24	A7	C18	D15
B25	IRQ3			A25	A6		

IRQ3 ~ IRQ7、IRQ9 ~ IRQ12、IRQ14 ~ IRQ15：16 个外部可屏蔽中断请求输入信号。

$\overline{\text{IOR}}$：I/O 读取命令。

$\overline{\text{IOW}}$：I/O 写入命令。

$\overline{\text{MEMR}}$：主存储器读取命令。

$\overline{\text{MEMW}}$：主存储器写入命令。

AEN：地址锁存允许信号，由 DMA 控制器发出。为高电平表示正在进行 DMA 周期。

T/C：结束计数信号，由 DMA 控制器发出，为高电平表示规定个数的数据传送结束。

DRQ0 ~ DRQ3、DRQ5 ~ DRQ7：7 个 DMA 请求信号，传送外设向 DMA 控制器发送的 DMA 传送请求。

$\overline{\text{DACK0}}$ ~ $\overline{\text{DACK3}}$、$\overline{\text{DACK5}}$ ~ $\overline{\text{DACK7}}$：7 个 DMA 应答信号，传送 DMA 控制器向外设发回的 DMA 传送请求应答信号。

$\overline{\text{SBHE}}$：系统总线高电平使能信号，当有 16 位数据需要传送时，此信号为高电平。

$\overline{MEM16}$：16位主存芯片选择信号，当主存进行16位数据传输时，该信号为低电平有效。

$\overline{IO16}$：16位输入/输出芯片选择信号，当输入/输出芯片进行16位数据传输时，该信号为低电平有效。

$\overline{OWS}$：零等待状态信号，为低电平时表示总线周期不需要插入等待状态。

$\overline{MASTER16}$：扩展总线上的主线信号，当ISA中的扩展总线需要连接微处理器时有效。

$\overline{REFRESH}$：动态存储器刷新信号。

11.3 PCI总线

进入20世纪90年代以来，随着图形处理技术和多媒体技术的广泛应用，以及Pentium处理器的面世和新一代视窗操作系统的诞生，计算机系统对总线的性能提出了更高的要求，这就是PCI总线标准产生的背景。

1. PCI总线的特点

自从1992年推出标准后，PCI总线在个人计算机与服务器领域就得到了较好的推广应用。在20世纪90年代中期开始的十多年间，作为一种先进的局部总线，PCI在计算机局部总线结构中占据了统治地位。PCI总线主要有以下性能特点：

1）是一种开放的，不依赖于任何微处理器的局部总线标准，具有高度兼容性。

2）可工作在“32bit@33MHz”和“64bit@66MHz”两种模式，最高数据传输速率分别为132MB/s和528MB/s。

3）采用同步时序控制，支持猝发式数据传输。

4）多主能力，支持任何PCI主设备和从设备之间点对点的访问。

5）采用隐式集中仲裁方式，每个主设备都通过一对单独的信号线向总线仲裁逻辑提交总线请求和接收总线允许信号。隐式仲裁的含义是在总线进行数据传送时进行总线仲裁，因此不会浪费总线周期。

6）具有即插即用（Plug and Play，PnP）特性，支持设备自动配置，扩展灵活。

7）提供地址和数据信息的奇偶校验功能，保证信息的准确性。

8）采用地址/数据信号多路复用技术，减少了信号线的数量，降低部件制造成本。

PCI标准支持多总线结构。图11-3中存在着3种不同的总线：系统总线通过PCI桥生成PCI总线连接各种高速设备，再经过标准总线控制器生成ISA、EISA等标准总线连接低速设备。一组PCI总线理论上最多只能连接3个设备，可以通过PCI-PCI桥生成多级PCI总线连接更多的设备。

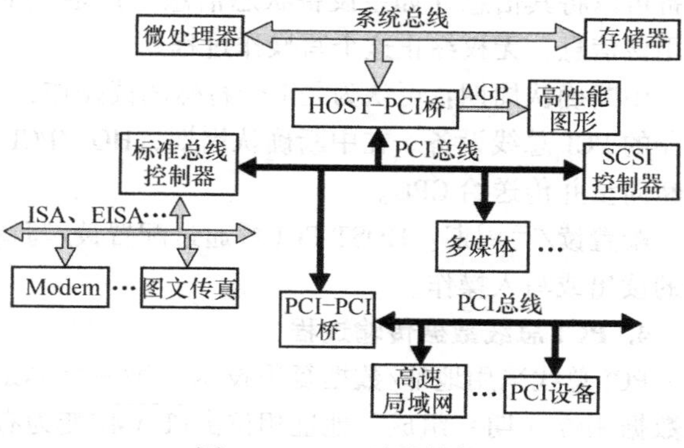

图11-3 PCI总线结构

2. PCI总线的信号

32bit标准PCI总线共定义了120个信号，主控设备40条，从设备47条，以及若干电源、地和时钟信号等，PCI总线宽度可以扩展为64bit。图11-4为PCI总线接口信号，其中左边一列信号是必需的。

3. PCI总线命令

总线命令是由通过仲裁获得总线控制权的主设备发给从设备的，说明当前传输事务的类型。总线命令出现于地址相位的C/$\overline{BE}$［3:0］线上，决定了不同的总线周期类型。这里所说的从设

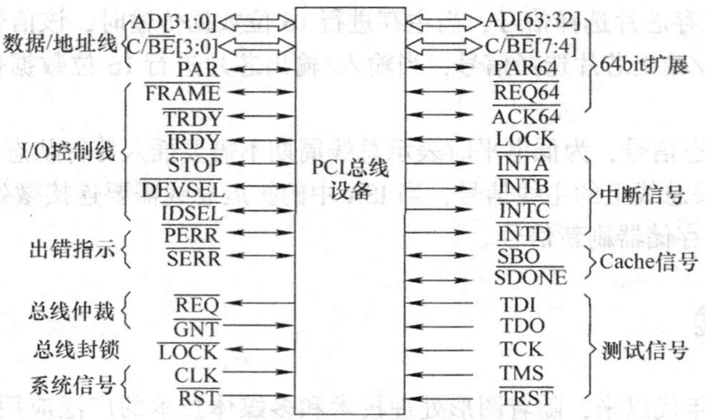

图 11-4　PCI 总线接口信号

备，是指在 C/$\overline{BE}$［3:0］上出现命令的同时被 AD［31:0］线上的地址选中的设备。PCI 总线周期类型见表 11-3。

表 11-3　PCI 总线周期类型

C/$\overline{BE}$[3:0]命令代码	周期类型	C/$\overline{BE}$[3:0]命令代码	周期类型
0000	中断确认周期	1010	配置读周期
0001	特殊周期	1011	配置写周期
0010	I/O 读周期	1100	存储器多重读周期
0011	I/O 写周期	1101	双地址周期
0110	存储器读周期	1110	存储器读行周期
0111	存储器写周期	1111	存储器写和使无效周期

存储器读周期：猝发式读取 1 ~ 2 个存储字。

存储器读行周期：猝发式读取 3 ~ 12 个存储字。

存储器多重读周期：猝发式读取 12 个以上存储字。

特殊周期：可认为是 1 个特殊的写操作，其特殊之处在于目标设备不止 1 个，这使得 PCI 主设备可以将其信息（如主设备状态信息）广播至 PCI 总线上所有设备。每个 PCI 设备必须马上使用该信息，无权终止这个写操作过程。

中断确认周期：可认为是 1 个特殊的读操作，主设备为 HOS-PCI 桥，目标设备为含有中断控制器的 PCI 总线设备。在中断确认周期，HOS/PCI 桥通过信号线 AD［31:0］从中断控制器获取中断向量并传送给 CPU。

配置读/写周期：HOST-PCI 桥通过配置读/写周期完成对 PCI 设备的配置功能，实现配置数据的读出或写入操作。

4. PCI 总线数据传输过程

PCI 总线采用地址/数据复用技术，每一个 PCI 总线传输由一个地址相位（期）和一个或多个数据相位（期）组成。地址相位由$\overline{FRAME}$变为有效的时钟周期开始。在地址相位，总线主设备通过 C/$\overline{BE}$［3:0］发送总线命令。如果是总线读命令，在地址相位后需要一个交换周期，该周期过后，AD［31:0］改由从设备驱动，以接纳从设备的数据。写操作没有过渡期，直接从地址相位进入数据相位。数据相位的个数取决于要传输的数据个数，一个数据相位至少需要一个 PCI 时钟周期，在任何一个数据相位都可以插入等待周期。$\overline{FRAME}$从有效变成无效表示当前正处于最后一个数据相位。

在一个 PCI 总线周期中，主/从设备在每个时钟周期的上升沿对总线输入信号进行采样，在下降沿对输出信号进行驱动。图 11-5 为单步读操作时序，图中的环形双箭头表示驱动该信号线的设备发生了变化。

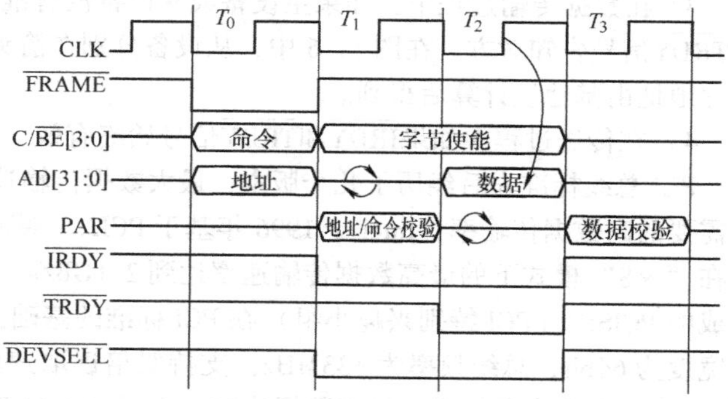

图 11-5 PCI 单步读操作时序

对单步读操作过程的说明如下：

1）主设备在总线周期第一个节拍周期 T_0 的前沿（下降沿）使 $\overline{FRAME}$ 有效，代表一个总线周期的开始。同时通过 C/$\overline{BE}$ 信号线输出总线命令代码，通过 AD 信号线输出数据的地址。

2）从设备在 T_0 的中间跳变沿（上升沿）采集 C/$\overline{BE}$ 及 AD 上的信号，为数据输出做准备。

3）主设备在 T_1 的前沿置 $\overline{FRAME}$ 信号无效，撤消总线命令代码并开始输出字节使能信号（通过哪些数据线接收数据），撤消地址信息并置 AD 信号线为高阻态（因为地址/数据复用信号线随后将由从设备驱动），通过 PAR 信号输出地址/命令校验码，置 $\overline{IRDY}$ 有效，通知从设备已准备好接受数据。从设备必须在此时置 $\overline{DEVSELL}$ 信号有效来响应主设备，否则主设备将结束总线周期。

4）在 T_2 的前沿，主设备撤消 PAR 上的校验码并置该信号线为高阻态（该信号线随后将由从设备驱动）。从设备将数据送上 AD 信号线，并置 $\overline{TRDY}$ 信号有效通知主设备数据已送出。

5）主设备在 T_2 的中间上升沿采样 AD 线上的信息，得到要读取的数据。

6）主设备在 T_3 的前沿撤消 C/$\overline{BE}$、AD、$\overline{IRDY}$ 上的信号，从设备通过 PAR 输出数据校验码，总线周期结束。

图 11-6 为 PCI 猝发式写操作的时序。

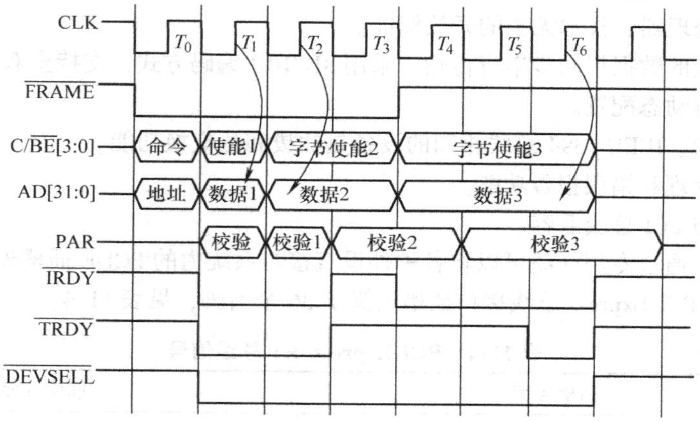

图 11-6 PCI 猝发式写操作时序

对 PCI 猝发式写操作的过程说明如下：

1）由于 AD 和 PAR 信号线在整个总线周期中都由主设备驱动，因此在送出地址和地址/命令校验位后不需要切换到高阻状态，AD 信号线送出基地址信息后在下一个时钟周期开始送出数据信息，送出数据后的下一个时钟周期通过 PAR 信号线送出前一个数据的校验位。

2）主设备送出最后一个数据的同时使$\overline{\text{FRAME}}$信号无效，表示总线周期即将结束。

3）在数据传输过程中，如果主设备或从设备没有准备好发送或接收数据，应分别通过$\overline{\text{IRDY}}$和$\overline{\text{TRDY}}$信号告知对方。在图 11-6 中，从设备分别在箭头所示时刻读取数据并保存，后续数据的保存地址由基地址计算后得到。

4）在传送过程中如果$\overline{\text{IRDY}}$和$\overline{\text{TRDY}}$信号始终有效，则每一个时钟周期可完成一次数据传送。

PCI 总线标准先后经历了几个版本，最大数据传输速率为 528MB/s。为适应多媒体信息处理所需要的高数据传输率，Intel 于 1996 年基于 PCI2. 1 规范推出了显示卡专用局部总线 AGP，其工作在“×8”模式下的最高数据传输速率达到 2. 1GB/s。1999 年由康柏、IBM、HP 等服务器厂商组成的 PCISIG（PCI 特别兴趣小组）在 PCI 标准的基础上推出了与其兼容的 PCI-X 总线标准，总线宽度为 64bit，总线频率为 133MHz，支持双倍读取速度（在时钟的上升和下降沿都能传送数据），支持分离事务处理，最高数据传输速率高达 2. 1GB/s。

PCI、AGP 及 PCI-X 这 3 种总线标准在 20 世纪 90 年代中期开始的十几年中一直占据着计算机系统局部总线结构的统治地位，但近年来随着高性能图形图像、RAID 阵列、千兆以太网等高带宽设备的出现，它们已不能很好地满足需要，成为影响整个系统性能发挥的瓶颈。为解决这个问题而于 2002 年推出的 PCI Express 总线标准经过几年的发展，在计算机系统中正在得到越来越广泛的应用，并将最终替代 PCI 和 AGP。

11.4 PCI Express 总线

PCI Express 总线简称为 PCI-E 总线，是一种全双工差分式串行通信总线，与处理器内部结构无关，支持点对点连接。PCI-E 总线的信道宽度主要有“×1”、“×2”、“×4”、“×8”、“×12”、“×16”、“×32”等几种模式，最高数据传输速率高达 16GB/s，其中“×16”模式（8GB/s）正在替代 AGP 总线成为新一代图形总线接口。通过 PCI Express 总线交换器（Switch）可以扩展出多条 PCI-E 信道连接多个设备端点。

PCI Express 总线的主要性能包括：

1）与结构、处理器、技术无关的开放标准。

2）支持点对点的数据报同步串行传输，采用 8B/10B 编码方式，支持全双工传输制式。

3）信道宽度可动态配置。

4）支持与 USB、IEEE 1394 总线相同的设备热插拔和热交换功能。

5）具有错误处理和错误报告功能。

6）在软件层与 PCI 总线兼容。

7）扩展灵活，通过专用线缆可以将各种外设直接与系统内的 PCI-E 插槽连接。

单通道模式的 PCI Express 总线接口插槽定义了 36 个引脚，见表 11-4。

表 11-4 PCI Express ×1 总线信号

引脚序号	插槽 A 面		插槽 B 面	
	引脚名称	功能描述	引脚名称	功能描述
1	+12V	12V 电源	PRSNT#1	热插拔存在检测
2	+12V	12V 电源	+12V	12V 电源
3	RSVD	预留	+12V	12V 电源
4	GND	地信号	GND	地信号

（续）

引脚序号	插槽 A 面		插槽 B 面	
	引脚名称	功能描述	引脚名称	功能描述
5	SMCLK	系统管理总线时钟信号	JTAG2	边界扫描时钟信号
6	SMDAT	系统管理总线数据信号	JTAG3	边界扫描数据输入
7	GND	地信号	JTAG4	边界扫描数据输出
8	+3.3V	3.3V 电源	JTAG5	边界扫描模式选择
9	JTAG1	边界扫描复位信号	+3.3V	3.3V 电源
10	3.3Vaux	3.3V 辅助电源	+3.3V	3.3V 电源
11	WAKE#	链路重激活	PWRGD	电源无故障信号
12	RSVD	预留	GND	地信号
13	GND	地信号	REFCLK +	一对差分式时钟信号引脚
14	HSOp (0)	一对差分式数据发送引脚	FEFCLK −	
15	HSOn (0)		GND	地信号
16	GND	地信号	HSLp (0)	一对差分式数据接收引脚
17	PRSNT#2	热插拔存在检测	HSLn (0)	
18	GND	地信号	GND	地信号

通过 PCI-E 总线连接的双方以数据报的形式串行发送和接收数据，发送方和接收方都提供了3层协议栈，如图 11-7 所示。

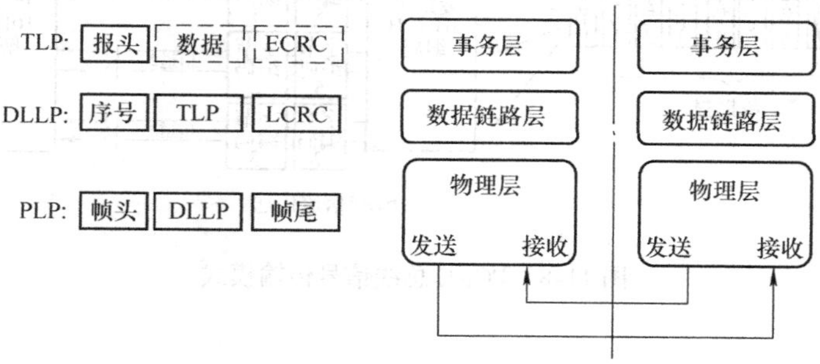

图 11-7　PCI-E 的 3 层协议栈及各层数据报格式

事务层（Transaction Layer）：发送方的事务层用来接收应用程序的请求生成事务层数据报 TLP 并提交给下层的数据链路层；接收方的事务层用来接收数据链路层传来的 TLP，分解后提交给应用程序。

TLP 用来传输事务，包括必须的报头信息、可选的数据信息和可选的端到端校验码 ECRC。报头信息用于指明事务的类型（如读请求、写请求及事件等）、报头长度、地址空间类型（存储器空间、I/O 空间、配置空间和消息空间）。每个 TLP 在报头中都有一个唯一的标识符，以便实现请求数据报和响应数据报之间的匹配。

数据链路层（Data Link Layer）：发送方数据链路层接收事务层传来的 TLP，添加附加信息后生成数据链路报 DLLP 提交给物理层并保存，方便数据链路层重发；接收方数据链路层接收物理层传来的 TLLP，经数据链路层校验无误后生成 TLP 提交给事务层，如校验有误则请求重发，同时还负责通过检查 DLLP 序号发现有无漏报。

DLLP 是由数据链路层在 TLP 的前、后分别添加包序号和链路层校验码 LCRC 生成的。

物理层（Physical Layer）：发送方物理层接收数据链路层传来的 DLLP，添加信息后生成物理层数据报 PLP，然后经编码后发送给对方；接收方物理层接收对方发来的信息后经解码生成 DLLP，提交给数据链路层。

PLP 是由物理层在 DLLP 的前、后分别添加帧首信息和帧尾信息后生成的。帧首信息用于指名数据报的类型是 TLP 还是 DLLP，帧尾信息表示数据报结束。

发送双方的物理层在传送数据报时，发送方物理层将数据报分解成字节流，将每一个字节进行“8B/10B”编码后串行沿着物理信道发送给接收方。接收方串行接收信息流，将经过“10B/8B”解码后生成的字节流重新组装成数据报。

图 11-8a 为单信道的情形。发送端把数据报分解成字节流，将每个字节进行“8B/10B”编码后沿着同一个信道首尾相连串行发送，接收方以相同的顺序解码后再组装成数据报。

图 11-8b 为 4 个信道的情形。发送端将字节流编码后轮流从各个信道串行发送，接收方轮流接受各个信道的信息，经解码后再组装成数据报。

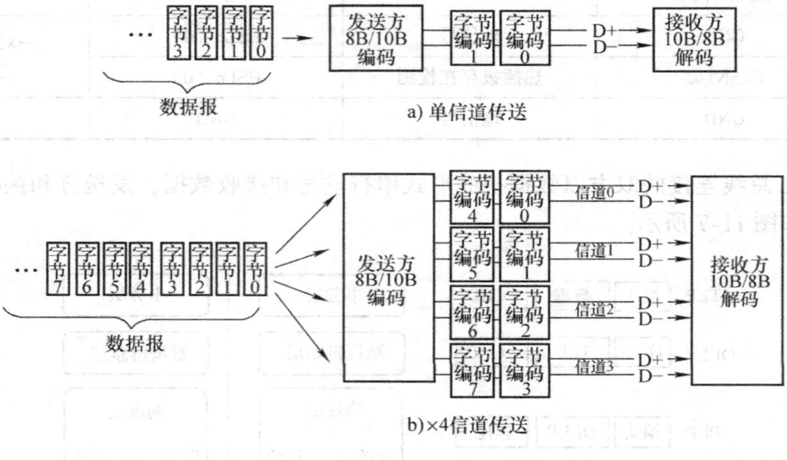

图 11-8　PCI-E 总线信号传输模式

11.5　USB

通用串行总线（Universal Serial Bus，USB）由于结构简单且具有较高的数据传输速率，目前已成为主机与多种外围设备连接的首选形式，如键盘、鼠标、打印机、数码相机、移动硬盘等。它的特点体现在以下几个方面：

1）支持热插拔，使用方便。

2）扩展灵活，可以采用串行连接形式或通过 USB 集线器连接多个设备，理论上可以连接 127 个设备，USB 控制器能自动识别设备的接入和移除。

3）数据传输速率高，USB1.1 最高传输速率为 12Mb/s，USB2.0 最高传输速率为 480Mb/s，而 USB 3.0 的数据传输速率高达 5Gb/s。

4）独立供电，USB 接口提供了 5V 电源，可向 USB 设备供电。

11.5.1 USB 的构成

USB 系统由硬件和软件两部分构成。

1. USB 硬件

USB 硬件包括 USB 主控制器/根集线器（USB Host Controller/Root Hub）、USB 集线器（USB Hub）和 USB 设备。USB 系统中只有一个 USB 主控制器/根集线器，但可以有多个 USB 集线器和 USB 设备，每一个 USB 设备可以称为节点。

USB 的物理连接为层次型的星形结构，如图 11-9 所示。USB 主控制器/根集线器位于顶层，由它扩展出下层 USB 集线器。USB 集线器位于每个星形结构的中心，它们可以连接 USB 设备或扩展出下一层的 USB 集线器。

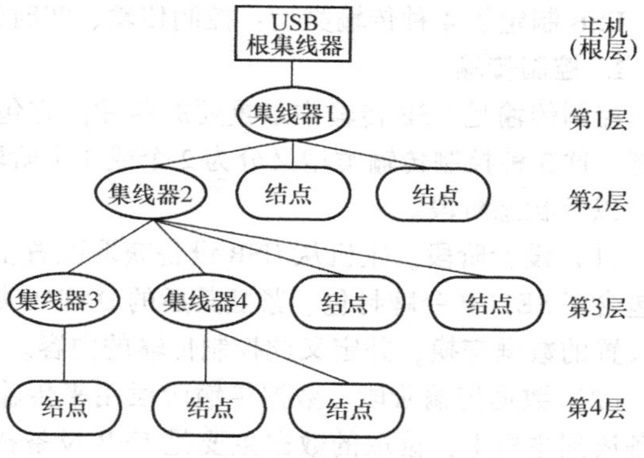

图 11-9　USB 总线拓扑结构

2. USB 软件

USB 软件主要是相关的驱动程序，包括 USB 主控制器驱动程序、USB 驱动程序和 USB 设备驱动程序。USB 主控制器驱动程序完成对 USB 交换的调度，并通过根集线器或者其他集线器完成对交换的初始化；USB 驱动程序在设备设置时读取描述符以获得 USB 设备的特征，并根据这些特征组织数据传输；USB 设备驱动程序通过 I/O 请求报将请求发给 USB 设备，这些请求报用于初始化一个给定的传输（传输可能来自于 USB 设备，也可能是发送到 USB 设备）。

目前的操作系统中都集成了 USB 驱动程序。

11.5.2 USB 的接口信号

USB1.0/1.1/2.0 接口中有 4 根信号线：D + 和 D − 为一对差分信号线，用来传输信号；VBUS 和 GND 为电源线和地线。VBUS 为 USB 设备提供 500mA 的 5V 电源。

USB 总线通过 D + 和 D − 这对差分信号采用半双工差分方式传输信息，用两条线路传输信号的压差作为判断“1”还是“0”的依据。这种做法的优点是具有极强的抗干扰性。倘若遭受外界强烈干扰，两条线路对应的电平同样会出现大幅度提升或降低的情况，但二者的电平改变方向和幅度几乎相同，电压差值就可始终保持相对稳定，因此数据的准确性并不会因干扰噪声而有所降低。

在连接 USB 设备时，USB 系统能自动检测到这个连接，并识别出其采用的数据传输速率。USB 采用在 D + 或 D − 线上增加上拉电阻的方法来识别低速和全速设备。USB 支持 3 种类型的传输速率：1.5Mbit/s 的低速传输、12Mbit/s 的全速传输和 480Mbit/s 的高速传输，如图 11-10 所示。当主控制器或集线器的下行端口上没有 USB 设备连接时，其 D + 和 D − 线上的下

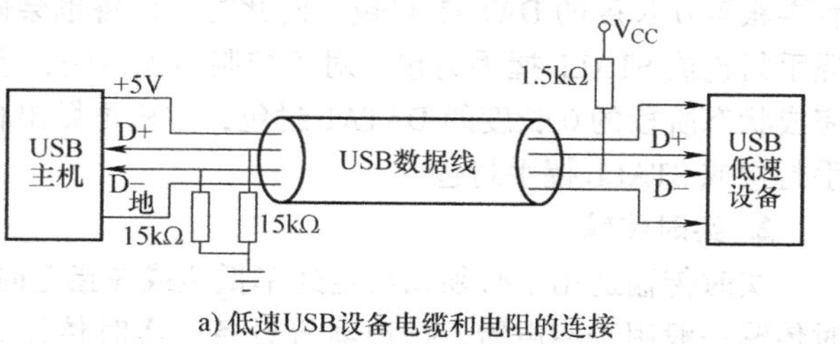

a) 低速USB设备电缆和电阻的连接

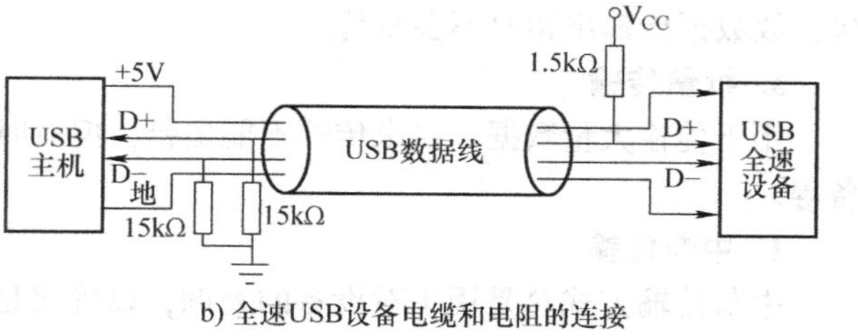

b) 全速USB设备电缆和电阻的连接

图 11-10　USB 设备的连接和检测

拉电阻使得这两条数据线的电压都是近地的（0V）；当全速/低速设备连接以后，电流流过由集线器的下拉电阻和设备在D+/D-的上拉电阻构成的分压器。由于下拉电阻的阻值是15kΩ，上拉电阻的阻值是1.5kΩ，所以在D+/D-线上会出现大小为（$15V_{CC}/(15+1.5)$）的直流高电平电压。当USB主机探测到D+/D-线的电压已经接近高电平，而其他的线保持接地时，它就知道全速/低速设备已经连接了。

11.5.3 USB的传输方式

USB制定了4种传输类型：控制传输、实时传输、批量传输以及中断传输，下面分别介绍。

1. 控制传输

控制传输是USB传输中最重要的传输。它包含3种类型：控制读取、控制写入以及无数据控制。这3种控制传输类型又分为2个或3个阶段：设置阶段、数据阶段（无数据控制没有此阶段）以及状态阶段。

（1）设置阶段。主机从USB设备获取配置信息，并设置设备的配置值。设置阶段的数据交换包含了SETUP令牌封包、紧随其后的DATA0数据封包以及ACK握手封包。它的作用是执行一个设置的数据交换，并定义此控制传输的内容。

（2）数据传输阶段。数据传输阶段用来传输主机与设备之间的数据。控制读取是将数据从设备读到主机上，读取的数据主要是USB设备描述符。首先，主机会发送一个IN令牌信息包，表示要读取数据。然后，设备将数据通过DATA1数据信息报回传给主机。最后，主机将以下列方式进行响应：当数据已经正确接收时，主机送出ACK令牌信息报；当主机正在忙碌时，发出NAK握手信息报；当发生了错误时，主机发出STALL握手信息报。

控制写入则是将数据从主机传到设备上，所传的数据即为对USB设备的配置信息。首先，主机将会送出一个OUT令牌信息报，表示数据要送出去。紧接着，主机将数据通过DATA0数据信息报传递至设备。最后，设备将以下列方式进行响应：当数据已经正确接收时，设备送出ACK令牌信息报；当设备正在忙碌时，设备发出NAK握手信息报；当发生了错误时，设备发出STALL握手信息报。

（3）状态阶段。状态阶段用来表示整个传输的过程已完全结束。状态阶段传输的方向必须与数据阶段的方向相反，即原来是IN令牌封包，这个阶段应为OUT令牌封包；反之，原来是OUT令牌封包，这个阶段应为IN令牌封包。对于控制读取而言，主机会送出OUT令牌封包，其后再跟着0长度的DATA1封包。而此时，设备也会做出相对应的动作，送ACK握手封包、NAK握手封包或STALL握手封包。对于控制写入传输，主机会送出IN令牌封包，然后设备送出表示完成状态阶段的0长度的DATA1封包，主机再做出相对应的动作，即送ACK握手封包、NAK握手封包或STALL握手封包。

2. 实时传输

实时传输适用于必须以固定速率抵达或在指定时刻抵达，可以容忍偶尔数据出错的场合。实时传输一般用于传声器、扬声器等设备。实时传输只需令牌与数据两个信息包阶段，没有握手包，故数据传输出错时不会重传。

3. 批量传输

用于传输大量数据，要求传输不能出错，但对时间没有要求的场合，适用于打印机、存储设备等。

4. 中断传输

中断传输方式总是用于对设备的查询，以确定是否有数据需要传输。因此中断传输的方向总是从USB设备到主机。

11.6 SPI 总线

单片机和嵌入式计算机由于结构简单已成为计算机的主要应用方向之一，它们都是通过集成电路技术将计算机的主要部件（微处理器、存储器和I/O接口电路等）集成在一片集成电路内部。由于受到芯片面积的限制，引脚数量有限，因此单片机和嵌入式计算机在连接外围设备时要尽量简化结构的复杂程度，降低成本。SPI总线和I^2C总线就是单片机和嵌入式计算机中用于连接外部设备的两种典型总线，有着较广泛的应用。

11.6.1 SPI 总线概述

串行外围设备接口（Serial Perripheral Interface，SPI）是由Motorola公司推出的一种同步串行总线接口技术，它允许微处理控制单元（MCU）以全双工的同步串行方式与各种外围设备进行高速数据通信。SPI总线主要应用在EEPROM、Flash ROM、实时时钟（RTC）、数-模转换器（ADC）、数字信号处理器（DSP）以及数字信号解码器之间。SPI总线在芯片中只占用4根引脚（Pin）来控制数据传输，节约了芯片的引脚数目，同时为PCB在布局上节省了空间。SPI总线的特点体现在以下两个方面：

1）采用主-从模式（Master-Slave）的控制方式。SPI总线规定，两个SPI设备之间的通信必须由主设备（Master）来控制从设备（Slave）。

2）采用同步方式（Synchronous）传输数据。

11.6.2 SPI 总线接口信号及连接

SPI总线接口中只包含4个信号，它们分别是：

MOSI——主设备数据输出，从设备数据输入信号；

MISO——主设备数据输入，从设备数据输出信号；

SCLK——时钟信号，由主设备产生；

$\overline{SS}$——从设备使能信号，由主设备控制。

使用SPI总线连接设备时，具有两种典型的结构形式：主从一对一和主从一对多，分别如图11-11a、b所示。

采用主从一对一形式时，主、从设备都只需要4根信号，主设备和从设备名称相同的信号直接连接即可；采用主从一对多形式时，从设备需要4根信号，但主设备需要多个$\overline{SS}$信号，每一个$\overline{SS_i}$分别连接一个从设备的$\overline{SS}$信号，当某时刻一对主从设备进行通信时，主设备使相应的$\overline{SS_i}$输出低电平有效信号，而其余的$\overline{SS_i}$输出高电平无效信号。

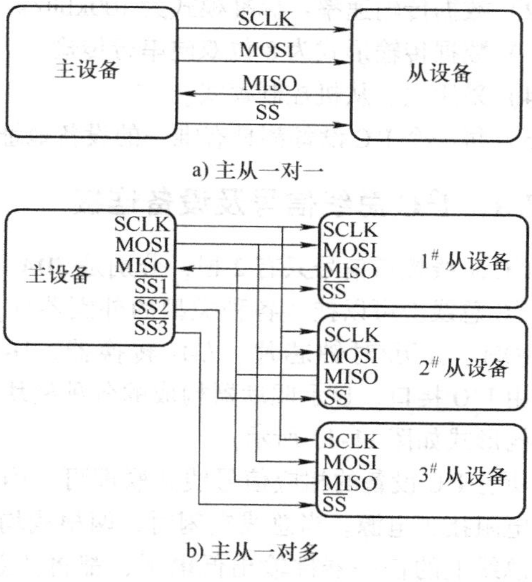

图11-11 SPI总线的连接方式

11.6.3 SPI 总线传输原理

下面简要介绍SPI总线的传输原理。主从设备的内部结构如图11-12所示。

每个SPI总线设备内部主要包括3个模块：移位寄存器（SSPSR）、数据缓冲区（SSPBUF）

和控制器。主设备的控制器用于产生数据传输时的时钟信号 SCLK 和从设备选择信号$\overline{SS}$，从设备的控制器只能接收主设备传过来的 SCLK 和$\overline{SS}$信号。SSPBUF 用于缓存欲发送的数据或者接收到的数据。SSPSR 是移位寄存器，在 SCLK 信号的控制下依次发送或者接收各个二进制位。

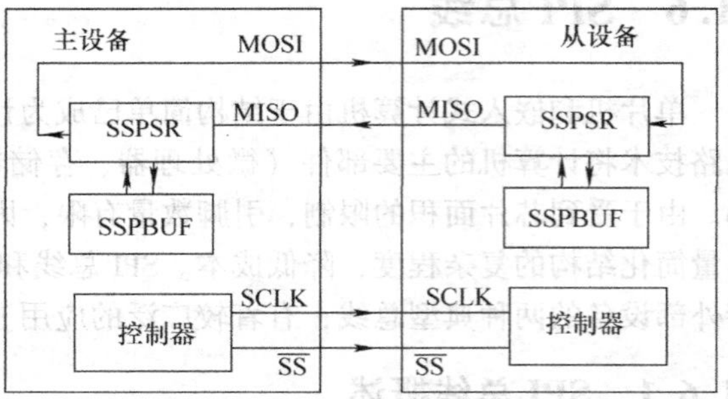

图 11-12　SPI 设备的内部结构及数据传输

数据传输过程如下：

当有数据需要传输时，主设备的控制器开始产生时钟信号 SCLK 和从设备选择信号$\overline{SS}$。主设备从 SSPBUF 中取得要发送的数据装入 SSPSR，在 SCLK 的上升沿或者下降沿的控制下依次发送各个二进制位；从设备的 SSPSR 则在 SCLK 随后的下降沿或者上升沿的控制下逐位接收各个二进制位并存入 SSPBUF。数据传输完成后，主设备撤消 SCLK 和$\overline{SS}$信号，SCLK 上不再出现跳变沿。

当工作在全双工方式时，主设备在通过 SSPSR 串行发送 SSPBUF 中数据的同时，也通过 SSPSR 串行接收从设备发送过来的各个二进制位并保存到 SSPBUF 中；同理，从设备在通过 SSPSR 串行接收主设备串行发送过来的各个二进制位并保存到 SSPBUF 的同时，也通过 SSPSR 串行发送 SSPBUF 中欲发送数据的各个二进制位。

11.7　I²C 总线

I²C 总线是 PHLIPS 公司推出的一种串行总线，是具备多主机系统所需的包括总线裁决和高低速器件同步功能的高性能串行总线。它具有以下特性：

1）二线制总线，接口信号线只有 2 根。

2）数据传输速率：标准模式为 100kbit/s，快速模式为 400kbit/s，高速模式为 3.4Mbit/s。

3）数据传输形式为 8 位双向串行传输。

4）采用主、从机控制模式。

5）每一个 I²C 设备都具有唯一的设备地址，采用 7 位或 10 位地址格式。

11.7.1　I²C 总线信号及设备连接

I²C 总线接口信号只有 2 根，分别是 SDA（串行数据线）和 SCL（时钟信号线）。

I²C 总线上可以挂接各种类型的外围器件，如 RAM、EEPROM、日历/时钟芯片、A-D 转换器、D-A 转换器，以及由 I/O 接口、显示驱动器构成的各种模块。I²C 的总线结构形式如图 11-13 所示。

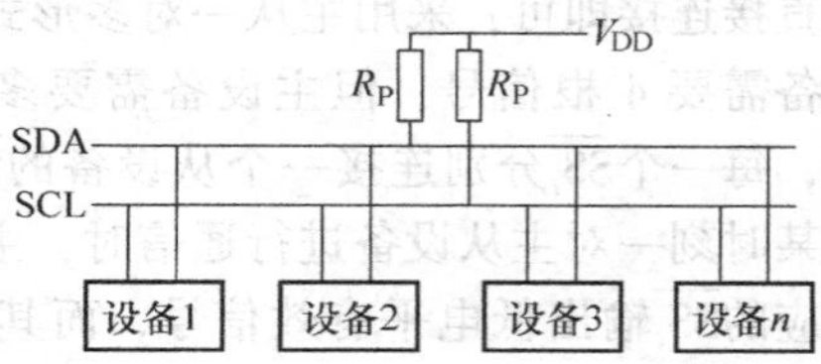

图 11-13　I²C 的总线结构形式

所有 I²C 设备的相应信号线并联即可。I²C 总线通过上拉电阻接正电源。当总线空闲时，两根线均为高电平。连到总线上的任一器件输出低电平，都将使总线的信号变低，即各器件的 SDA 及 SCL 都是线“与”关系。

每个接到 I²C 总线上的器件都有唯一的地址，设备类型分为主设备和从设备。主设备控制总线完成数据传输过程。在多主设备系统中，可能同时有几个主设备企图启动总线传输数据。为了避免混乱，I^2C 总线要通过总线仲裁以决定由哪一台主设备控制总线。

11.7.2 I^2C 总线数据传输原理

I^2C 总线在传送数据的过程中有多种类型信号，它们分别是：起始状态信号、从设备地址、读写方式（数据传输方向位）、应答信号、数据信号和终止状态信号。传输数据的格式如图 11-14所示。

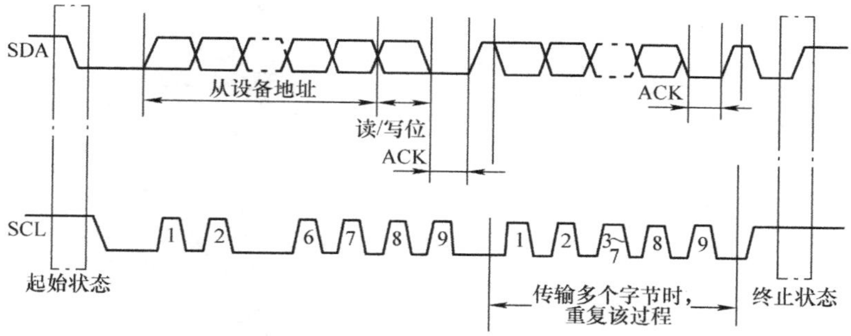

图 11-14　I^2C 总线的数据格式

当一对 I^2C 总线设备需要进行数据传输时，由主设备开启数据传输过程。过程描述如下：

（1）主设备送出开始信号。SCL 为高电平时，SDA 由高电平向低电平跳变，开始传送数据，然后在 SCL 的控制下通过 SDA 串行传输规定格式的数据报。

（2）主设备通过 SDA 信号线串行输出 7 位或 10 位从设备地址，由低位到高位依次送出。I^2C 总线设备的 7 位地址格式如图 11-15所示。

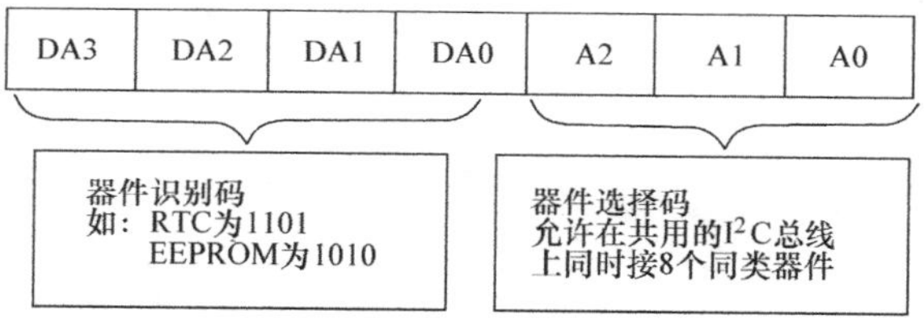

图 11-15　I^2C 总线设备的 7 位地址格式

（3）主设备向从设备发送 1 位读/写位，表示数据传输方向。为“0”时表示主设备向从设备写数据，为“1”时表示主设备由从设备读取数据。

（4）从设备向主设备发回负脉冲应答信号，表示已收到数据。发送方每向接收方发出一个信号后，都要等待接收方发出一个应答信号，发送方接收到应答信号后，根据实际情况作出是否继续传递信号的判断。若未收到应答信号，则认为接收方出现故障。

（5）以字节为单位进行数据传输，每接收到一个字节数据，接收方向发送方发回负脉冲应答信号。如果是主设备向从设备写数据，则此时主设备是发送方，从设备是接收方；如果是主设备由从设备读取数据，则此时从设备是发送方，主设备是接收方。如果要传输多个字节数据，则该过程重复，直至最后一个字节传送完毕。

（6）主设备发送结束信号，数据传输过程结束。SCL 为高电平时，SDA 由低电平向高电平跳变，结束传送数据。

习　　题

11-1　名词解释：总线标准、猝发数据传输。

11-2　计算机系统为什么要采用总线结构？

11-3　列举几种计算机系统中典型的总线标准并描述其主要性能指标。

11-4　PCI 总线有哪些特点？

11-5　简要说明 USB 的拓扑结构。

11-6　USB 有哪 4 种传输方式？各适用于什么场合？

11-7　SPI 总线接口中只包含哪 4 个信号，各有什么作用？

11-8　简要说明 I^2C 总线的传输原理。

第12章　IA-32微型计算机系统

【本章提要】

本章重点介绍IA-32微处理器的寄存器结构、存储管理、外部特性、存储器和I/O组织以及中断管理，最后简单介绍了32位微型计算机的系统结构。

【学习目标】

- 了解Intel 80386微处理器的内部结构。
- 掌握IA-32微处理器的3种传统工作模式。
- 掌握处理器的系统寄存器的作用以及保护模式下物理地址形成的过程。
- 了解32位处理器的寻址方式和新增指令。
- 理解保护模式下的中断管理方法。

12.1　IA-32微处理器概述

Intel把字长为32位的微处理器体系结构统称为IA-32（Intel Architectures-32），这种体系结构的处理器包括80386、80486、Pentium、MMX Pentium、Pentium Pro、Pentium Ⅱ、Pentium Ⅲ、及Pentium 4。为了保持兼容，也将8086、8088及80286作为IA-32的特殊形式看待。

12.1.1　Intel微处理器发展概述

随着微电子技术的快速发展，Intel微处理器从用于第一台个人计算机的8088开始，逐步经历了80486、Pentium、Pentium 4，进而发展到Core 2 Duo、Core 2 Quard和Core 2 Extreme等。微处理器的内部结构发生了巨大的变化。

从8086到80486这几款处理器采用80x86架构，处理器内部部件不断增多，主频不断提高，性能也逐步增强。8086、8088、80286是16位Intel体系结构，80386/80486是32位体系结构，称为IA-32。8086、8088内部由总线接口部件和执行部件两个部分组成，两个部件既独立而又相互配合工作，使取指令和指令执行能并行工作。为适应多用户和多任务的需求，80286内部增加到4个独立部件，增强了并行工作能力，并开始支持保护模式。进入32位时代，80386内部的寄存器、外部数据总线和地址总线都增加到32位，使寻址能力达到4GB；内部部件增加到6个，有独立的分段部件和分页部件，内存管理更加方便灵活，虚拟地址空间可达64TB；为了兼容16位应用程序，还增加了虚拟8086工作模式。为适应快速处理数据的要求，80486在80386的基础上增加8KB的高速缓冲存储器（Cache）和浮点部件（FPU），内部部件达到8个；并首次采用RISC技术，使80486可以在一个时钟内完成一条简单指令的执行；采用突发总线方式与内存进行高速数据交换。

从Pentium到Pentium 4系列微处理器的内部结构从P5架构发展到P6架构，再发展到Net-Burst架构，Intel公司采用了一系列的先进技术，如RISC与CISC相结合的技术、数据Cache和指令Cache分离技术、分支指令预测技术、多媒体扩展技术MMX、超级流水线技术、超线程等，使处理器的工作能力得到了大大加强。

12.1.2　典型IA-32处理器的内部结构

80386是Intel公司推出的第一个32位处理器，它的通用寄存器与数据总线都是32位，外部地址总线宽度也为 32 位，使得 80386 可以寻址 2^{32} B = 4GB 的物理内存，通过虚拟存储管理能够访问 64TB 的虚拟内存空间。

如图 12-1，80386 CPU 由 6 个独立的处理部件组成：总线接口部件、指令预取部件、指令译码部件、执行部件、分段部件和分页部件。80386 CPU 内部的这 6 个部件可独立并行操作。

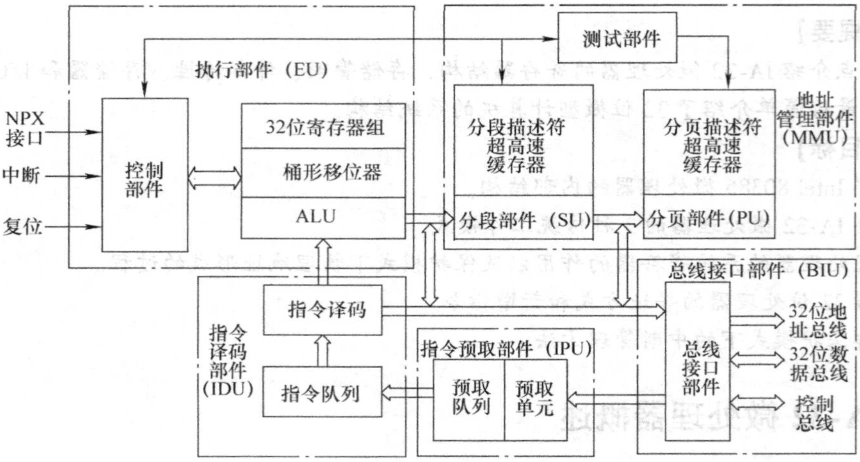

图 12-1　80386 CPU 的内部结构

1. 总线接口部件

总线接口部件（Bus Interface Unit，BIU）负责 CPU 内部各部件与存储器、I/O 接口之间数据或指令的传送。CPU 内部的其他部件都能与 BIU 直接通信，并将它们的总线请求传送给 BIU。在指令执行的不同阶段，指令、操作数以及存储器偏移地址都可从存储器取出送到 CPU 内部的有关部件。但当 CPU 内部多个部件同时请求使用总线时，为了使程序的执行不被延误，BIU 的请求优先控制器将优先响应数据（操作数和偏移地址）传送请求，只有不执行数据传送操作时，BIU 才可以满足预取指令的请求。

2. 指令预取部件

指令预取部件（Instruction Prefetch Unit，IPU）由预取单元及预取队列组成。当 BIU 不执行取操作数或偏移地址的操作时，若预取队列有空单元或发生控制转移时，预取单元便通过分页部件向 BIU 发出指令预取请求。分页部件将预取指令指针送出的线性地址转换为物理地址，再由 BIU 及系统总线从内存单元中预取出指令代码，放入预取队列中。80386 CPU 的预取队列可存放 16B 的指令代码。进入预取队列的指令代码将被送到指令译码部件进行译码。

3. 指令译码部件

指令译码部件（Instruction Decode Unit，IDU）包括指令译码器和已译码指令队列两部分。它直接从代码预取部件的预取队列中读预取的指令字节并译码，将指令直接转换为内部编码，并存放到已译码指令队列中。这些内部编码包含了控制其他处理部件的各种控制信号。

上述总线接口部件、指令预取部件及指令译码部件构成了 80386 CPU 的指令流水线。

4. 执行部件

执行部件（Execution Unit，EU）由控制部件、数据处理部件和保护测试部件组成。它的任务是将已译码指令队列中的内部编码变成按时间顺序排列的一系列控制信息，并发向处理器内部有关的部件，以便完成一条指令的执行。80386 CPU 中控制部件还具有加速某种类型操作的功能，如乘法、除法和有效地址的计算等。

5. 分段部件

分段部件（Segment Unit，SU）由地址加法器、段描述符高速缓存寄存器及界限和属性检验用可编程逻辑阵列（Programmable Logic Array，PLA）组成。它的任务是把逻辑地址转换为线性地址。转换操作是在执行部件请求下由专用加法器快速完成的，同时还采用段描述符高速缓存寄存器来加速转换。逻辑地址转换成线性地址后即被送入分页部件。

6. 分页部件

分页部件（Page Unit，PU）由加法器、页高速缓存寄存器及控制和属性检验用可编程逻辑阵列（PLA）组成。在操作系统控制下，若分页操作处于允许状态，便执行线性地址向物理地址的转换，同时还需要检验标准存储器访问与页属性是否一致。若分页操作处于禁止状态，则线性地址即为物理地址。

上述分段部件、分页部件以及总线接口部件构成了 80386 CPU 的地址流水线。同时，分段部件和分页部件构成了 CPU 的存储器管理部件（Memory Mange Unit，MMU）。

12.2 IA-32 处理器的工作模式及寄存器结构

12.2.1 IA-32 处理器的工作模式

Intel 处理器从 16 位的 8086 升级到 32 位的 80386 后，工作模式也从实模式升级到保护模式，为了兼容 8086 还产生了虚拟 86 模式。Intel 公司处理器从 Pentium 开始支持系统管理模式（SMM），从后期的 Pentium 4 到以 Core 为核心的处理器引入 IA-32E 工作模式，支持64 位扩展技术。本节只介绍实模式、保护模式和虚拟 86 模式这 3 种传统模式。

对于这 3 种模式，只要用过 PC 的人都经历过。任何一台使用 Intel 系列 CPU 的 PC 只要一开机，CPU 就工作在实模式下。如果 PC 装的是 DOS 操作系统，那么在 DOS 加载后 CPU 仍以实模式工作；如果 PC 装的是 Windows 操作系统，那么 Windows 加载后，将由 Windows 将 CPU 切换到保护模式下工作，因为 Windows 是多任务系统，它必须在保护模式下运行。如果在 Windows 中运行一个 DOS 下的程序，那么 Windows 将 CPU 切换到虚拟 8086 模式下运行该程序；或者通过单击开始菜单，从程序项中进入 MS-DOS 方式，Windows 也将 CPU 切换到虚拟 8086 模式下运行。下面详细介绍这 3 种模式的工作特点。

1. 实模式

IA-32 处理器被复位或加电的时候以实模式启动。这时候处理器中的各寄存器以实模式的初始化值工作。实模式方式的主要特点如下：

1）处理器在实模式下的存储器寻址方式和 8086 一样，只能访问由低 20 位地址线确定的 1MB 存储空间。

2）存储器采用分段方式，每段最大 64KB，逻辑地址由 16 位段基地址和 16 位偏移地址组成。所有的段都可以读、写。

3）实模式下的中断处理方式和 8086 处理器相同，也用中断向量表来定位中断服务程序的入口地址。中断向量表的结构和 8086 处理器的一样，每 4B 组成一个中断向量，存放 2B 的段基地址和 2B 的偏移地址。

4）实模式下不支持优先级，不支持硬件上的多任务切换。

5）32 位处理器工作在实模式时可以使用 80386 的 32 位寄存器，用 32 位的寄存器进行编程可以使计算程序更加简捷。

2. 保护模式

保护虚地址模式简称保护模式。处理器工作在保护模式的时候，它的所有功能都是可用的。所谓保护是指在执行多任务操作时，对不同任务使用的不同存储空间进行完全隔离，保护每个任务顺利执行。虚地址即虚拟地址，是指在保护模式下，处理器可寻址的空间远远大于实际的物理地址空间，用户的程序和数据全部存储在外部存储器上，需要时才将部分程序和数据调入内存运行。保护方式有以下特点：

1）处理器所有的地址线都可供寻址，80386 处理器的物理寻址空间高达 4 GB，Pentium 处理器之后的处理器可达64GB。

2）用32 位段基地址和32 位偏移地址表示段内存储单元的地址，每个段最大可达4GB。同时支持内存分页机制，提供了对虚拟内存的良好支持，虚拟内存可达64TB。

3）支持多任务，可以依靠硬件仅在一条指令中实现任务切换。任务环境的保护工作是由处理器自动完成的。

4）处理器采用4 级（0 ~3 级）保护功能。操作系统运行在最高的优先级0 上，应用程序则运行在较低的级别上；配合良好的检查机制后，既可以在任务间实现数据的安全共享也可以很好地隔离各个任务。

3. 虚拟86 模式

虚拟86 模式是为了在保护模式下执行8086 程序而设置的，从80386 开始的处理器都支持虚拟86 模式。虚拟86 模式是以任务形式在保护模式下执行的，即在保护模式下模拟8086 处理器工作。

虚拟86 模式有如下特点：

1）虚拟86 模式采用和8086 一样的寻址方式，即用段基地址乘以16 加偏移地址形成线性地址，寻址空间为1MB。操作系统将不同虚拟86 任务的地址空间映射到不同的物理地址上去，这样每个虚拟86 任务看起来都认为自己在使用0 ~1MB 的地址空间。

2）在分段的基础上可以使用分页方式，将1MB 的内存空间分为若干个页，每个页面的大小为4KB。

3）支持任务切换，可以在多个虚拟86 任务间进行切换。

4）可以执行原来采用8086 书写的应用程序。所有应用程序在最低优先级3 级上运行。

在 Windows 操作系统中，有一部分程序的任务是专门用来管理虚拟86 模式，称为虚拟86 管理程序。8086 代码中有相当一部分指令在保护模式下属于特权指令，如屏蔽中断的CLI 和中断返回指令 IRET 等。这些指令在8086 程序中是合法的。如果不让这些指令执行，8086 代码就无法工作。为了解决这个问题，虚拟86 管理程序采用模拟的方法来完成这些指令。这些特权指令执行的时候引起了保护异常。虚拟86 管理程序在异常处理程序中检查产生异常的指令，如果是中断指令，则从虚拟86 任务的中断向量表中取出中断处理程序的入口地址，并将控制转移过去；如果是危及操作系统的指令，如 CLI 等，则简单地忽略这些指令，在异常处理程序返回的时候直接返回到下一条指令。通过这些措施，8086 程序既可以正常地运行下去，在执行这些指令的时候又觉察不到已经被虚拟86 管理程序做了手脚。MS-DOS 应用程序在 Windows 操作系统中就是这样工作的。

实模式与虚拟86 模式的主要区别如下：

1）内存管理方式不同：实模式方式只采用分段管理方式，不采用分页方式；虚拟86 模式既可以采用分段方式又可采用分页方式。

2）存储空间不同：实模式方式的寻址范围只能在低1MB 的存储空间中；虚拟86 模式可以寻址的1MB 空间可以在整个存储空间中浮动。

3）保护机制不同：实模式方式没有保护功能，处理器是被独占的，不支持多任务；虚拟 86 模式下运行程序是保护模式下的一个任务，与其他任务间是隔离的，支持多任务。

12.2.2 IA-32 处理器的寄存器结构

早期的 8086、8088 和 80286 是 16 位微处理器，只使用 8 位或 16 位寄存器。后来的 80386、80486 和 Pentium 是 32 位微处理器，可使用 8 位、16 位、32 位乃至 48 位的寄存器，并且增加了一些具有新功能的寄存器。但是，后来的微处理器与早期的微处理器的寄存器结构完全兼容，使得先前的一些应用程序能够在后来的微机系统中运行。

IA-32 处理器内部的寄存器分为两组：一组为基本寄存器组，与 16 位处理器相兼容；另一组为系统寄存器组，是 32 位处理器新增的寄存器。下面分类进行介绍。

1. 基本寄存器组

图 12-2 是 IA-32 处理器内部基本寄存器组的结构。图 12-2 中不带阴影的寄存器是 8086/8088 和 80286 所具有的寄存器，在此基础上扩展阴影部分构成 80386 及后继机型的基本寄存器组。

（1）通用寄存器。32 位的通用寄存器有 EAX、EBX、ECX、EDX、ESP、EBP、ESI 和 EDI，它们是对 16 位寄存器扩展后得到的，这些寄存器可以用来存放不同宽度的数据。其中 4 个数据寄存器是累加器寄存器（A）、基址寄存器（B）、计数寄存器（C）、数据寄存器（D）。它们作为 16 位使用时在寄存器名后加 X，如 16 位的累加器 AX；作为 32 位使用时则在寄存器名前加 E，如扩展的累加器 EAX；作为 8 位使用时则分高、低字节寄存器，用字母 H、L 区别，如将 A 寄存器的高位字节表示为 AH，而低位字节表示为 AL。另外，ESP、EBP、ESI 和 EDI 可作为 32 位寄存器来用，它们是对 16 位寄存器 SP、BP、SI 和 DI 的扩展。

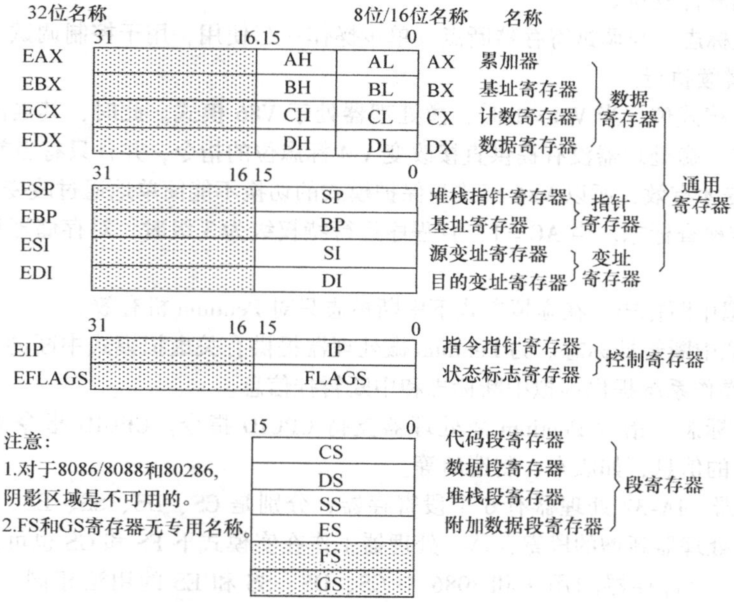

图 12-2 IA-32 处理器内部基本寄存器结构

在 8086/8088 以及 80286 进行存储器寻址时，8 个通用寄存器中只有地址指针寄存器（SP 和 BP）、变址寄存器（SI 和 DI）以及基址寄存器 BX 这 5 个寄存器可以用来存放操作数在存储器段内的偏移地址。在 80386 及其后续机型中，所有这 8 个 32 位通用寄存器既可以存放数据，又可以存放地址，也就是说，这些寄存器都可以用来提供操作数在段内的偏移地址。

（2）控制寄存器。控制寄存器包括指令指针寄存器 EIP 和状态标志寄存器 EFLAGS。16 位处理器用 IP 和 FLAGS 访问，与 8086 相同，80386 及其后继机型用 EIP 和 EFLAGS 访问。如图 12-3 所示，不同的处理器对状态标志寄存器 EFLAGS 增加了一些标志位。

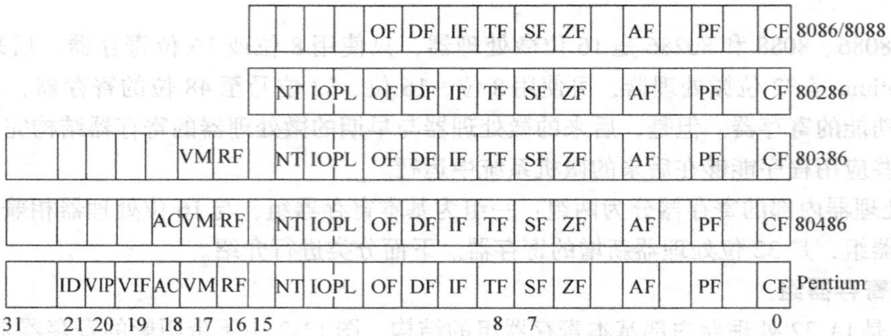

图 12-3　IA-32 处理器的状态标志寄存器

新增的标志位介绍如下。

1）IOPL（2 位）：用来指定输入/输出特权级，00 最高，11 最低。如果 IOPL 值为 00，则只有处于最高特权级（0 级）的任务才能访问 I/O 操作。如果 IOPL 为 11，则 I/O 允许较低的特权级访问。只有当前任务的特权级高于 IOPL 时，I/O 指令才能顺利执行；否则将产生中断，程序被挂起。

2）NT：指明当前任务是否嵌套，即是否被别的任务调用。该位在发生任务嵌套时自动置“1”，并且只能用软件复位。

3）RF：恢复标志。与调试寄存器断点或单步操作一起使用，用于控制调试失败后强制程序恢复，返回断点继续执行。

4）VM：V86 模式位。当 VM = 1 时，微处理器处于 V86 模式。此时，其当前特权级由微处理器自动设置为 3。微处理器没有提供直接改变 VM 标志位的指令，并且只有当前特权级 CPL = 0 时，对 VM 的改变才有效，所以 V86 模式与保护模式的切换不能简单地通过改变 VM 位而进行。

5）AC：对准检查标志。当 AC = 1，且程序运行特权级为 3 级时，对存储器访问边界进行对准检查。

6）VIF：虚拟中断标志。在虚拟方式下中断标志只对 Pentium 机有效。

7）VIP：虚拟中断暂挂标志。为 Pentium 微处理器提供有关虚拟模式中断的信息。它用于多任务环境下，给操作系统提供虚拟中断标志和中断暂挂信息。

8）ID：标识标志。指示 Pentium 微处理器支持 CPUID 指令。CPUID 指令为系统提供有关 Pentium 微处理器的信息，如版本、制造商等。

（3）段寄存器。IA-32 处理器有 6 个段寄存器，分别是 CS、DS、SS、ES、FS 和 GS，其中 FS 和 GS 是 32 位处理器新增的段寄存器。处理器工作在实模式下 FS 和 GS 也可以保存数据段的段基地址，其他 4 个寄存器的用法和 8086 中 CS、DS、SS 和 ES 的用法相同。80386 及其后继 CPU 中段寄存器与提供段内偏移地址的寄存器之间的默认组合见表 12-1。

表 12-1　32 位处理器中段寄存器与提供段内偏移地址的寄存器之间的默认组合

段寄存器	提供段内偏移地址的寄存器
CS	EIP
DS	EAX、EBX、ECX、EDX、ESI、EDI 或一个 8 位或 32 位数

（续）

段寄存器	提供段内偏移地址的寄存器
SS	ESP 或 EBP
ES	EDI（用于字符串操作指令）
FS	无默认
GS	无默认

2. 系统寄存器组

（1）系统地址寄存器。IA-32 微处理器内部有 4 个系统地址寄存器，它们用来存储操作系统需要的地址转换表信息，定义目前正在执行任务的环境、地址空间和中断向量空间等。它们是全局描述符表寄存器（Global Descriptor Table Register，GDTR）、中断描述符表寄存器（Interrupt Description Table Register，IDTR）、局部描述符表寄存器（Local Descriptor Table Register，LDTR）和任务状态段寄存器（Task Registr，TR）。如图 12-4 所示，全局描述符表寄存器（GDTR）和中断描述符表寄存器（IDTR）都是 48 位寄存器，保存描述符表的 32 位基地址和 16 位界限值。局部描述符表寄存器（LDTR）和任务状态段寄存器（TR）都是 16 位的段选择子，用来选择描述符表中的描述符。LDTR 和 TR 分别对应着一个 64 位不可见寄存器，用于存放选中的描述符。有关描述符表和选择子的相关内容见 12.3 小节。

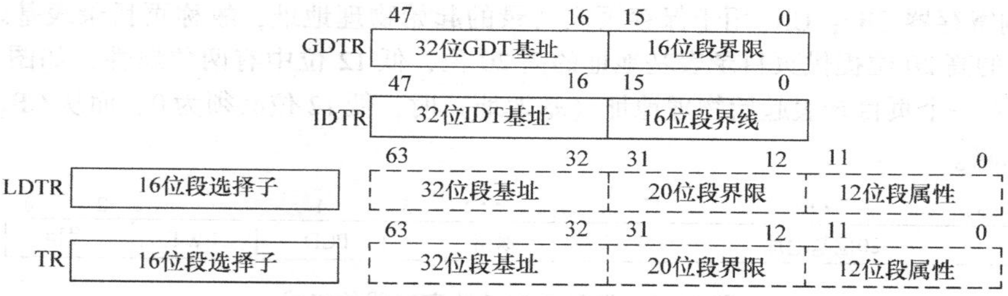

图 12-4　系统地址寄存器

（2）控制寄存器。32 位处理器增加了 4 个 32 位的控制寄存器 CR_0、CR_1、CR_2 和 CR_3，是为了控制微处理器的工作方式、分段管理机制及分页管理机制，其格式见表 12-2。

表 12-2　控制寄存器的格式

寄存器 \ 位序	31	30 ~ 12	11 ~ 5	4	3	2	1	0
CR_0	PG	0000000000000000		ET	TS	EM	MP	PE
CR_1		保留						
CR_2		页故障线性地址						
CR_3		页表目录基址寄存器（PDBR）	000000000000					

1）控制寄存器 CR_0。CR_0 的主要功能是选择微处理器的工作方式和存储器的管理模式，各位的含义介绍如下：

保护模式允许位 PE：PE 位控制微处理器是进入实模式还是进入保护模式，因此又称为微处理器工作模式控制位。PE 清 “0”，为实模式；PE 置 “1”，为保护模式。系统开机或重启时 PE 清 “0”，微处理器处于实模式；若要进入保护模式；则必须通过程序将 PE 置为 “1”。

分页管理启用位 PG：PG 位控制禁止还是启用分页管理机制。PG 置 “0”，禁止使用分页机制，此时由分段机制形成的线性地址就作为物理地址；PG 置 “1”，启用分页机制，此时线性地址还不是物理地址，线性地址必须经分页转换才能形成物理地址。

表 12-3 列出了微处理器的工作方式与 PE/PG 的关系。由于 PG = 1 且 PE = 0 是非法组合（即实模式下不能使用分页管理，只有保护模式下才有分页），因此，当用 PG 为 1 和 PE 为 0 的值装入 CR_0 寄存器时将引起通用保护异常。

表 12-3　微处理器工作方式选择

PG	PE	微处理器工作方式	PG	PE	微处理器工作方式
0	0	实模式，禁止分页机制	1	0	非法组合，将引起通用保护异常
0	1	保护模式，禁止分页机制	1	1	保护模式，允许分页机制

协处理器操作控制位（MP、EM、TS、ET）：CR_0 中的位 1 ~ 位 4 分别标记为 MP（协处理器存在位）、EM（模拟位）、TS（任务切换位）、ET（扩展类型位），它们控制浮点协处理器的操作。

2）控制寄存器 CR_2。CR_2 由分页管理机制使用，用于报告发生页故障时的出错信息。如果某页不在存储器中，则在页转换时会发生缺页故障，此时，微处理器把引起页故障的线性地址保存在 CR_2 中。操作系统中的页故障处理程序通过检查 CR_2 的内容，就可查出是线性地址空间中的哪一页引起的故障。

3）控制寄存器 CR_3：CR_3 用于保存页表目录的起始物理地址，故称页目录表基地址寄存器 PDBR。CR_3 的高 20 位提供页目录表基地址的高 20 位，低 12 位中有两位属性，如图 12-5 所示。向 CR_3 中装入一个页目录表起始物理地址（基地址）时，低 12 位必须为 0；而从 CR_3 中取值时，低 12 位被忽略。

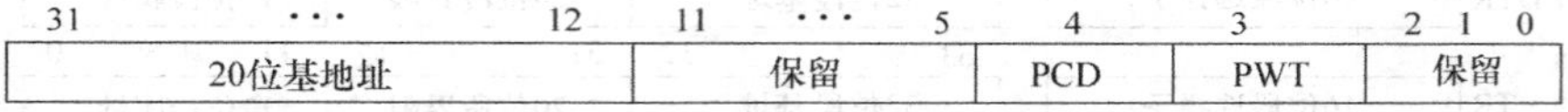

图 12-5　页目录表基址寄存器的格式

（3）调试寄存器组。80386 为程序员提供 8 个 32 位的调试寄存器，如图 12-6a 所示。DR_0 ~ DR_3 可用来设置 4 个断点地址；DR_4 和 DR_5 保留待用；DR_6 为断点状态寄存器，用于设置断点，其中保存了几个调试标志用以协助断点调试；DR_7 为断点控制寄存器，可通过对应位的设置来选择允许和禁止断点调试，同时用于显示断点的状态。

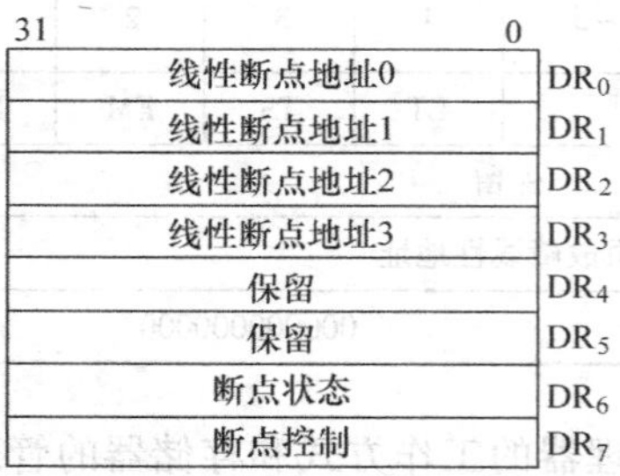

a) 调试寄存器组

b)测试寄存器组

图 12-6　调试寄存器组和测试寄存器组

（4）测试寄存器组。80386 设置了 8 个 32 位测试寄存器 TR_0 ~ TR_7，如图 12-6b 所示。TR_0 ~ TR_5 由 Intel 公司保留使用，用户只能访问 TR_6 和 TR_7。TR_6 是测试控制寄存器，TR_7 是测试状态寄存器，保留测试结果的状态。

12.2.3 系统复位后寄存器的状态

32 位处理器复位后内部主要寄存器的状态为：CS = 0F000H，与其相对应的 48 位不可见部分指明了 32 位的代码段段基值为 0FFFF0000H，DS = SS = ES = FS = GS = 0，其他所有段的段基地址都为 0；EIP = 0000FFF0H；FLAGS = 00000002H；CR_0 = 60000010H；CR_2 = CR_3 = 0；GDTR = IDTR = 00000000FFFFH；LDTR = 0；EDX 存放处理器 ID 号，其他寄存器全部为“0”。

系统复位后，由 CR_0 可知 PG = PE = 0，系统工作在实地址模式。由 CS 和 IP 的内容计算起始地址为 0F000H × 10H + FFF0H = 0FFFF0H，该地址在 ROM 区，对应一条跳转指令，使系统执行开机自检程序，然后装载操作系统。

系统复位后所有的描述符表基地址都是“0”，系统工作在保护模式下，可重新定位描述符表。

12.3 保护模式下的存储管理

在实模式下，一个物理地址由段地址和偏移地址两部分组成，段地址放在 16 位的段寄存器中，16 位的偏移地址在指令中指出。物理地址 = 段地址 × 10H + 偏移地址。但在 32 位保护模式下，段的基地址和偏移地址都是 32 位，每个段有各自的访问权限，因此分段管理变得复杂了，段寄存器内容的含义和实模式下有本质的区别。下面首先介绍与保护模式寻址有关的概念和术语，然后介绍如何寻址并给出实例。

12.3.1 段描述符及段描述符表

1. 段描述符

在保护模式下，可以实现多任务，任务间的存储空间是完全隔离的，可以定位在整个 2^{32}B 的存储空间中，因此不能像实模式一样用 16 位的段寄存器来保存段的基地址信息。另外，段的大小可以根据任务的不同而不同，段还有很多其他的属性。

IA-32 处理器用 64 位的段描述符（Segment Descriptor）来存储段的相关信息。段描述符描述了段的起始物理地址、段的大小和段的相关属性等信息，格式如图 12-7 所示。

<table>
<tr><td>63</td><td colspan="5">段基址（B31~B24）</td><td>G</td><td>D/B</td><td>0</td><td>AVL</td><td>段界
(L19~L16)</td><td>48</td></tr>
<tr><td>47</td><td>P</td><td>DPL</td><td>S</td><td>TYPE</td><td>A</td><td colspan="5">段基址（B23~B16）</td><td>32</td></tr>
<tr><td>31</td><td colspan="10">段基址（B15~B0）</td><td>16</td></tr>
<tr><td>15</td><td colspan="10">段界（L15~L0）</td><td>0</td></tr>
</table>

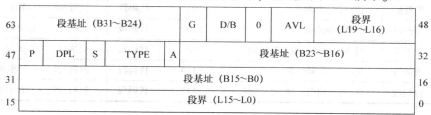

图 12-7 IA-32 处理器段描述符的格式

段基址指出了这个段在物理存储器的起始位置，由 32 位地址表示。其他各位的含义如下：

（1）G 粒度（Granularity）：表明段大小的度量单位。G = 0 时，段大小以字节为单位，段界的 20 位值为实际段限长，段界值范围为 00000H ~ FFFFFH，表示段的大小在 1B ~ 1MB 范围内。G = 1 时，段大小以 4KB 的页为单位，段大小为 1 ~ 1M 个页，即 4KB ~ 4GB 范围内。

【例 12-1】 假设段描述符的段界值为 001FFH，段基地址为 31270000H，分别求 G = 0 和 G = 1 时的段的末地址。

解：G = 0 时，段大小以字节为单位。段界值为 001FFH，段包含的字节数为段界值加 1，即段大小为（001FFH + 1 =)0200H 个字节，即 512B。段的末地址为 31270000H + 001FFH = 312701FFH。

G = 1 时，段大小以页为单位。段界值为 01FFH，表示段内页的个数为 01FFH + 1 = 0200H 个页，页的末地址为 0200H × 1000H − 1 = 1FFFFFH，所以段的末地址为段基地址 + 页的末地址 = 31270000H + 1FFFFFH = 3146FFFFH。

（2）D/B 默认宽度（Default Operation Size/Default Stack Pointer Size/or Upper Bound Flag）：当描述符指向的是可执行代码段时，这一位叫做 D 位，D = 1 使用 32 位地址和 32/8 位操作数，D = 0 使用 16 位地址和 16/8 位操作数；如果指向的是向下扩展的数据段，这一位叫做 B 位，B = 1 时段的上界为 4GB，B = 0 时段的上界为 64KB；如果指向的是堆栈段，这一位叫做 B 位，B = 1 使用 32 位操作数，堆栈指针用 ESP，B = 0 时使用 16 位操作数，堆栈指针用 SP。

（3）AVL 有效位（Aavailable for use by System Software）：AVL = 0，系统软件使用无效；AVL = 1，系统软件使用有效。

（4）P 存在位（Present）：P = 1，表示段在物理存储器中；P = 0 表示段不在物理存储器中。

（5）DPL 描述符特权级（Descriptor Privilege Level）：共 4 级（00 为 0 级，01 为 1 级，10 为 2 级，11 为 3 级），其中 0 级特权级最高，3 级为最低。

（6）S 段描述符特征位（Segment Descriptor）：S = 1 表示该描述符指向的是代码段或数据段；S = 0 表示该描述符指向的是系统段（任务状态段 TSS、局部描述符表 LDT）和门描述符。

（7）A 访问特征（Accessed）：A = 1 表示段选择子已经装入段寄存器或已被测试指令使用过；A = 0 表示该段还尚未访问过。

（8）TYPE 类型：说明段的类型和段的相关属性。当 S = 1 时，描述符为数据段或代码段的描述符，3 位 TYPE 类型和 A 访问特征在一起组合成 16 种状态，每种状态的含义见表 12-4。当 S = 0 时，描述符可能为 TSS、LDT 和 4 种门描述符，这里不详细介绍。

表 12-4　段的相关属性说明

TYPE 值	指定段	说　明	TYPE 值	指定段	说　明
0000	数据段	只读	1000	代码段	只执行
0001	数据段	只读、已访问	1001	代码段	只执行、已访问
0010	数据段	读/写	1010	代码段	执行/读
0011	数据段	读/写、已访问	1011	代码段	执行/读、已访问
0100	数据段	只读、向低扩展	1100	代码段	只执行、一致码段
0101	数据段	只读、向低扩展、已访问	1101	代码段	只执行、一致码段、已访问
0110	数据段	读/写、向低扩展	1110	代码段	执行/读、一致码段
0111	数据段	读/写、向低扩展、已访问	1111	代码段	执行/读、一致码段、已访问

2. 段描述符表

通过一个 64 位的段描述符可以找到段在物理内存的起始地址和它的访问权限等信息，要想访问一个段，就必须用一个 64 位长的段寄存器来保存该描述符。但 Intel 为了保持向下兼容，仍然将段寄存器规定为 16 位（但每个段寄存器都有一个 64 位长的不可见部分，程序员不能访问），程序员无法通过 16 位长度的段寄存器来直接引用 64 位的段描述符。因此将这些长度为 64 位的段描述符按照某一顺序放入数组中，这个数组就是段描述符表，它可以存放在内存的某个位置。此时段寄存器不再表示段基地址，而是表示这个段在段描述符表的索引信息，被称为段选择子。通过段选择子就可以在段描述符表里找到关于这个段的所有信息。

IA-32 系统中有 3 类段描述符表：

（1）全局段描述符表（Global Descriptor Table，GDT）。GDT 是保护模式必要的数据结构，整个系统中只有唯一的一张。它用来存放供所有任务共享的段的描述符信息和系统描述符信息，是全局可见的。GDT 可以被放在内存的任何位置，它的基地址和界限值存放在 GDTR 寄存器中。程序员将 GDT 设定在内存中某个位置之后，可以通过 LGDT 指令将 GDT 的入口地址装入此寄存器，这样，CPU 就将此寄存器中的内容作为 GDT 的入口来访问 GDT 了。

（2）局部描述符表（Local Descriptor Table，LDT）。LDT 是存放与任务本身相关的段描述符的内存区域。与 GDT 不同的是，LDT 在系统中可以有多个，每个任务最多可以拥有一个 LDT。从 LDT 的名字可以得知，LDT 不是全局可见的，它们只对引用它们的任务可见。另外，每一个 LDT 自身作为一个系统段，它们的段描述符被放在 GDT 中。如果一个任务拥有自身的 LDT，那么当它需要引用自身的 LDT 时，就需通过 16 位的局部描述符表寄存器 LDTR 在 GDT 中找到 LDT 描述符。LDT 描述符的基址及界限值会自动置入 LDTR 的高速缓存寄存器中，于是存储器便根据此高速缓存寄存器的值来确定局部描述符表的起始地址和段界限。

（3）中断描述符表（Interrupt Description Table，IDT）。保护模式下，存放 256 个中断门描述符的内存区域就是 IDT，整个系统只有一个 IDT。相关内容见 12.6 节。

3. 段选择子

在保护模式下，段寄存器被称为段选择子，它保存 GDT 或 LDT 的索引等相关信息，格式如图 12-8 所示。

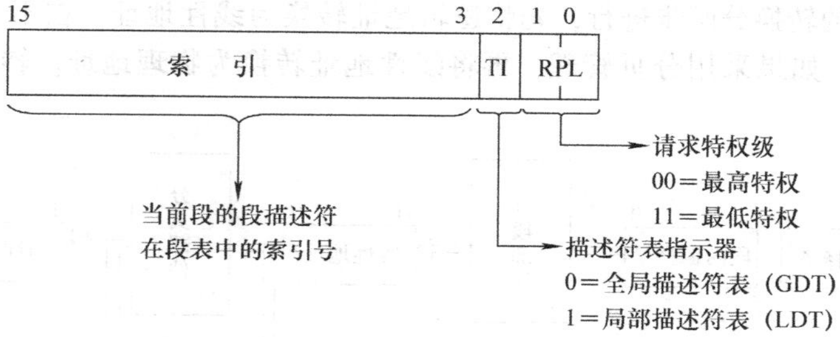

图 12-8 段选择子的格式

RPL：请求特权级。保存访问这个段所需的特权级（0～3），其中 0 为最高级，3 为最低级。

TI：描述符表指示器。表示选择子选择了哪一个描述符表：TI＝0，选择全局描述符表（GDT）；TI＝1，选择局部描述符表（LDT）。

索引：共 13 位，提供描述符在全局描述符表或者局部描述符表中的索引，对于每一个描述符表可指示 2^{13}（8KB）个描述符。因此，32 位处理器的虚拟地址空间最大为 $2^{13} \times 2 \times 2^{32}B = 64TB$。

对存储器寻址方式的操作数进行访问时，至少需要对存储器进行两次访问，即首先到存储器中的段表中找出段描述符，从段描述符中得到段基址后，需要再次访问存储器才能得到操作数，这样将大大降低寻址存储器操作数的速度。为了解决这一问题，80286 及其以后的 CPU 中设置了程序不可见的段描述符高速缓存寄存器来存储段描述符。

段描述符高速缓存寄存器是 80286 及其以后 CPU 内部对段描述符这样的数据结构的硬件支持，是对实地址方式下的段寄存器的扩展。对 80386 及其以后 CPU，段描述符高速缓存寄存器有 88 位，其中包含一个 32 位基地址、32 位段限和 24 位访问权限域。图 12-9 给出了 80386 段寄存器与段描述符高速缓存寄存器的结构。当段寄存器被装载后，系统会自动将段描述符的相关信息存放到段描述符高速缓存寄存器中。

16位段寄存器	32位段基地址	32位段限	24位访问权限
CS			
DS			
SS			
ES			
FS			
GS			

图 12-9　80386 段寄存器与段描述符高速缓存寄存器

12.3.2　保护方式下的 IA-32 处理器的地址转换

IA-32 处理器对存储器采用两级存储策略，即分段管理和分页管理，分别由分段部件和分页部件完成。分段部件的功能是完成由 48 位逻辑地址到 32 位线性地址的转换；分页部件的功能是完成 32 位线性地址到 32 位物理地址的转换。

32 位物理地址的转换分两步进行，先将逻辑地址转换为线性地址，在不分页的情况下，该地址就是物理地址，如果采用分页管理，再将线性地址转换为物理地址。转换过程如图 12-10 所示。

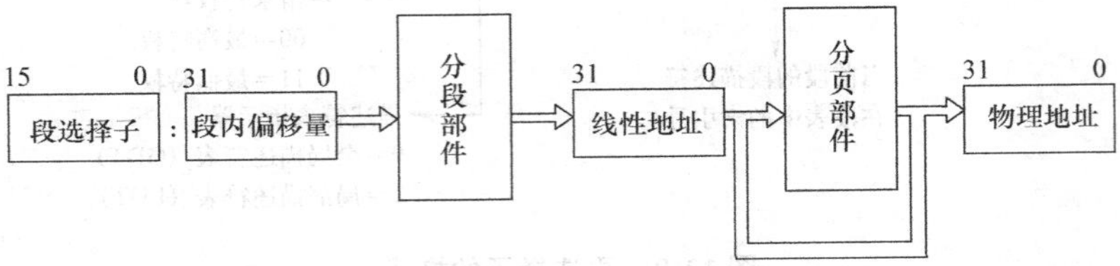

图 12-10　保护模式下 IA-32 处理器的地址转换过程

1. 分段管理

在保护模式下，指令中给出的是 48 位逻辑地址 xxxx：yyyyyyyy（16 位段选择子：32 位偏移地址）。分段部件的功能是将指令中给出的这 48 位逻辑地址，转变为 32 位线性地址。如在保护模式下执行指令“MOV EAX，[EBX]”，实现的功能是将逻辑地址 DS：EBX 对应的 32 位存储器操作数传送到 EAX 寄存器中，地址转换过程如图 12-11 所示。

如果 16 位选择子 xxxx 的 TI 位为 0，该段的描述符在 GDT 中。由于段描述符有 8 个字节，用段选择子 xxxx 的高 13 位作为索引值乘以 8 再与 GDTR 寄存器中 GDT 基地址相加才能得到该描述符所在地址；根据该地址取出 64 位的段描述符，就得到了段基址、段限长、优先级等信息；用段基址加上 32 位的偏移地址 yyyyyyyy 得到的 32 位地址就是线性地址。

如果 16 位选择子 xxxx 中 TI 位为 1，说明该段描述符在 LDT 中。LDT 是个系统段，描述该段的基地址、界限和属性等相关信息的描述符放在 GDT 中。首先根据 LDTR 在 GDT 中找到该 LDT 的描述符，得到 LDT 的基地址信息；再通过段选择子 xxxx 的高 13 位乘以 8 加上 LDT 的段基地址，得到了该描述符在 LDT 中的位置；取出该描述符得到该段的段基地址、界限和属性信息；用该段基地址加上 32 位的偏移地址 yyyyyyyy 得到的 32 位地址就是线性地址。

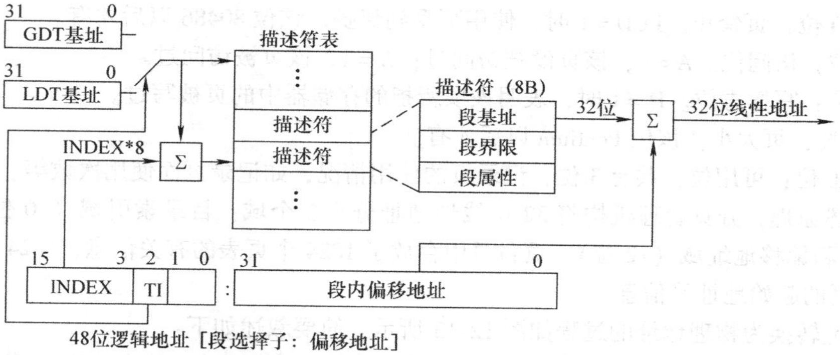

图 12-11 逻辑地址到线性地址的转换过程

分段部件除了完成逻辑地址到线性地址的转换外，还要根据描述符给出的界限和属性等进行保护检测，如果出现违反保护权限的操作，则出现异常中断。

2. 分页管理

分页部件接到分段部件给出的 32 位线性地址后，通过页的转换得到物理地址。在禁止分页的情况下，线性地址就是物理地址。

在 IA-32 处理器中，段的长度在4GB 以内是可变的，取决于段的界限值，而页的长度是固定不变的，恒为4KB 或4MB 或2MB。有了分页功能，就只需要把每个活动任务当前所需的少量页面存放到内存中，从而提高了存取效率。这里以4KB 大小的页为例来介绍分页管理。

分页部件把内存分成一个一个连续的页，每页大小4KB。与段不同，页不是程序功能块的体现，一个程序功能块可能占用好多个页。现在内存就像一本书了，由一页一页的内容组成，每页的容量都是相等的。要想能够很快地找到某页，最好是给这本书分章节，然后逐级地向下查询。这就是 32 位 CPU 里页目录和页表所起的作用。32 位处理器能访问的 4GB 的内存空间被分成 $2^{20}=1M$ 个页面。每个页面的起始地址和相关信息用4B（共32 位）来保存，高20 位为基地址，低 12 位为0。1024 个页的起始地址等信息为 4KB，正好可以存放在一个页面中，该页被称为页表，页表的每一个页表项存放一个页的相关信息。1M 个页的全部信息需要1024 个页表来存放，这 1024 个页表的起始地址和相关信息正好也为4KB，被放在一个称为页目录表的页面里。页目录表的每一项为页表的相关信息。页表项和页目录表项的结构如图 12-12 所示。高 20 位决定页表或页的基地址，该地址对应于页目录项，决定页表的起始地址；对应于页表项，则决定页的起始地址。真正取其起始地址的时候将相关项的低 12 位清“0”，构成32 位的基地址。低 12 位为进行页保护时权限检查使用，定义如下：

31 … 12	11…9	8	7	6	5	4	3	2	1	0
20位基地址	Avail	G	PS	D	A	PCD	PWT	U/S	R/W	P

图 12-12 页表项和页目录表项的格式

（1）P 位：该位为存在位。P=1 表示该项里的页地址映射到物理存储器中的一个页；P=0 表示该项里的页地址没有映射到物理存储器中，或者说该项所指页不在物理存储器中。

（2）R/W 位：读/写位。R/W=0 时只读，R/W=1 时可读可写。该位用于实现页级保护，不用于地址转换。

（3）U/S 位：用户/超级管理者。U/S=0，该页给超级管理者使用；U/S=1，该页给用户使用。该位用于实现页级保护，不用于地址转换。

（4）PWT 位：页写到底。PWT=0，回写；PWT=1 时写到底。该位 80486 以后才有。

（5）PCD 位：页禁止。PCD=1 时，使用页受到保护。该位 80486 以后才有。

（6）A 位：访问位。A=0，该页没被访问过；A=1，该页被访问过。

（7）D 位：写标志位。D=1 时，表明该项所指的存储器中的页被写过。

（8）PS 位：页大小。该位 Pentium 以后才有。

（9）AVL 位：可用位，共有 3 位，记录页的使用情况，如记录页面使用次数等。

根据上述原理，分页管理机构将 32 位线性地址分为 3 个域：目录索引域（10 位）、表索引域（10 位）和偏移地址域（12 位）。页目录中存放了 1024 个页表的有关信息，1024 个页表中存放了 1M 个页的起始地址等信息。

线性地址转换为物理地址的过程如图 12-13 所示，简要叙述如下：

（1）将 CR_3 中页目录表基地址（低 12 位清“0”）与 32 位线性地址中的高 10 位（目录索引地址）乘以 4 得到的 12 位地址拼接后得到页目录表中页目录项地址。

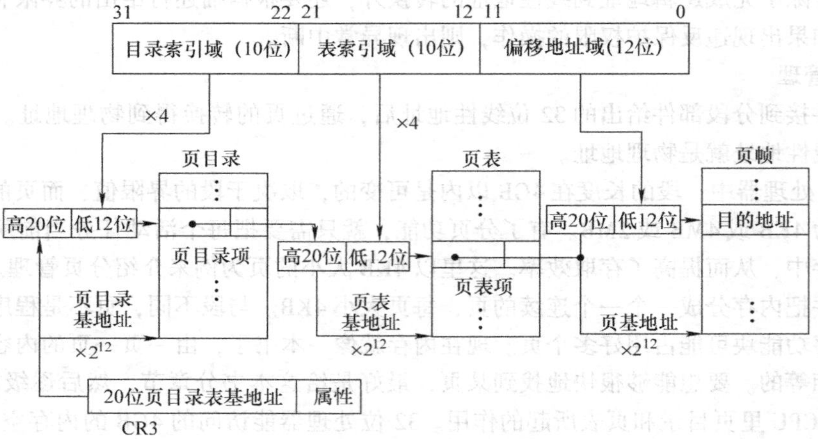

图 12-13　线性地址到物理地址的转换

（2）从页目录项中得到该页表在存储器中的基地址（高 20 位地址有效，低 12 位清“0”），与线性地址中的表索引域的 10 位地址乘以 4 后拼接即可得到页表项的地址。

（3）从页表项中得到页在存储器中的高 20 位地址，与线性地址中低 12 位提供的偏移地址拼接，即可得到操作数的物理地址。

3. 保护方式下物理地址形成过程举例

【例 12-2】 假设（DS）=0103H，（EBX）=01006344H，（GDTR）=3127000003FFH，(CR_3)=00201000H。LDT 的首地址为 00560000H。内存有关数据见表 12-5。

求：

（1）(CR_0)=60000010H 时，求指令“MOV　EAX，[EBX]”源操作数所在的物理地址，并找出指令执行后 EAX 的值。

（2）(CR_0)=60000011H 时，求指令“MOV　EAX，[EBX]”源操作数所在的物理地址，并找出指令执行后 EAX 的值。

（3）(CR_0)=E0000011H 时，求指令“MOV　EAX，[EBX]”源操作数所在的物理地址，并找出指令执行后 EAX 的值。

解：

（1）(CR_0)=60000010H 时，由 CR_0 格式知 PE=0，因此该题就是求实模式下的物理地址。

表 12-5 内存有关数据

地址	数据	地址	数据	地址	数据
00007374H	54H	00201020H	47H	3117001AH	12H
00007375H	76H	00201021H	01H	3117001BH	7BH
00007376H	33H	00201022H	17H	3117001CH	47H
00007377H	8FH	00201023H	31H	3117001DH	11H
00007378H	97H	00201024H	D8H	3117001EH	20H
00007379H	88H	00201025H	3FH	3117001FH	00H
⋮	⋮	⋮	⋮	⋮	⋮
02007340H	8AH	00201340H	5FH	31270100H	FFH
02007341H	79H	00201341H	45H	31270101H	FFH
02007342H	24H	00201342H	32H	31270102H	00H
02007343H	43H	00201343H	33H	31270103H	10H
02007344H	12H	00201344H	37H	31270104H	00H
02007345H	87H	00201345H	99H	31270105H	F5H
02007346H	F3H	00201346H	4FH	31270106H	40H
02007347H	25H	00201347H	6BH	31270107H	01H
02007348H	10H	00201348H	3FH	31270108H	10H
02007349H	12H	00201349H	28H	31270109H	35H
02007350H	09H	00201350H	22H	31270110H	23H

物理地址 = 20 位段基址 + 16 位偏移地址 = (DS) × 16 + 6344H

= 01030H + 6344H = 07374H 执行后 EAX 的值为 8F337654H。

(2)(CR_0) = 60000011H 时，由 CR_0 格式知 PE = 1 且 PG = 0，因此该题就是求保护模式下只分段不分页的情况，即求线性地址。段选择子（DS）= 0103H = 0000 0001 0000 0011B，TI = 0 表示选中 GDT，RPL = 11 表示该段为普通用户程序使用，索引值 × 8 = 0000 0001 0000 0B × 8 = 0100H。已知（GDTR）= 3127000003FFH，GDT 的基地址为 31270000H。所以，描述符内存地址 = 31270000H + 0100H = 31270100H。从 31270100H 开始连续 8B 即为段描述符，段描述符为 0140 F500 1000 FFFFH，对照图 12-7 中的段描述符格式知，此段的段基地址为 01001000H。所以，物理地址 = 线性地址 = 32 位段基地址 + 32 位偏移地址 = 01001000H + 01006344H = 02007344H，指令执行后（EAX）= 25F38712H。

(3)(CR_0) = E0000011H 时，由 CR_0 格式知 PE = 1 且 PG = 1，因此是求保护模式下既分段又分页的物理地址，需要对通过（2）求得的线性地址再进行分页处理。已求得线性地址为 02007344H = 0000 0010 0000 0000 0111 0011 0100 0100B，其中页目录索引为 0000 0010 00B，页索引为 00 0000 0111B，页内偏移量为 344H。

页目录项地址 = 页目录表基地址(CR_3) + 页目录索引 ×4

= 00201000H + 0000 0010 00B ×4 = 00201000H + 020H = 00201020H。

从 00201020H 开始的连续 4B 存放的页目录项为 31170147H，根据图 12-12 中页目录项格式可知，页表基地址 = 31170000H。

页表项地址 = 页表基地址 + 页表索引 ×4

= 31170000H + 00 0000 0111B ×4 = 31170000H + 01CH = 3117001CH。

从内存3117001CH开始的连续4B存放的页表项为00201147H，因此页基地址为00201000H。

物理地址=32位页基地址+12位页内偏移地址=00201000H+344H=00201344H。

执行后（EAX）=6B4F9937H。

12.4 IA-32处理器的指令系统

8086的指令系统是IA-32处理器的基本指令系统，它的指令编码、寻址方式与Intel的80x86系列处理器工作在实模式下的寻址方式是完全相同的。由于从80386起增加了虚拟地址模式，因此增加了虚拟地址模式下的寻址方式，其指令系统也随之扩充，功能进一步增强。本节以80386为例，简要介绍IA-32处理器在8086指令系统基础上新增的寻址方式和扩展的指令功能。

12.4.1 寻址方式

80386的寻址方式包括立即寻址、寄存器寻址和存储器寻址方式3大类。

立即寻址方式的操作数为操作码的一部分，立即数可以为8位、16位或32位。

寄存器寻址方式的操作数放在某一个8位、16位或者32位的寄存器中。

存储器寻址方式中，操作数放在存储器中的存储单元中。存储器的逻辑地址由16位的段选择子和32位的偏移地址组成。根据段选择子的内容在描述符表中找到对应段的段描述符，分离出32位段基地址；偏移地址通过位移量、基址、变址和比例因子4种地址元素的某种组合计算得到。一般情况下，偏移地址（也称为有效地址）的计算公式为

EA=基址寄存器+(变址寄存器×比例因子)+位移量

在32位寻址中，8个32位的通用寄存器（EAX、EBX、ECX、EDX、ESI、EDI、ESP和EBP）都可以用作间接寻址，除ESP和EBP默认数据在堆栈段外，其他通用寄存器做间接寻址时，都默认在数据段。在基址、变址、相对寻址方式中，当位移量是32位时，基址寄存器和变址寄存器可以是任意一个通用寄存器，由基地址所在的寄存器决定数据默认在哪一个段。在带比例因子的变址寻址中，比例因子的选取与操作数的长度相同，如操作数可以是1B、2B、4B和8B，相应地，比例因子可以是1，2，4，8，乘以比例因子的那个寄存器被认为是变址寄存器，操作数默认段由基址寄存器决定。

除保留8086的寻址方式外，32位处理器还提供了下面几种寻址方式。

(1) 带比例因子的变址寻址。在此种方式中，变址寄存器的内容乘以比例因子，形成操作数的有效地址。例如：

```
MOV EAX,[ESI* 4]
```

EA=(ESI)×4，操作数在数据段。

(2) 带比例因子的基址变址寻址。在此种方式中，变址寄存器的内容乘以比例因子，再加上基址寄存器的内容，形成操作数的有效地址。例如：

```
MOV EAX,[ECX][EDX* 4]
```

EA=(ECX)+(EDX)×4，操作数在数据段。

```
MOV EAX,[EBP][EDX* 4]
```

EA=(EBP)+(EDX)×4，操作数在堆栈段。

(3) 带位移量，带比例因子的基址变址寻址。在此种方式中，变址寄存器的内容乘以比例因子，乘积加上基址寄存器的内容，再加上位移量形成操作数的有效地址。例如：

```
MOV EAX,TABLE[ECX][EDX* 4]
```

EA=(ECX)+(EDX)×4+TABLE，操作数在数据段。

12.4.2 IA-32 处理器的扩展指令简述

随着 Intel 系列处理器的字长从 16 位扩展到 32 位，其指令系统也随之得到了相应的扩充和增强。除加强了部分 8086 指令的功能外，还增加了一些新的指令，使程序编写更加方便。下面做简要介绍：

1. 指令集的 32 位扩展

（1）所有指令的操作数都可以扩展为 32 位字长，例如：

```
MOV EAX,12345678H              ;数据传送的宽度扩展到 32 位
ADD EBX,EDX                    ;算术指令都可以扩展到 32 位操作数
OR EAX,3456H                   ;逻辑运算指令可扩展到 32 位操作数
```

（2）使用方式的扩展。主要是对某些指令增加了立即数方式，带符号乘指令增加了 16/32 位的二操作数指令和三操作数指令，使其应用更加灵活。例如：

```
PUSH  1234H                          ;可直接使用 8 位、16 位、32 位立即数方式
SAL/SAR/SHL/SHR EAX,4                ;可以用立即数指定 0～31 的移位次数
ROL/ROR/RCL/RCR EAX,16               ;可以用立即数指定 0～31 的移位次数
IMUL  AX,1234H                       ;(AX)←(AX)* (1234H),两操作数 16 位乘
IMUL  AX,BX,84H                      ;(AX)←(BX)* (0FF84H),8 位立即数要进行
                                     ;符号扩展
IMUL  EAX,EDX                        ;(EAX)←(EAX)* (EDX),两操作数 32 位乘
IMUL  EAX,DWORD PTR[ESI],12345678H   ;(EAX)←32 位存储器数* 立即数
```

2. 扩展原有功能的指令

（1）传送指令：

```
MOVZX reg,reg/mem                    ;将 8/16 位的无符号数扩展为 16/32 位
MOVSX reg,reg/mem                    ;将 8/16 位的带符号数扩展为 16/32 位
```

（2）堆栈操作指令：

```
PUSHA/POPA                           ;全部 16 位寄存器入栈/出栈指令
PUSHAD/POPAD                         ;全部 32 位寄存器入栈/出栈指令
PUSHFD/POPFD                         ;32 位标志寄存器入栈/出栈指令
```

（3）串输入/串输出指令：

```
INS(INSB/INSW/INSD)                  ;从 I/O 设备传送字节、字或双字到由 ES:DI 或者 ES:
                                     ;EDI 寻址的存储单元
OUTS(OUTSB/OUTSW/OUTSD)              ;将 DS:SI 或者 DS:ESI 指定的字节、字或双字数据从
                                     ;I/O 设备上输出
```

3. 位操作指令

（1）移位指令：

```
SHLD reg/mem, reg, imm     ;将操作数 reg/mem 的内容左移 imm 位,并将 reg 操作数的左边 imm
                           ;位移入 reg/mem 中,reg 自身不变
SHRD reg/mem, reg, imm     ;将操作数 reg/mem 的内容右移 imm 位,并将 reg 操作数的右边 imm
                           ;位移入 reg/mem 中,reg 自身不变
```

（2）位测试指令：位测试指令用于测试目的操作数的单个位，该位的位号由指令中源操作数指出，源操作数可以是寄存器也可以是立即数。

```
BT reg/mem, reg/mem        ;测试目标操作数中由源操作数所指定的位的状态,并将该位复制到 CF 中
BTC reg/mem, reg/mem       ;测试目标操作数中由源操作数所指定的位的状态,并将该位取反后
```

```
                              ;复制到 CF 中
BTR reg/mem, reg/mem          ;测试目标操作数中由源操作数所指定的位的状态,并将该位复制到
                              ;CF 中后清 0
BTS reg/mem, reg/mem          ;测试目标操作数中由源操作数所指定的位的状态,并将该位复制到
                              ;CF 中后置 1
BSF reg, reg/mem              ;向前扫描指令,将源操作数从低位到高位进行扫描,并将扫描到的第
                              ;一个"1"的位序送入目的寄存器中。如果被扫描数全为"0",则置
                              ;ZF 标志为"1",否则 ZF 标志清 0
BSR reg, reg/mem              ;向后扫描指令,指令功能与 BSF 类似,只是扫描时从高位到低位进行
```

4. 高级语言和系统保护类指令

（1）高级语言类指令：

```
BOUND reg, mem       ; 检查 reg 中的数值是否在 mem 操作数所指定的内存区域内。
ENTER imm16, imm8    ; 该指令为过程参数建立一个堆栈区，imm16 指出过程所需要的堆
                     ; 栈字节数，imm8 指出过程的嵌套层数（0~31）。
LEAVE                ; 无操作数，用于撤消前面 ENTER 指令建立的堆栈区。
```

（2）保护模式的系统控制类指令：

LGDT 指令将操作数所指定的 6B 内容装入全局描述符表寄存器 GDTR 中。

SGDT 指令将 GDTR 中的 48 位 数存入操作数所指定的 6B 存储单元中。

LLDT 指令将操作数所指定的 16 位选择子装入局部描述符表寄存器 LDTR 中。

SLDT 指令将 LDTR 中的 16 位选择子存入到操作数所指定的存储单元中。

SIDT 指令将 IDTR 中的 48 位数存入操作数所指定的 6B 存储单元中。

LMSW 指令将操作数装入 CR_0 中的 0~15 位中。

SMSW 指令将 CR_0 中的 0~15 位存入操作数所指定的通用寄存器或存储单元中；

LTR 指令将操作数所表示的任务状态段选择子装入到任务寄存器 TR 中，并自动将任务状态段描述符装入到内部相应的 64 位描述符寄存器中；

STR 指令将 TR 的 16 位选择子存入到操作数所指定的 16 位寄存器或存储单元中。

（3）条件设置指令：

SETx　reg8/mem8；根据判断的条件 x 设置所选择的操作数，SET 指令唯一的操作数是一个字节的寄存器或者存储单元。若条件成立则设置操作数为“1”；否则设置为“0”。SETx 指令的功能见表 12-6。

表 12-6　SETx 指令

指　令	含　义	指　令	含　义	指　令	含　义
SETA	高于（无符号）	SETE	相等	SETL	小于（有符号）
SETB	低于（无符号）	SETZ	等于 0	SETG	大于（有符号）
SETNA	不高于	SETNE	不相等	SETNGE	不大于或等于
SETNB	不低于	SETNZ	非 0	SETNL	不小于
SETAE	高于或等于	SETS	负	SETGE	大于或等于
SETNAE	不高于或等于	SETNS	非负	SETLE	小于或等于
SETBE	低于或等于	SETP	偶	SETNG	不大于
SETNBE	不低于或等于	SETPE	偶	SETNLE	不小于或等于
SETO	溢出	SETNP	奇		
SETNO	无溢出	SETPO	奇		

12.5 IA-32 处理器的外部特性、存储器组织及 I/O 组织

12.5.1 IA-32 处理器的外部特性

32 位微处理器的典型代表是 Intel 的 80386 和 80486。80386 具有 132 根引脚，80486 具有 168 根引脚，都采用了插针网格阵列封装（Ceramic Pin Grid Array Package，CPGA）形式，如图 12-14 所示。

图 12-14 80486 的引脚及封装

1. 引脚特性

虽然引脚数量不同，但 80386 和 80486 的引脚设置存在很多相同的地方。

1）具有 32 根数据引脚 $D_{31} \sim D_0$，一次总线操作可以访问 1、2 或 4B 数据。

2）具有 4 个使能信号$\overline{BE_3} \sim \overline{BE_0}$，用于控制通过 32 位数据总线进行数据传送的形式，通常用于选择 4 个 8 位存储体或者 4 个 8 位 I/O 体。

$\overline{BE_0}$为低电平，通过 $D_7 \sim D_0$ 传送；$\overline{BE_1}$为低电平，通过 $D_{15} \sim D_8$ 传送；$\overline{BE_2}$为低电平，通过 $D_{23} \sim D_{16}$传送；$\overline{BE_3}$为低电平，通过 $D_{31} \sim D_{24}$传送。

3）具有 30 根地址引脚 $A_{31} \sim A_2$。需要注意的是，虽然只有 30 根地址引脚，但系统地址总线却有 32 根信号线 $A_{31} \sim A_0$，其中 A_1、A_0 隐含在 4 个使能信号中，可以在 CPU 外部通过译码电路对 4 个使能信号译码后得到 A_1 和 A_0，它们之间的关系见表 12-7。

表 12-7 字节使能信号与 A_1、A_0 的关系

$\overline{BE_3}$	$\overline{BE_2}$	$\overline{BE_1}$	$\overline{BE_0}$	A_1	A_0
—	—	—	0	0	0
—	—	0	1	0	1
—	0	1	1	1	0
0	1	1	1	1	1

4）具有两根输入方向的数据总线宽度控制引脚$\overline{BS_8}$和$\overline{BS_{16}}$，用于控制每次通过数据总线传送数据的最大长度。它们与 4 个使能信号以及所使用数据信号线的关系见表 12-8。$\overline{BS_8}=0$ 时为 8 位传送；$\overline{BS_8}=1$ 且$\overline{BS_{16}}=0$ 时为 16 位传送；$\overline{BS_8}=\overline{BS_{16}}=1$ 时为 32 位传送。

表 12-8 所用数据线与$\overline{BE_3} \sim \overline{BE_0}$、$\overline{BS_8}$、$\overline{BS_{16}}$间的关系

$\overline{BE_3}$	$\overline{BE_2}$	$\overline{BE_1}$	$\overline{BE_0}$	$\overline{BS_8}=\overline{BS_{16}}=1$	$\overline{BS_8}=1$ $\overline{BS_{16}}=0$	$\overline{BS_8}=0$
1	1	1	0	$D_7 \sim D_0$	$D_7 \sim D_0$	$D_7 \sim D_0$
1	1	0	0	$D_{15} \sim D_0$	$D_{15} \sim D_0$	$D_7 \sim D_0$
1	0	0	0	$D_{23} \sim D_0$	$D_{15} \sim D_0$	$D_7 \sim D_0$
0	0	0	0	$D_{31} \sim D_0$	$D_{15} \sim D_0$	$D_7 \sim D_0$
1	1	0	1	$D_{15} \sim D_8$	$D_{15} \sim D_8$	$D_{15} \sim D_8$
1	0	0	1	$D_{23} \sim D_8$	$D_{23} \sim D_8$	$D_{15} \sim D_8$

（续）

$\overline{BE_3}$	$\overline{BE_2}$	$\overline{BE_1}$	$\overline{BE_0}$	$\overline{BS_8}=\overline{BS_{16}}=1$	$\overline{BS_8}=1$ $\overline{BS_{16}}=0$	$\overline{BS_8}=0$
0	0	0	1	$D_{31}\sim D_8$	$D_{23}\sim D_8$	$D_{15}\sim D_8$
1	0	1	1	$D_{23}\sim D_{16}$	$D_{23}\sim D_{16}$	$D_{23}\sim D_{16}$
0	0	1	1	$D_{31}\sim D_{16}$	$D_{31}\sim D_{16}$	$D_{23}\sim D_{16}$
0	1	1	1	$D_{31}\sim D_{24}$	$D_{31}\sim D_{24}$	$D_{31}\sim D_{24}$

5）写/读控制引脚 $W/\overline{R}$：输出高电平表示写操作，低电平表示读操作。

6）数据/控制引脚 $D/\overline{C}$：输出高电平表示正在进行数据传送任务，低电平表示正在执行控制操作。

7）地址/数据选择引脚 $\overline{ADS}$：输出低电平表示正在输出地址，高电平表示正在传送数据。该引脚变为低电平代表一个总线周期的开始。

8）下一个地址请求引脚 $\overline{NA}$：输出低电平时允许地址流水线操作，高电平时为非地址流水线操作。

另外，从 80486 开始的 Intel 系列微处理器还提供了地址位 20 屏蔽引脚 $\overline{A20M}$，输出低电平表示屏蔽 A_{20} 及以上的系统地址线，只通过 $A_{19}\sim A_0$ 传送 20 位地址信息。在实模式下，通过使该信号有效可以屏蔽高位系统地址信号，将访问主存储器的空间限定在 1MB。

2. IA-32 处理器的总线周期

引脚 $M/\overline{IO}$、$W/\overline{R}$ 和 $D/\overline{C}$ 上的信号组合决定了 80386、80486 的总线操作类型，见表 12-9。

表 12-9　80386、80486 的总线操作类型

$M/\overline{IO}$	$W/\overline{R}$	$D/\overline{C}$	总线周期类型	对应总线信号
0	0	0	中断响应	$\overline{INTA}$
0	0	1	读 I/O	$\overline{IORC}$
0	1	0	不可能出现	—
0	1	1	写 I/O	$\overline{IOWC}$
1	0	0	读存储器命令（取指令）	$\overline{MRDC}$
1	0	1	读存储器数据	$\overline{MRDC}$
1	1	0	读停止/停机	—
1	1	1	写存储器数据	$\overline{MWTC}$

80386、80486 的读/写总线周期时序有两种：一种为非地址流水线方式总线时序，另一种为地址流水线方式总线时序。当 $\overline{NA}=1$ 时为非流水线方式，如图 12-15a 所示。一个基本的总线周期由两个 T 状态组成。在 T_1 状态时 $\overline{ADS}$ 为低电平，表示总线周期的开始，此时地址总线送出主存或外设地址；在 T_2 状态时 $\overline{ADS}$ 变换成高电平，通过数据总线传送数据。如果在 T_2 状态的前沿检测到就绪引脚 $\overline{READY}$ 为无效状态（高电平），则在 T_1、T_2 间插入若干个 T_w 等待状态。

需要注意的是，80386 的每一个 T 状态包含两个 CLK 时钟周期（如图 12-15 所示），而从 80486 开始的 Intel 系列微型计算机系统中，一个 T 状态只包含 1 个 CLK 时钟周期。

当 $\overline{NA}=0$ 时为流水线方式，如图 12-15b 所示。一个基本的总线周期由 5 个 T 状态组成。在 T_1 状态时 $\overline{ADS}$ 为低电平，表示总线周期的开始，此时地址总线送出主存或外设地址；后续的 4 个 T_2 状态用于连续进行 4 次数据传输。这种方式的实质就是对外连续进行 4 次访问，后面 3 次访问的地址译码和上一次访问的数据传输在时间上是重叠的，从而能够极大的提高数据传输率。

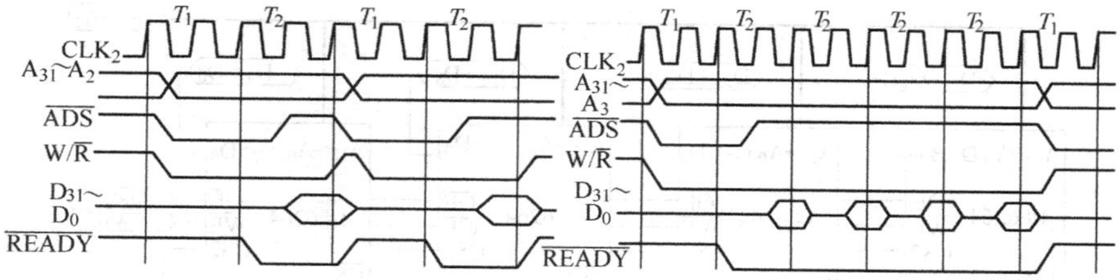

a) 非流水线总线时序　　b) 流水线总线时序

图 12-15　读写总线总线时序

在地址流水线方式下，只要微处理器检测到就绪引脚$\overline{READY}$为无效状态（高电平）就会退出地址流水线方式。

12.5.2　IA-32 处理器的存储器组织

1. 32 位存储器组织

80386、80486 计算机系统中，具有 32 位地址总线 $A_{31} \sim A_0$ 和 32 位数据总线 $D_{31} \sim D_0$，处理器每次访问存储器能访问 1B、2B 或 4B 信息。如图 12-16 所示，计算机系统中的主存储器理论上最多包含 4G 个字节存储单元，被分为 4 个 1G×8 的存储体，每个存储体具有 8 根数据引脚（$D_7 \sim D_0$）和 30 根地址引脚（$A_{29} \sim A_0$）。各存储区的 30 根地址引脚并联到地址总线中的 $A_{31} \sim A_2$，各自的 8 根数据引脚分别连接到数据总线中的 $D_{31} \sim D_{24}$、$D_{23} \sim D_{16}$、$D_{15} \sim D_8$ 和 $D_7 \sim D_0$。4 个字节使能信号$\overline{BE_3} \sim \overline{BE_0}$用来选择 4 个存储区。

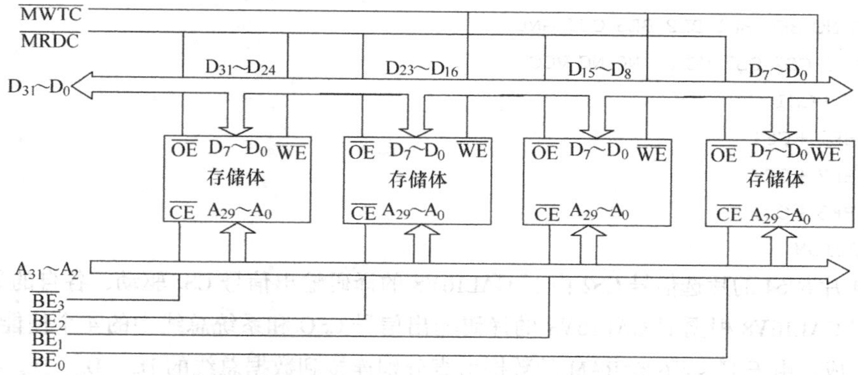

图 12-16　80386 和 80486 中的 32 位存储器组织

【例 12-3】在 80386、80486 计算机系统中，用 4 片 8K×8 的 6264 SRAM 和两片 GAL16V8 构建地址连续的 32KB 主存区域，扩展逻辑如图 12-17 所示。阅读扩展逻辑框图和两片 GAL16V8 的地址译码源程序，然后确定 4 片 6264 的物理地址范围。

1# GAL16V8 的地址译码源程序：

```
GAL16V8A
……
NC A15 A16 A17 A18 A19 A20 A21 A22 GND
NC NC CS2 NC NC NC NC NC CSO VCC
……
CS2 = /A15* A16* /A17* A18
CSO = A19  + /A20 + A21 + A22
```

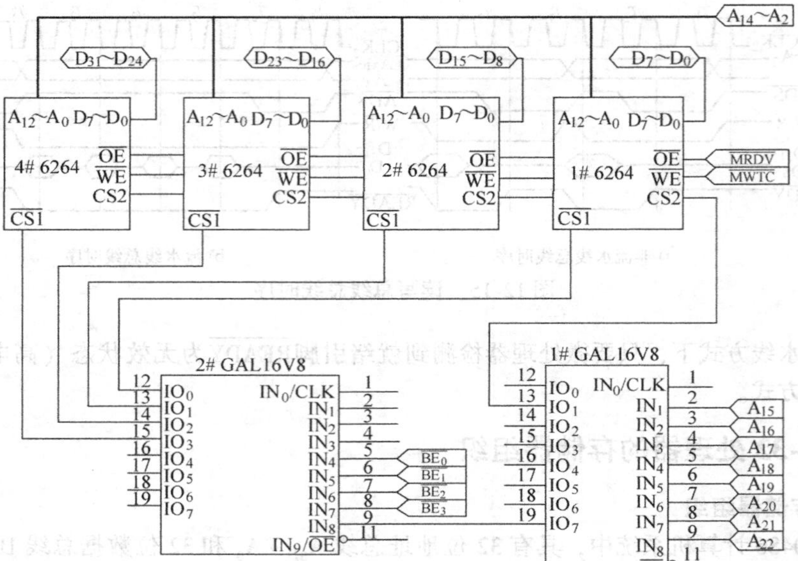

图 12-17　32 位存储器扩展示例

```
DESCRIPTION
```

$2^{\#}$ GAL16V8 的地址译码源程序：

```
GAL16V8A
NC NC NC NC BE0 BE1 BE2 BE3 CSI GND
NC CS0 CS1 CS2 CS3 NC NC NC NC VCC
CS0 = BE0 + CSI
CS1 = + BE1 + CSI
CS2 = + BE2 + CSI
CS3 = + BE3 + CSI
DESCRIPTION
```

分析：4 片 6264 的片选信号 CS2 由 $1^{\#}$ GAL16V8 的译码输出信号 CS_2 驱动，各自的另一个片选信号$\overline{CS_1}$由 $2^{\#}$ GAL16V8 根据 $1^{\#}$ GAL16V8 的译码输出信号 CSO 和系统总线中的 4 个使能信号$\overline{BE_3}$ ~ $\overline{BE_0}$译码后生成。由于 $1^{\#}$ ~ $4^{\#}$6264RAM 的数据引脚分别连接到数据总线的 D_7 ~ D_0、D_{15} ~ D_8、D_{23} ~ D_{16}和 D_{31} ~ D_{24}，所以$\overline{BE_0}$ ~ $\overline{BE_3}$分别有效时应分别选择 $1^{\#}$ ~ $4^{\#}$6264 RAM。而且由于有部分系统地址线没有参与译码，因此片选信号的生成方式属于部分译码法，存在地址重叠现象，当这些地址信息都取“0”时确定出的地址称为基本地址。4 片 6264 RAM 的基本地址范围见表 12-10。

表 12-10　4 片 6264 RAM 的基本地址范围

6264 序号	A_{31} ~ A_{23}（未用）	A_{22} ~ A_{19}（CSO）	A_{18} ~ A_{15}（CS2）	A_{14} ~ A_2	A_1、A_0（BE_i）	基本地址范围
$1^{\#}$	全 0	0010	1010	全 0 ~ 全 1	00（$\overline{BE_0}$）	150000H ~ 157FFCH 中间隔 4 的地址
$2^{\#}$	全 0	0010	1010	全 0 ~ 全 1	01（$\overline{BE_1}$）	150001H ~ 157FFDH 中间隔 4 的地址
$3^{\#}$	全 0	0010	1010	全 0 ~ 全 1	10（$\overline{BE_2}$）	150002H ~ 157FFEH 中间隔 4 的地址

（续）

6264 序号	$A_{31}\sim A_{23}$（未用）	$A_{22}\sim A_{19}$（CSO）	$A_{18}\sim A_{15}$（CS2）	$A_{14}\sim A_2$	A_1、A_0（$\overline{BE_i}$）	基本地址范围
4#	全0	0010	1010	全0~全1	11（$\overline{BE_3}$）	150003H~157FFFH 中间隔4的地址

2. 64 位存储器组织

Pentium Pro 之后的 Pentium 系列、Core 系列计算机系统中，具有 36 位地址总线（$A_{35}\sim A_0$）和64位数据总线（$D_{63}\sim D_0$），处理器每次访问存储器能访问 1B、2B、4B 或 8B 信息。如图12-18所示，计算机系统中的主存储器最多包含64GB单元，被分为8个8位的存储体，每个存储体具有8根数据引脚（$D_7\sim D_0$）和若干根地址引脚（$A_i\sim A_0$）。各存储体的地址引脚并联到地址总线中的 $A_{i+3}\sim A_3$，各自的8根数据引脚分别连接到数据总线中的各8位，如 $D_{63}\sim D_{56}$、$D_{55}\sim D_{48}$、…、$D_{15}\sim D_8$ 和 $D_7\sim D_0$。8B 使能信号$\overline{BE_7}\sim\overline{BE_0}$用来选择8个存储区。

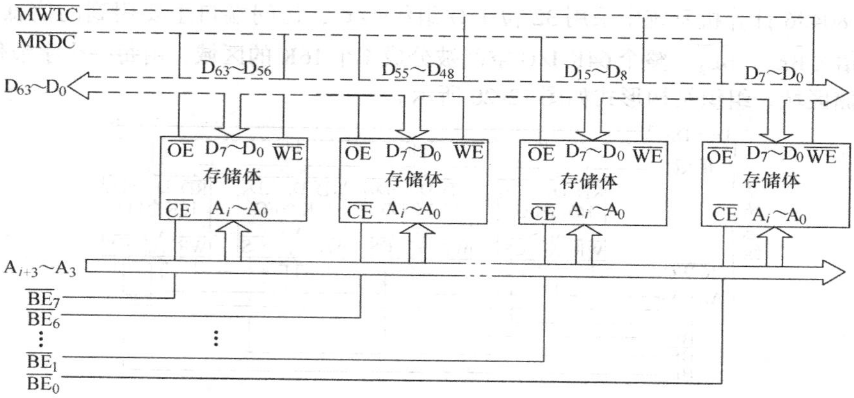

图 12-18 Pentium 系列及 Core 系列计算机系统中的64位存储器组织

12.5.3 IA-32 处理器的 I/O 组织

1. 32 位端口读写控制

虽然 IA-32 处理器的地址线和数据线都扩展到 32 位，但对于 I/O 接口的访问仍然使用 16 位地址线 $A_{15}\sim A_0$。80386、80486 处理器可以组成32位 I/O 端口，而 Pentium 系列及 Core 系列处理器对外访问的端口可达64位。

下面以80386、80486为例简要介绍32位端口的访问操作。图12-19中用4个上升沿锁存器74LS374 作为数据输出端口，各自的8根输入引脚分别连接32位数据总线的 $D_{31}\sim D_{24}$、$D_{23}\sim D_{16}$、$D_{15}\sim D_8$、$D_7\sim D_0$。用基本门电路实现地址译码。

CPU 执行以下程序片段时，可一次性将32位数据12345678H送给输出设备：

```
MOV DX,3ECH
MOV EAX,12345678H
OUT DX,EAX
```

在执行 OUT 指令时，由于地址是4的倍数（即 $A_1A_0=00$）且为32位访问（使用寄存器 EAX），因此4个使能信号$\overline{BE_0}\sim\overline{BE_3}$同时有效，32位数据被分组并同时锁存到4片74LS374输出端。

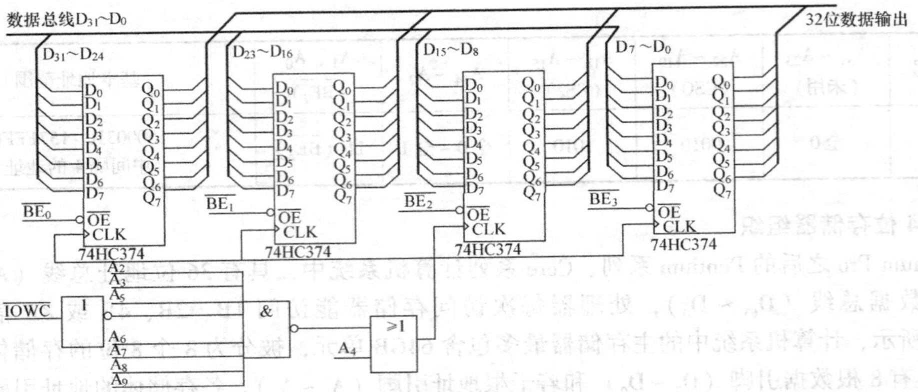

图 12-19　32 位端口的访问

2. 32 位 I/O 组织

80386、80486 计算机系统中采用 32 位 I/O 组织形式，访问端口主要用到的信息是 $A_{15}\sim A_2$ 及 4 个使能信号 $\overline{BE_0}\sim\overline{BE_3}$。整个 64K I/O 空间被分成 4 个 16K 的区域，由每一个字节使能信号各选择一个存储区域。组织结构形式如图 12-20 所示。

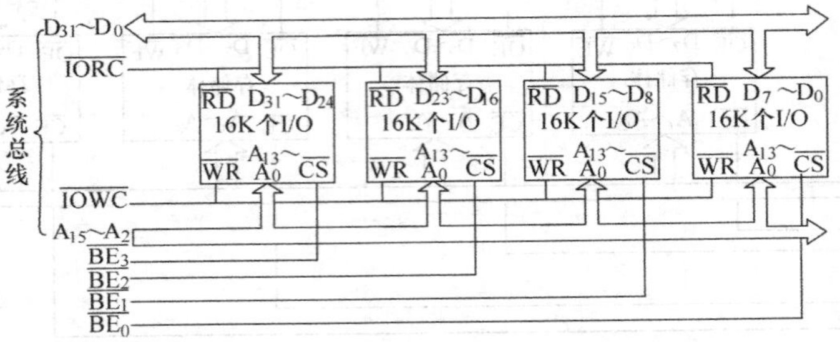

图 12-20　32 位 I/O 组织形式

3. 64 位 I/O 组织

Pentium 系列及 Core 系列计算机系统中采用 64 位 I/O 组织形式，访问端口主要用到的信息是 $A_{15}\sim A_3$ 及 8 个使能信号 $\overline{BE_7}\sim\overline{BE_0}$。整个 64K I/O 空间被分成 8 个 8K 的区域，由每一个字节使能信号各选择一个存储区域。组织结构形式如图 12-21 所示。

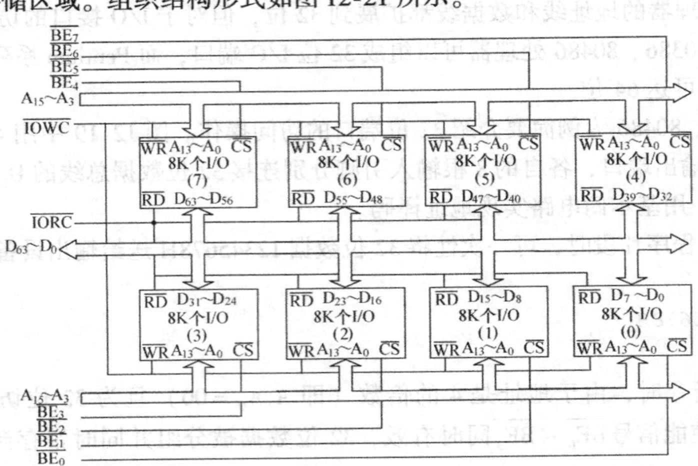

图 12-21　64 位 I/O 组织形式

12.6 保护模式下的异常和中断

本书第 7 章专门介绍了中断系统的概念及 8086 的中断管理，该章的内容仅局限于实模式操作下的中断。保护模式下的中断机理同实模式下的中断机理的本质与目的是一致的，指令格式也完全一样，但具体操作过程差别较大，本节主要针对其中的差别作一些解说。

12.6.1 中断与异常

对于具有保护模式的 Intel 处理器，把因外部事件而改变程序执行的流程，而去处理外部事件的过程称为中断，又称为硬件中断或外部中断。把因内部意外条件而改变程序执行流程以报告出错情况和非正常状态的过程称为异常中断。中断用于处理异步发生的外部事件，异常用于处理同步发生的内部事件。

异常可分为故障、陷阱和夭折，这取决于所发生的具体情况。

故障（Faults）在引起异常的指令之前被检测和处理。如在访问存储器过程中，当处理器所涉及的页面或段不在物理存储器中时，就会产生一个故障异常。系统中的主要异常有除法出错、调试异常、界限检查、无效操作码、协处理器不存在、无效 TSS、段不存在、堆栈溢出、页面出错等。

陷阱（Traps）在引起异常的指令执行之后才被报告，且服务程序完成后，返回到主程序中引起异常指令的下一条指令处继续向下执行，如用户定义的软件中断（INT *n*）就是一种陷阱。

夭折（Abort），有时也称为中止，是一种不能确定引起异常指令确切位置的异常。夭折用于报告严重错误，如协处理器段溢出等。

12.6.2 中断描述符

在保护模式下，中断服务程序的入口地址不再是中断向量所描述的段地址和偏移地址 4B，而是以中断门描述符来描述。

中断门描述符描述了中断服务程序入口地址所在段的段选择子和段内偏移地址以及相关属性等信息。每个中断门描述符占用 8B，如图 12-22 所示。

31 … 16	15	14 13	12 … 8	7 … 0	
目标段中的偏移量31…16	P	DPL	01110	00000000	4
目标段选择子	目标段中的偏移量15…0				0

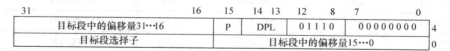

图 12-22 中断门描述符的格式

1）DPL：段描述符特权级（0～3 级），00（0 级）最高，11（3 级）最低。

2）P：存在位，P=1 段在内存中。

12.6.3 中断描述符表

保护模式下用中断门描述符表（Intrrupt Descriptor Table，IDT）对应实模式下的中断向量表。每个中断门描述符占用 8B，因此 IDT 的大小为 256×8B=2KB。CPU 的中断门描述符表地址寄存器 IDTR 中存放着 IDT 的基地址和段界大小，因此通过装载指令 LIDT 就可以将 IDT 定位到内存的任意位置。同全局描述符表一样，中断门描述符表也是唯一的。中断门描述符表的实际大小可以通过 IDTR 中设定的段界值进行调整。

12.6.4 保护模式下中断服务程序入口地址的求法

保护模式下的中断过程较为复杂，它要借助中断门描述符来获取中断服务子程序这个目标段的描述符，也就是说必须经过两次查表才能获得中断服务子程序的入口地址，其具体操作过程简述如下：

（1）装载中断门描述符表寄存器。CPU 切换到保护模式之前，运行于实模式下的初始化程序必须使用 LIDT 指令装载 IDT，将 IDT 的基地址与段界值装入 IDTR。如果不完成这一步操作，系统就会 100% 崩溃。在返回实模式或系统复位时，IDTR 中自动装入∞ 000000H 的基地址值与 03FFH 的段界值。可见实模式的中断向量表是固定在存储器的最底部，而保护模式下的 IDT 在存储器中的位置则是可以改变的。

（2）查中断描述符表。以 IDTR 指定的 IDT 的基地址为起始地址，用调用号 $N \times 8$ 算出偏移量，即为 N 号中断门描述符的首地址，由此处取出 8B 的中断门描述符，得到 16 位的中断门目标段选择子和目标段的 32 位偏移量。

（3）查全局或局部描述符表。由中断门目标段选择子中的 TI 位指定当前是查 GDT 还是 LDT，由索引值 ×8 获取查表偏移量，找到目标段描述符，该描述符中记录了目标段的基地址、段界及各种属性。

（4）目标段的基地址与目标段的 32 位偏移量之和即为所需中断服务程序的入口地址。

可以说，第（1）、（2）步是为了获取中断的目标对象，后面的步骤则同前面 12.3.2 小节介绍的寻址过程完全相同。

【例 12-4】 已知保护模式下，内存中有关单元存放的信息见表 12-11，IDTR 的内容为 0200730002FFH，GDTR 的内容为 3127000003FFH，求 1BH 号中断服务程序的入口地址。

表 12-11　内存数据示意

地　址	数　据	地　址	数　据	地　址	数　据
020073D8H	40H	00201340H	5FH	31270018H	FFH
020073D9H	13H	00201341H	45H	31270019H	01H
020073DAH	1BH	00201342H	32H	3127001AH	00H
020073DBH	00H	00201343H	33H	3127001BH	00H
020073DCH	00H	00201344H	37H	3127001CH	10H
020073DDH	EEH	00201345H	99H	3127001DH	F2H
020073DEH	10H	00201346H	4FH	3127001EH	40H
020073DFH	00H	00201347H	6BH	3127001FH	00H
02007348H	10H	00201348H	3FH	31270108H	10H
02007349H	12H	00201349H	28H	31270109H	35H
02007350H	09H	00201350H	22H	31270110H	23H

解：（1）根据 IDTR 得到中断描述符表基地址。

IDTR 的内容为 0200730002FFH，可知 IDT 的首地址为 02007300H。

GDTR 的内容为 3127000003FFH，可知 GDT 首地址为 31270000H。

（2）查中断描述符表，得到中断门描述符。

根据中断类型号 1BH，可知中断门描述符放在以 02007300H + 1BH × 8 = 020073D8H 开始的 8 个单元，所以中断描述符为 0010 EE00 001B 1340H，对照描述符格式知：段选择字为 001BH，目标段偏移地址为00101340H。

(3) 根据段选择子，查找描述符表，得到目标段的段基地址。

段选择子为（001BH =）0000 0000 0001 1011B，其中TI = 0，段描述符在GDT中，RPL = 11为普通用户程序请求，索引值 = 0000 0000 0001 1B，所以中断描述符描述的中断服务程序所在段的段描述符在GDT中的位置为

GDT首地址 + 索引值 × 8 = 3127 0000H + 18H = 3127 0018H

段描述符 = 0040 F210 0000 01FFH

因此，段基地址为0010 0000H。

(4) 合成物理地址。

中断服务程序的入口地址 = 段基地址 + 偏移地址

= 0010 0000 + 0010 1340H = 0020 1340H

12.7 IA-32微型计算机系统结构

自从IBM公司以8088为CPU构建第一代PC（Personal Computer）——IBM PC以来，新的微处理器不断推出。为了充分发挥新型微处理器的性能，相应的系统结构也随之产生了的变化，这个变化尤其集中地反映在它们的总线结构上。

早期的微型计算机只是为了连接相关设备，把CPU的控制信号连接出来，并没有明确的总线的概念。后续的机型为了提高系统性能，出现了各种标准如ISA、EISA、PCI、PCI-E等总线，并且出现了适应各种不同速度设备的多级总线结构。下面介绍两种典型微型计算机系统的结构。

12.7.1 PC/XT 微型计算机结构

PC/XT的系统结构如图12-23所示。

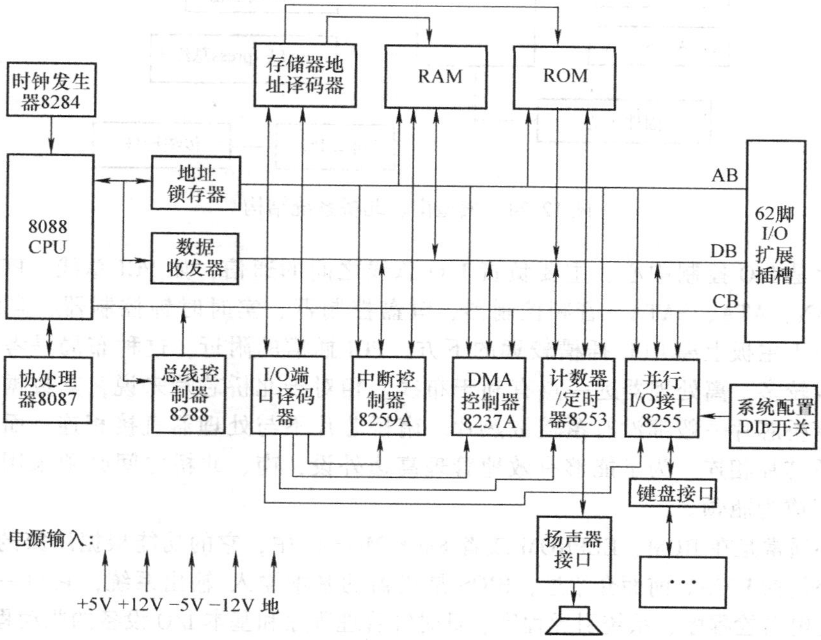

图12-23 PC/XT微型计算机结构

该机采用以 CPU 为中心的简单结构，通过若干缓冲和锁存电路把 8088 CPU 的信号连接到它的系统板上，构成了 62 线的 XT 总线。它的系统板上除了 8088 CPU 及其外围电路外，还集成了 8087 协处理器、ROM、RAM、中断控制器、DMA 控制器、计数器/定时器、并行接口、键盘接口、扬声器接口以及 62 线的 I/O 扩展槽。显示接口、打印接口和串行通信接口都是以接口卡的形式通过 62 脚插槽与系统总线相连的。

12.7.2 典型 32 位微机系统结构

从 80386 到 Pentium，再到 Core 2 Duo，处理器更新换代的速度非常快，为了更好地发挥各种处理器的性能，与处理器配套的各种主板芯片也在不停地更新。但从微机的基本结构上看，都采用了如图 12-24 所示的南、北桥结构，南桥和北桥构成一个芯片组。

北桥芯片是系统控制芯片，主要负责 CPU 与内存、CPU 与图形控制器之间的通信。北桥芯片掌控的多为高速设备，如 CPU、Host Bus。后期北桥芯片集成了内存控制器、Cache 高速控制器，有些型号的北桥芯片甚至内部直接嵌入图形控制器，成为图形存储控制中心。另外，北桥芯片因为直接和 CPU 通过高速的主总线相连，所以还负责处理 CPU 与其他部件之间的信息交换。

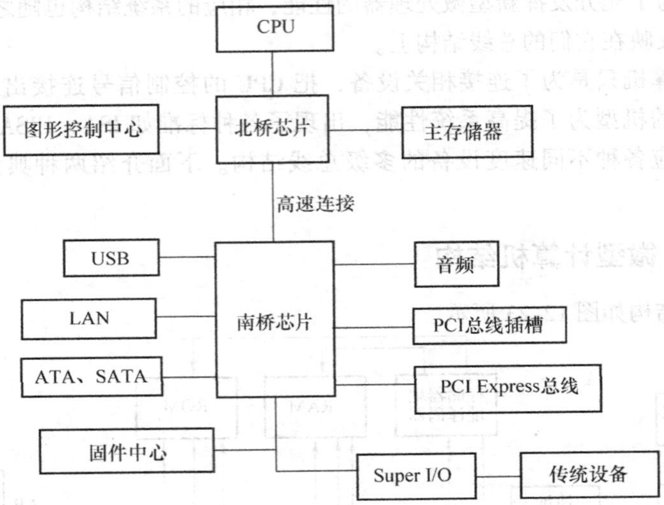

图 12-24 典型南、北桥系统结构

南桥芯片是 I/O 控制中心，主要负责 I/O 总线之间的通信，如 PCI 总线、PCI Express 总线、USB、LAN、ATA、SATA、音频控制器、键盘控制器、实时时钟控制器、高级电源管理等。它一般位于主板上离 CPU 插槽较远的下方，PCI 插槽的附近，这种布局是考虑到它所连接的 I/O 总线较多，离处理器远一点有利于布线。相对于北桥芯片来说，其数据处理量并不算大，所以南桥芯片一般都没有覆盖散热片。南桥芯片不与处理器直接相连，而是通过一定的方式与北桥芯片相连。为了能够有效地管理高速外设，南、北桥之间必须采用高速的连接总线才不至于成为瓶颈。

固件中心通常是在 ROM、EEPROM 或者 Flash Memory 中，它的功能根据厂家的不同而不完全一样，但都包括 BIOS。前面介绍过，BIOS 是机器的基本输入/输出系统，它由一组管理程序组成，包括上电自检程序、系统引导程序、日时钟管理程序和基本 I/O 设备的驱动程序等。现代微机的 BIOS 功能不断增强，还有开机密码、病毒检测、系统配置、主板和温度管理等多种功能。

习 题

12-1 IA-32 处理器有哪 3 种传统的工作模式？各有什么特点？

12-2 80386 处理器由哪几个部件组成？各部件的功能是什么？

12-3 处理器复位后，CPU 执行的第一条指令的地址是多少？

12-4 什么是段描述符？32 位处理器的段描述符有多少个字节？

12-5 假设段描述符为 1040 F210 1234 01FFH，求该段的末地址。若段描述符为 10C0F210 1234 01FFH，末地址为多少？

12-6 系统中有哪几个描述符表？各存放什么信息？描述符表的基地址放在哪里？

12-7 IA-32 处理器工作在保护模式下物理地址是怎样形成的？什么情况下需要分页？页大小是多少？对于 4KB 的页面，如果一个页面的首地址是 13AF0000H，则下一个页面的首地址是多少？

12-8 假设（DS）=0083H，（ESI）=00000238H，（GDTR）=0120000003FFH，（CR_3）=01001000H。LDT 的首地址为 00560000H。内存有关数据见表 12-12。求：

表 12-12 内存数据示意

地 址	数 据	地 址	数 据	地 址	数 据
00000A68H	67H	01002238H	F5H	21180008H	47H
00000A69H	33H	01002239H	37H	21180009H	01H
00000A6AH	D8H	01002240H	30H	2118000AH	9AH
00000A6BH	10H	01002241H	29H	2118000BH	28H
00000A6CH	97H	01002242H	97H	2118000CH	20H
00000A6DH	88H	01002243H	88H	2118000DH	00H
⋮	⋮	⋮	⋮	⋮	⋮
0100100EH	8AH	01200080H	FFH	289A0236H	FFH
0100100FH	79H	01200081H	FFH	289A0237H	FFH
01001010H	47H	01200082H	00H	289A0238H	00H
01001011H	01H	01200083H	20H	289A0239H	10H
01001012H	18H	01200084H	00H	289A023AH	00H
01001013H	21H	01200085H	F5H	289A023BH	F5H
01001014H	F3H	01200086H	40H	289A023CH	40H
01001015H	25H	01200087H	01H	289A023DH	01H
01001016H	10H	01200088H	3FH	289A023EH	10H
01001017H	12H	01200089H	28H	289A023FH	35H
01001018H	09H	01200090H	22H	289A0240H	23H

（1）（CR_0）=60000010H 时，求“MOV EAX，[EBX]”源操作数所在的物理地址，并找出指令执行后 EAX 的值。

（2）（CR_0）=60000011H 时，求“MOV EAX，[EBX]”源操作数所在的物理地址，并找出指令执行后 EAX 的值。

（3）（CR_0）=E0000011H 时，求“MOV EAX，[EBX] 源操作数所在的物理地址，并找出指令执行后 EAX 的值。

12-9 80386 和 80486 处理器没有地址引脚 A_1 和 A_0，系统靠什么确定低位地址？它们是怎样控制对存储器访问的？

12-10 使用 32K × 8 的 SRAM 芯片，构成一个 32 位的存储器模块，地址范围为 10500000H ~ 1051FFFFH。

12-11 什么是中断描述符？类型号为 *n* 的中断描述符放在内存的什么地方？

12-12 上网查阅有关最新主板采用的结构形式以及微机硬件技术的最新动态。

附　　录

附录 A　ASCII 码表

ASCII 值	控制字符	ASCII 值	控制字符	ASCII 值	控制字符	ASCII 值	控制字符
00H	NUT	20H	(space)	40H	@	60H	、
01H	SOH	21H	!	41H	A	61H	a
2H	STX	22H	"	42H	B	62H	b
3H	ETX	23H	#	43H	C	63H	c
4H	EOT	24H	MYM	44H	D	64H	d
5H	ENQ	25H	%	45H	E	65H	e
6H	ACK	26H	&	46H	F	66H	f
7H	BEL	27H	,	47H	G	67H	g
8H	BS	28H	(	48H	H	68H	h
9H	HT	29H	)	49H	I	69H	i
0AH	LF	2AH	*	4AH	J	6AH	j
0BH	VT	2BH	+	4BH	K	6BH	k
0CH	FF	2CH	,	4CH	L	6CH	l
0DH	CR	2DH	-	4DH	M	6DH	m
0EH	SO	2EH	.	4EH	N	6EH	n
0FH	SI	2FH	/	4FH	O	6FH	o
10H	DLE	30H	0	50H	P	70H	p
11H	DCI	31H	1	51H	Q	71H	q
12H	DC2	32H	2	52H	R	72H	r
13H	DC3	33H	3	53H	X	73H	s
14H	DC4	34H	4	54H	T	74H	t
15H	NAK	35H	5	55H	U	75H	u
16H	SYN	36H	6	56H	V	76H	v
17H	TB	37H	7	57H	W	77H	w
18H	CAN	38H	8	58H	X	78H	x
19H	EM	39H	9	59H	Y	79H	y
1AH	SUB	3AH	:	5AH	Z	7AH	z
1BH	ESC	3BH	;	5BH	[	7BH	{
1CH	FS	3CH	<	5CH	\	7CH	|
1DH	GS	3DH	=	5DH	]	7DH	}
1EH	RS	3EH	>	5EH	^	7EH	~
1FH	US	3FH	?	5FH	—	7FH	DEL

附录B　ASCII码表中控制字符的含义

控制字符	含义	控制字符	含义	控制字符	含义
NUL		VT	垂直制表	SYN	空转同步
SOH	标题开始	FF	走纸控制	ETB	信息组传送结束
STX	正文开始	CR	回车	CAN	作废
ETX	正文结束	SO	移位输出	EM	纸尽
EOY	传输结束	SI	移位输入	SUB	换置
ENQ	询问字符	DLE	空格	ESC	换码
ACK	承认	DC1	设备控制1	FS	文字分隔符
BEL	报警	DC2	设备控制2	GS	组分隔符
BS	退一格	DC3	设备控制3	RS	记录分隔符
HT	横向列表	DC4	设备控制4	US	单元分隔符
LF	换行	NAK	否定	DEL	删除

参 考 文 献

[1] 杨文显，现代微型计算机原理与接口技术教程 [M]. 北京：清华大学出版社，2006.

[2] 钱晓捷. 16/32 位微机原理、汇编语言及接口技术教程 [M]. 北京：机械工业出版社，2012.

[3] 马维华. 微机原理与接口技术 [M]. 2 版. 北京：科学出版社，2009.

[4] 杨全胜，胡友彬，等. 现代微机原理与接口技术 [M]. 2 版. 北京：电子工业出版社，2007.

[5] 杨季文，等. 80x86 汇编语言程序设计教程 [M]. 北京：清华大学出版社，1998.

[6] 朱兵，等. 汇编语言程序设计图文教程 [M]. 北京：北京航空航天大学出版社，2009.

[7] 赵志诚，等. 微机原理及接口 [M]. 北京：北京大学出版社，中国林业出版社，2006.

[8] 沈美明，等. IBM-PC 汇编语言程序设计 [M]. 北京：清华大学出版社，1991.

[9] 彭虎，周佩玲，傅忠谦. 微机原理与接口技术 [M]. 2 版. 北京：电子工业出版社，2008.

[10] 赵雁南，等. 微型计算机系统与接口 [M]. 北京：清华大学出版社，2005.

[11] 周明德，等. 80x86 的结构与汇编语言程序设计 [M]. 北京：清华大学出版社，1993.

[12] 戴梅萼，史嘉权. 微型计算机技术及应用 [M]. 2 版. 北京：清华大学出版社，2008.

[13] 肖洪兵. 微机原理及接口技术 [M]. 北京：北京大学出版社，2010.

[14] 冯博琴，吴宁. 微型计算机原理与接口技术 [M]. 3 版. 北京：清华大学出版社，2011.

[15] 林志贵. 微型计算机原理及接口技术 [M]. 北京：机械工业出版社，2010.

[16] 牟琦，聂建萍. 微机原理与接口技术 [M]. 北京：清华大学出版社，2007.

[17] 王庆利. 微型计算机原理及应用 [M]. 西安：西安电子科技大学出版社，2009.

[18] 杨素行，微型计算机系统原理及应用 [M]. 北京：清华大学出版社，2009.

[19] 吴秀清，周荷琴. 微型计算机原理与接口技术 [M]. 北京：国科学技术出版社，2002.

[20] 史新福，冯萍. 32 位微型计算机原理. 接口技术及其应用. [M] 2 版. 北京：清华大学出版社. 2007.

[21] 胡敏，张永. 微型计算机及其接口技术 [Ml. 北京：中国水利水电出版社，2010.

[22] 龚尚福. 微机原理与接口技术 [M]. 2 版. 西安：西安电子科技大学出版社，2008.